工业和信息化部"十四五"规划教材
建设重点研究基地精品出版工程

红外电子学及
分类应用

INFRARED ELECTRONICS AND
CATEGORIZED APPLICATIONS

母一宁　王雪怡　李　野
刘艳阳　宦克为　陈卫军　编著

北京理工大学出版社
BEIJING INSTITUTE OF TECHNOLOGY PRESS

内 容 简 介

本书首先简要阐述红外电子学的发展历程、基本概念及其在现代科技中的重要地位，系统介绍了红外技术的分类、红外辐射特性及相关电子系统的基本构成；接着重点介绍近红外波段典型系统的材料特性、器件构造及其在探测、光谱分析、成像等方面的应用；然后详细论述中红外和远红外波段的先进探测技术与分类应用，并结合多个工程案例和最新科研成果进行综合分析。每个部分都包括原理介绍、核心材料、器件结构、电子学设计方法及实际应用案例，力求实现从理论到工程的完整知识链条。

本书将红外电子学领域的基础性和前沿性相结合、理论论述与科研成果相结合，内容新颖、物理概念清晰，具有较强的实践指导意义。本书不仅适合作为通信工程、电子科学与技术等相关学科高年级本科生、研究生及高等学校教师的教学课本与科研辅助读物，也可以直接为从事红外系统设计的科技人员提供参考资料。

版权专有　侵权必究

图书在版编目（CIP）数据

红外电子学及分类应用／母一宁等编著．－－北京：北京理工大学出版社，2025.4.
ISBN 978－7－5763－5117－0

Ⅰ.TN301

中国国家版本馆 CIP 数据核字第 20253D2287 号

责任编辑：陈莉华	文案编辑：陈莉华
责任校对：周瑞红	责任印制：李志强

出版发行	／北京理工大学出版社有限责任公司
社　　址	／北京市丰台区四合庄路 6 号
邮　　编	／100070
电　　话	／(010) 68944439（学术售后服务热线）
网　　址	／http：//www.bitpress.com.cn
版 印 次	／2025 年 4 月第 1 版第 1 次印刷
印　　刷	／廊坊市印艺阁数字科技有限公司
开　　本	／787 mm×1092 mm　1/16
印　　张	／19
字　　数	／402 千字
定　　价	／56.00 元

图书出现印装质量问题，请拨打售后服务热线，负责调换

书　评

　　作为我国本科生教育、研究生教育规划选用教材，新编著的《红外电子学及分类应用》展现了近四十年来红外电子技术的新发展与新突破。该教材分别从近红外、中红外、远红外多个维度给出的典型红外光电系统与实际应用案例，可以帮助初学者较快地对红外电子学技术体系建立系统化的感性认知，并且还可以对红外电子系统行业的从业者起到一定的技术资料参考作用。

　　在内容方面，该教材对红外辐射的物理特性、传感器原理、信号处理等方面进行了深入浅出的系统化阐述。结合具体工程案例和系统设计经验，该教材生动形象地展示了红外物理理论与电子系统工程之间的内在联系与制约关系，使抽象的理论公式与物理知识更加具体和易于理解。

　　该教材也对红外电子学的分类应用进行了深入的剖析。对不同红外技术领域中的电子学应用进行了较为细致的分类介绍，如中红外成像、近红外通信、远红外测温等，读者可以纵向了解在各个红外技术领域对电子技术的具体需求与应用特点。这对于科研工作者、工程师以及相关行业的从业者来说，具有很高的参考价值，有助于他们更好地选择和应用适合自身红外领域需求的电子学技术方案。另外，该教材还结合红外技术发展趋势与长春理工大学的大光电学科特色，引入了光生太赫兹生成技术、激光相干混频技术、量子阱红外探测器技术、红外跟踪导引技术等较为前沿的学术内容，进而为高年级本科生开拓学术视野、为硕士研究生快速构建系统知识体系提供较大助力。

　　《红外电子学及分类应用》的内容基本涉及了当下主流红外电子系统，语言细节上也基本做到了通俗易懂，降低了读者的理解门槛，整体写作风格清晰，逻辑严谨，既适合专业人士深入研究，也适合非专业读者初步了解和学习。图表、示例和案例分析的广泛使用，大大增强了书籍的可读性和实用性。综上，该新编教材建议选为军工类、光电类、电信类、仪器类等多个一级学科的专业基础课程教材。

清华大学

曹良才

2024 年 5 月

前言

党的二十大报告将教育、科技、人才工作视为一体进行部署，这一战略部署不仅体现了对教育强国建设的深远关注，更彰显了为实现社会主义现代化强国的宏伟目标而努力的决心。习近平总书记明确指出了高等教育在建设教育强国过程中的核心地位，我们不仅要加快建设具有中国特色、世界一流的大学和优势学科，还要大力加强基础学科的教学与研究，特别是要关注优势学科的构建。此外，我们还应大力加强基础学科的教学和研究，特别是在新兴学科和交叉学科领域，我们要瞄准全球科技的前沿，结合国家的实际需求，推进科研创新，从而提高原始创新能力及人才培养质量。因此，加强对红外技术等相关基础学科的教育，不仅积极响应了党的二十大精神，也有助于促进教育的创新发展。

我校长春理工大学欧阳杰老师编写的《红外电子学》出版以来，红外电子学领域已历经近三十年的快速发展，业内先后涌现出大量的新型红外光电器件与系统应用。所以，20 世纪编写的教材在内容设置方面已经无法紧跟当下红外学科发展与产业升级的脚步。因此，结合当下传统红外技术向新工科转型升级的时代背景，以及课程思政教学改革的迫切需要，重新编著一本适用于空天探索、军工国防、信息技术等领域本科高年级或研究生基础教学的关于红外电子学的教材已然成为当下我国培养红外技术领域拔尖创新型人才的重要一环。

长春理工大学是新中国第一家设立红外技术学科方向的高等院校，至今红外学科方向在我校已经发展 65 年之久。本书的编著团队由长春理工大学红外光电技术与系统团队的科研教学人员组成。本团队长年从事红外光电器件与系统应用方面的研究工作。通过对快速发展的红外光电技术理论体系调研、归纳、分析和总结，不仅突出了新兴的红外光电器件、红外光电系统的技术进步与分类应用，而且还重点兼顾了对经典红外电子学理论基础教学内容。本书不仅可以直接作为通信工程、电子科学与技术、光电工程、微电子工程及其相近专业的高年级本科生或研究生的教学课本，还可以为从事光电系统研发的科技人员培训提供辅助支撑。

全书共分为 4 个章节。第 1 章为绪论，阐述了红外电子学的主要内容、分类以及发展趋势。第 2 章主要阐述了近红外波段光电材料的发展、器件的进步以及在典型系统应用中的电子学设计方法与原理。第 3 章则重点阐述了中红外波段的电子学在特定应用领域的设计方法与特点，尤其以毒刺导弹制导原理为例，融入了课程思政教学内容。第 4 章则概述了远红外波段电子学的最新研究领域或关键性研究进展，进而为高年级研究生或科研人员的培训与引领提供辅助作用。

本书由长春理工大学红外技术与系统科研团队集体编著而成，具体由红外学科方向带头人母一宁主编，王雪怡、李野、刘艳阳、宦克为、陈卫军等老师共同完成，并由姜会林院士提出了宝贵的意见和建议；在文字录入、图表绘制和计算机仿真等工作中得到了王帅、任航、张希、王文芳、孟浩、王宇琦、常峻玮、王翊诚、王垚、李雨萌、梁栋、张泰哲以及刘慧雯等人的大力协助。在此，编著者向他们表示衷心的感谢。本书编著过程中得到了许多同行专家和教授们的热情鼓励与支持，对此表示最诚挚的谢意。最后，对北京理工大学出版社领导及编辑在本书出版中所付出的辛勤劳动表示崇高的敬意。

由于本书内容涉及红外电子学材料、器件、电子工程等多学科领域的基础理论和专业知识，而且发展日新月异，加之作者学识有限，书中必有不妥乃至错误之处，敬请广大读者提出宝贵意见。

作　者

目 录
CONTENTS

第1章　绪论 ·· 001

1.1　红外技术概论 ·· 001

1.2　近红外典型系统与电子学特征 ···································· 008

 1.2.1　近红外无线激光通信系统 ·································· 009

 1.2.2　近红外分子光谱检测分析系统 ··························· 011

 1.2.3　近红外成像与高光谱分析系统 ··························· 013

1.3　中红外典型系统与电子学特征 ···································· 014

 1.3.1　地对空"毒刺"导弹中红外能量制导系统 ··········· 022

 1.3.2　"标枪"反坦克导弹中红外图形跟踪系统 ··········· 022

 1.3.3　量子阱中红外器件 ·· 023

1.4　远红外典型系统与电子学特征 ···································· 025

 1.4.1　远红外医疗系统 ··· 025

 1.4.2　激光相干混频与激光稳频技术 ··························· 025

 1.4.3　光生太赫兹生成技术 ·· 026

第2章　近红外电子学特征与典型应用 ·································· 032

2.1　近红外半导体材料与特征 ·· 032

 2.1.1　近红外半导体材料 ·· 032

 2.1.2　GaAs 材料与 InGaAs 材料 ································ 036

 2.1.3　红外电子学噪声的定义与分类 ··························· 039

2.2　近红外发光器件的基本结构与瞬态特征 ······················· 045

- 2.2.1 近红外发光器件的结构与模型 ········· 045
- 2.2.2 近红外发光器件的瞬态特征 ········· 076
- 2.3 近红外探测器件与电子学设计方法 ········· 080
  - 2.3.1 半导体的光吸收原理 ········· 080
  - 2.3.2 近红外探测器件 ········· 084
  - 2.3.3 红外探测器的性能参数 ········· 099
  - 2.3.4 探测电路实例 ········· 109
- 2.4 近红外电真空微光夜视系统设计与固体器件概述 ········· 132
  - 2.4.1 近红外电真空微光夜视系统的过程与现状 ········· 132
  - 2.4.2 光电倍增与电子光学空间光学传递模型 ········· 137
  - 2.4.3 近红微光固体成像器件原理与发展概述 ········· 143
- 2.5 近红外分子光谱检测中的电子学设计 ········· 147
  - 2.5.1 近红外分子光谱检测系统概述 ········· 147
  - 2.5.2 锁相放大器设计方法 ········· 152

第3章 中红外电子学特征与典型应用 ········· 157

- 3.1 中红外探测器 ········· 157
  - 3.1.1 中红外探测器概述 ········· 157
  - 3.1.2 中红外探测器材料 ········· 168
  - 3.1.3 碲镉汞（HgCdTe）探测器 ········· 172
- 3.2 中红外测温系统与电子学特征 ········· 183
- 3.3 地对空"毒刺"导弹中红外能量制导系统 ········· 195
  - 3.3.1 红外导引头 ········· 197
  - 3.3.2 红外探测系统 ········· 203
  - 3.3.3 红外跟踪系统 ········· 207
  - 3.3.4 红外搜索系统 ········· 215
- 3.4 "标枪"反坦克导弹中红外图形跟踪系统 ········· 221

第4章 远红外典型系统的电子学特征 ········· 228

- 4.1 激光相干混频与激光稳频技术 ········· 228
  - 4.1.1 激光相干混频技术 ········· 228
  - 4.1.2 激光稳频技术 ········· 230
- 4.2 光生太赫兹生成技术 ········· 234
  - 4.2.1 光生太赫兹技术原理 ········· 235
  - 4.2.2 光电导天线技术 ········· 236
  - 4.2.3 远红外气体激光器 ········· 238
  - 4.2.4 光整流技术 ········· 239

- 4.2.5 激光气体等离子体技术 …… 241
- 4.2.6 窄带太赫兹技术 …… 243
- 4.3 量子阱红外探测器 …… 246
  - 4.3.1 低维量子结构的基本概念 …… 246
  - 4.3.2 量子阱红外探测器的发展过程 …… 252
  - 4.3.3 量子阱红外探测器的基本原理 …… 253
- 4.4 红外焦平面阵列 …… 257
  - 4.4.1 红外焦平面阵列概述 …… 258
  - 4.4.2 电荷耦合摄像器件 …… 264
  - 4.4.3 CMOS 摄像器件 …… 270
  - 4.4.4 电荷注入器件 …… 273
- 4.5 CO_2 激光器 …… 274
  - 4.5.1 CO_2 的能级图及辐射光谱 …… 274
  - 4.5.2 激光上能级粒子数的激发和消激发 …… 278
- 4.6 远红外应用 …… 282
  - 4.6.1 远红外辐射陶瓷 …… 282
  - 4.6.2 远红外辐射的应用 …… 284

符号表 …… 288

参考文献 …… 290

第1章
绪　　论

近三十年以来，半导体材料与固体器件均取得了长足的进步，窄禁带半导体材料发展尤为迅猛，以砷化镓、氮化硅等半导体材料为例，使得光电子技术在近红外波段生态发生根本性变化，因而针对红外电子学的系统化汇总以及概述十分必要。

目前红外技术已经广泛涉及航空航天、军事工业、医疗健康、科学研究等众多领域，而不同分类的红外系统对相应的光电子学器件以及系统设计也提出了具体的需求。因此针对不同的红外应用系统分类，揭示并阐述相应的红外电子学设计方法与理念则是本书的主要特点。

1.1　红外技术概论

红外技术是研究红外辐射的产生、传播、转化、测量及其应用的技术科学。红外辐射是人眼看不见的光线，任何物体的红外辐射包括介于可见光和微波之间的电磁波段，其波段波长为 0.75～1 000 μm，因位于可见光谱的红端以外，所以俗称为红外线或红外光。红外技术的内容包含四个主要部分：第一，红外辐射的性质，其中有受热物体所发射的辐射在光谱、强度和方向的分布，辐射在媒质中的传播特性——反射、折射、衍射和散射，热电效应和光电效应等。第二，红外元部件的研制，包括辐射源、微型制冷器、红外窗口材料和滤光电器等。第三，各种红外元部件构成系统的光学、电子学和精密机械部件等内容。第四，红外技术在军事上和国民经济中的应用。由此可见，红外技术的研究涉及的范围相当广泛，既有目标的红外辐射特性和背景特性研究，又有红外元部件及红外系统研究；既有材料问题，又有应用问题，具体应用如图 1-1-1～图 1-1-3 所示。

红外辐射波长比无线电波的波长短，所以红外仪器的空间分辨能力比雷达高，红外辐射波长比可见光波长长，因此红外辐射透过云雾的能力比可见光强。为了掌握某种野生动物的种群情况，人们在它们可能出现的地方安装了红外照相机；为了对小区、仓库或其他场所的监控，人们在合适的位置安装了红外探测器；为了在夜间"看清"人、动物和车辆等运动物体，人们使用了红外夜像仪或红外夜视仪；为了对物体温度进行非接触式测量，人们使用了红外测温仪。可见，日常生活中几乎处处都能看到红外的身影。下面，我们将梳理一下红外的发展历程。

图1-1-1　野外红外照相机

图1-1-2　小区里的红外探测器

1800年，英国天文学家威廉·赫歇尔（S. W. Herschel）为了寻找在观察太阳时保护眼睛的方法，研究了太阳光谱各部分的非热效应。当他把灵敏的水银温度计放在被棱镜色散的太阳光谱的不同部分时（见图1-1-4），发现产生热效应最大的位置是在可见光谱的红外端以外，从而他首先发现了太阳光谱中还包含着看不见的辐射能，当时他称这种辐射能为"看不见的光线"，后来称为红外线，也就是现在所说的红外辐射。由于当时科学技术水平的限制，尤其是缺乏灵敏的探测器，致使在红外辐射被发现之后的30多年间，对红外辐射及其应用的研究进展缓慢。

图1-1-3　防空导弹导引头

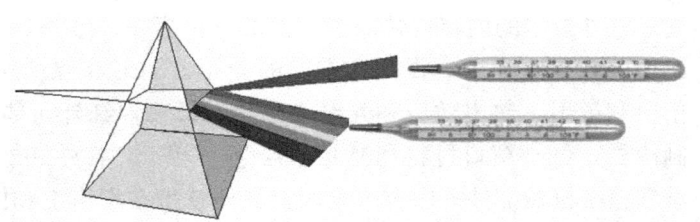

图1-1-4　测量每种光线的温度时发现了红外线

1830年，出现了温差热电偶，它比以前的水银温度计更灵敏。1833年，出现了用几个热电偶串联而成的热电堆，它比当时做得最好的温度计至少灵敏40倍，而且从9 m以外就可以探测到人体的红外辐射。

19世纪80年代，又出现了一些高灵敏度的新型探测器，特别是利用某些金属或半导体的电阻对温度敏感的特性制成的测辐射热计，它的灵敏度比热电堆的灵敏度高出约30倍。同期，人们对太阳的红外辐射进行了定量测量。从1883年到1900年间报道的这类测量其测量范围已经超出了5 pm，到1917年测量范围扩展到了13 pm。大量的理论和实验研究表明，红外线也是一种电磁波，在电磁波谱中，它是比微波波长还短、比可见光波长还长的电磁波,因此,红外线与其他波长的电磁波具有共同的特性。1879 年,斯蒂芬(Stefan)根据他的测量,同时也分析了其他研究者所测得的数据,得出结论:总辐射能量与辐射体的绝对温度的四次方成正比。1884 年,玻尔兹曼(Boltzmann)根据热力学的研究,在理论上证明:绝对黑体的总辐射能量应与温度的四次方成比例,即斯蒂芬的结论只对绝对黑体是正确的。

20 世纪 50 年代,利用单元制冷铅盐材料制造的红外探测器,主要用于防空导弹导引头。一般地,铅盐探测器是多晶材料,应用某种溶液的真空镀和化学镀,再采用后生长敏化工艺而制成。通常,并不容易理解铅盐光导探测器的准备过程,只能按照良好的配方才能重复生产。20 世纪 50 年代初发明晶体管之后,报道了第一台非本征光导探测器,大大促进了材料生长和纯化技术的发展。由于早期控制杂质的技术非常适合于锗材料,所以,第一台高性能非本征探测器是以锗为基础制造的。锗材料中掺入不同杂质铜、锌和金所产生的非本征光导响应可以制成适于 8~14 μm 长波红外(LWIR)光谱窗口及远至 14~30 μm 超长波红外(VLWIR)光谱区的探测器。非本征光导体广泛应用于 10 μm 之外的波长,快于本征(有时也称为"内禀")探测器的发展。为了具有良好性能,其他本征探测器必须工作在较低温度下,以及避免探测器太厚,就需要牺牲量子效率。

1967 年,索里夫(Soref)首次发表综述非本征硅探测器的论文。然而,非本征硅材料的状况并没有大的改变。尽管相对于锗,硅有诸多优势(较低的介电常数,因而具有较短的弛豫时间;较低电容、较高掺杂溶解度和较大的光电离截面,从而得到较高的量子效率;较低的折射率,从而具有低反射率),但还不足以保证付出必要的努力就能使其达到当时高速发展的锗探测器的水平。在停止发展大约 10 年之后,玻意耳(Boyle)和史密斯(Smith)发明了电荷耦合器件(Charge-Coupled Device,CCD),非本征硅才重新得到重视。1973 年,谢泊德(Shepherd)和杨(Yang)提出了金属-硅化物/硅肖特基势垒探测器(见图 1-1-5),首次有希望出现许多高水平的读出方案——可以在一块共用的硅芯片上实现探测和读出两种功能。

图 1-1-5 金属-硅化物/硅肖特基势垒探测器

同时,窄带隙半导体也有快速发展,稍后将证明这有利于扩展波长范围和提高灵敏度。此类第一种材料是锑化铟(InSb),是最新发现的 Ⅲ-Ⅴ 化合物半导体族中的一种。对锑化铟的兴趣不仅源自其具有小的能隙,而且利用普通技术就可以得到其单晶形式。20 世纪 50 年代末—60 年代初,已经将窄带隙半导体合金掺入到 Ⅲ-Ⅴ(InAs,Sb)、Ⅳ-Ⅵ(Pb,Sn,Te)和 Ⅱ-Ⅵ(Hg,Cd,Te)材料系中,这些合金能够提供半导体带隙,可以根据具体应用对探测器的光谱响应进行专门设计。1959 年,劳森(Lawson)及其合作者开启了变带隙 Hg、Cd、Te 合金(碲镉汞,HgCdTe)的研发,为红外探测器设计提供了一个空前未有的自由度,首篇论文就公布了波长 12 μm 处的光导和光伏两种响应。此后不久,根据美国空军的合同,要求研制一种在温度为 77 K 下工作的 8~12 μm 背景限半导体红外探测器。美国明尼苏达州霍普金斯市霍尼韦尔公司研究中心的克鲁泽（Kruse）先生领导的团队为碲镉汞研发了一种改进型布里奇曼（Bridgman）晶体生长技术，并很快报道了在简陋的碲镉汞设备中应用了光导（实物见图1-1-6）和光伏两种探测技术。

窄带隙半导体的基本性质（高光学吸收系数、高电子迁移率和低的产热速率）和带

图1-1-6　InSb光电导探测器

隙工程的能力使这些合金系统几乎成为理想的宽光谱红外探测器，主要源于高蒸气压力汞的原因，所以，在过去40年内，生长碲镉汞材料的难度反而激励研发另外的探测器技术。一种是碲锡铅（PbSnTe）产品，在20世纪60年代末—70年代初期，与碲镉汞产品同时在轰轰烈烈地开展着研究。碲锡铅材料比较容易生长，已经验证可以制成高质量的长波红外光电二极管。然而，在20世纪70年代后期，两个因素导致放弃对碲锡铅探测器的研究：高介电常数和大的温度膨胀系数（Temperature Coefficient of Expansion，TCE）与硅不匹配。第一个缺点是，20世纪70年代的扫描红外成像系统需要较快的响应时间，以便在扫描方向扫描出的图像不出现拖影，由于当今趋势是向凝视阵列发展，因而在进行第一代系统设计时，这种考虑就不太重要了。第二个缺点是，从室温到低温工作反复循环之后，大的TCE会导致混合结构（硅读出和探测器阵列之间）中铟键失效。

20世纪70年代末—80年代，碲镉汞技术的研发几乎全部集中在光伏器件上，这是因为与读出输入线路相连接的大型阵列中需要小功率损耗和高阻抗。努力的最终结果是成功开发出碲镉汞二代红外系统，提供了两种形式的大型二维阵列：一种是为扫描成像研制的具有时间延迟积分（TDI）的线性格式，另一种是应用于凝视阵列的方形和矩形格式。最近，已经生产1 024像素×1 024像素混成焦平面阵列（Focal Plane Array，FPA）。当然，目前的碲镉汞焦平面阵列的产量有限，成本很高，在此情况下，对红外探测器的另一种合金系统进行了研究，例如量子阱红外光电探测器（Quantum Well Infrared Photodector，QWIP）（见图1-1-7）和Ⅱ类超晶格探测器（见图1-1-8）。

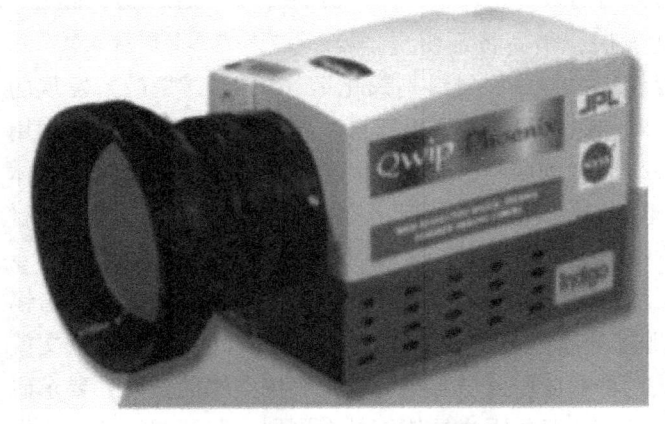

图1-1-7　量子阱红外光电探测器的应用

图1-1-8　Ⅱ类超晶格探测器

21 世纪初，人类开创了红外光谱学和红外辐射的应用研究，制定并沿用了一套热辐射的国际标准，对恒星和行星的温度进行了测量。1910 年到 1920 年间出现了为探测舰船、飞机、人体、炮兵阵地和冰山的装置，还有防盗预警、光测量和温度遥感等设备。第一次世界大战到第二次世界大战期间，出现了光子探测器和变像管。第二次世界大战之后，尤其是 20 世纪 50 年代以来，半导体技术和激光技术的发展，为红外技术提供了单色性好、能量集中的相干辐射源和灵敏度高、响应速度快的光子探测器，使红外技术得到了突飞猛进的发展。直到今天，广泛应用于工业、农业、军事、医疗和空间技术等各个方面的红外技术，已经逐步形成了一个相对独立的红外系统工程领域。红外系统常分为主动式和被动式两大类。主动式红外系统需要红外辐射照射目标，然后再探测由目标反射回来的辐射，来完成目标探测的目的；被动式红外系统不需要发射红外辐射，它只是接收来自目标的自身辐射。目标是红外系统所探测的对象。目标的辐射经过地球大气，受到大气中某些气体分子的选择性吸收以及大气中悬浮微粒的散射而衰减。透过大气的目标辐射由适当的光学系统接收、调制并会聚到探测器的相应平面上。探测器本质上是一个辐射能转换器，它把辐射能转换成另一种可以测量的能量形式，如电能、热能等。探测器输出的信号一般要经过电子系统的放大处理（图 1 - 1 - 9 为单光子探测器实物图），然后再以必要的形式在显示系统中显示出来以供判读。随着红外辐射源、红外辐射探测技术以及红外光谱学的研究进展和应用，红外物理学得到完善和发展。

图 1 - 1 - 9　单光子探测器

红外物理学最早出现在 1959 年。当时，美国人首先部分地公开了他们在十多年保密状态下发展起来的红外技术，把红外技术所涉及的物理基础统称为红外物理学。

红外物理学在现代军事技术、工农业生产、空间技术、资源勘探、气象预报和环境科学等许多领域中都得到了广泛应用。例如，应用红外技术的夜视、摄影、辐射加热（见图 1 - 1 - 10）、通信、搜索、跟踪、制导、热成像、目标侦查和伪装等，不仅保密性好，抗电磁干扰性强，而且分辨率高，准确可靠，大大提高了军队装备的现代化水平。利用红外遥感技术进行的地球资源勘测、海洋研究、气象观测、大气研究和污染检测，覆盖面积大，不受地理位置和条件的限制，获得信息迅速、丰富、准确，并可以及时掌握动态变化。在工农业生产中广泛使用的红外辐射测温、无损检测、成分分析与流程控制、辐射加热技术等，也都显示出红外技术的独特优势。

如果说现代光学技术、电子技术和精密机械技术为现代红外技术提供了必要的技术基础，那么，不可否认，红外物理学则为现代红外技术奠定了可靠的理论基础。它不仅能够预言各种技术应用的原则可行性，而且它还通过对各种物质、不同目标和背景红外辐射特性的研究，对地球大气层红外光学特性的研究，对不同材料红外吸收特性以及由

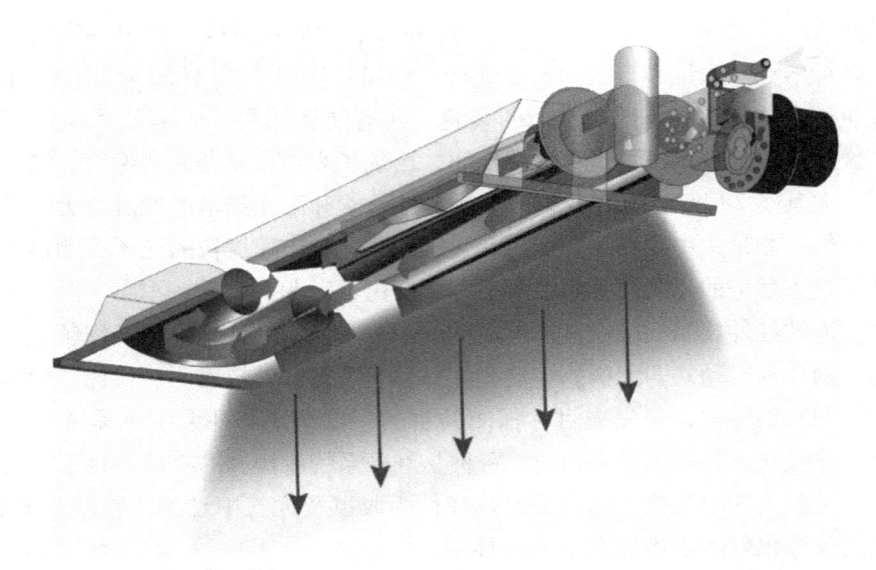

图 1 – 1 – 10　红外辐射加热技术示意图

此而引起的各种物理效应的研究，为红外系统工程设计和新型元器件的研制提供了丰富的实际资料和必要的理论依据。红外物理学以红外辐射为特定对象，是研究红外辐射的产生、传输、探测及其与物质相互作用规律的物理学分支。红外物理学的内容十分广泛，作为一门红外物理课，主要讲述红外辐射的物理基础、红外辐射的基本规律和基本定理、红外辐射源以及目标和背景辐射测量的原理和方法。

通常人们将红外光划分为近红外、中红外、远红外三部分。近红外指波长为 0.75 ~ 3.0 μm；中红外指波长为 3.0 ~ 20 μm；远红外则指波长为 20 ~ 1 000 μm。在光谱学中，波段的划分方法尚不统一，也有人将 0.75 ~ 3.0 μm、3.0 ~ 40 μm 和 40 ~ 1 000 μm 作为近红外、中红外和远红外波段。另外，由于大气对红外辐射的吸收，只留下三个重要的"窗口"区，即 1 ~ 3 μm、3 ~ 5 μm 和 8 ~ 13 μm 可让红外辐射通过，除这些窗口外红外辐射在大气中基本上不能辐射或传播距离很近。在军事应用上，又分别将这三个波段称为近红外、中红外和远红外。8 ~ 13 μm 还被称为热波段。

自从 1800 年英国天文学家威廉·赫歇尔发现红外辐射至今，红外技术的发展经历了两个多世纪。从那时开始，红外辐射和红外元件部件的科学研究逐步发展，但发展比较缓慢，直到 1940 年前后才真正出现现代的红外技术。当时，德国研制出硫化铅和几种红外透射材料，利用这些元部件制成了一些军用红外系统，如高射炮用导向仪、海岸用船舶侦察仪、船舶探测和跟踪系统、机载轰炸机探测仪和火控系统等。其中有些达到实验室试验阶段，有些已小批量生产，但都未来得及实际使用。此后，美国、英国、苏联等国竞相发展，特别是美国，大力研究红外技术在军事方面的应用。目前，美国将红外技术应用于单兵装备、装甲车辆、航空和航天的侦察监视、预警、跟踪以及武器制导等各个领域（见图 1 – 1 – 11、图 1 – 1 – 12）。

在红外技术的发展中，需要特别指出的是：20 世纪 60 年代激光的出现极大地影响

图1-1-11　海岸用船舶侦察仪

图1-1-12　船舶探测和跟踪系统

了红外技术的发展，很多重要的激光器件都在红外波段，其相干性便于移用电子技术中的外差接收技术，使雷达和通信都可以在红外波段实现，并可获得更高的分辨率和更大的信息容量。在此之前，红外技术仅仅能探测非相干红外辐射，外差接收技术用于红外探测，使探测性能比功率探测高好几个数量级。另外，由于这类应用的需要，促使出现新的探测器件和新的辐射传输方式，推动红外技术向更先进的方向发展。

传统上，常将红外技术与控制功能相联系，简单地利用红外辐射的探测作用解决应用中的夜视问题，继而又根据温差和不同的辐射程度形成红外图像（例如应用于侦查识别系统、坦克瞄准系统、反坦克导弹、空-空导弹等），绝大多数研究和发展都是为了满足军事需求。20世纪最后10年以来，红外技术在和平领域的应用不断增大，根据对商业市场的预测，该方面的产量约占70%，产值约占40%。这在很大程度上与非制冷成像装置的批量生产有关，包括医学、工业、地球资源和节能应用。医学应用包括红外热成像技术，其原理是，癌症或其他外伤会造成身体表皮温度升高，利用红外光对身体进行扫描，从而可探测出病症所在；用卫星红外成像及地形测量可对地球资源进行标定确认（例如利用该方法，可以确定土地和森林面积及其成分）。在某些情况中，甚至可以根据空间确定一种作物的完好状态；利用红外扫描以确定最大的热损耗点（或位置），有助于家庭或企业节能。由于上述技术的有效应用，促使对其需求迅速增长，例如，全球监控环境污染和气候变化、农作物产量的长期预测、化学工艺监控、傅里叶变换红外光谱技术、红外天文学、汽车驾驶、医学诊断中的红外成像以及其他领域中的应用。

红外光谱区（见表1-1-1）覆盖着比可见光波长更长但比毫米波更短的所有电磁辐射波谱范围。根据不同应用领域中所采用的光源与探测技术，红外波段通常被进一步细分。在实际应用中，不同波长范围对应着不同类型的探测器技术选择与灵敏度限制。波长3 μm是硫化铅（PbS）和砷镓铟（InGaAs）探测器的波长灵敏度；波长6 μm是锑化铟（InSb）、硒化铅（PbSe）、硅化铂（PtSi）探测器的灵敏度极限；碲镉汞探测器可通过调整其材料组成（Cd组分）以覆盖不同的红外波段，其长波版本的灵敏度通常可延伸至14 μm左右，接近8~14 μm大气窗口的上限。因此，若不了解目标在探测器上投射的辐射能量，就无法合理设计红外装置。同时，若不借助辐射度学测量技术，也难以准确量化目标的辐射量，这对确保红外系统达到预期的总信噪比至关重要。

表1-1-1 光谱区的波长范围

光谱区（缩写）	波长范围/μm
近红外（Near-Infrared，NIR）	0.75~2.5
中红外（Medium Wavelength IR，MWIR）	2.5~8
远红外（Far IR，FIR）	8~100

我们特别关注非相干光源的辐射度，并忽略衍射的影响。一般地，类似近轴光学我们假设都是小角度的情况，角度正弦近似等于该角度本身，单位为弧度（rad）。随着人们对红外物理学基础理论研究的深入，时不时会出现与红外相关的新发明和新应用，带给我们惊讶与感叹。

在当前全球正处于百年未有之大变局与中华民族伟大复兴战略全局的背景下，党的二十大会议明确提出了建设教育强国的核心目标，并强调了加强基础教育教研体系建设的重要性。为实现这一目标，我们应当聚焦于提升基础学科的高质量发展。具体到红外技术等基础学科的学习上，这不仅有助于我们深入了解国内外红外技术的最新发展与现状，还能为后续的深入研究与学习奠定坚实的基础，从而推动相关领域的创新与发展。

1.2 近红外典型系统与电子学特征

近红外光是介于可见光和中红外光之间的电磁波。习惯上又将近红外区划分为近红外短波和近红外长波两个区域。从物理特性上区分，近红外物理特性与可见光性质十分相似，其波动性质仍然不是十分明显，所以利用近红外波段实现信息、成像、光谱等领域的光电子应用优势十分明显。另外，感谢阿尔费罗夫开创的异质结型半导体器件物理技术，我们可以通过调节异质结材料组分去控制半导体器件的能带结构，进而使经典的半导体电子器件延展至近红外波段。无论是近红外光源，还是近红外探测器，我们都可以利用经典的半导体器件予以实现，所以在近红外波段的电子学特征与常规电子学特征较为相似。另外，近红外波段的典型系统主要包括近红外无线激光通信系统、近红外分子光谱检测分析系统、近红外成像与高光谱分析系统等，下面将介绍这些典型的近红外系统的基本组成结构以及相应的电子学特征。

1.2.1 近红外无线激光通信系统

近红外无线激光通信系统是一种利用激光在两个设备之间进行无线通信的系统。它利用近红外激光波长，使信息能够在空气中传输，无须任何物理连接。这种系统具有许多优点，包括快速、安全、可靠和高效。近红外无线激光通信系统的基本原理是使用激光作为信息传输的媒介。激光是一种高亮度的光线，具有非常窄的光束发散度。当激光照射到空气中的微小颗粒上时，这些颗粒会反射激光，形成一个连续的、高速的、双向的通信链路。这种通信链路可以在两个设备之间建立，无须任何物理连接，因此非常适合在复杂的环境中进行通信。无线激光通信是利用激光束作为载波在空间直接进行信息传输的一种通信技术，具有通信容量大、抗干扰能力强等特点，基于器件普遍成熟，现阶段无线激光通信普遍采用近红外激光作为载波，而近红外激光波长偏短，大气信道对近红外激光的传输的影响较为严重，这极大地限制了系统传输距离及通信性能，进而造成近红外无线激光通信系统无法得到更广泛的应用。因此，如何降低大气对无线激光通信系统的影响也成为该领域的研究重点。并且近红外的长波红外无线激光通信技术凭借其优异的大气传输特性将成为无线激光通信技术的发展趋势，最终推动无线激光通信技术得到更为广泛的应用。近红外无线激光通信按信道划分，大致包含光纤激光通信、空间激光通信以及水下、大气无线激光通信（紫外散射通信除外）四大类，这四类近红外无线激光通信原理框图如图 1-2-1 所示。

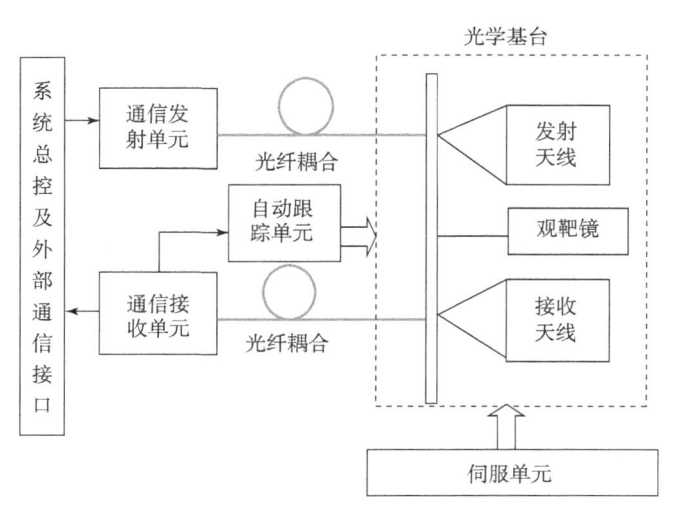

图 1-2-1 近红外无线激光通信原理框图

从图 1-2-1 中可见，通信发射单元与通信接收单元是整个系统的核心部件。对于通信发射单元而言，系统要求激光器输出光束质量要好，同时要考虑激光器的热稳定性、频率稳定性及工作寿命等性能指标。所以高速率、高质量、高可靠性激光发射及调制技术是整个通信发射单元的关键。而就通信接收单元而言，由于远距离传输，激光接收机接收到的信号往往十分微弱，又由于大气湍流的影响，探测器上会出现光斑抖动现象，同时背景光电流引起的散弹噪声使探测器灵敏度降低、信噪比降低。所以激光弱信号探测、窄带滤波、自适应阈值、放大均衡及数字锁相解调技术也直接决定了整个系统的性能。

近红外无线激光通信系统（见图 1-2-2）的应用非常广泛。它可以用于军事通信、无人驾驶飞机和卫星之间的通信、医疗设备之间的通信以及个人设备之间的通信。这种系统的优点在于它可以在任何天气条件下工作，并且可以在任何类型的表面上反射激光。此外，由于它是一种无线通信技术，因此不需要电缆或电线，这使得它非常方便和灵活。然而，近红外无线激光通信系统也存在一些挑战和限制。首先，由于激光的能量非常高，因此需要使用特殊材料来反射和传输激光。这可能会受到环境因素的影响，如灰尘、水滴和污染物的存在可能会影响通信链路的性能。其次，由于激光的波长非常短，因此需要精确的调制和解调技术来传输和接收信息。另外，还需要考虑激光的安全问题，以确保不会对人和环境造成伤害。近红外激光器（原理见图 1-2-3）的驱动主要依赖于电源和电子设备。这些设备提供激光器所需的工作电压和电流。通常，激光器需要一个稳定的直流电源，以提供足够的能量来激发激光物质的原子或分子，使其产生激光。调制是改变激光的频率或相位的过程。在近红外激光器中，调制通常是通过改变激光物质的原子或分子的能级状态来实现的。具体来说，可以通过改变激光物质的电场强度或温度来改变其能级状态，从而改变激光的频率或相位。电光调制：利用电光效应来实现激光调制。当电场作用于激光物质时，其能级状态会发生改变，从而影响激光的频率或相位。声光调制：利用声光效应来实现激光调制。当声波作用于激光物质时，其能级状态会发生改变，从而影响激光的频率或相位。磁光调制：利用磁光效应来实现激光调制。当磁场作用于激光物质时，其能级状态会发生改变，从而影响激光的相位。

图 1-2-2　近红外无线激光通信系统实例

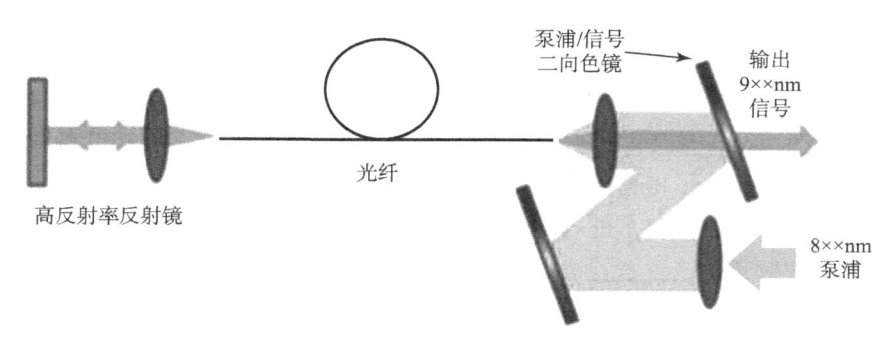

图 1-2-3 近红外光纤激光器原理图（掺钕）

总的来说，近红外无线激光通信是一种非常有前途的无线通信技术。它具有许多优点，包括快速、安全、可靠和高效。随着技术的不断发展和改进，近红外无线激光通信系统有望在未来的通信领域中发挥越来越重要的作用。

本书在后续将专门以无线激光通信系统为应用背景，着重为读者介绍近红外激光器的驱动、调制原理，近红外光敏探测器的工作原理，光电信号的解调，低噪放大原理，并给出一套完整的近红外电子学调制解调系统设计实例。

1.2.2 近红外分子光谱检测分析系统

近红外分子光谱检测分析技术是一种利用近红外光谱进行物质组分分析和化学结构推断的技术，其检测分析仪器如图 1-2-4 所示。它基于物质对近红外光的吸收特性，通过测定物质的光谱反射率、透射率和漫反射光谱，并结合化学计量学等数学模型，对物质的成分和结构进行分析和推断。分子是组成绝大多数物质的基本结构，而通常 O—H、N—H、C—H 等分子化合键的空间尺寸

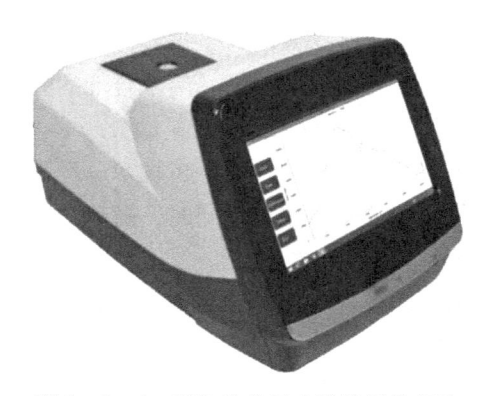

图 1-2-4 近红外分子光谱检测分析仪

与近红外波数范围（12 500~4 000 cm^{-1}）重叠。所以光谱作为载体，其上包含了分子振动的倍频和合频的关键性信息，而它们之间不同倍频和合频的多种振动组合方式所形成的信息均被载入近红外光谱上，从而在近红外光谱区域实现分析化学结构繁多且种类广泛的多样待测样品的目的。近红外分子光谱检测分析技术有着分析速度快、效率高、成本低、不破坏样品、不消耗化学试剂、不污染环境等优点。该技术除了应用于传统农产品分析之外，还扩展到有机化工、制药和生物化工等领域。近红外分子光谱检测分析技术的优势在于，其无损检测的特性使其适用于多种材料，包括但不限于食品、制药、石油、化工、生物医药等行业的在线监测和质量控制。同时，该技术对样品的形状和大

小没有特殊要求,且能够同时分析多个样品,具有高效率和高准确度的特点。

由于近红外光谱不一样的谱区间反射与透射机制不同,并有互补的效果,这样的表现形式提供了多种光谱的测量方式,例如透射、漫透射、漫反射等。透射光谱(波长一般在 700~1 100 nm 范围内)是指将待测样品置于光源与检测器之间,检测器所检测的光是透射光或与样品分子相互作用后的光。对于清澈、透明的均匀介质样品,由于不考虑样品的热吸收与散射作用,进入物体的光与物体只发生光谱吸收,然后按入射方向射出的光为直接透射光。该技术的核心是建立数学模型,常见的数学模型包括偏最小二乘法(PLS)、支持向量机(SVM)、随机森林(Random Forest)等。这些模型可以通过学习大量的光谱数据和对应成分或结构信息,建立光谱与成分或结构之间的映射关系,从而实现从光谱信息到成分或结构的推断。对于浑浊的样品,样品中有能对光产生散射的颗粒物质,光在样品中经过的路程是不确定的,对于这种情况应使用漫透射分析法。漫透射光谱与直接透射光谱的分析方法类似,只是不像清晰液体的透射光谱分析,在样品中光的路线是直线。

近红外光谱信号的频率比中红外谱区高,介于中红外谱区与可见光谱区之间,因此,近红外的光谱类似于可见光,容易处理与获取。近红外光谱的信息源是分子内部原子间振动的倍频与合频,近红外光谱信息的特点类似于振动光谱的中红外谱区,信息量丰富,本区包含大量含氢基团的结构信息,但信息强度比中红外谱区低、谱峰宽,同一基团的倍频与合频信息常可在近红外谱区的多个波段取得。在近红外谱区同一波段有样品多种信息的叠加。近红外光谱信息和信号的特点贯穿于近红外光谱分析技术的全过程。近红外谱区光谱的严重重叠性和不连续性导致物质近红外光谱中的与成分含量相关的信息很难直接提取出来并给予合理的光谱分析。然而,样品的近红外光谱是近红外光谱分析信息的载体,近红外光谱分析是从近红外光谱中提取信息的过程。在实际应用中,近红外分子光谱检测分析技术已经被广泛应用于食品安全、药品质量检测、石油产品质量控制等多个领域。同时,随着技术的发展,该技术还在不断进步和改进,以适应更多场景和更复杂的情况。

为了实现近红外光谱分析,必须解决一系列由于近红外光谱的特点造成的技术难点,主要是近红外光谱区的吸收强度较弱、光谱的信噪比低;测定不经过预处理的样品的光谱易受样品状态、测量条件的影响而造成光谱的波动性。为了解决上述技术难点,一种可调谐激光光谱吸收检测方法被提出了。这种检测方法通常是用单一窄带的激光频率扫描一条独立的气体吸收线。为了实现最高的选择性,分析一般在低压下进行,这时吸收线不会因为压力而加宽。其优势主要包括三个方面:第一是高选择性和高分辨率的光谱技术,由于分子光谱的"指纹"特征,它不受其他气体的干扰。这一特性与其他方法相比有明显的优势。第二,它是一种对所有在红外有吸收的、活跃分子都有效的通用技术,同样的仪器可以方便地改成测量其他组分的仪器,且只需要改变激光器和标准气。由于这个特点,很容易将其改成同时测量多组分的仪器。第三,它具有速度快、灵敏度高的优点。在不失灵敏度的情况下,其时间分辨率可以在 ms 量级。应用该技术的主要领域有:分子光谱研究、工业过程监测控制、燃烧过程诊断分析、发动机效率和机动车尾气测量、爆炸检测、大气中痕量污染气体监测等。其具体的系统基本组成示意图如图 1-2-5 所示。

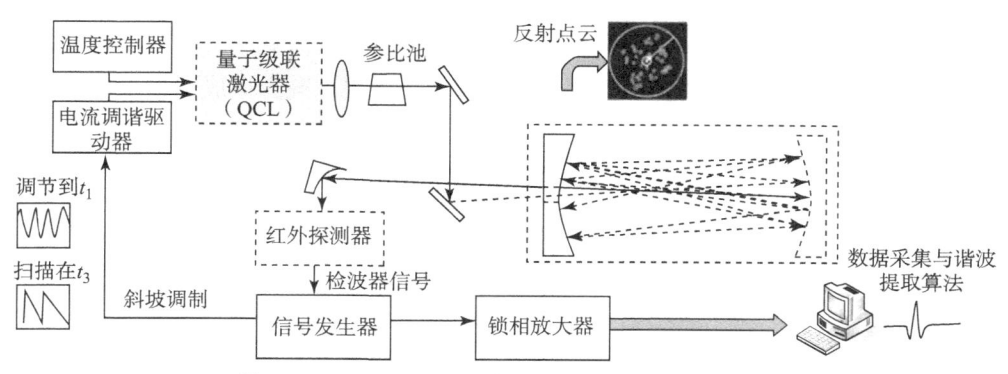

图 1-2-5 TDLAS 气体分子光谱检测系统示意图

在图 1-2-5 中，为了避免噪声对检测精度的影响，对于能够在较强的噪声中提取出的信号，可利用待测信号和参考信号的互相关检测原理实现对信号的窄带化处理，能有效地抑制噪声，实现对信号的检测和跟踪，使测量精度大大提高，高精度的锁相放大系统直接决定了整个系统的检测能力。总的来说，近红外分子光谱检测分析技术是一种高效、准确、无损的检测分析技术，具有广泛的应用前景。基于此，本书将以近红外分子光谱检测系统为应用背景，为读者介绍锁相放大器滤噪原理以及基本设计方法。

1.2.3 近红外成像与高光谱分析系统

近红外成像与高光谱分析系统（见图 1-2-6）是一种先进的图像分析系统，它结合了近红外成像技术和高光谱分析的优势，可以对物体进行精确的识别和分析。

近红外成像系统从系统类型上分，大致可以分为半导体近红外成像类型与电真空近红外成像类型。异质结半导体技术取得了长足进步，GaAs、InGaAs 半导体材料体系的光敏探测范围已经基本可以覆盖整个近红外波段。由此，基于内光电效应的 InGaAs 半导体材料焦平面探测器与光源也已经在工业、军事、科研等领域被广泛应用。与固体器件的内光电效应不同，基于外光电效应的近红外电真空器件在微光目标检测、瞬态红外成像等关键领域优势明显。近红外成像技术是一种非接触式的检测技术，它利用近红外光照射物体表面，通过分析反射或透射的光谱信息，可以获取物体的形态、结构、化学组成等信息。近红外成像技术具有非破坏性、高效率、高精度等优点，广泛应用于工业生

图 1-2-6 近红外成像与高光谱分析系统

产、医学诊断、农业监测等领域。

高光谱成像技术（系统结构图如图1-2-7所示）是将成像技术和光谱技术相结合，探测目标的二位几何空间及一维光谱信息，以获取高光谱分辨率的连续、窄波段的图像数据。高光谱成像具有光谱分辨率高、探测能力较强、能够获取近似连续的地物光谱信息以及极大地提高地表覆盖的探测和识别能力等优势。高光谱成像技术广泛应用于食品安全检验、医学诊断、航天航空的行星探测和地物识别研究等领域。高光谱分析则是通过分析非常窄的光谱范围，来获取物体表面精细的光谱信息，从而实现对物体精细结构的分析。高光谱分析可以获取物体的光谱分辨率信息，这对于物体的精细结构和微小变化的检测具有很高的价值。将近红外成像技术和高光谱分析相结合，可以实现对物体进行高精度、高分辨率的分析，不仅可以提高分析的准确性，而且还可以扩大应用范围。这种系统不仅可以应用于传统的图像分析领域，还可以应用于医学诊断、环保监测、食品安全等领域。此外，近红外成像与高光谱分析系统还可以与其他技术相结合，如人工智能、机器学习等，以提高系统的智能化程度和精度。通过这些技术的结合应用，可以更好地满足不同领域的需求，为各行业的发展提供更好的支持。

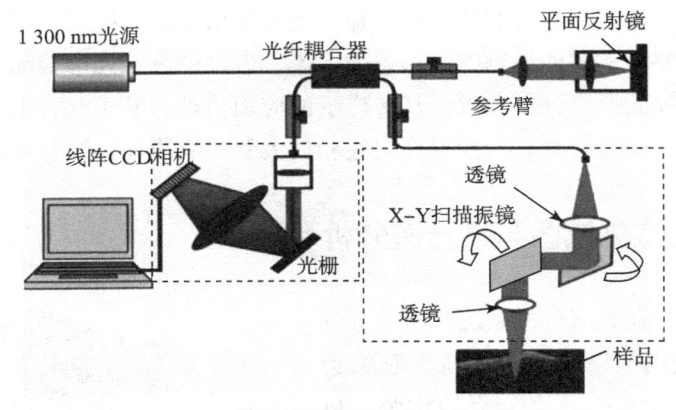

图1-2-7 典型的高光谱成像系统结构示意图

总之，近红外成像与高光谱分析系统是一种具有广泛应用前景的图像分析系统，它结合了近红外成像和高光谱分析的优势，可以实现高精度、高分辨率的分析，为各行业的发展提供更好的支持。基于此，本书将分别从近红外焦平面固体器件和电真空近红外成像器件两个维度，为读者介绍这两类近红外器件的基本电子学模型，以及依托这两类成像器件设计的高光谱成像系统的基本组成与相应光谱学分析方法。

1.3 中红外典型系统与电子学特征

随着光波波长的延展，中红外的物理特性与近红外的物理特性明显不同。首先在器件层面，传统天然半导体的能带规格几乎已经很难满足中红外光电器件的设计需求。过窄的禁带宽度需求，导致这类光电探测器件在常温下很难正常工作。因此，锑化物、汞化物、量子阱等光敏型半导体材料以及钒化物热敏型半导体材料便迅速进入了学界视野。在中红外波段，比较具有代表性的系统主要包括地对空毒刺中红外能量制导系统、反坦克标枪中红外图形跟踪系统、布拉格光纤光栅传感系统以及量子阱中红外器件等。

1821 年，赛贝克（Seebeck）发现了热电效应，此后不久，验证了首台温差电偶。

1829 年，诺比利（Nobili）将一些温差电偶（实物图如图 1-3-1 所示）串联，制造出首台热电堆。

1833 年，梅洛尼（Melloni）对温差电偶进行了改进，将铋和锑应用于其设计中。

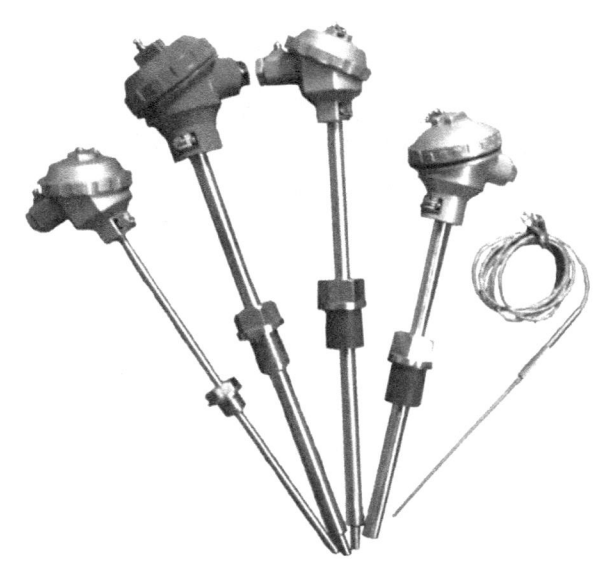

图 1-3-1 室外热温差电偶

探测器属于一种信号变换器，可以将入射的某种信号变换成便于观测、记录和分析的信号。此处所谓的信号也就是电磁波，具有幅度和相位两种属性，每种属性都含有信息。根据电磁波的特性，探测器可以分为两类，如果仅仅能探测出信号的幅度，这种探测器为非相干探测器；如果探测器可以将信号的幅度和相位同时获得，则这种探测器为相干探测器。相干探测不属于直接探测过程，最常见的相干探测器为外差接收器，其探测过程分为两个阶段，首先入射信号和另一个信号混频，探测器实际接收到的是入射信号和另一个已知信号的合成信号。

过去 60 多年中，更快速和更高灵敏度探测器技术的发展，成为打开太赫兹频谱域的主要原因。可以预期，利用外差系统对微波技术向更高频率的扩展，或发展更长波段的红外探测器，是实现太赫兹探测器的两个途径。

实际中，很多物理效应都可以作为探测器的工作特性用于探测系统中，根据物理效应的不同，可以将现有探测器大致分为以下四个主要的类别。

类别 1：测热探测器。在这类器件中，辐射信号被吸收变成了热，温度的变化可以引起一些物理变化，通过测量这些变化可以测得吸收信号的某些特征。一种被广泛应用的热探测器是辐射热测定器,信号被吸收后将提高辐射热测定器的阻抗。同样的还有热释探测器,这类探测器中内建有电荷源,当温度升高时极性便反转。还有一种具有非常高灵敏度的气体测热计——高莱探测器,这类探测器中充气单元的扩张由一套复杂的光电系统来测量。图1-3-2为一个测热探测器的应用实例。

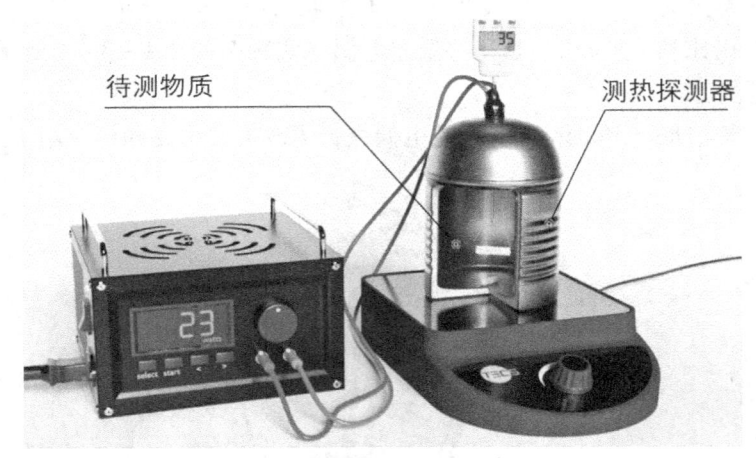

图1-3-2 测热探测器应用实例

由于大多数测热探测器中的工作材料都需要被信号加热,所以测热探测器的主要特点是响应速度相对缓慢;但是也有一些重要的例外情况,例如,超导体和半导体电子辐射热测定器都具有非常高的响应速度。测热探测器的另一个特点是通常这类探测器都具有非常宽的频谱响应特性,尤其在太赫兹频域低端,但是这通常很难实现,其主要问题在于太赫兹频域都是测量绝对能量的。

类别2:光子探测器。顾名思义,这类探测器都是测量独立光子的。在太赫兹波段,光子能量非常低,这主要是由器件表层的杂质态和导带或价带的能隙来响应的。由于只有电子参与探测响应的全过程,所以这种光电导的主要特性为响应速度快,当光子能量低于杂质态电离能时光子探测器会呈现出对这一频率信号的尖锐截止。为了避免热致电离,光子探测器往往需要冷却到接近液氦的温度。太赫兹光子探测器几乎都是光电导模式,其原理均为根据电子数量的变化产生可测量的阻抗变化。在大约10 THz以上的频率,可以使用一些本征光子探测器,这时,信号辐射的能量可以促使电子从价带往导带迁移,但是由于能隙相对比较小,因此仍然需要冷却环境。光子探测器实物如图1-3-3所示。

图1-3-3 光子探测器实物

类别3:整流探测器。针对太赫兹探测的整流器为微波毫米波频段的高频端探测器形式。基于器件伏安特性的非线性特征，整流探测器中可以产生和入射信号同频的电流信号和直流成分，其中直流成分主要由输入的交流能量和幅度产生。但是在高频段很难实现整流探测器的探测功能，其原因在于器件结电容和电感的复合阻抗在高频情况下插入损耗会随频率升高而持续增加。点接触肖特基二极管（与 20 世纪 20 年代使用的晶体接收机中的探测器本质相同）已经可以很好地应用于 3 THz 以上的场合，但是由于这类器件比较脆弱，在很多应用中缺乏必要的可靠性。而平面二极管结构往高频扩展的进程一直稳步推进，目前 1 THz 以上损耗相对低的探测器已经实现。此外还有基于超导体某些特性的整流探测器，例如，超导 – 绝缘体 – 超导结构的光子辅助隧穿器件，然而此类超导探测器的应用需要冷却到约 4 K。

类别 4：混频器。在外差系统中采用整流探测器有巨大的优势，此时整流器被用作混频器，同时接收观测信号和与观测信号频率临近的本振信号，输出二者的差频信号，这个过程称为混频或下变频。光混频器实物如图 1-3-4 所示。

1880 年，兰利（Langley）热辐射计（见图 1-3-5）成功研制。兰利将两根细的铂箔带相连，形成惠斯顿（Wheatstone）电桥的两个支路。在之后的 20 年，他继续研发热辐射计（比其第一台的灵敏度高 400 倍），最后一台热辐射计可以探测到 1/4 mile（1 mile = 1.61 km）远的一头母牛发出的热量，从此，红外探测器的研究开始与热探测器联系在一起。

图 1-3-4　光混频器实物

图 1-3-5　热辐射计

1873 年，史密斯（Smith）利用硒做海底电缆绝缘层的试验时，发现了光导效应。几十年来，该发现开拓了广阔的研究领域，尽管绝大部分努力并未取得良好结果。直到 1927 年，有关光敏材料硒的研究文章已经有 1 500 多篇，并有 100 项专利。1904 年，玻色公布了天然硫化铅或方铅矿中红外光伏效应的研究成果。然而，在后续的几十年内，并没有将这种效应应用在辐射探测器中。

20 世纪，研究人员发明了光子探测器。1917 年，凯斯（Theodore W. Case）（见图 1-3-6）研制出第一台红外光导装置，并发现一块含有铊和硫的物质呈现出光导性。稍后又发现，加入氧元素会大大地提高响应。然而，有光照或偏置电压时电阻不稳定、过曝光会造成响应度降低、高噪声、反应迟钝及缺乏可重复性，似乎是其固有的缺点。

1930 年以来，光子探测器的研究是红外技术的发展主流。大约在 1930 年，苛勒（Kohler）研发出性能较稳定的 Cs－O－Ag 光电管，在很大程度上激励了光电导管的进一步研发，这种情况大约持续到了 1940 年。当时，首先在德国开始研究探测器性能的改进。1933 年，柏林大学的库切尔（Kutzscher）发现，（撒丁岛天然方铅矿中的）硫化铅具有光导性，并对 3 μm 光波有响应。

当然，该研究是在非常秘密的条件下完成的，直至 1945 年之后，才知道其结果。硫化

图 1－3－6　凯斯（Theodore W. Case）

铅是战争环境中第一个在各种领域中真正应用的红外探测器。1941 年，卡什曼（Cashman）对硫酸铊探测器技术进行了改进，从而成功地投入生产。此后，卡什曼重点开展硫化铅的研究，并在第二次世界大战之后，发现了有希望作为红外探测器的其他铅盐族（PbSe 和 PbTe）半导体。大约在 1943 年，德国开始生产硫化铅光电导体，美国伊利诺依州埃文斯顿市西北大学和英格兰海军研究实验室也分别于 1944 年和 1945 年首次进行了生产。

确切地说，碲镉汞（HgCdTe）激励了"三代"探测器装置的研究。第一代是线性阵列光导探测器，已经批量生产，并得到广泛应用；第二代是二维阵列光伏探测器，目前正高负荷生产，现阶段研发中，凝视阵列大约有 10 个元，并利用与阵列集成在一起的线路完成电子扫描，这种用铟柱将光敏二极管与读出集成线路（Readout Integrated Circuit，ROIC）芯片相连接的二维阵列作为混成结构常常称为传感器芯片组件（SCA）；第三代装置的定义涵盖了在双波段探测器和多光谱阵列中包含的较特别的装置结构。对第二代系统概念的早期评估表明，硅化铂（PtSi）肖特基（Schottky）势垒、锑化铟（InSb）和碲镉汞（HgCdTe）光敏二极管，或者诸如硒化铅（PbSe）、硫化铅（PbS）和非本征硅探测器之类的高阻抗光导体一直是很有希望的候选产品，原因是其阻抗都非常适合读出多路传输的场效应晶体管（Field Effect Transistor，FET）的输入。由于光导型碲镉汞探测器在焦平面上有低电压和大功率损耗，所以不适合。英国的一个新颖发明，扫积型（Signal Processing in the Element，SPRITE）探测器（通常直接称为 SPRITE 探测器）将信号的时间延迟积分（Time Delay and Integration，TDI）融合在单个加长型探测器元件内，从而扩展了普通光导型碲镉汞探测器技术。该探测器代替了一整排由普通串行扫描探测器、外部放大器和时间延迟线路组成的离散元件，尽管仅应用在大约 10 个元件的小型器件中，但这种装置已经生产了数千台。图 1－3－7 所示为光伏探测器。

图 1-3-7 光伏探测器

增大像素数的思路类似于对大幅面阵列继续进行研究,利用一些传感器芯片组件(Sensor Chip Assembly,SCA)紧密对接镶嵌可以继续增大像素数。美国雷神(Raytheon)公司制造了一个由 2 048 像素(横向)×2 048 像素(纵向)碲镉汞传感器芯片组件拼成的 4×4 镶嵌器件,并协助安装在最终的焦平面结构中以便利用四种红外波长考察南半球整个天空,具有 6 700 万像素,是目前世界上最大的红外焦平面。目前,尽管减小相邻 SCA 上主动探测器间的间隙尺寸受到限制,但许多限制还是能够打破的。预计,大于 100 万像素的焦面将是可能的,但是会受到财政预算而非技术方面的约束。

由国防部门支持的项目有消极的一面,因涉及保密要求,会妨碍国家层面尤其是国际上研究团队间的有意义合作。此外,研究主要精力集中在焦平面阵列的验证研究上,很少确立基础知识。尽管如此,在最近 40 年,还是取得了很大进步。目前,碲镉汞是红外光探测器中使用最广泛的变间隙半导体,成功击退了非本征硅和碲锡铅器件的主要挑战。当然,今天仍面临着前所未有的更多竞争者,包括硅肖特基势垒、锗化硅(SiGe)异质结、砷化镓铝(AlGaAs)多量子阱、锑化铟镓(GaInSb)应变层超晶格、高温超导体,尤其是两类热探测器——热释电探测器和硅测辐射热计。然而,根据其基本性质,这些挑战者中没有一个具有竞争力,它们的优势是较易加工,但不会获得更高性能或在较高甚至可比较的温度下工作的能力,但热探测器是一例外。应当注意,从物理学观点来看,Ⅱ类锑化铟镓(GaInSb)超晶格是一个特别具有吸引力的研究课题。

20 世纪 70 年代中期,首先验证了单片非本征硅探测器,但集成电路制造工艺会使探测器材料的性质退化,所以该项研究被搁置。

历史上,Si:Ga 和 Si:In 是首先使用的镶嵌焦平面阵列(见图 1-3-8)光导材料,原因是早期的单片法与这些掺杂物质相兼容。可以采用普通技术,或杂质带传导(Impurity Band Conduction,IBC)技术,或阻滞杂质带技术,制造光导材料。然而,阻滞杂质带探测器具有独特的光导方面和光伏方面的组合特性,包括超高阻抗、较弱的复合噪声、线性的光导增益、高均匀性和极好的稳定性。现在,已经使用截止波长为 28 μm 的百万像素探测器阵列。特定掺杂杂质带传导探测器可以像固体光倍增管(Solid

State Photo Multiplier，SSPM）和可见光光子转换器（Visible Light Photon Converter，VLPC）一样工作，光受激载流子在低光通量条件下对单个光子计数。标准固体光倍增管的光谱响应范围是 0.4~28 μm。

图 1-3-8　焦平面阵列

如前所述，大约从 1930 年以来，光子探测器是红外技术的主要发展趋势，但光子探测器需要低温制冷，必须避免电荷载流子发热。由于热传递与光学传输并存，所以非制冷器件有非常大的噪声。制冷热像仪通常使用斯特林循环制冷器，是光子探测器红外热像仪中较昂贵的组件，制冷器的寿命大约只有 10 000 h。制冷需求会使红外系统笨重、昂贵并且使用不便，所以是广泛使用以半导体光子探测器为基础的红外系统的主要障碍，图 1-3-9 所示为制冷热像仪与斯特林循环制冷器实物图。

图 1-3-9　制冷热像仪与斯特林循环制冷器实物图

20 世纪末，热成像迎来了第二次革命，对室温景物成像的非制冷红外阵列的研发有了突出的技术成就。在美国军事机密合同支持下研发了多种技术，所以，在 1992 年对这些资料的公开解密使全世界许多红外研究机构大吃一惊。有一个不言而喻的假设：只有适合 8~12 μm 大气窗口工作的低温光子探测器，才具有室温物体成像所必需的灵敏度。尽管热探测器的响应较慢，从而很少应用在扫描成像装置中，但目前，人们仍很有兴趣将其应用于二维电子编址阵列。在这种情况下，其带宽较窄，而热器件在 1 个帧幅时间段内的积分能力又是一个优势。当今的许多研究重点集中在混合和单片非制冷阵列两个方面，并且，热电和热释电探测器阵列（Bolometric and Pyroelectric Detector Array）的探测灵敏度有了很大提高。美国霍尼韦尔公司已经批准几家公司利用测辐射热计技术，为商业和军事系统研发和生产非制冷焦平面探测器。目前，美国雷神、波音和洛克希德-马丁公司正在生产小型640像素×480像素微测辐射热计相机，美国政府允许这些厂商将其产品销售到国外，但不能泄露生产技术。最近几年，一些国家，包括英国、法国、日本和韩国，已另起炉灶研发自己的非制冷成像系统，因此，虽然美国是非制冷成像系统研发的主导国家，但最令人激动和最具前途的低成本非制冷红外系统或许来自美国之外的国家。例如，来自日本的三菱电子公司已详细介绍了使用串联PN结的微测辐射热计焦平面阵列，这是一种独特的以全硅型微测辐射热计为基础的方法。

使用热探测器红外成像是多年来的研发课题，但商用和军事系统已经很少利用热探测器。其原因是业界普遍认为，与光子探测器相比，热探测器相当慢和不灵敏，因此，相对于光子探测器，世界范围内对热探测器的研发力度特别小。前面的阐述并不是说还没有对热探测器积极地开展研究，的确，在这方面已经有了一些有意义和重要的进展。例如，1947年，高莱（Golay）制造了一台改进型气动红外探测器，并将这种气体温度计应用在光谱仪中；由美国贝尔（Bell）电话实验室首次研发的热敏电阻器测辐射热计也在探测低温光源辐射方面得到了广泛用途，应用超导效应已经制造出超灵敏测辐射热计。

同时，人们也将热探测器应用于红外成像。蒸发成像仪和吸收式边缘图像转换器就属于首批非扫描红外成像仪。初始，蒸发成像仪是用于检测使涂有薄油膜的膜片变黑的放射问题的。由于油膜蒸发速率正比于放射强度，用可见光照射油膜，就可以产生与热图像相对应的干涉图。第二种热成像装置是吸收式边缘图像转换器，其工作原理是利用半导体边缘吸收对温度的依赖性。由于时间常数很长和空间分辨率很差，致使两种成像装置的性能不佳。尽管有大量的积极的研究，并且可以在常温下工作及低成本的潜在优势，但与制冷光子探测器的热成像应用相比，热探测器技术仅取得了有限的成功。不过，广泛应用于消防和紧急服务部门的热电光导摄像管（Pyroelectric Vidicon，PEV）是一个值得注意的例外，它用热释电探测器和锗面板替代光导靶板，可将热电光导摄像管类似看作可见光电视摄像机。紧凑而坚固的热电光导摄像管成像仪已经应用于军事领域，但缺点是管子寿命短、较脆，尤其是网纹式摄像管需要提高空间分辨率。然而，凝视焦平面阵列的出现预示着某一天非制冷系统会进入许多应用领域，尤其是商业应用中。美国德州仪器（Texas Instruments）公司在与美国陆军夜视实验室（U.S. Army Night Vision Laboratory）签订的合同的支持下，在该领域做出了相当大的努力，目的是以钛酸锶钡铁电探测器为基础制造一个凝视焦平面阵列系统。20世纪80—90年代初期，其他公司也研发出了许多以各种热探测原理为基础的装置。

目前已经对红外领域的许多材料进行过研究，纵观红外探测器技术的发展史，在诺顿（Norton）之后，可以总结出一个简单的道理："在0.1~1 eV范围内的所有物理现象都可以用红外探测器探测"。这些现象包括热电功率（热电偶）、电导率（测辐射热计）、气体膨胀（高莱盒或高莱探测器）、热电性（热电探测器）、光子牵引、约瑟夫森效应、约瑟夫森结、内发射、肖特基势垒、基本吸收（本征光探测器）、杂质吸收（非本征光探测器）、低维固体、超晶格（Super Lattice，SL）、量子阱（Quantum Well，QW）和量子限制效应及各种相位转换等。

由此看出，在第二次世界大战期间便开始研发现代红外探测器技术，在最近60年内已成功地研发出高性能红外探测器，从而使当今能够成功地将红外技术应用到遥感领域。光子红外技术与半导体材料科学和为集成电路研发的光刻技术相结合，以及冷战军备的刺激，使红外技术在20世纪短暂时间内取得了非同寻常的发展。

1.3.1 地对空"毒刺"导弹中红外能量制导系统

空中飞行目标的高速运动与较远的跟踪瞄准距离均是地对空制导跟踪系统设计首要考虑的关键问题。大敏面的点状探测器在探测灵敏度方面远远高于焦平面探测器。另外，当代高速飞行器多采用喷气式或大功率活塞螺旋桨式发动机获得飞行动力，所以针对这种大功率发动机的近红外光谱特征予以跟踪探测效果最佳。由于发动机或尾焰辐射光谱主要集中在中红外 $3\sim5~\mu m$ 波段，所以，利用在 $3\sim5~\mu m$ 波段高敏感度的锑化物点状探测器予以跟踪制导效果最佳。如今，标准的西方单兵便携式防空导弹是FIM-92"毒刺"导弹（见图1-3-10）。"毒刺"导弹具有双模引导，红外线和紫外线双波段追踪，再加上软件控制，能够提供全方位探测和自导引能力。"毒刺"导弹是美国研发的一款红外制导地空导弹，可单兵携带，也可通过直升机空对空发射。其具有成本小、效果好等优点。

图1-3-10 FIM-92"毒刺"导弹

综上，本书将以地对空"毒刺"导弹中红外能量制导系统为例，为读者介绍点状探测器跟踪系统的电子学设计方法与系统构成。

1.3.2 "标枪"反坦克导弹中红外图形跟踪系统

地面目标特征与天空目标特征存在本质区别。地面环境极为复杂，坦克、装甲车、单兵完全可以隐藏在地壳红外噪声中。例如，沙漠环境在 $3\sim5~\mu m$ 波段辐射的中红外光谱与坦克自身特征十分相近，如果同样依靠中红外点状探测器进行跟踪识别，则难度较大。相反，陆地目标运动速度相对较慢，而且相对于天空目标，完全可以做到近距离标准射击，所以地面跟踪系统则多采用 $8\sim14~\mu m$ 中红外焦平面成像探测器进行图形跟踪。

"标枪"反坦克导弹（见图1-3-11）则是一种采用红外焦平面阵导引头的携式反坦克导弹，是一种实现全自动导引的新型反坦克导弹。"标枪"反坦克导弹系统主要由发射包装筒、导弹和瞄准控制单元组成，其之所以能作到"发射后不管"，主要归功于导弹头锥玻璃罩内的焦平面热成像寻的器和图像识别处理系统。

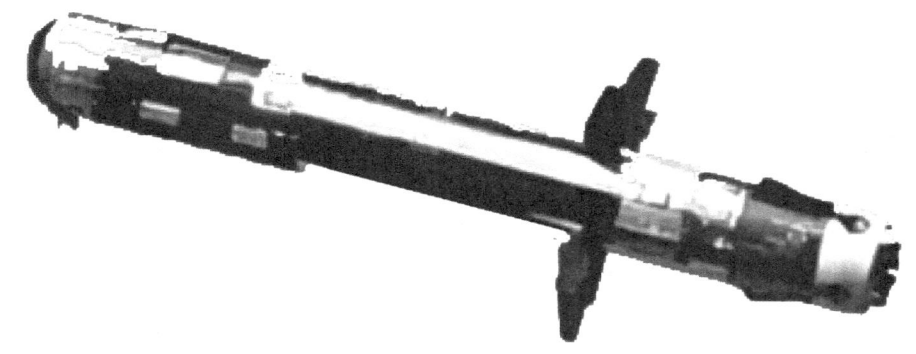

图1-3-11 "标枪"反坦克导弹

"标枪"反坦克导弹中红外图形跟踪系统是一种用于自动追踪和摧毁移动目标的系统。它使用红外热成像技术来探测和识别目标，并通过图形处理算法将目标转化为图像，以便射手能够快速、准确地瞄准目标。该系统可以提供高精度的目标定位和跟踪，使得射手能够在较远的距离上打击目标，并且可以适应各种复杂的环境和天气条件。此外，该系统还可以提供目标识别和分类功能，以便在目标被其他物体遮挡或伪装时进行快速识别和重新定位。总的来说，反坦克标枪中红外图形跟踪系统是一种先进的反坦克武器系统，它能够提高射手的命中率和打击效果，同时也提高了反坦克武器的作战能力和适应性。

综上，本书将以"标枪"反坦克导弹中红外图形跟踪系统为例，为读者介绍中红外焦平面成像探测器的基本工作原理与目标识别跟踪算法。

1.3.3 量子阱中红外器件

量子阱是被夹在两个宽带隙势垒薄层之间的窄带隙超薄层。量子阱作为一种异质结超晶格结构，近年来在国内外发展十分迅猛。量子阱器件，即指采用量子阱材料作为有源区的光电子器件，材料生长一般采用MOCVD外延技术。这种器件的特点就在于它的量子阱有源区具有准二维特性和量子尺寸效应。

半导体超晶格和量子阱材料是光电材料的最新发展产物，量子阱器件的优越性使得它活跃在各种生产和生活领域。目前，在光通信、激光器研制、红外探测仪器等方面，量子阱器件都得到了广泛的应用。并且在未来，半导体超晶格和量子阱材料必然在更多领域发挥其独特的作用。同时，基于这类超晶格半导体结构的中红外半导体器件也取得了重大突破。例如，量子阱红外光电探测器（QWIP）是20世纪90年代发展起来的高新技术，是目前红外传感技术的发展方向，它具有响应速度快、量子效率高、可变波长、器件制作工艺成熟、抗辐射能力强、成本低、热稳定性和均匀性好等优点,在军事和民用方面占有重要地位。

在不同类型量子阱红外光电探测器中,GaAs/AlGaAs 多量子探测器技术最为成熟,并且这些探测器的性能也取得了快速进步,比探测率得到很大提高,使应用于长波红外成像的兆像素焦平面阵列(FPA)的性能足以与最先进的 HgCdTe 相比拟。相对于 HgCdTe 探测器,GaAs/AlGaAs 量子阱探测器有许多潜在优点,包括:以成熟的 GaAs 生长和处理技术为基础的标准制造技术;在大于 6 in①GaAs 晶片上完成高均匀性和成功控制的 MBE 技术;产量高,成本低;具有更好的热稳定性以及非本征耐辐射性。目前,制备量子阱材料与器件的工艺比较成熟,且可实现大面积、多色、高均匀性焦平面阵列,及与读出电路集成方便等诸多优点,使量子阱光电探测器受到国内外研究者的青睐。而且,利用 MBE 和 MOCVD 等先进工艺可生长出高品质、大面积和均匀的量子阱材料,容易做出大面积的探测器阵列。所以量子阱光电探测器尤其是量子阱红外光电探测器受到了广泛关注,如图 1-3-12 所示为量子阱红外光电探测器的显示效果,图 1-3-13 为量子阱红外光电探测器工作原理示意图。

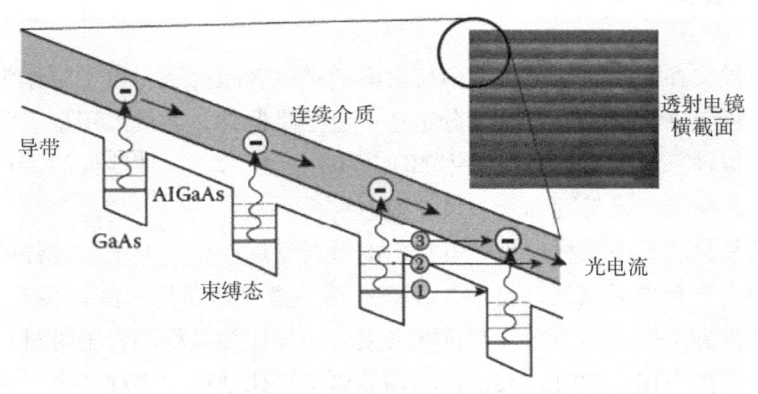

图 1-3-12 量子阱红外光电探测器的显示效果

图 1-3-13 量子阱红外光电探测器工作原理示意图

① 1 in = 2.54 cm。

基于此，本书为读者介绍中红外量子阱光电器件的基本设计原理，进而方便学生对中红外光电技术的研究前沿有一定了解。

1.4　远红外典型系统与电子学特征

远红外光波的物理特征与其他波段的物理特征存在明显区别，主要以波动性特征体现，与毫米波特征更为类似。目前，远红外在医疗、成像、军事、通信等领域中的应用十分广泛。在远红外波段，比较具有代表性的系统及技术主要包括以下几个方面。

1.4.1　远红外医疗系统

远红外是一种具有较强渗透力的电磁波辐射能量，易被人体吸收产生热效应，促使皮下深层温度上升，使微血管扩张促使血液循环，将淤血等妨害新陈代谢的障碍全部清除干净，这对生物的生长有着极为重要的影响。此外，远红外还被验证可以深入皮下组织，与肌体生物大分子产生共振等，可以降低一些肿瘤细胞的活性。在临床医学中，常会使用远红外理疗对肿瘤患者进行辅助治疗，缓解肿瘤放化疗后产生的组织水肿。远红外还常用于减轻伤口疼痛，促进伤口愈合等。并且，在农作物上试验表明，红外辐射能刺激块茎的生长和薄层泥土覆盖的蔬菜种子的发育，能缩短种子的育苗时间。

综上，本书将以红外加热医疗系统为例，为读者介绍典型的远红外黑体产生机理与典型系统模型。

1.4.2　激光相干混频与激光稳频技术

激光相干混频技术的主要原理是将两束频率接近、相位差恒定且偏振方向相同的信号光与本振光波进行相干混频，再利用光电平衡探测器和信号处理后对中频信号进行分析，可以看出其原理上也是一种调制解调器。激光混频技术是实现相干光通信的关键技术之一，其主要作用是精确引导输入的信号光与本振光进行混频合束，将叠加光场输出至探测器进行后续相干混频。近年来随着相干光通信应用的增加，研究人员对激光相干混频技术进行了大量的研究。如图1-4-1所示为不同光束之间的激光混频过程。

激光稳频技术广泛应用在量子光学、量子通信、引力波探测以及精密光谱和光钟的实验系统中。在这些系统中，为了减小激光器输出激光的频率漂移，通常将激光频率锁定在某一稳定的参考频率标准上，以期获得长期频率稳定的激光源。因而，激光稳频技术在各类光学系统中发挥着越来越重要的作用。

图1-4-1 不同光束之间的激光混频过程

1.4.3 光生太赫兹生成技术

多年来,术语"远红外"(FIR)被用来描述从约20 μm以上至最短毫米波范围内的所有波长;后来该波段又被称为亚毫米波(Submillimeter),但是如果严格遵循这个定义,把亚毫米波界定在1 mm以内也不能完全令人满意。1978年,Blaney提议了一个准确但是冗长的名称"短毫米和亚毫米波波长范围",缩写成SMSMR(Short Millimeter and Sub-millimeter-wavelength Range),但是这个名称并未被广泛采用。"太赫兹"这个名字是相对较新引入的,最初是与太赫兹时域频谱(THz Time-Domain Spectroscopy,THzTDS)紧密相关,但是现在已经被广泛接受,用来方便地描述这段频谱,不论从红外还是从微波方向逼近到这个频段都适用。虽然现在对于谁第一个提出术语"太赫兹"还存在疑问,但是在1974年J. W. Fleming的文章发表后,这个名称似乎才被逐渐地接受和使用。图1-4-2所示为太赫兹应用在空间天文探测的场景。

图1-4-2 太赫兹应用在空间天文探测的场景

太赫兹频段研究中遇到的主要困难是在其大多数频率范围内地球大气的吸收率非常

高，这主要源于水汽的自旋振动能级，高吸收导致太赫兹天文学和高层大气学只能通过高海拔天文台和浮空气球在极少数的可用"窗口"开展研究。图 1-4-3 给出了 0.2～2.2 THz 的大气传输特性，数据由位于智利北部安第斯山脉上塞热察布鲁山的接收实验望远镜（Receiver Lab Telescope，RLT）测得，该地海拔高度为 5 525 m，可以获得一些最好的太赫兹传输特性数据，图示频谱为 2005 年 1 月通过分辨率为 3 GHz 的傅里叶变换频谱仪（Fourier - Transform Spectrometer，FTS）获得。除安第斯山脉外，唯有南极平原测得的数据可与之比拟。在海拔 4 100 m 的南极平原最高点——冰穹 A，中国极地研究中心和中国科学院牵头的堪称"英雄"式的实验观测到了特殊的太赫兹透射特性。南极的大气非常稳定，因此如果在冰穹 A 建立一个永久的观测点，长期观测良好的太赫兹传输特性就会成为可能。然而逻辑上，这个位置还是存在严重问题的，特别是在南极冬季时不可避免地存在极低的水汽含量。

在高于图 1-4-3 所示的频段，吸收增大得非常快，这也是多年来大多数太赫兹研究仅限于实验室的原因。但是，高空飞行实验室如柯伊伯机载观测站（Kuiper Airborne Observatory，KAO），和数量不断增多的轨道平台如欧洲空间局（ESA）的赫歇尔空间观测站，使得天文学和空间科学发生了革命性巨变。然而，地基太赫兹天文学无一例外，如同从图 1-4-4 看到的那样，高吸收率严重限制了实验室的实验。

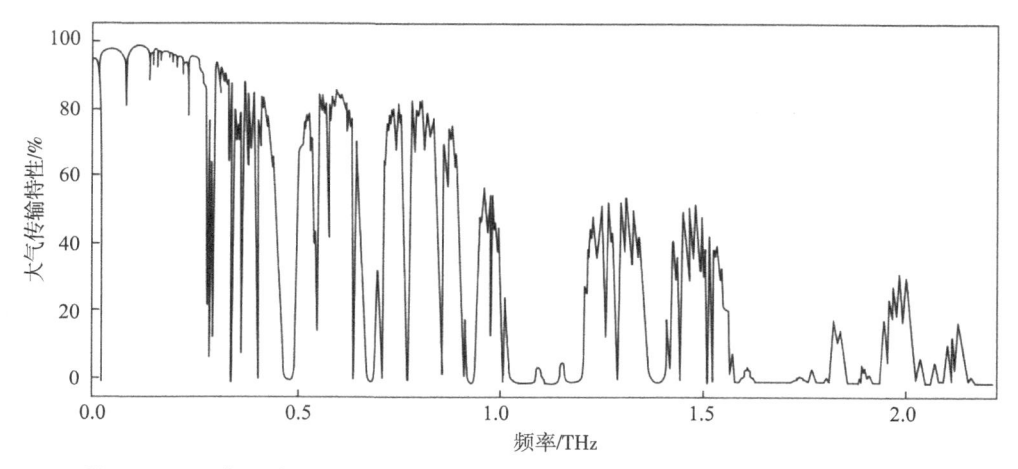

图 1-4-3　气压为 1 013 hPa、相对湿度为 40% 条件下 1 m 路径的大气传输特性

大气吸收强度是相当可观的，在大约 8 THz 时吸收强度可达到最大值———超过 2×10 dB/km。为了形象理解这些数字的含义，可以想象这些频率的光波只有不到 1% 能够通过源与探测器之间 10 cm 的路径。一方面，因为在光路上存在一段不长的开放区域，以致很长一段时间内难以确定由高功率太赫兹激光器发出的 9.1 THz 的强谱线；另一方面，著名宇宙论者 Fred Hoyle 爵士在其科幻小说《十月一号太迟了》中也提到，虽然太阳发出的辐射频谱中包含了非常短的波长（比最短的无线电波短很多），但这些高频辐射由于大气的吸收作用，无法到达地球表面。它们被大气中的水蒸气等分子吸收，因此无法直接被探测到。也就是说太赫兹波及其他高频辐射会在大气中被强烈吸收，导

致它们无法透过大气层。在太阳半径 10 倍外的表观范围内能够观测到源发射出的大功率相干信号，因此科学家建议在银河系内建立中继站以产生无发散的波束。

为了在整个太赫兹频段实现可以忽略的吸收衰减，光路上的气压要低于 100 Pa，这样的气压很容易通过回转真空泵获得。然而，如果有调谐辐射源可用，则在整个太赫兹频段内寻找某个频点实现大气压条件下中短路径长度的实验是有可能的。图 1-4-4 为典型实验条件下的传输特性。

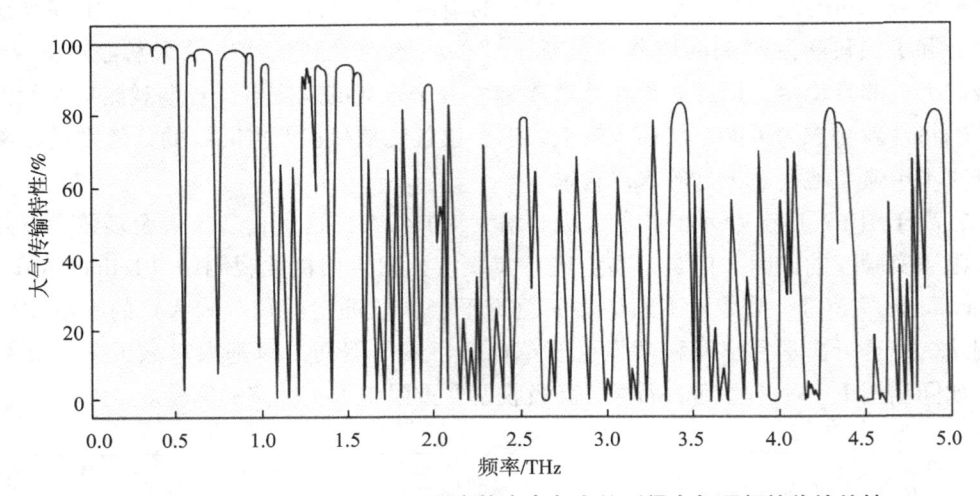

图 1-4-4　2005 年 1 月 24 日于塞热察布鲁山处测得大气顶部的传输特性

随着能够发射太赫兹脉冲（T 射线，T-ray）的光电导电天线的出现，这段介于红外和微波频谱之间"空白"区域的研究取得了巨大的进步。在阅读 20 世纪 90 年代文献时，不免令人认为这些就是最早的太赫兹频段实验，事实上，该领域最早的研究始于 100 年以前，海因里希·本斯（Heinrich Rubens）几乎做了全部工作，他是柏林夏洛腾堡工学院（现在是柏林工业大学）和柏林大学的教授。截至 1920 年，该领域发表的大部分文章都是由 Rubens 或者其他研究人员与 Rubens 共同撰写的，并且从那以后就一直有数量稳定的文章发表，并最终引领了 20 世纪 50 年代以来该领域的快速发展。Rubens 的研究着重于把红外谱域扩展到波长更长的部分，后来被称为"远红外"。Rubens 在开始他自己的红外研究工作之前，曾参与了 19 世纪末期 Heinrich Hertz 领导的"短波"研究，研究了电波的反射和极化。在 19 世纪 90 年代，人们在微波方面进行了大量研究，其中一些已经接近了 0.1THz。很多优秀的科学家介入其中，Lodge、Fleming、Righi、Popov 和 Lebedev 在瑞利（Rayleigh）勋爵的基础上开展了理论研究。最著名的一些实验是印度物理学家 J. C. Bose 开展的。Bose 在剑桥大学学习过，在那里受到了 Rayleigh 的影响，回到印度后执教于加尔各答总统学院（Presidency College）。他继续了在微波方面的研究，做了大量的实验，后来还回到英国做过示范讲座。在 60 GHz 以上的频段，他专注于棱镜、透镜、栅偏振器、反射光栅、喇叭天线和双棱镜衰减器的研究。对于探测，Bose 采用原始的点接触二极管，他测量了连接处的电流-电压曲线，记录到的非线性特性和绘制的曲线与现代二极管的极为相似。因在固体电子学领域作出了杰出贡献从而获得诺贝尔奖的 Neville Mott 爵士这样评价："Bose 的研究至少比同时代超前 60 年，他预见了 P 型和 N 型半导体的存在"，图 1-4-5 为其在工作。

图 1-4-5　在实验室工作中的 Heinrich Rubens

到 1900 年，Marconi 和其他人的实验表明，低频电磁波在通信中十分有用，而对甚高频的关注大减。近 40 年后甚高频的研究才逐渐复兴，再经 10 年之后，才把研究领域从微波方向拓展到太赫兹。电磁波谱上"空白"最先通过红外向更长波长方向拓展而减小了。

在 Rubens 研究长波红外的 30 年间，他有过很多的合作者，包括几名年轻的美国人，其中一位是 B. W. Snow，他在第一个意义重大的试验中使用了岩盐（NaCl）、钾盐（KCl）和萤石（CaF_2 棱镜），最终把频谱拓展到 20 μm 附近。红外棱镜频谱学有着更长的寿命，在 20 世纪 50 年代得到了广泛应用。但是，另一位美国人 E. F. Nichols 的发现打开了通向远红外领域实验的重要道路，他发现，窄带的 9 μm 电磁波在石英晶体表面的反射率从百分之几上升至和镀银反射面相当，这个现象后来被 Rubens 称作剩余射线（Residual Ray）效应，其源于晶格振动，至于其他晶体，Nichols 和 Rubens 试图在更长波长上找到类似的窄带。使用级联的剩余射线反射器，他们能够在特定波长上获得近乎单色光。他们的试验系统简图，如图 1-4-6 所示。Nichols 离开柏林后，Rubens 和他的同事们把技术拓展到波长 50 μm（6 THz）以上，其研究取得了相当出色的结果。

19 世纪末期，引起物理学家和数学家们关注的一个主要问题是热的物体能发射特定波长的电磁波，且不同波长的辐射也不一样。简单列出最值得关注的学者有 Wien、Angstrom、Rayleigh、Lummer、Pringsheim、Paschen、Larmor 和 Planck。人们推导出很多关于理想源和黑体辐射的公式，但是没有一个能符合所有的试验结果，一个突出的问题就是无法在波长非常长时获得真实精确的数据。1900 年，Rubens 和 Kurlbaum 用剩余射线分光计获得了一些必要的数据，Rubens 便立刻拜访了 Planck，把实验结果给他了，也是在同一天，Planck 写下了一套公式，现在称之为"普朗克辐射定律"（Planck's Radiation Law）。

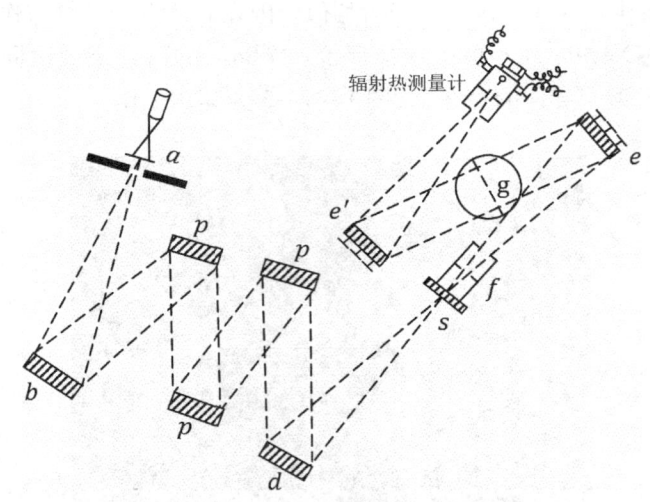

图 1-4-6 原始剩余射线滤光器布置

之后的几个星期，也是被 Planck 称为他人生中最紧张的几个星期，他发明了量子理论用以解释辐射公式，为物理学带来了革命性进展，这是他经验性地总结已知的短波辐射和 Rubens 的长波辐射结果获得的理论关系。1922 年 Rubens 去世后，普朗克写到，"如果没有 Rubens 的发现，辐射定律的公式和量子理论的建立会颇费周折，也许都不会被德国人首先发现"。

毫无疑问，1940—1946 年是研究发表的低谷期，当然这一时期也有许多发展，特别值得一提的是德国研究拓展了棱镜光谱的范围。早在 1940 年，用 KBr 棱镜得到的最长波长为 25 μm，但用混合晶体铊-溴化物-碘化物 KRS-5（KRS 是 Kristalle aus dem Schmelzfluss 的缩写，熔融结晶）却能够把波长扩展至 37 μm。在 20 世纪 50 年代早期，溴化铯和碘化铯的引入导致棱镜系统工作波长接近 60 μm。

第二次世界大战后非常重大的事件是气动探测器的发明，即现在几乎作为基准的高莱探测器（Golay），这一精巧装置的测量精度可以达到室温探测器理论极限的 3 倍以内。尽管这种探测器以 Golay 命名，但有趣的是关于这种仪器的第一篇论文是 H. A. Zahl 和 M. J. E. Golay 合作的，且 Zahl 在 1938 年首先申请了一项"气动单元探测器"的专利。1939 年，Zahl 和合作发明者 Golay 又申请了一项"探测辐射能量源的系统"专利。那时，相当多的努力都投入通过辐射发射检测热目标的方法当中。第一个冷却辐射热测量计也是 20 世纪 40 年代的发明，利用了 4.4 K 时钽的超导传输特性，因此要求液氦冷却条件，后来改进为氮化铌（NbN）材料，其超导相变温度为 14.3 K，这个温度可通过泵入更易获得的液氢来实现。

第二次世界大战期间，电子工业有了巨大的进步，也给分光系统带来了飞跃发展。实际上，1940 年前所有的实验使用直流（DC）记录系统，但是从 1945 年开始，陆续设计出较短时间常数的探测器，入射的辐射被"斩波"，并通过交流（AC）放大器来放大。早期的一个特例是覆盖 18~200 μm 波长范围的 FIR 光谱仪，其使用的极低频放大器早在1932年就已经设计出来了。

高频雷达系统的发展催生了新型磁控管和速调管源，从Cleeton早期测量氨反演谱开始陆续有大量微波分光实验应用了磁控管和速调管源。1944年，麻省理工学院（MIT）用速调管、晶体谐波发生器倍频测量了50～60 GHz之间氧气的吸收率，并在1946年发表了结果。参与实验的科研人员中，W. Gordy后来写了一篇综述介绍了这次早期的研究，C. H. Townes及其同事在1952年的测量达到了270 GHz的频率。1954年，Gordy的研究团队将微波分光系统拓展到亚毫米频段，因而与最长波长红外光谱系统有了明显的重叠。Gordy的职业生涯令人注目，他的研究事业始于氢键的研究，第二次世界大战期间，Gordy在MIT辐射实验室工作，并参与了微波雷达的研发，非常了解微波技术在分子光谱学的潜力，他于1946年加入北卡罗来纳州杜克大学物理系，推动建立了微波实验室，致力于他之前所说的"电磁波频谱间隙"的研究，这个实验室在1990年搬至俄亥俄州立大学，建立60年以来一直在亚毫米波研究方面保持主导地位。值得注意的是，Gordy的75级博士生Frankde Lucia自从1970年就一直活跃在太赫兹研究的前沿。

太赫兹辐射是0.1～10 THz的电磁辐射，在电磁频谱上，太赫兹波段在红外波和毫米波之间形成"THz Gap"。由于其在电磁波的独特位置，它具有水吸收、低能量、投射性强、光谱分辨高等特性。太赫兹频段具有丰富的频谱资源和独特的物理特性，太赫兹波可以作为超高速无线通信的载体。太赫兹通信打破了微波通信的宽带限制，丰富的频谱资源使其具备了可媲美光纤容量的超大传输潜力，是实现超高速无线通信的理想选择，国际上关于太赫兹的6G技术研发也在加速开展。此外太赫兹技术在雷达、成像领域也有所应用。但是太赫兹波的产生一直是太赫兹领域研究的热点和难点，而光生太赫兹技术在众多太赫兹生成技术里一直属于主流手段之一。目前光生太赫兹的方法有太赫兹光电导天线、光学整流、激光等离子体技术等多种，图1-4-7为太赫兹波在电磁波谱中的位置。

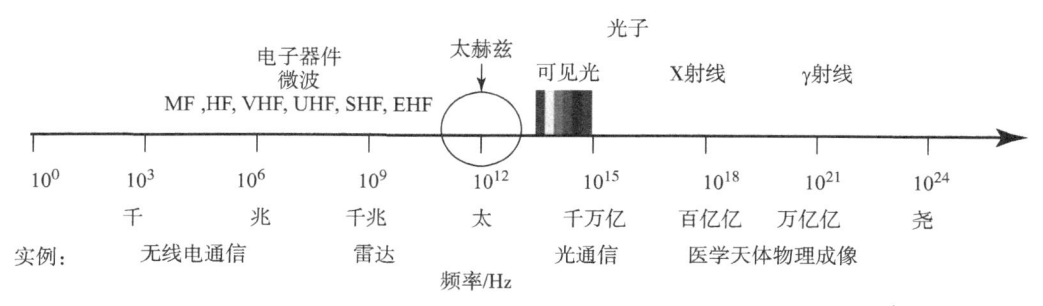

图1-4-7 太赫兹波在电磁波谱中的位置

随着太赫兹科技的发展，它在物理、化学、电子信息、生命科学、材料科学、天文学、大气与环境监测、通信雷达、国家安全与反恐等多个重要领域具有的独特优越性和巨大的应用前景逐渐显露。本书将系统地介绍光生太赫兹技术的基本原理，并以多种光生太赫兹技术手段为例展开具体分析，进而方便学生对光生太赫兹技术的研究有一定了解。

第2章
近红外电子学特征与典型应用

近红外（NIR）电子学特征是指与近红外波段（通常为 750~2 500 nm）相关的电子学性质和现象，同时也指在近红外波段中物质表现出的吸收、发射、共振等电子学性质和现象，对于物质的分析、检测和研究具有重要意义。

近红外光是介于可见光和中红外光之间的电磁波，近红外区域是人们最早发现的非可见光区域。由于近红外器件具有体积小、质量轻、使用寿命长、输入功率小和功率转换效率高等优点而得到广泛的应用。

本章将进一步为读者介绍近红外半导体的基本知识，接着讨论近红外发光器件和探测器件，讨论激光二极管的物理结构、频率特性、开关特性，给出相应的红外发射、探测系统实例；在此基础上，对微光成像系统、分子光谱检测系统的典型电子学特征与设计方法也将做简要的介绍。

2.1 近红外半导体材料与特征

半导体材料是电子工业最重要的基础材料之一。随着激光和红外技术的飞速发展，半导体材料在红外领域所呈现出的良好特性日渐引起人们的重视。本节为读者简单介绍有关近红外的半导体材料，并对红外电子学中的噪声做分类。

2.1.1 近红外半导体材料

室温下，硅和锗的禁带宽度分别为 1.12 eV 和 0.67 eV，相应的长波限分别为 1.1 μm 和 1.8 μm。利用本征激发制成的硅和锗光电二极管的截止波长分别为 1 μm 和 1.5 μm，峰值探测率分别达到 1×10^{13} cm·Hz$^{1/2}$/W 和 5×10^{10} cm·Hz$^{1/2}$/W，它们可以用作室温下快速、廉价的可见光及近红外探测器。由于在 1~3 μm 波段，PbS 仍然是最好的红外探测器，所以锗、硅的本征型探测器在红外波段范围内就无多大用处了。但是，它们的杂质光电探测器曾起过一定作用。锗、硅掺杂型探测器基本上是光电导型的。

锗、硅掺杂探测器均需在低温下工作，同时因光吸收系数小，探测器芯片必须具有相当厚度。锗、硅掺杂探测器在 20 世纪 60 年代被发展起来，但硅掺杂探测器比锗掺杂探测器发展稍晚，应用也不如锗掺杂探测器普遍。由于硅集成工艺和 CCD 的发展和逐渐成熟，硅掺杂探测器今后一定会受到重视。

在三元系化合物碲镉汞和碲锡铅探测器问世之前，8~14 μm 及其以上波段的红外光子探测器主要是锗、硅掺杂型探测器，它们曾在热成像技术方面起过重要作用。由于碲镉汞和碲锡铅红外探测器在 8~14 μm 波段使用时较锗掺杂探测器具有一些优点，所以，在 8~14 μm 的热像仪中不再使用锗掺杂红外探测器。

在许多种近红外半导体中，异质结尤为出色。异质结是由两种不同的半导体材料形成的 PN 结。例如，在 P 型 GaAs 上形成 N 型 $Al_xGa_{1-x}As$。$Al_xGa_{1-x}As$ 是 AlAs 和 GaAs 这两种Ⅲ-Ⅴ族化合物半导体形成的合金，x 是 AlAs 在合金中所占的摩尔分数。异质结具有许多同质结所不具有的特性在半导体技术中得到了许多重要的应用，尤其在光电子器件和量子效应器件方面。

Ⅲ-Ⅴ族化合物单晶材料，作为第二代半导体材料，以其优异的光学和电学性能成为当今重要的光电子和电子器件的基础材料之一，所制备的近红外光电器件、红外成像及传感器件等在军事领域、信息技术领域和人们的日常生活中发挥着举足轻重的作用。

部分Ⅲ-Ⅴ族化合物单晶材料的基本性质如表 2-1-1 所示。

表 2-1-1 一些主要的Ⅲ-Ⅴ族化合物单晶材料的基本性质

基本性质＼单晶名称	GaAs	InP	GaP	InAs	GaSb	InSb	InN
晶体结构	闪锌矿	闪锌矿	闪锌矿	闪锌矿	闪锌矿	闪锌矿	纤锌矿
能带结构	直接	直接	间接	直接	直接	直接	直接
禁带宽度（300 K）/eV	1.424	1.344	2.26	0.354	0.726	0.17	0.7
电子迁移率（300 K）/$[cm^2 \cdot (V \cdot s)^{-1}]$	8 500	5 400	250	40 000	3 000	77 000	3 200
空穴迁移率（300 K）/$[cm^2 \cdot (V \cdot s)^{-1}]$	400	200	150	500	1 000	850	—
晶格常数/nm	0.565 32	0.586 87	0.545 05	0.605 83	0.609 60	0.647 9	$a = 0.353$ $b = 0.569$
密度/$(g \cdot cm^{-3})$	5.316	4.81	4.138	5.67	5.164	5.775	6.81
熔点/℃	1 238	1 062	1 477	942	712	527	1 100
水溶性	<0.1 g/100 mL	不溶	不溶	不溶	不溶	不溶	水解
热导率（300 K）/$[W \cdot (cm \cdot K)^{-1}]$	0.55	0.68	1.1	0.27	0.32	0.18	0.45

面体-截角八面体（见图 2-1-1），其简化能带图结构如图 2-1-2 所示。可见，砷化镓的导带底和价带顶发生在 k 空间的同一点。具有这种类型能带的半导体称为直接带隙半导体。

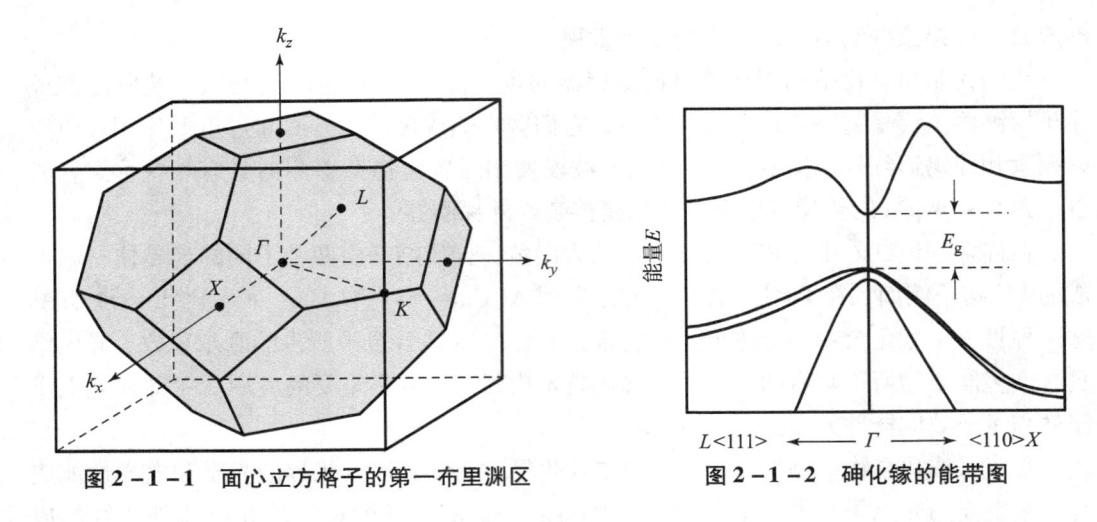

图 2-1-1 面心立方格子的第一布里渊区

图 2-1-2 砷化镓的能带图

在此基础上，图 2-1-3 显示了热平衡状态下一个 nN GaAs-AlGaAs 异质结的能带图。AlGaAs 可以适度地重掺杂为 N 型，而 GaAs 则应轻掺杂或者处于本征态。为了达到热平衡，电子从宽带隙材料 AlGaAs 流向 GaAs，在临近表面的势阱处形成电子的堆积。我们先前发现的一个基本的量子力学观点是电子在势阱中的能量是量子化的，即电子在一个空间方向上（与界面垂直的方向）有量子化的能级，同时也可以向其他两个空间方向自由移动。表面附近的势函数可以近似为三角形的势阱。图 2-1-4（a）显示了导带边缘靠近突变结表面处的能带，图 2-1-4（b）显示了三角形势阱的近似形状。可得

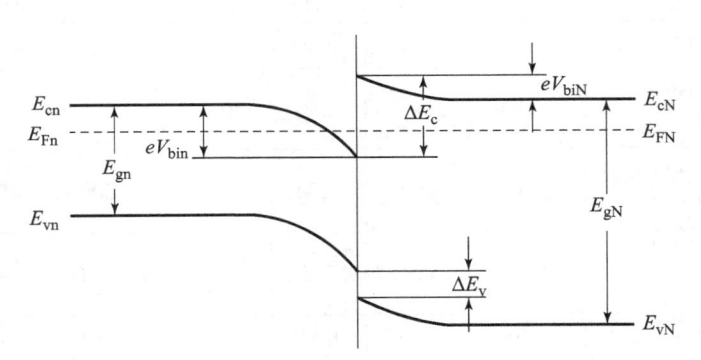

图 2-1-3 nN 异质结在热平衡状态下的理想能带图

$$V(x) = eEz, z > 0 \quad (2-1-1a)$$
$$V(x) = \infty, z < 0 \quad (2-1-1b)$$

式中，$V(x)$ 为势能函数，e 为电子的电荷（1.602×10^{-19} C），E 为电场强度（V/m），z 为位置坐标。

用这个势函数可以求解薛定谔波动方程。图 2-1-4（b）中显示了量子化的能级，通常不考虑高能级部分。

势阱中电子的定态分布如图 2-1-5 所示。平行于表面的电流是电子浓度和电子迁

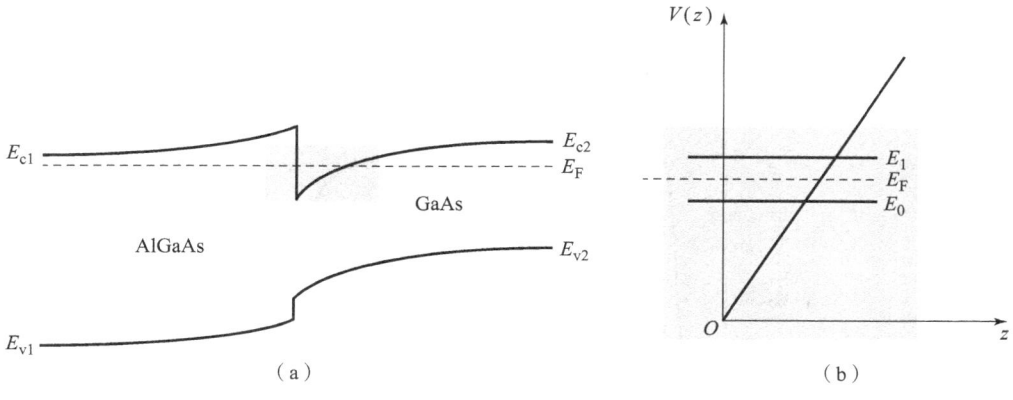

图 2-1-4　导带边缘图与势阱

(a) N-AlGaAs、n-GaAs 异质结的导带边缘图；(b) 电子能量三角形势阱

移率的函数。由于 GaAs 为轻掺杂或是本征的，则二维电子气处于一个低杂质浓度区，因此杂质散射效应达到最低程度。在同样的区域中，电子的迁移率远大于已电离空穴的迁移率。电子平行于表面的运动受到 AlGaAs 中电离杂质的库引力的影响，采用 AlGaAs-GaAs 异质结时这种作用将大大减弱。在 AlGaAs 这一层中摩尔分数随距离而变化。在这种情况下我们可以将逐渐变化的本征 AlGaAs 层夹在 N 型的 AlGaAs 和 GaAs 之间。图 2-1-6 显示了热平衡状态下 AlGaAs-GaAs 异质结的导带边缘。由于势阱中的电子远离已电离的杂质，因此电子迁移率较突变的异质结中的电子迁移率会有很大的提高。

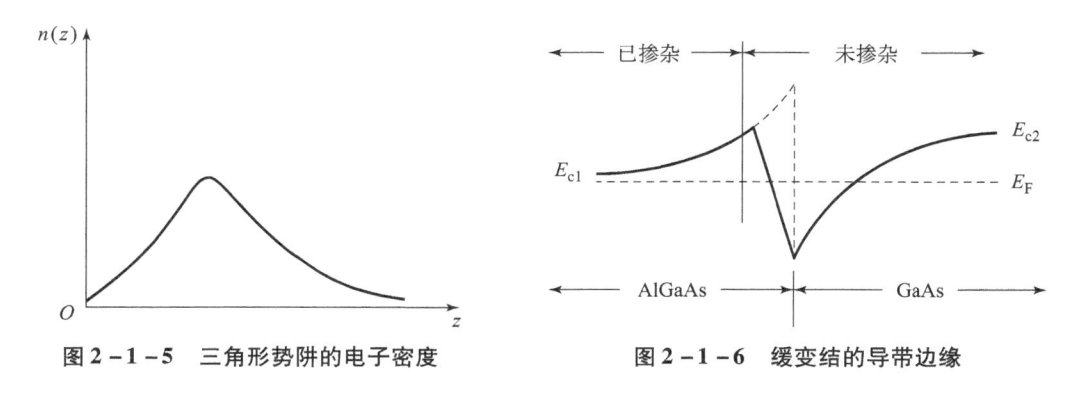

图 2-1-5　三角形势阱的电子密度

图 2-1-6　缓变结的导带边缘

在砷化镓衬底上外延生长三元化合物 $Al_xGa_{1-x}As$，可以形成良好晶格匹配的异质结，这些异质结光电探测器是在 $0.65 \sim 0.85\ \mu m$ 波长使用的重要光电器件。在较长的波长($1.0 \sim 1.6\ \mu m$)，像 $Ga_{0.47}In_{0.53}As(0.73\ eV)$ 之类的三元化合物和 $Ga_{0.27}In_{0.73}As_{0.63}P_{0.37}$ ($0.95\ eV$) 等四元化合物都能使用，这些化合物与磷化铟衬底有接近完美的晶格匹配。一个背面受光照的台面结构的 $P-GaInAs/I-GaInAs/N^+-InP$ 光电二极管，在波长为 $0.96 \sim 1.6\ \mu m$ 时，其量子效率大于 55%，具体近红外光谱响应范围如图 2-1-7 所示。

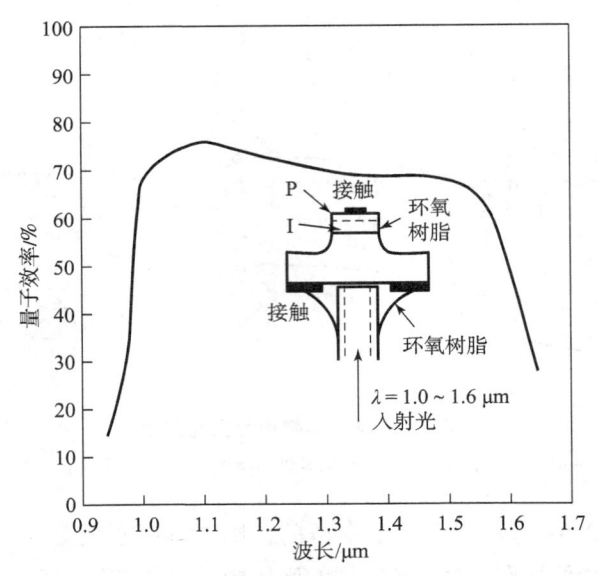

图 2-1-7　GaInAs 光电二极管量子效率和波长的关系

2.1.2　GaAs 材料与 InGaAs 材料

（一）GaAs 材料

GaAs 材料是目前最重要、最成熟的化合物半导体材料之一，广泛应用于光电子和微电子领域。GaAs 材料主要分为两类：半绝缘砷化镓材料和半导体砷化镓材料。

半绝缘砷化镓材料（SI - GaAs）主要用于制作 MESFET、HEMT 和 HBT 结构的集成电路。SI - GaAs 材料主要应用于微电子领域，如 GaAs 微波大功率器件、GaAs 低噪声器件、微波毫米波单片集成电路、超高速数字电路。为提高 GaAs 质量，可采用各种技术，如磁场单晶生长、全液封（FEC）技术减少位错、掺 In 生长无位错单晶、碳浓度控制、原位合成、晶体热处理技术等。但是在 LEC SI - GaAs 单晶中仍存在着大量的砷沉淀，现已证实：砷沉淀会影响氯化外延型 MESFET 的器件参数，同时 MBE 生长时会在表面形成小环形缺陷；砷沉淀还会影响离子注入 MESFET 的阈值电压均匀性。由于砷沉淀会影响器件参数，因此对砷沉淀密度的研究就显得尤其重要。

半导体砷化镓材料主要应用于光通信有源器件（LD）、半导体发光二极管（LED）、可见光激光器、近红外激光器、量子阱大功率激光器和高效太阳能电池。

GaAs 材料是直接带隙半导体材料（晶体结构见图 2-1-8），属于Ⅲ - Ⅴ族，晶体结构为闪锌矿结构或正斜方晶结构。在室温条件下 GaAs 是稳定的闪锌矿结构，在高压条件下可以获得正斜方晶结构的 GaAs。图 2-1-8 为 GaAs 的晶体结构图。GaAs 的禁带宽度为 1.42 eV，晶格常数 $a = 0.565\ 3$ nm，发射波长为 870 nm，属于近红外波段。

目前基于 GaAs 衬底的近红外波段（760～1 060 nm）半导体激光器发展最为成熟，应用也最广泛，已实现商品化。

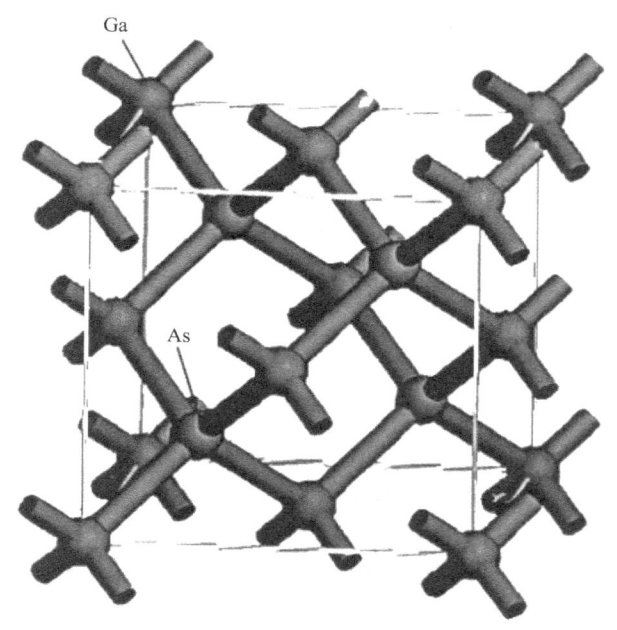

图 2-1-8 GaAs 闪锌矿晶体结构

图 2-1-9 示出了 Ge、Si、GaAs 的电子能量 E 和波矢 k 的一维分布。图中反映的是以 $k=0$ 为中心导带极小值所在方向的分布情况。

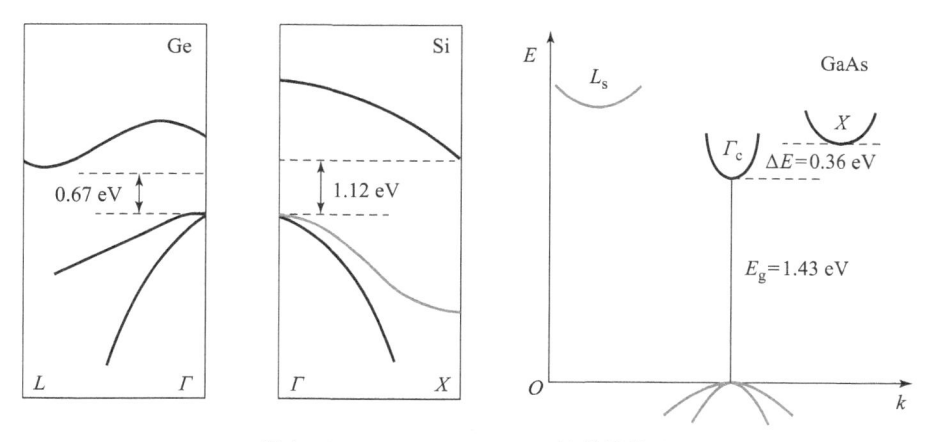

图 2-1-9 Ge、Si、GaAs 能带结构图

由图 2-1-9 看出，GaAs 的能带结构与 Ge、Si 相比有以下特点：

GaAs 的导带极小值和价带极大值都在 $k=0$ 处，而 Ge、Si 的价带极大值虽在 $k=0$ 处，但它们的导带极小值却不在 $k=0$ 处，即它们的导带极小值和价带极大值所处的 k 值不同，通常把前一种能带结构称为直接跃迁型，后一种结构称为间接跃迁型。

在具有直接跃迁型能带半导体中，当价带的电子吸收光子的能量跃迁到导带，或相

反，电子从导带落到价带与空穴复合而发光时，这种过程应满足能量守恒和动量守恒条件。即

$$k_f = k_i + q \quad (2-1-2)$$

式中，k_f 是跃迁后的电子波矢，k_i 是跃迁前的电子波矢，q 是光子波矢。因为：

$$q = 2\pi/\lambda, \quad E = \frac{ch}{\lambda} \quad (2-1-3)$$

式中，h 为普朗克常数，c 为光速。

对于 GaAs 来说，$E_g = 1.43$ eV，因此波长 $\lambda = 9 \times 10^2$ nm，那么光子的波数 $q \approx 7 \times 10^4$ cm^{-1} 数量级，而电子的波数 $k = 2\pi/a$，GaAs 的晶格常数 $a = 0.5654$ nm，因此 $k \approx 10^3$ cm^{-1}。显然光子波矢 q 比电子波矢 k 小很多，几乎不能察觉，这样跃迁的选择定则可近似地写成：

$$k_f = k_i \quad (2-1-4)$$

这就是说，发生电子跃迁时要求 k 值保持不变，显然具有直接跃迁型结构的材料都能满足这一要求。而间接跃迁型材料要实现跃迁必须与晶格作用，把部分动量交给晶格或从晶格取得一部分动量，也就是要与声子作用，才能满足动量守恒的要求，因而非直接跃迁发生的概率是很小的（约为直接跃迁的 1/1 000）。因此在寻找新的发光材料时一般总是优先考虑直接跃迁型材料。GaAs 是直接跃迁型材料，用它做光电器件比较合适。除了 GaAs 以外，在 Ⅲ - Ⅴ 族化合物半导体中，GaN、InN、InP、GaSb、InAs 等都是直接跃迁型材料。

（二）InGaAs 材料

三元化合物 InGaAs 是 Ⅲ - Ⅴ 族的赝二元系半导体材料，为闪锌矿立方晶体结构，可由 InAs 与 GaAs 以任何配比形成，其晶格常数随组分的变化近似为线性分布。在 300 K 时，$In_xGa_{1-x}As$ 的晶格常数可以表示为

$$a = 6.0583 - 0.405(1-x) \quad (2-1-5)$$

可见，300 K 时，$In_{0.53}Ga_{0.47}As$ 的晶格常数与磷化铟（InP）的晶格常数（300 K 时，为 5.8687 Å，1 Å = 10^{-10} m）完全匹配，可以在 InP 衬底上外延生长质量很高的 InGaAs 薄膜，制备出高质量的器件。此外，$In_xGa_{1-x}As$ 为直接带隙材料，300 K 时，$In_xGa_{1-x}As$ 的禁带宽度（eV）可以表示为

$$E_g = 0.36 + 0.63(1-x) + 0.43(1-x)^2 \quad (2-1-6)$$

如图 2-1-10 所示，当晶格常数由 InAs 的 6.0583 Å 变化到 GaAs 的 5.6533 Å 时，禁带宽度 E_g 随组分由 InAs 的 0.36 eV 变化到 GaAs 的 1.43 eV，与之相对应的截止波长分别为 3.4 μm 和 0.87 μm，即可以调节 x 值来改变 $In_xGa_{1-x}As$ 的截止波长，故 $In_xGa_{1-x}As$ 是制备短波红外探测器的合适材料。

值得注意的是，当 $x = 0.53$ 时，$In_xGa_{1-x}As$ 对应的截止波长约为 1.7 μm，而石英介质光纤的低损耗带通在 1.2 ~ 1.7 μm 之间，使得 $In_{0.53}Ga_{0.47}As$ 正好能够在光纤通信的两个非常重要的窗口 1.3 μm 和 1.5 μm 上作为良好的光电探测器材料。

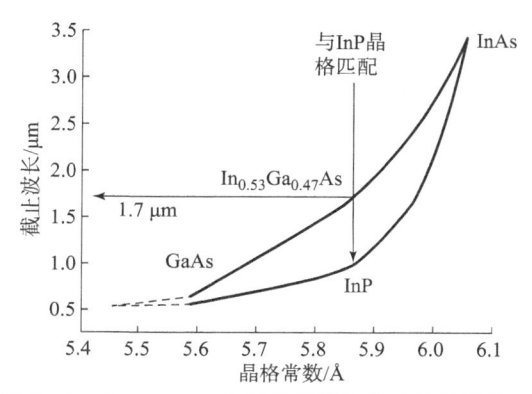

图 2-1-10　Ⅲ-Ⅴ族晶格常数与截止波长的关系

用于制作光电探测器的 $In_xGa_{1-x}As$ 材料为薄膜材料，可以利用如液相外延（LPE）、分子束外延（MBE）和金属有机物化学气相淀积（MOCVD）等多种先进的材料制备技术进行制备。三种薄膜材料生长工艺方法各有优缺点：LPE 设备简单，生产成本低，但表面平整度不好且不适合多层结构材料的生长；MBE 的生长环境洁净度高，可达到分子级平整度生长，但其设备昂贵，运行成本高，生长速度慢，不适于批量生产；MOCVD 是一种非平衡外延生长技术，能够生长多种复杂结构，利用衬底旋转技术可以实现很高的组分均匀性，为目前 InGaAs 材料常用的生长方法。

由于 InGaAs 材料系列可采用多样化的先进生长技术，是一种比 HgCdTe 材料更容易生长的合金材料；具有高的灵敏度和探测率；在室温下工作时，可以降低甚至取消致冷器的要求，减少了探测器尺寸、制作成本，提高了探测器可靠性，因此，InGaAs 是制备光电探测器的良好材料。

2.1.3　红外电子学噪声的定义与分类

噪声的广义定义是：掩盖或扰乱有用信号的某种不期望的扰动。这些扰动可分为两种情况：①扰动源位于电路外部，例如附近有电力输电线、电话线带触点的电器（继电器、开关等），以及电动机作动力的用具（电钻、机床和电风扇）等，通过电磁耦合来影响有用的信号，习惯上将这种扰动称为干扰。这些干扰一般可以采用电磁屏蔽、去耦合和滤波、元件合理布局及合理走线等方法，使干扰减小或者消除。②扰动源位于电路内部，由于构成电路的材料或器件的物理原因所产生的扰动就称为噪声。例如，处于绝对零度以上的导体中出现的热噪声，通过势垒的载流子构成的散粒噪声等均属于这种噪声。

噪声是一个随机变量，它由振幅随机和相位随机的许多频率分量组成，因此其波形是非周期的非正弦量。这种随机过程是无法确切知道它在某一时刻的瞬时值，但是它遵守统计规律，可以用统计方法来处理噪声问题，可以测定其较长时间的均方根值。

红外系统中的噪声大致分为三类：探测器噪声、放大器噪声和背景辐射噪声。绝大部分探测器都是利用半导体的各种效应将辐射能转变为电信号，半导体中载流子的浓度起伏和运动起伏使探测器产生噪声。放大器中使用的电子器件多数是由半导体制成的，也会产生噪声。背景辐射噪声是由背景辐射的光子无规则到达探测器所引起的，当然，这种噪声只有在它成为主要噪声的情况下才起作用。

（一）热噪声（约翰逊噪声）

热噪声主要是电导体内部自由电子无规则的热运动产生的。任何导体温度处于绝对零度以上时，其内部电子都做随机运动，每个电子携带 1.58×10^{-19} C 的电荷。自由电子在一定温度下的热运动类似分子的布朗运动，这种热运动的方向和速度都是随机的，这就在导体中形成"无规则"的电流。这种电流的大小随时间不断变化，随机起伏，在导体两端产生噪声电压。这种噪声是由于自由电子热运动所产生的，故通常称之为热噪声。

1927 年贝尔电话实验室的 J. B. 约翰逊首先观察到热噪声。次年奈奎斯特对其做了理论分析，因此热噪声也叫约翰逊噪声或奈奎斯特噪声，其数学表示式为

$$E_t = \sqrt{4kTR\Delta f} \qquad (2-1-7)$$

式中，k 为玻尔兹曼常数，等于 1.38×10^{-23} J/K；T 为导体或电阻的绝对温度（K）；R 为电阻或阻抗的实部（Ω）；Δf 为等效噪声功率带宽（Hz）。

若 $R = 1$ kΩ，$T = 300$ K，$\Delta f = 100$ kHz 的情况下，这个热噪声电压 $E_t = 1.25$ μV。对于大信号而言，这个噪声无关紧要，但在微弱信号的检测系统中，它却是影响很大的干扰信号。

在反馈电阻或负载电阻、双极型晶体管的基极扩展电阻、场效应晶体管的沟道电阻、二极管或晶体三极管的接触电阻中都会出现热噪声。热噪声是白噪声，即单位带宽的热噪声功率与频率无关，是一个常数。

为了尽可能减小电子电路的热噪声，一般采用下列办法：

方法 1：减小电阻；

方法 2：将电路放在低温或散热条件好的环境中使用；

方法 3：在保证信号的各频谱分量能够通过的条件下，带宽尽可能窄一些。

对探测器最终性能有重要影响的其他两种噪声源是热扰动噪声和背景扰动噪声。

热扰动噪声源自探测器中的温度波动。探测器和与其周围环境之间的热导率变化会造成热扰动噪声。

温度的差异可以表示为

$$\Delta \overline{T}^2 = \frac{4kT^2\Delta f}{1+\omega^2\tau_{th}^2}R_{th} \qquad (2-1-8)$$

式中：

k——玻尔兹曼常数（1.38×10^{-23} J/K）；

T——温度；

Δf——频带宽度；

ω——角频率；

τ_{th}——热时间常数,表示系统或探测器热响应的时间尺度;
R_{th}——热电阻。

由该公式可以看出,作为主要热损失机理的热导率 $G_{th} = 1/R_{th}$ 是影响温度扰动噪声的关键性设计参数。图 2-1-11 给出了一种有代表性的红外微机械探测器的温度扰动噪声(温度扰动的方均根值)。注意到,信号会如同温度扰动噪声一样在较高频率处衰减。

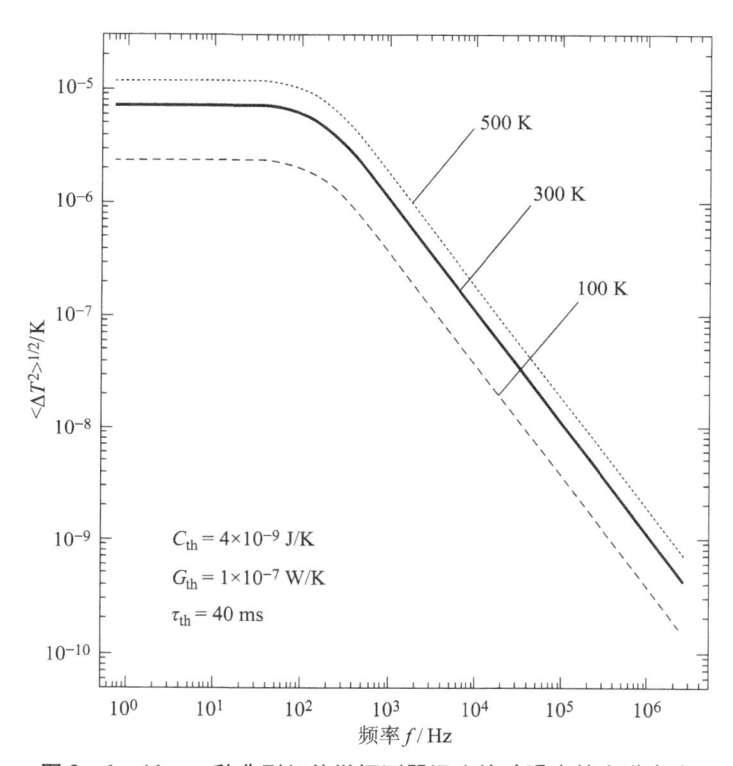

图 2-1-11 一种典型红外微探测器温度扰动噪声的光谱密度

温度扰动产生的光谱噪声电压为

$$V_{th}^2 = K^2 \Delta \overline{T}^2 = \frac{4kT^2 \Delta f}{1 + \omega^2 \tau_{th}^2} K^2 R_{th} \qquad (2-1-9)$$

式中:
K——一个比例常数,通常是系统或探测器的特定常数;
$\Delta \overline{T}^2$——温度波动的方差。

另一种噪声源是由于探测器温度为 T_d 和环境温度为 T_b 时辐射热交换所产生的背景噪声。最终探测器在 2π 视场时,性能极限由下式给出

$$V_b^2 = \frac{8k\varepsilon\sigma A(T_d^2 + T_b^2)}{1 + \omega^2 \tau_{th}^2} K^2 R_{th}^2 \qquad (2-1-10)$$

式中:
V_b^2——光谱噪声电压的方差;
ε——辐射发射率;

σ——斯蒂芬-玻尔兹曼常数；

A——辐射面积，表示辐射源对探测器的影响区域。

（二）电流噪声（$1/f$ 噪声）

热噪声是在工作时不需加偏流的探测器的主要噪声。光导探测器工作时需加偏流，流过探测器的电流不是纯粹的直流，而是在直流上叠加着一些微小的电流起伏，这些微小的起伏电流随时都在变化，这就形成了噪声。实验发现这种噪声的大小与探测器的尺寸、流过的电流、工作频率和带宽等因素有关。这种噪声被称为电流噪声或 $1/f$ 噪声。许多光导探测器的性能受这种电流噪声限制。电流噪声可与具有宽禁带晶体的非欧姆接触联系起来，具有整流接触的硫化镉晶体的主要噪声已被证明是电流噪声，而具有欧姆接触的硫化镉晶体的电流噪声又不是主要的噪声来源。某些单晶半导体（如锗），即使是欧姆接触也存在电流噪声。

电流噪声的均方噪声电流可表示为

$$\overline{i_N^2} = \frac{K_1 I^\alpha \Delta f}{f^\beta} = \frac{C_1 I^\alpha \Delta f}{lAf^\beta} \qquad (2-1-11)$$

式中：

l ——探测器的长度；

A ——探测器的横截面积；

α ——常数，$\alpha \approx 2$；

β ——常数，$\beta \approx 1$；

K_1 ——比例常数；

C_1 ——常数，与材料本身有关，与材料尺寸无关；

f ——频率；

Δf ——频率范围；

I ——流过探测器的电流。

电流噪声的均方噪声电压可表示为

$$\overline{V_N^2} = \overline{i_N^2} R^2 = \frac{K_1 I^2 R^2 \Delta f}{f} = \frac{C_1 I^2 R^2 \Delta f}{lAf} = \frac{C_1 \rho^2 I^2 l \Delta f}{fA^3} \qquad (2-1-12)$$

式中，ρ 为探测器材料的电阻率。

从式（2-1-12）可看出，电流噪声的均方噪声电压与材料电阻率 ρ 的平方、流过探测器的电流 I 的平方和探测器的长度 l 成正比，与探测器的横截面积 A 的立方成反比，所以薄膜探测器与较厚的块状晶体探测器相比更可能受电流噪声限制。若 $\alpha > 2$，电流噪声对材料的依赖关系就更大了。

（三）产生-复合噪声

光子红外探测器基本上是由半导体材料制成的。半导体中载流子的产生、复合和被陷过程的无规则起伏引起载流子浓度的瞬时起伏，产生噪声。这种噪声称为产生-复合噪声。产生-复合噪声与电子管中的散粒噪声相似，这种噪声在低频时与频率无关，当频率高于载流子寿命的倒数（特征频率）后噪声强度会迅速下降。在中间频率范围内，它是半导体中的主要噪声。晶格振动与入射光子的无规则性可以引起载流子的无规则产生和无规则复合，所以在光子探测器中产生-复合噪声与光子噪声有密切关系。产生-复合噪声的经验表示式为

$$\overline{i_N^2} = \frac{K_2 I^2}{1+(f/f_1)^2}\Delta f \qquad (2-1-13)$$

式中：

K_2 ——常数；

f_1 ——特征频率；

I ——流过探测器的电流。

若材料的电阻为 R，则产生-复合噪声的噪声电压为

$$V_N = (\overline{V_N^2})^{1/2} = (\overline{i_N^2}R^2)^{1/2} = \left[\frac{K_2 I^2 R^2 \Delta f}{1+(f/f_1)^2}\right]^{1/2} \qquad (2-1-14)$$

将上面介绍的热噪声、电流噪声和产生-复合噪声综合表示为

$$\overline{i_N^2} = \left[\frac{K_1 I^\alpha}{f^\beta} + \frac{K_2 I^2}{1+(f/f_1)^2} + \frac{4kT}{R}\right]\Delta f \qquad (2-1-15)$$

用 $\lg \overline{i_N^2}$ 与 $\lg f$ 作图，得到如图 2-1-12 所示的曲线。从曲线可以看出，噪声频谱有三个明显的区间。在高频部分，以热噪声为主；在低频部分，对于大多数半导体而言，电流噪声是主要的，具有 $f^{-\beta}$ 的频率依赖关系，β 在 1~1.5 之间，很像电子管中的闪变噪声；在中间频率部分，产生-复合噪声起主要作用。半导体噪声有一特征频率 f_1，当频率低于 f_1 时，与频率无关；当频率高于 f_1 时，随着频率的增加噪声下降，逐渐过渡到热噪声。

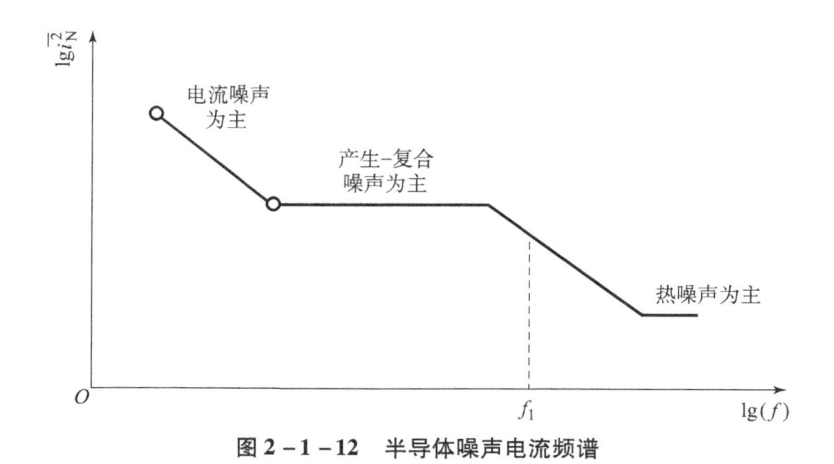

图 2-1-12 半导体噪声电流频谱

对于大多数探测器，在足够高的频率时热噪声才成为主要噪声。但对于在室温下工作的 InSb 探测器却表现出在任何频率下都是热噪声起主要作用，对于禁带宽度比 InSb

更窄的半导体更有可能出现这种情况。

(四) 散粒噪声

荷电粒子的随机起伏形成的噪声称为散粒噪声。在半导体器件和真空器件中,载流子(电子和空穴)属于离散的电荷迁移质点,而不是以平和连续的运动来输送电流,换句话说,就是这些器件中的电流是由许多微小的电流脉冲之和形成的,这样,电流就表现出随机起伏。构成荷电粒子起伏的随机事件有物体辐射或接收的光子数、阴极发射的电子数、半导体中的载流子数、光电倍增管的倍增系数等的起伏。散粒噪声在真空器件和半导体器件中都存在。

若通过探测器的电流为 I,则在带宽 Δf 内的散粒噪声电流的均方根值为

$$i_N = (\overline{i_N^2})^{1/2} = (2qI\Delta f)^{1/2} \quad (2-1-16)$$

相应的均方噪声电压为

$$\overline{V}_N = i_N R = (2qI\Delta f)^{1/2} R \quad (2-1-17)$$

可以看出,散粒噪声的大小与 $\sqrt{I}$ 成正比,同时也与 $\sqrt{\Delta f}$ 成正比,即噪声功率在通频带内均匀分布,散粒噪声也是白噪声。

(五) 背景辐射噪声

上面介绍的几种噪声是探测器本身具有的噪声。实际上,探测器总是工作在一定的环境中,所以探测器在接收目标辐射的同时也会接收到目标以外的背景发出的辐射。背景发出的辐射(光子)有起伏,即使探测器的本身无噪声,也会在探测器的输出中产生噪声。我们称由背景辐射光子数的起伏所引起的探测器噪声为辐射噪声,又称背景噪声或光子噪声。

探测器的辐射噪声起源于背景辐射光子的起伏。背景的光子发射是无规则的,发射的功率围绕平均值起伏。功率起伏的大小可以用它的均方偏离来表示。经计算,发射辐射单位带宽内的均方噪声功率 $\overline{P}^2$ 为

$$\overline{P}^2 = 8\varepsilon\sigma k T_b^5 A_b \quad (2-1-18)$$

式中:

ε ——背景的比辐射率;

σ ——斯蒂芬-玻尔兹曼常数;

k ——玻尔兹曼常数;

T_b ——背景温度;

A_b ——背景辐射面积。

光子噪声的功率与频率无关,或者说是白噪声,因此,在带宽 Δf 内的均方噪声功率为

$$\overline{P}^2 = 8\varepsilon\sigma k T_b^5 A_b \Delta f \quad (2-1-19)$$

2.2 近红外发光器件的基本结构与瞬态特征

人们很早就发现了半导体的电致发光现象。早在 1907 年，罗昂德（Round）就观察到电流通过硅检波器时有黄光发出。1923 年，洛谢夫（Lossev）也在碳化硅检波器中观察到了类似的现象，但当时这并没有引起人们的普遍注意。1955 年，布朗斯坦（Braunstein）第一次从 III - V 族化合物中观察到了辐射复合。1961 年，戈肖左恩（Gershenzon）等观察到磷化镓 PN 结的发光。但与晶体管、集成电路等半导体器件相比，半导体发光器件的进展是缓慢的。直到 20 世纪 60 年代初，随着砷化镓晶体制备技术的显著发展，砷化镓发光二极管和砷化镓半导体激光器于 1962 年被制造出来。此后，出现了发光二极管和半导体激光器迅速发展的局面。本节主要介绍近红外发光器件例如发光二极管、激光二极管、垂直腔面发射激光器和光子晶体表面发射半导体激光器等器件的基本结构，并给出相关的瞬态特征。

2.2.1 近红外发光器件的结构与模型

（一）发光二极管（LED）

发光二极管是一种用半导体 PN 结或类似结构把电能转换成光能的器件。由于这种发光是由注入的电子和空穴复合而产生的，所以称为注入式电致发光器件。从广义上讲，发光二极管不仅包括可见光和非可见光发光二极管，而且包括半导体激光器。但人们通常所说的发光二极管大多是指紫外、可见光和红外光的发光器件而不包括半导体激光器。

半导体发光二极管简称为 LED（Light Emitting Diode），半导体激光器称为 Laser（light amplification by stimulated emission of radiation）。虽然它们都是 PN 结注入式器件，但它们之间存在着很多区别。其中最主要的区别是，LED 靠自由载流子自发发射（spontaneous emission）发光，发射的是非相干光；Laser 发光则是需要外界的诱发促使载流子复合的受激发射（stimulated emission）。因此，Laser 发射的是同频率、同位相、同偏振、同方向的相干光，其单色性、方向性和亮度都比 LED 好得多。但是，LED 具有制作简单、稳定性好、寿命长（10^7 h）以及可以在低电压和低电流下工作等优点，两种器件都有广泛的应用。

LED 可按不同方式分类。按照其发光波长的不同，可分为可见光发光二极管和不可见光发光二极管，可见光发光二极管的发光颜色又分为红、橙、黄、绿、蓝等色；按照 PN 结的质结构，可分为低辉度的同质结构发光二极管和高辉度的双质结构发光二极管等；按照 PN 结发光面的结构，可分为表面二极管和侧边二极管；按照发射的光功率和调制带宽，可分为超辐射发光二极管、高速发光二极管和普通发光二极管等；按照其外形结构，可分为扁平封装型发光二极管、数字平面显示型发光二极管和片型发光二极管等。

1. 发光二极管的发光波长和材料的跃迁类型

发光二极管主要由Ⅲ-Ⅴ族半导体材料制成，发光波长由半导体带隙宽度 E_g（或称带隙能量）决定，其发光波长 λ 可用下式表示：

$$\lambda = \frac{hc}{E_g} \tag{2-2-1}$$

式中，h 为普朗克常数，$h = 6.6260 \times 10^{-34}$ J·s；c 为光速，$c = 3.8 \times 10^8$ m/s；E_g 为电子从较高能级 E_i 跃迁至较低能级 E_j 时，其能级间的能量差，$E_g = E_i - E_j$。

由上式可知，发光二极管的发光波长取决于 PN 结所使用的半导体材料的带隙宽度 E_g，E_g 的单位为 eV。

当在 PN 结上加电压时，电子和空穴被注入空间电荷区，成为过剩少子。这些过剩少子扩散到中性区并与多数载流子复合。如果这个复合是直接的带与带间的复合，那么就有光子发射。

为了说明带隙宽度，得从物质的能带结构说起。半导体、导体（金属）和绝缘体表现出的各种物理现象（如电导、发热、发光等），都离不开这些固体材料中的电子参与。运动的电子具有一定的电子能量（离散性的），通常，把电子获取的这种离散性能量值称为能级；把电子能够获取多少能量的范围称为能带。图 2-2-1 是绝缘体、半导体和导体的能带图。

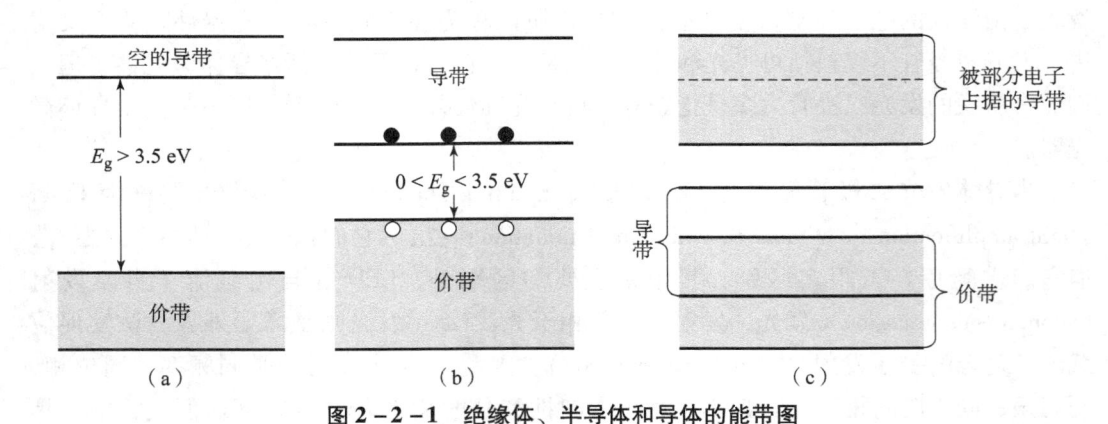

图 2-2-1 绝缘体、半导体和导体的能带图
(a) 绝缘体；(b) 半导体；(c) 导体

在能带图中，既有所有能级都被电子填满的满带（或称价带），又有完全不存在电子的导带。在导带和价带之间被一段无电子能级的区域隔开，这个区域称为禁带，这段能量间隔称为能带隙，简称带隙，通常用单位 eV 表示。带隙上方的导带为高能量区，带隙下方的价带为低能量区。

半导体的特点是原子间的结合力比较弱，参与共价键结合的电子容易脱离原子的束缚，在晶体中自由移动，较易跃迁至导带，并在价带留下空穴。这样，电子和空穴共同参与导电过程。不同的半导体材料有不同的能带结构。下面以用来制造发光二极管（LED）和半导体激光器（LD）的 GaAs 和 GaP 两种半导体材料为例进行说明。图 2-2-2 示出了直接带隙半导体 GaAs 和间接带隙半导体 GaP 的能带结构示意图。

在半导体晶体中，电子能量可用波矢来描述，电子能量 E 与自由电子波矢 k 存在如下关系：

$$E = h^2 \cdot k^2 / (2m) \tag{2-2-2}$$

式中，h 为普朗克常数，$h = 6.6260 \times 10^{-34}$ J·s；m 为电子质量。

在图 2-2-2（a）中，当电子波矢 $k=0$ 时，导带中电子的能量 E 为最小值，价带中电子的能量为最大值。因此，当导带底的电子向价带顶的电子空位跃迁时，电子的波矢保持不变。这种类似 GaAs 晶体的价带顶和导带底处于同一 k 值处，称这种半导体为直接跃迁半导体或直接带隙半导体，它的带隙宽度为 E_{gd}。直接带隙半导体中的电子在跃迁前后其电子动量 P 不变，即电子在跃迁过程中不产生动量的变化（满足动量守恒），使导带中过剩载流子电子与价带中的空穴容易直接复合，电子-空穴对消失，同时放出能量与禁带宽度相同的光子。

对于图 2-2-2（b）所示的间接带隙半导体中，GaP 晶体的价带顶与导带底不在同一 k 处，称这类半导体为间接带隙半导体，其带隙宽度为 E_{gi}。

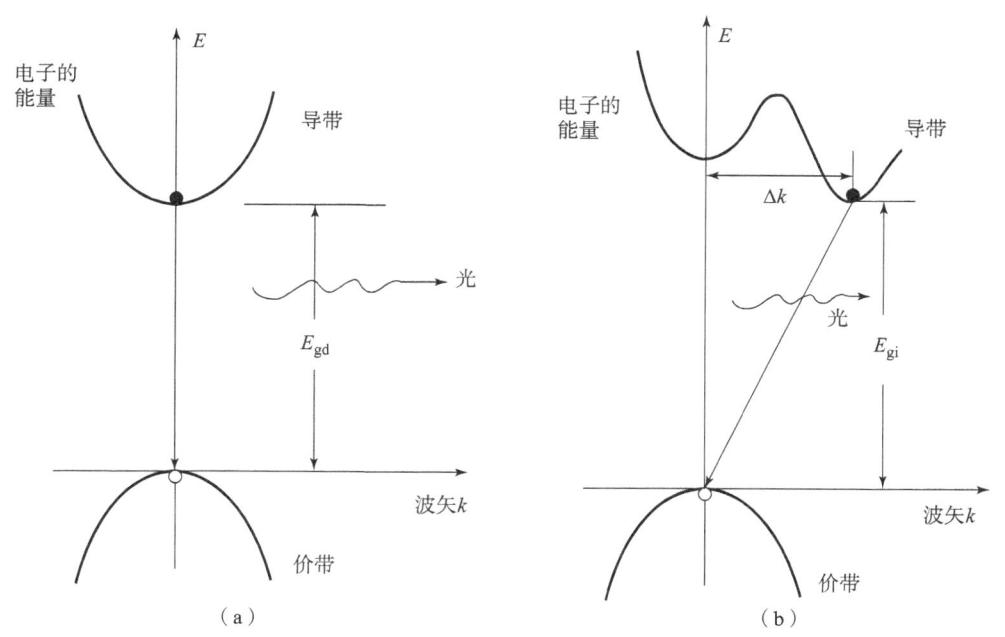

图 2-2-2 直接跃迁（GaAs）和间接跃迁（GaP）的能带结构示意图
(a) 直接跃迁（GaAs）；(b) 间接跃迁（GaP）

在间接带隙半导体 GaP 中，导带与价带电子动量的大小不同，波矢有一差值 Δk。因此，在电子跃迁过程中及电子和空穴复合时，为同时满足能量守恒和动量守恒定律，

必然伴随有 $\Delta P(\approx h\Delta k/(2\pi))$ 动量产生，它与声子的相互作用，使电子与空穴的复合概率大大减小，发光效率减低，发光强度变弱。

在直接带隙半导体（GaAs）中，电子由导带跃迁到价带时，由于 $\Delta k = 0$，在电子跃迁过程中，不产生动量的变化，复合过程中没有声子的参与，电子与空穴容易复合，因而发光概率高，产生的光辐射强。

2. 发光二极管的 PN 结材料和发光色及发光效率

用于制造发光二极管的半导体材料（主要用Ⅲ-Ⅴ族），通常采用复合概率高的直接带隙半导体材料。对于产生给定波长（由式（2-2-1）决定）的发光管，若没有合适的直接带隙材料时，也可采用一些间接带隙半导体材料制造。表 2-2-1 给出了可见光发光二极管和近红外发光二极管的发光波长、所用材料和发光颜色等。

表 2-2-1 发光二极管的发光波长、所用材料与跃迁类型

发光色		半导体材料（有源体）	发光波长/nm	跃迁类型
可见光	蓝色	InGaN SiC（Al, N）	450 470	直接 间接
	绿色	GaP GaP（N）	555 565	间接 间接
	黄色	$GaAs_{0.1}P_{0.9}$（N） $GaAs_{0.15}P_{0.85}$（N）	583 588	间接 间接
	橙色	$GaAs_{0.25}P_{0.75}$（N） $GaAs_{0.35}P_{0.65}$（N）	610 630	间接 间接
	红色	$GaAs_{0.6}P_{0.4}$ $Al_{0.35}Ga_{0.65}As$ GaP（Zn, O）	660 660 700	直接 直接 间接
近红外		$Al_{0.15}Ga_{0.85}As$ $Al_{0.03}Ga_{0.97}As$ GaAs（Zn） GaAs（Si） $Ga_{0.24}In_{0.76}As_{0.55}P_{0.45}$ $Ga_{0.35}In_{0.65}As_{0.79}P_{0.21}$	780 850 900 940 1 300 1 550	直接 直接 直接 直接 直接 直接

注：$Al_xGa_{1-x}As$ 材料系中的 x 为 P 型、N 型材料中的混晶比。同样，$Ga_xIn_{1-x}As_yP_{1-y}$ 中的 y 是置入缓变层中的混晶比。

由表 2-2-1 可知，发光二极管的发光色与发光的波长相对应。发光波长取决于所用的半导体材料的带隙宽度 E_g，如式（2-2-1）所示。

例如，GaAs 的带隙宽度 $E_g = 1.435$ eV，对应的发射波长 $\lambda = 850$ nm 的红外发光二极管；InGaAsP 的 $E_g = 0.75 \sim 1.35$ eV，对应的发射波长 λ 为 1 650~920 nm，考虑到适于光纤传输中的低损耗窗口，GaAsP 红外发光二极管的发射波长分别选在 1 300 nm 和 1 550 nm。

使用 GaAs、InGaAsP 等直接带隙半导体材料，可制成发光效率高、发光强度大的各种发光管。而对于 GaP 和 SiC 等间接带隙半导体材料，正如前面指出的，在电子跃迁过程中伴随有动量的产生，使电子与空穴的复合概率大大降低，导致发光效率很低。但实验表明，在制造 PN 结时掺入杂质的方法，可提高间接带隙半导体的发光效率。例如，在 GaAs 材料中，采用掺锌（Zn）方式，可制造发出 910 nm 的发光效率较高的红外发光二极管。

3. 红外发光二极管的外形结构

红外发光二极管按其功率大小，可分为小功率管（一般功率在 100 mW 以下）、中功率管（几百毫瓦）和大功率管（几瓦）三种。功率不同，其外形结构也不同。图 2-2-3 给出了几种管的外形。

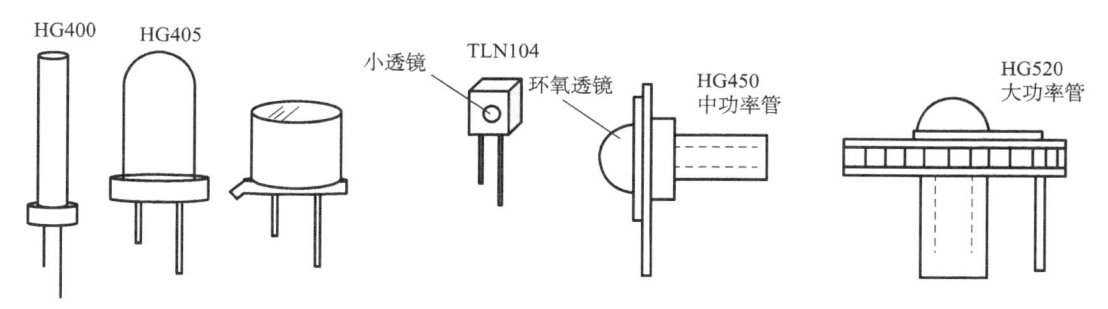

图 2-2-3 几种红外发光二极管的外形

小功率红外发光二极管大都采用全塑封装，也有部分采用金属或陶瓷底座，顶端用玻璃或树脂透镜封装。全塑封装的小功率红外发光二极管的外形与可见光发光二极管类同，外圆尺寸有两种，与可见光发光二极管不同的是，除有白色透明的管壳外，还有其他颜色（如浅蓝色、黑色）树脂封装的管子。

红外发光二极管除顶辐射的外，还有侧向辐射的，如图 2-2-3 中的 TLN104。

HG400 系列 GaAs 红外发光二极管采用金属外壳、全密封，顶端窗口用玻璃透镜及环氧树脂封装；HG410 系列 GaAs 红外发光二极管有两种封装形式：一种为金属底座、树脂封装，另一种则为全金属外壳、密封，窗口有玻璃透镜；BL300 系列 GaAsP（或 GaAlAs）红外发光二极管，采用全树脂型结构（全塑料）；HG450、HG500 和 HG520 为 GaAs 型中、大功率红外发光二极管。中、大功率红外发光二极管一般都采用带螺纹的金属底座，以便安装散热片或装在金属底板上。

红外发光二极管的封装有透镜式和平头式，常见的以透镜式封装居多。图 2-2-4 是透镜封装式红外发光二极管的典型结构图。

由图 2-2-4 可知，红外发光二极管芯片装在凹面反射台上，用环氧树脂密封。发光二极管的 PN 结采用 Ⅲ-Ⅴ 族半导体材料，这种材料的折射率比空气的折射率大，在空气的界面会产生反射。为防止反射，可在表面锁上抗反射膜。也可使用聚光镜，以提

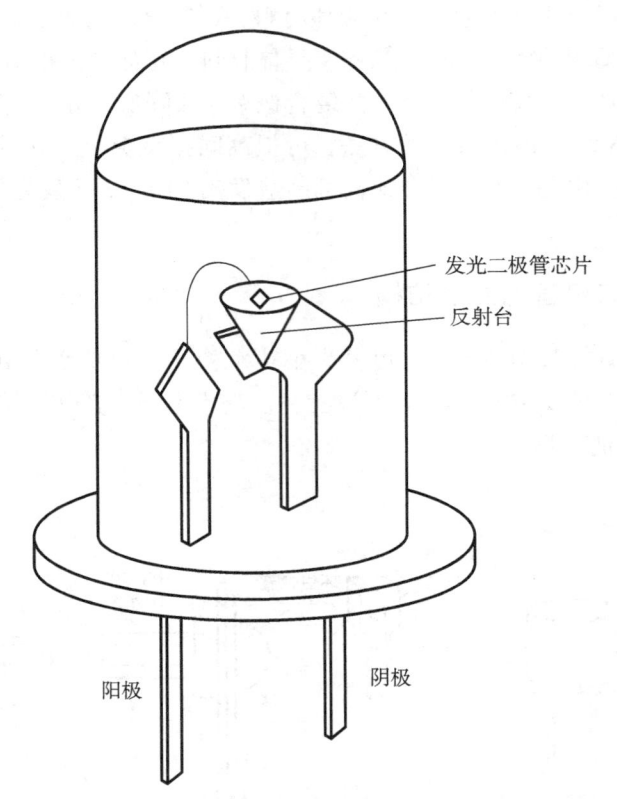

图 2-2-4 透镜封装式红外发光二极管的典型结构示意图

高亮度。管子的顶端采用透镜式封装结构，可以使发射光束得以集中，沿中心轴方向发出。

4. 红外发光二极管的内部结构

1）同质结结构的发光二极管

所谓同质，是指制作 PN 结的 P 型和 N 型的材料属于同种单晶材料。用同质结制成的发光二极管，如图 2-2-5 所示。同质结发光二极管有面发光的，也有侧边发光的。面发光的同质结发光二极管的一般亮度在 $15\sim25\ \text{W}\cdot\text{sr}^{-1}\cdot\text{cm}^{-2}$ 范围，辉度较低。这是因为紧靠 PN 结附近发出的光从单晶出来到外部之前，光被吸收掉的比例高，因而发光效率较低。

图 2-2-5 所示的芯片结构中，P 型和 N 型材料均采用同种单晶 GaP。当 PN 结加正向偏置电压后，势垒下降，电子和空穴各自进入 P 型和 N 型区，二者复合时其能量（$h\nu$）转换成的光能，主要从表面发出，部分从侧面发出。图 2-2-5（d）所示的凹面反射器（板），可把自发辐射的光（其相位是分散的，光的辐射方向各异）集中在所需方向上。然后由透明树脂制成起透镜作用的圆顶，将光聚拢后，沿中心轴方向发出。

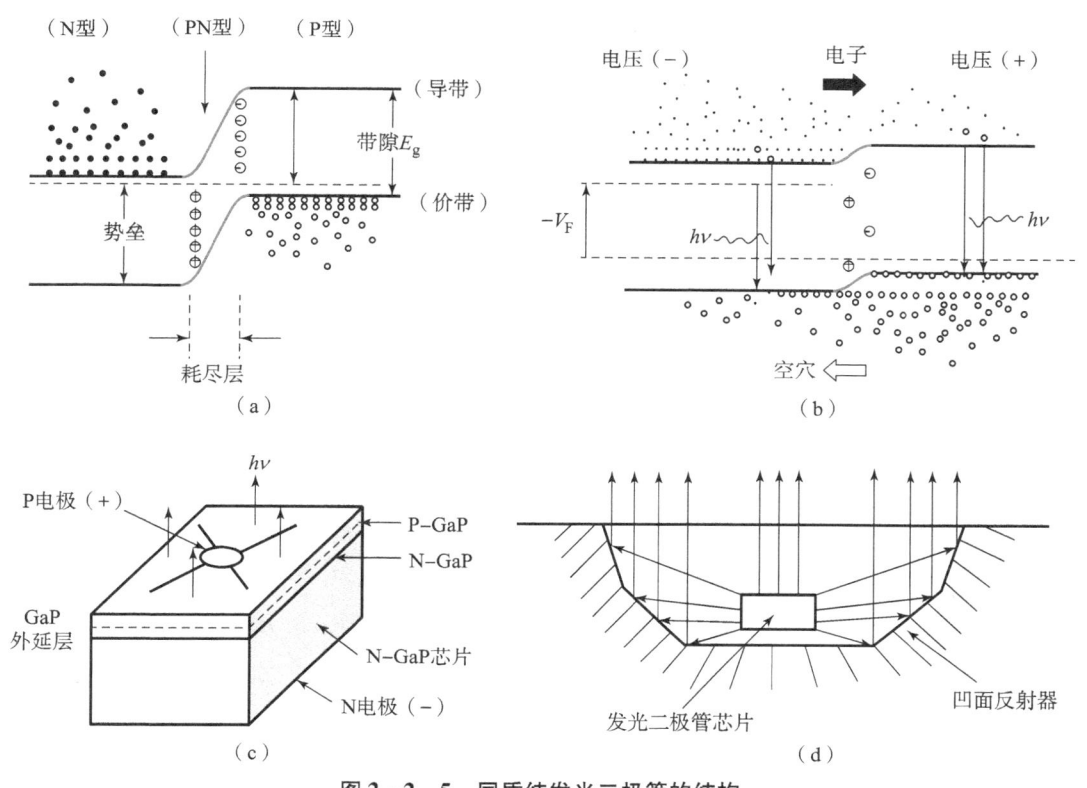

图 2-2-5 同质结发光二极管的结构

(a) 热平衡状态（外加电压 0 V）；(b) 正偏置状态（外加电压 V_F）；
(c) 芯片结构（GaP 发光二极管芯片实例）；(d) 凹面反射器使红外线集中发送

2) 异质结结构的发光二极管

双异质结发光二极管的结构如图 2-2-6 所示。双异质结是一种将禁带宽度窄的活性层用禁带宽的包覆层从两侧夹住的结构。一侧包覆层是 P 型材料，另一侧包覆层为 N 型材料。活性层可以为 P 型或 N 型中的任一种。但它的 P 型和 N 型材料均采用铝镓砷（$Al_xGa_{1-x}As$）材料系，只是 P 型和 N 型材料的混晶比（x）不同。

不同混晶比的 $Al_xGa_{1-x}As$ 材料，具有不同的带隙能量宽度。而不同带隙宽度的 P 型层和 N 型层联合会产生不同的特性。当双异质结在正向偏置时，在 P 型包覆层和活性层之间会形成对于电子的势垒，而在 N 型包覆层和活性层之间则形成对于空穴的势垒，可阻挡电子和空穴的相互扩散。这样，使活性层中的电子和空穴密度变高，电子和空穴的复合概率大为提高，发光效率高。同时，活性层发出的光，在 PN 结芯片内部几乎无吸收，能高效率地对外发光。双异质结结构的 PN 结的发光亮度可达到 50～250 W·sr^{-1}·cm^{-2}，比同质结 PN 结的高得多。

（二）激光二极管（LD）

半导体激光器也称为激光二极管，简称 LD（是 Laser Diode 的缩写）。它是激光源

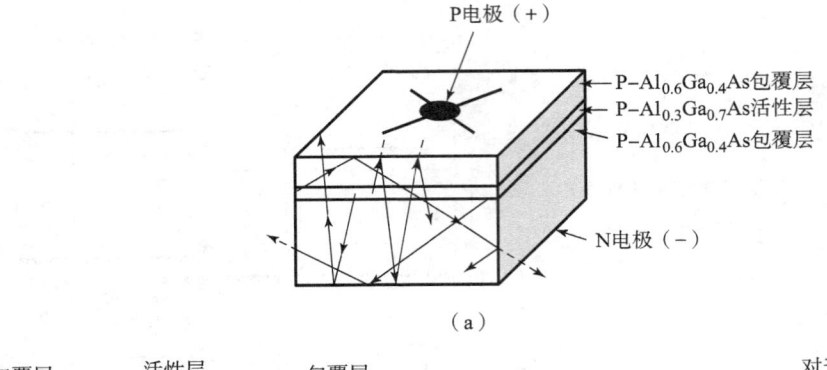

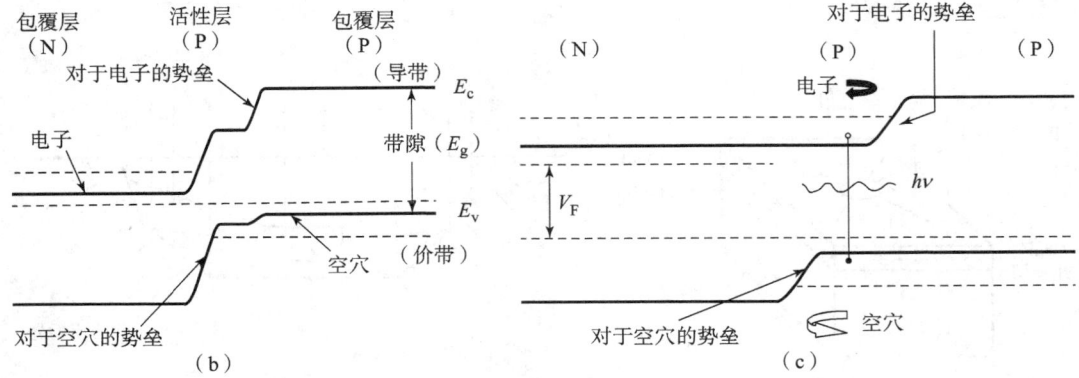

图 2-2-6 双异质结 LED 的结构和发光机理

(a) 双异质结发光二极管取出的光（以 AlGaAs 发光二极管为例）；
(b) 热平衡状态（外加电压 0 V）；(c) 正向偏置状态（外加电压 V_F）

中极为重要的一类激光器。半导体激光器实现光受激辐射放大，与固体和气体激光器一样，也应具备上述的三个要素。但由于所使用的激活介质是半导体材料，因此它具有体积小、质量轻、可靠性高、寿命长等优点，并可采用简单的注入电流方式实现泵浦。

半导体激光器的激光振荡模式与开放式光学谐振腔的振荡模式有很大的差别。半导体激光器的光学谐振腔是介质波导腔，其振荡模式是介质波导模。

半导体激光器与侧面发光二极管（皆为半导体二极管）在结构上十分相似。所不同的是半导体激光器有光学谐振腔，而侧面发光二极管则没有此腔。没有谐振腔，就无法实现光的反馈、放大并发出相干的激光。

半导体激光器的 PN 结有同质结的、异质结的和双异质结的，同时还采用条形结构来改良其特性。在半导体激光器中，除了采用晶体解理面构成的法布里-珀罗（F-P）谐振腔之外，还有分布布拉格反射（DBR）和分布反馈（DFB）型等结构。此外，作为有源层还发展了量子阱（QW）和多量子阱（MQW）、应变量子阱激光器及垂直腔面发射激光器（VCSEL）等。

半导体激光器的激射波长根据所使用材料的不同而各异，采用Ⅲ-Ⅴ族、Ⅳ-Ⅵ族、Ⅱ-Ⅵ族的材料，已研制出了由可见光的蓝色到远红外区域的各种波长的激光器，种类齐全。

基于半导体激光器的突出优点，在激光传感打印、DVD 驱动、条形码读出（$\lambda = 635 \sim 685$ nm）、CD 驱动、光陀螺、光存储、短距离通信、测距、光雷达（$\lambda = 780 \sim 850$ nm）及中距离激光通信（$\lambda = 1\,310$ nm）和长距离通信（$\lambda = 1\,500$ nm）等方面获得了广泛的应用。

1. 半导体激光器的基本结构

目前激光器的结构各异、种类繁多。为了了解激光器的基本工作过程和工作原理，这里介绍三种具有最基本、结构最简单的半导体激光器，如图 2-2-7 所示。图 2-2-7（a）所示为一个基本的 PN 结激光器。由于结两边是相同的半导体材料（GaAs），故称为同质结激光器。解理或研磨出一对垂直于 <110> 晶轴的平行平面，在适当的偏置条件下，激光将从这些平面发射出来（图中只画出了前面的发射）；将二极管的其余两面弄粗糙，以消除非主要方向的受激发射光，这种结构称为法布里-珀罗（Fabry-Perot）谐振腔。腔长 L 的典型值是 300 μm。法布里-珀罗谐振腔的结构广泛应用于现代半导体激光器中。图 2-2-7（b）所示为一种双异质结（DH）激光器，一个窄的 P-GaAs 层作为有源层（或激活层）夹在两个 $Al_xGa_{1-x}As$ 层之间。

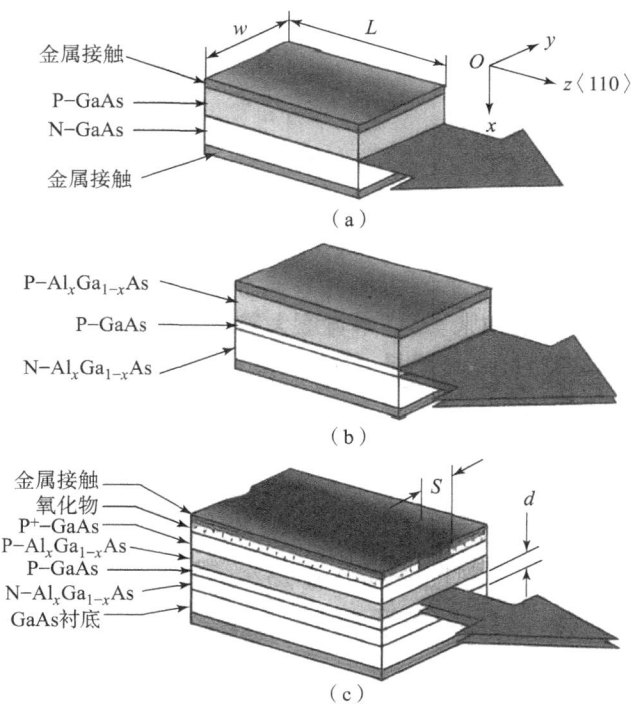

图 2-2-7　法布里-珀罗腔的半导体激光器结构
(a) 同质结激光器；(b) DH 激光器；(c) 条形 DH 激光器

图 2-2-7（a）和图 2-2-7（b）所示结构是宽面激光器，它的整个结平面都能

发射激光。图 2-2-7（c）所示为条形 DH 激光器，除接触条以外，全部用氧化层绝缘，因此发光范围被限制在金属接触下面一个窄的区域中。条形区典型宽度值为 5~30 μm。条形结构的优点是减小了工作电流，消除了沿结方向的多个发光区，去掉了结的大部分周边从而改善了可靠性。

2. 半导体激光器受激发条件

半导体激光器是靠注入载流子工作的。发射激光需要具备以下 3 个基本条件。

条件 1：要产生足够的粒子数反转分布，即高能态粒子数足够地大于低能态的粒子数。

条件 2：要有一个合适的谐振腔以起到反馈作用，使激射光子增生，从而产生激光振荡。

条件 3：要满足一定的阈值条件，以使光子增益等于或大于光子损耗。

包括半导体在内的原子系统中，光子和电子之间的相互作用有 3 种基本过程：吸收、自发发射和受激发射。当一个能量为 $h\nu = E_2 - E_1$ 的光子入射到这个系统中时，一个处于低能态 E_1 的粒子可能吸收这个光子而跃迁到高能态 E_2，这个过程就是吸收过程，如图 2-2-8（a）所示。粒子在高能态上是不稳定的，在一段时间内，如果没有外界激发，它又会自动回到低能态 E_1，并发射一个能量为 $E_2 - E_1$ 的光子，这种过程称为自发发射过程，如图 2-2-8（b）所示。在自发发射过程中，产生的光子在频率、传播方向偏振状态和相位上都是随机的、彼此无关的，出射光为非相干光。发光二极管就是利用自发发射效应发光的。处于高能态 E_2 的粒子也可以在能量为 $E_2 - E_1$ 的入射光子的激发下跃迁到低能态 E_1，同时发射一个能量为 $h\nu = E_2 - E_1$ 的光子，这种过程称为受激发射过程，如图 2-2-8（c）所示。在受激发射过程中，产生的光子和入射光子具有相同的频率、传播方向、偏振状态和相位，即入射光得到了放大，出射光是相干光。半导体激光器就是利用这种原理工作的。

3. 光学谐振腔

在激光器中，既存在受激辐射又存在自发辐射，而且作为激发受激辐射用的初始光信号就来源于自发辐射。自发辐射的光是杂乱无章的，为了在其中选取具有一定传播方向和频率的光信号，使其有最优的放大作用，而把其他方向和频率的光信号抑制住，最后获得单色性和方向性很好的激光，需要一个合适的光学谐振腔。在砷化镓结型激光器中使用最广的是法布里-珀罗谐振腔。

在结型激光器的有源区内，开始导带中的电子自发跃迁到价带中与空穴复合，产生了时间、方向等并不相同的光子，如图 2-2-9 所示。大部分光子一旦产生就立刻穿出 PN 结区，但也有一小部分的光子几乎是严格地在 PN 结平面内穿行，而且在 PN 结内行进相当长的距离，因而它们能够去激发产生更多同样的光子。这些光子在两个平行的界面间不断地来回反射，每反射一次就得到进一步的放大。这样不断地重复和发展就使这样的辐射趋于压倒性优势，也就是使辐射逐渐集中到平行镜面上，而且方向是垂直于反射面的。

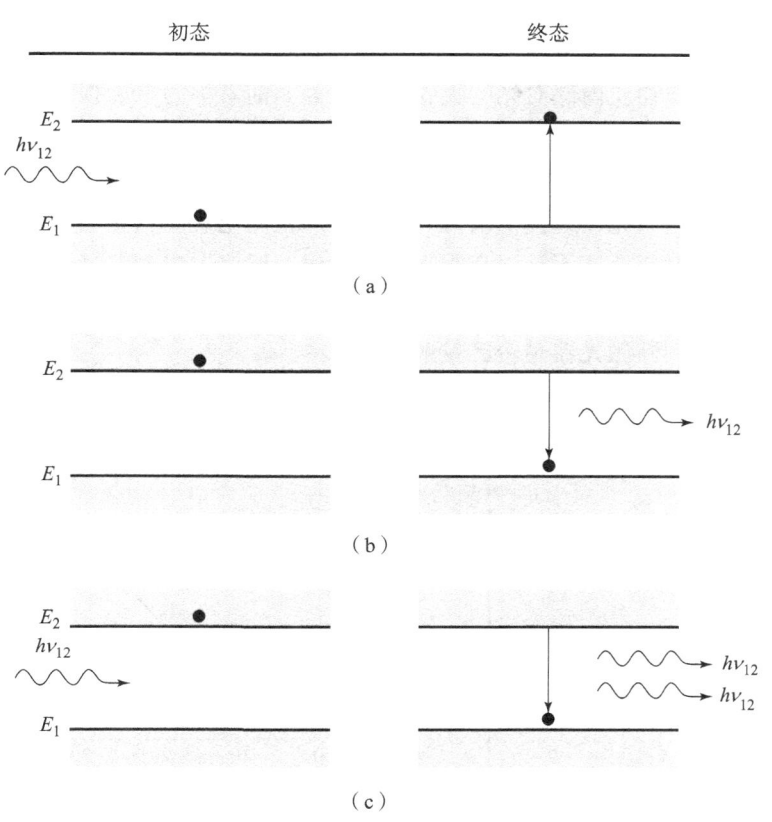

图 2-2-8 两个能级之间的 3 种基本跃迁过程
（a）光吸收；（b）自发发射；（c）受激发射

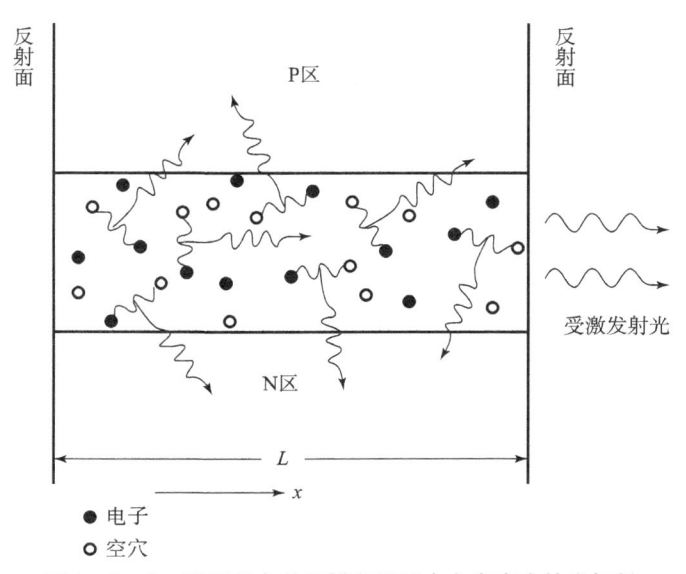

图 2-2-9 开始时在激光器有源区内自发产生的光辐射

在激光器中,并不是粒子数达到反转分布再加上光学谐振腔就能发出激光了。因为激光器中还存在使光子数减少的多种损耗。例如,反射面反射率 $R<1$,使部分光透射出去了,而且还有工作物质内部对光的吸收和散射等。前者称为端面损耗,后者称为内部损耗。只有当光在谐振腔内来回传播一次所得到的光增益大于损耗时,才能形成激光。如图 2-2-10 所示为开始时在激光器有源区内自发产生的光辐射。

对于砷化镓结型激光器,提供增益的方法是加正向电流。当正向电流较小,注入的载流子数目少,辐射复合还不足以克服吸收的时候,激光器出现普通的自发发射。当激光器的光发射从自发发射过渡到受激发射时,光功率及亮度均剧增,如图 2-2-11 所示,通常可用此来判断激光器是否已发射激光。

图 2-2-10 开始时在激光器有源区内自发产生的光辐射

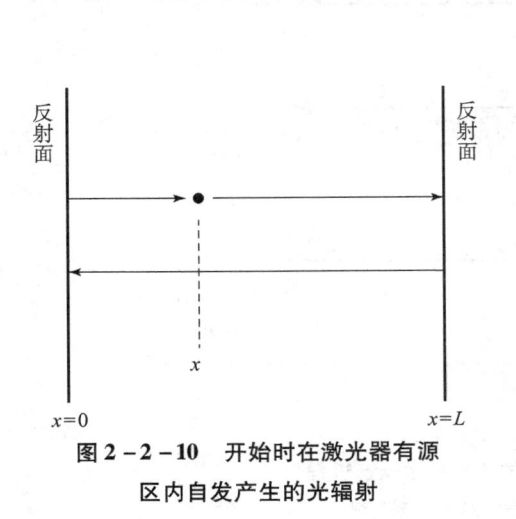

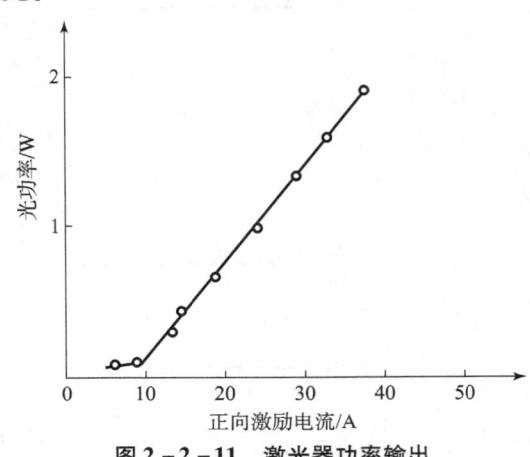

图 2-2-11 激光器功率输出随电流的变化

4. 异质结激光器

人们最早制造出的激光器是同质结激光器。由于同质结激光器的阈值电流密度很高($3\times10^4\sim5\times10^4$ A/cm^2),所以不能在室温下连续工作,人们相继研究出了异质结激光器。异质结激光器又分为单异质结激光器和双异质结激光器两种。

图 2-2-12 所示为单异质结(SH)激光器的结构和各区域能带的变化、折射率的变化以及光强分布的示意图。由该图可见,在 P-GaAs 一侧加上异质材料 P-Ga$_{1-x}$Al$_x$As 之后,它们的界面处势垒使 N-GaAs 注入 P-GaAs 的电子只能局限于 P 区内复合产生光子。又因为 P-GaAs 和 P-Ga$_{1-x}$Al$_x$As 界面处折射率的变化,使有源区内复合产生的光子受到反射而局限于 P-GaAs 层内。异质结的这种对电子和光子的限制作用减少了它们的损耗,从而使单异质结激光器室温的阈值电流密度降低到 8 000 A/cm^2。

在单异质结激光器中,异质结起到了限制载流子扩散的作用,但不是利用它进行注入,所以一般 x 值选得比较大,如 $0.3<x<0.5$。

在半导体激光器中,有源区厚度 d 很关键。d 太大会失去对载流子限制的意义,d 太小又会增大损耗,在单异质结激光器中一般取 $d\approx2$ μm。

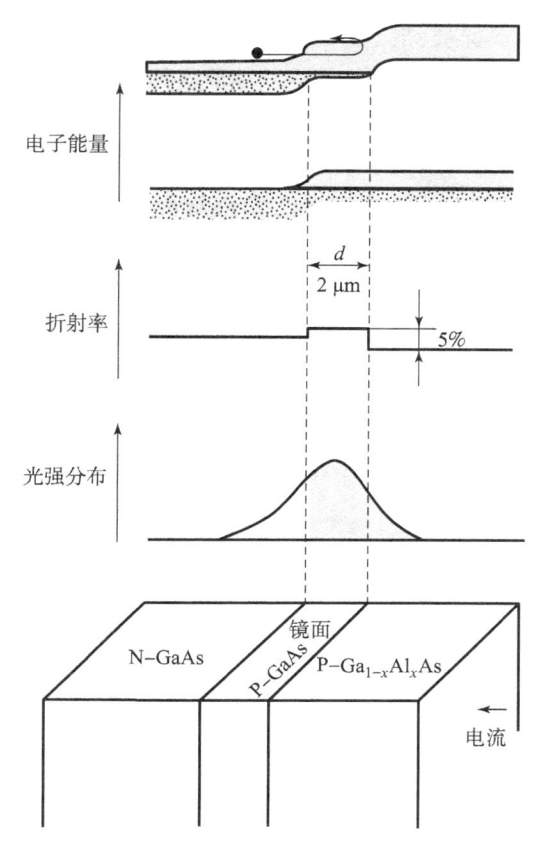

图 2-2-12 GaAs-Ga$_{1-x}$Al$_x$As 单异质结激光器的能带、折射率、光强分布图

5. 双异质结激光器

用液相外延方法在 N-GaAs 衬底上依次生长 N-GaAlAs、P-GaAs、P-GaAlAs 单晶薄层。在有源区 P-GaAs 两侧分别有 N-GaAlAs 层和 P-GaAlAs 层，形成 N-GaAlAs/P-GaAs 和 P-GaAs/N-GaAlAs 两个异质结，如图 2-2-13 所示。

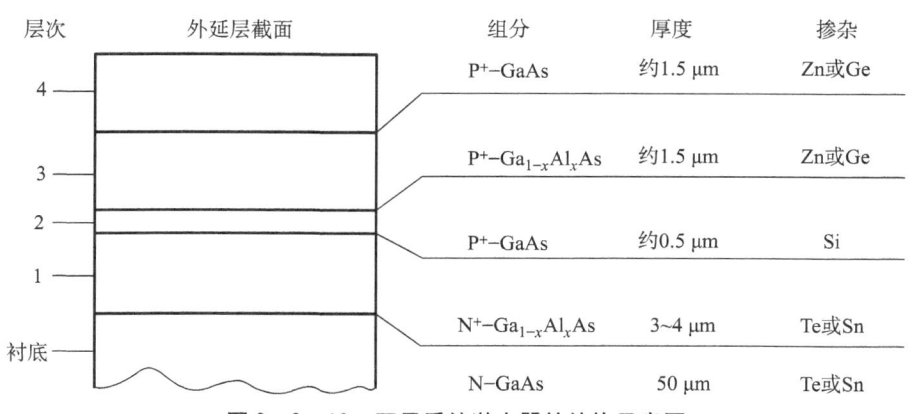

图 2-2-13 双异质结激光器的结构示意图

图 2-2-14 所示为双异质结（DH）激光器的能带、折射率和光强分布。有源区 P-GaAs 夹在两个宽带隙的 GaAlAs 层之间，对于这种结构，由于它的对称性，不再局限于只有电子注入。双异质结结构使电子注入和空穴注入都能有效地利用。如果有源区宽度小于载流子扩散长度，则绝大多数载流子在复合前都能扩散到有源区。当它们到达异质结时，受到势垒的排斥会停在有源区。如果有源区厚度 d 比载流子扩散长度小得多，则载流子就均匀地将有源区填满。对于这种激光器，复合几乎是均匀地发生在有源区内的。另外，由于有源区两侧都是宽带材料，有效折射率发生阶跃，使光子被限制在有源区中，光场的分布也是对称的。双异质结能够有效地限制载流子和光子，所以显著地降低了激光器的阈值电流密度，实现了激光器的室温连续工作。双异质结激光器实现室温连续工作之后，突出的问题是提高器件的寿命，这往往从解决有源区结构和散热问题入手。随着各种需要的不同，出现了多种结构的双异质结激光器，其典型代表为条形 DH 激光器。

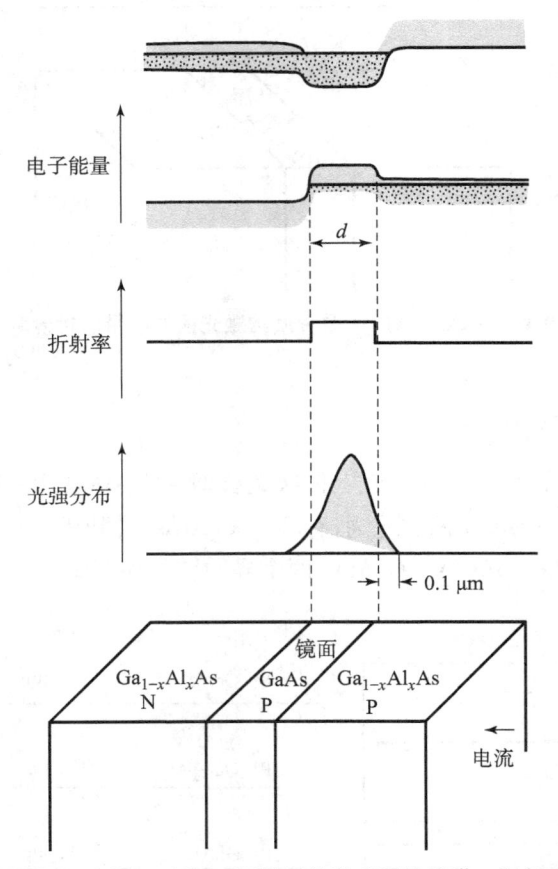

图 2-2-14　GaAs-Ga$_{1-x}$Al$_x$As 双异质结激光器的能带、折射率和光强分布

（三）垂直腔面发射激光器（VCSEL）

垂直腔面发射激光器（Vertical-Cavity Surface-Emitting Laser，VCSEL），又称为垂直共振腔面射型激光器，是指激光腔的光子振荡方向垂直于半导体芯片的衬底，有源层

的厚度即为谐振腔长度。它与一般用切开的独立芯片制程,激光由边缘射出的边射型激光器有所不同。

半导体激光器已经发展多年,它以其体积小、结构简单、输入能量低、寿命较长、易于调制及价格低廉等优点在各领域中应用广泛,但基本的器件一直是传统的面发射激光器,这种结构中存在一个波导区域,用来引导光波沿谐振腔方向传播。这种器件结构的谐振腔的反射镜是由晶体的自然解理面构成的,激光从谐振腔的一个反射镜直接出射。器件的典型结构如图 2 - 2 - 15 所示。

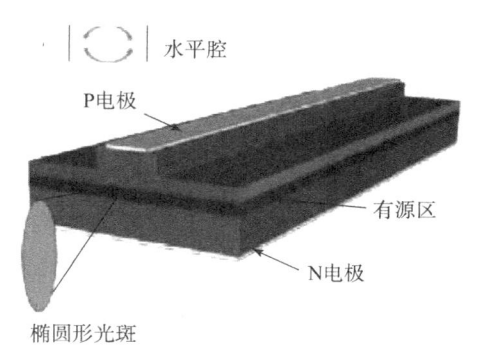

图 2 - 2 - 15 边发射半导体激光器

从激光器的出光模式方面来看,这种器件的横向和侧向模式与器件结构中增益区的剖面有着直接的关系。首先,在横向方向,为了降低器件的阈值电流,实现很好的载流子限制,各种结构的条形器件使增益区的横向很窄,同时为了输出光功率的需要,侧向又较宽,其结果就形成了器件的长椭圆形近场和远场分布。横向发散角可以高达 50°左右,纵向发散角也在 10°以上,这就使发射的激光光束有很大的像散,不能很好地与光纤的圆形截面相匹配,给光耦合的设计和制作带来了很大的困难。同时,在传统器件的制作过程中,对激光器芯片的电、光等特性的测试都必须在整个器件被制作完成之后才可以进行,而且其反射镜也需要通过解理等方法来获得,这就给器件的制作工艺带来很大的不便。其次,由于谐振腔的两个反射镜通过人工解理完成,其光学腔一般很长（$(10^2 \sim 10^3)\lambda$）,使得腔内多纵模同时存在,易于产生多模激射,因此常会有跳模现象发生。尽管这一问题可以通过各种特殊的器件结构的选模来解决,如分布反馈结构（DFB）,但这势必会增加器件制备的复杂程度。最后,在器件的列阵集成方面,由于传统器件的光从器件的一个端面出射,与器件的外延方向垂直,因此器件必须被放在一侧,这就限制了器件的平面集成,这样一来,列阵器件被限制在一维集成（1 - D）上,即使可以用二维列阵堆积式集成,但其列阵器件的热效应对器件性能的影响也相当严重,得不到很好的列阵效果。为了克服传统器件的限制与不足,人们开始寻求新的器件观念,即一种沿着与外延相同方向出射的器件结构,所以人们开始研究多种不同结构的面发射半导体激光器。

1977 年,日本科学家 H. Soda 和 K. Iga 等人首先提出垂直腔面发射半导体激光器。1984 年他们实现了室温脉冲工作;1988 年又完成了室温连续振荡（CW）。此后有关 VCSEL 之研究犹如雨后春笋般进展迅速。VCSEL 根据所用材料和工作波段分类,主要有 3 种:用于光信息处理和光学测量中 0.8 μm 波段的 AlGaAs - GaAs 系列;0.9 ~ 1 μm 波段的 InGaAs - GaAs 系列以及在光通信中作光源的 1.3 ~ 1.55 μm 波段的 InGaAsP - InP 系列。后来在不断的实践中,由于由 GaInAsP/InP 材料制成的有源区内部俄歇复合率较大,另外出于其他的非辐射复合,使阈值电流的进一步降低难以实现。这时学者就开始将低阈值的 GaAs 作为有源区材料。直到 1983 年以 GaAs/GaAlAs 作为有源区材料的

VCSEL 才成功研制，实现了在低温 77 K 下的脉冲工作，阈值电流为 350 mA，同年又使室温下的脉冲激射得到实现。两年后又应用分子束外延生长技术生长得到的 DBR 作为激光器的镜面，令脉冲工作下的阈值电流成功地下降到 150 mA。近几年来，面发射激光器的性能不断得到突破性发展，到 1986 年，GaAs 系列器件室温脉冲运转的最低阈值已低到 6 mA，商品激光器阈值也低到 20~50 mA。到 1988 年秋，采用 MOCVD 生长技术实现了世界上最早的室温连续振荡。

20 世纪 90 年代初，研究者成功地开发出边发射量子阱材料，为接下来的飞跃打下了坚实基础。能在室温下连续工作的波长为 980 nm 的 GaAs/InGaAs 系列的 VCSEL 在 1991 年研制成功，次年就被各界所重视，一些低波长的 VCSEL 得到商业化发展。1993 年，K. Iga 教授的团队又研制出波长为 1 300 nm，可在室温下连续工作的 GaInAsP/InP VCSEL。同一年，高性能的 AlGaAs 红光 VCSEL，其波长为 670 nm，能在室温下由连续激射的激光发生器产生。第二年，开发出波长为 1 550 nm，可在室温下连续工作的 InGAasP/InP 材料的 VCSEL，而蓝绿光的 VCSEL 也在同年得到了大家的关注。

国内方面，对 VCSEL 的研究也取得了很多成果。1996 年中国科学院长春物理所与吉林大学联合研发出一种可在室温下脉冲工作的新型 VCSEL，其技术指标为：激射波长 λ 为 878 nm，最大输出功率 P 为 2 mW，最低阈值电流 I 为 20 mA。次年，他们又联合研制出能在室温下连续工作的可见光 VCSEL，其技术指标为：激射波长 λ 为 650 nm，最大输出功率 P 为 85 mW，阈值电流 I 为 3.75 mA。到 1998 年，阈值电流为 0.25 mA，可在室温下连续激射的波长为 660 nm 的红光 VCSEL 由中国科学院半导体所林世鸣教授小组研制成功并得到应用。2004 年 5 月 30 日，在长春通过了知识创新工程项目即 "980 mm 高功率垂直腔表面发射激光器" 的鉴定，该项目由中国科学院长春光机所与中国科学院物理所两所共同承担，实现连续波光功率输出均为 1.95 W，直径分别为 500 μm、600 μm 以及 700 μm 的高功率大直径 VCSEL，在国际上亦是首次突破。并研制出直径为 200 μm 的 VCSEL 器件，使其在 10 ns 时的峰值光功率能够达到 10.5 W，直径为 300 μm 的 VCSEL 器件输出的连续波光功率达到 1.11 W，且各项指标均高出国际上同类激光器，使国内 VCSEL 技术达到国际领先水平。

如图 2-2-16 所示，典型的 VCSEL 包括顶发射和底发射两种结构。

垂直腔面发射激光器有很多种结构，如金属镜面结构、外延布拉格反射器（DBR）结构、介质镜面结构、空气柱折射率导引结构、离子注入导引结构、无源反波导区结构等。实质上，其主要结构分为两部分：①中心是有源区，它有体异质结和量子阱两种结构；其侧向结构有增益导引和环形掩埋异质结之分。②有源区上下是反射器。一种是介质膜反射器，上层是 SiO_2/TiO_2 多层结构，下层是 $SiO_2/TiO_2/SiO_2/Au$ 结构；另一种是半导体多量子阱的分布布拉格反射器（DBR）。

VCSEL 器件以其腔长短，有较大的纵模间距可以实现动态单模激光出射，适于制作高密度的二维列阵等优势，引起人们的极大关注和广泛研究。同时由于 VCSEL 有源层很薄，单程增益长度极短（<1 μm），要在如此短的谐振腔长下实现低阈值的激射振荡，不仅要求有高增益系数的有源介质，还需要有高的腔面反射率，这只有用能精确控

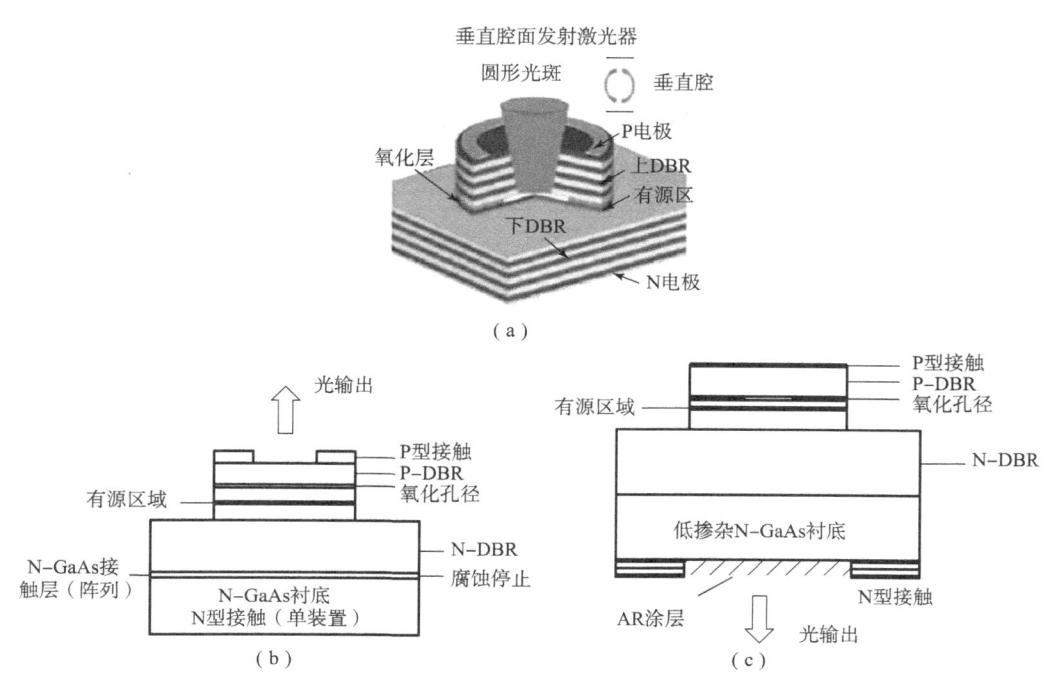

图 2-2-16　VCSEL 结构简图及顶、底发射结构

(a) 结构简图；(b) 顶发射结构；(c) 底发射结构

制膜厚的外延膜生长技术（如 MBE 和 MOCVD）制成的量子阱材料和分布布拉格反射镜才有可能实现。同时注入载流子的有效限制方式和光学谐振腔中光子的限制方式也非常关键，图 2-2-17 和图 2-2-18 分别示意了 VCSEL 器件中形成载流子限制结构和光子限制结构的几种典型方式。只有实现了很好的电流限制和光子限制才能使器件达到在较低的阈值电流密度条件下激射出光，改善器件的工作特性，扩大器件的应用领域。

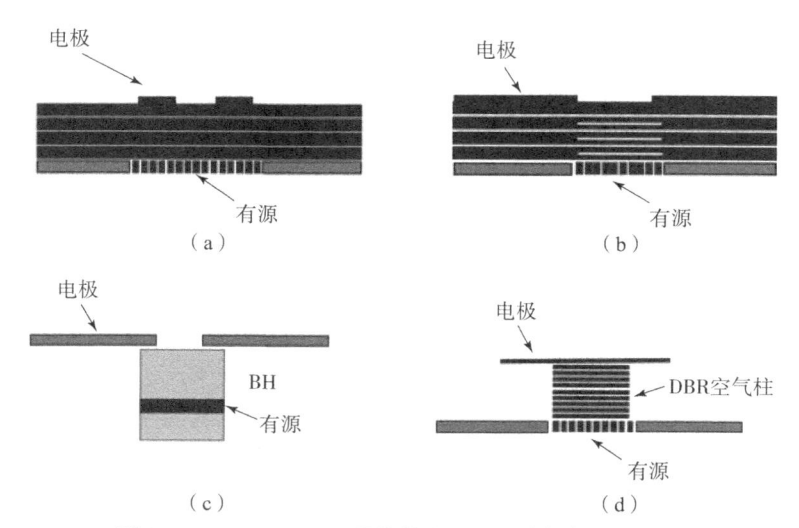

图 2-2-17　VCSEL 器件载流子限制结构的几种方式

(a) 环形电极型；(b) 质子注入型；(c) 嵌入型；(d) 空气柱型

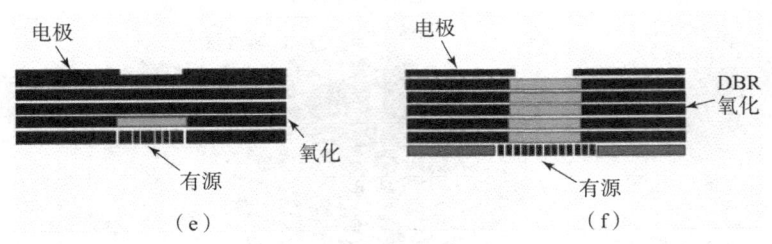

图2-2-17　VCSEL器件载流子限制结构的几种方式（续）
(e) 选择氧化层型；(f) 氧化DBR型

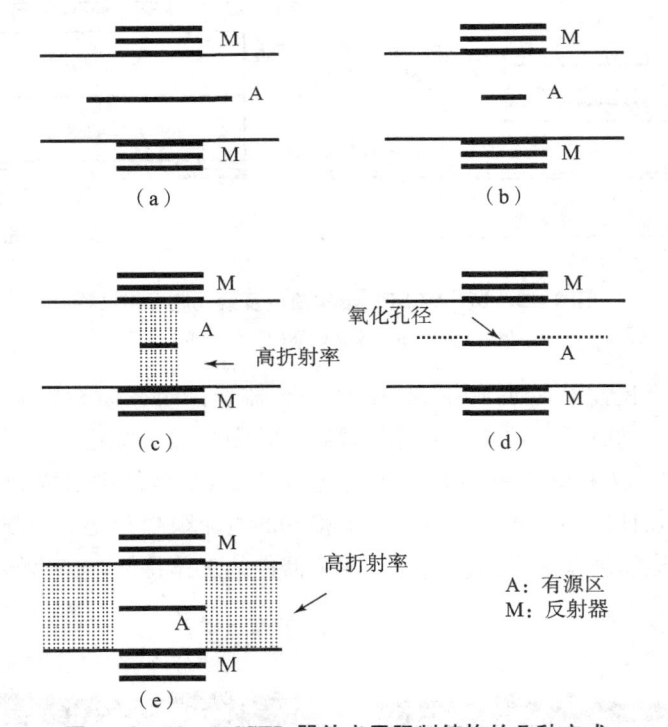

图2-2-18　VCSEL器件光子限制结构的几种方式
(a) 法布里-珀罗谐振腔型；(b) 增益波导型；
(c) 嵌入型折射率波导型；(d) 选择氧化层型；(e) 反波导型

A：有源区
M：反射器

　　VCSEL中作为横向光电限制的结构，是实现高效率和低阈值电流所必需的结构。目前主要有四种基本的器件结构形式，即腐蚀空气-柱型结构、离子注入型结构、再生长掩埋异质结型结构和氧化物限制型结构，如图2-2-19所示。

　　这些器件涉及了各种制作工艺。早期的VCSEL采用了腐蚀空气-柱型结构来限制电流通道，并以此对光学模式产生折射率导引。与此不同，离子注入型结构具有为四周高电阻区所限制的电流通道，注入后的VCSEL没有内建的对光学模式的折射率导引。再生长掩埋异质结型结构可以制作掩埋异质结结构，形成对载流子限制和折射率导引。近年来发现氧化物限制型结构能高效提供电光限制，这种结构使VCSEL具有最高的功

图 2-2-19 VCSEL 器件结构

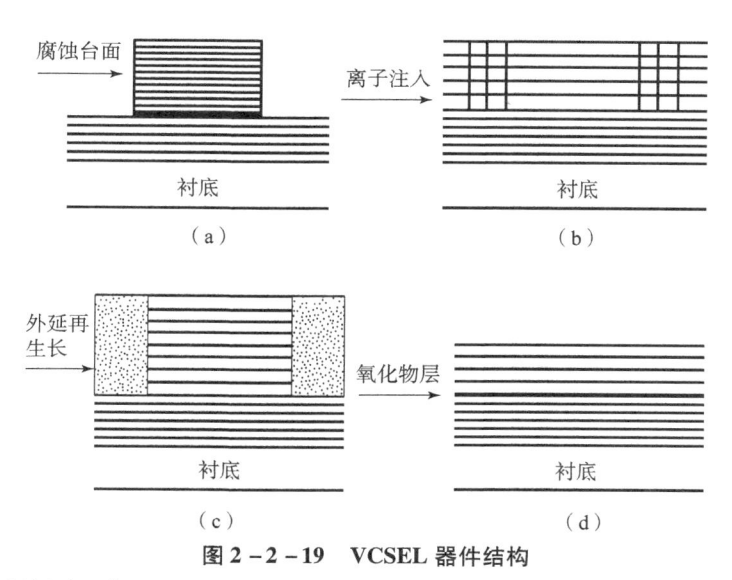

(a) 腐蚀空气-柱型；(b) 离子注入型；(c) 再生长掩埋异质结型；(d) 氧化物限制型

率转换效率和最低的阈值电流密度。在增益区域附近高效率的限制电流和光学模式的横截面积对实现高效率、低阈值电流是至关重要的。

1) 腐蚀空气-柱型结构

限制 VCSEL 光学谐振腔侧向尺寸的最简单方法，是腐蚀出一个柱。单片 VCSEL 的首次成功就是用腐蚀空气-柱型结构实现的。各向异性干法腐蚀技术，例如化学辅助离子束腐蚀（CAIBE）或者反应离子腐蚀（RIE），使制作截面积小、垂直侧面壁光滑的柱状结构成为可能。由于在半导体与空气间介面处的折射率变化大，因而在腐蚀空气-柱型结构中存在很强的折射率导引。因此，如果需要单一横模运转时，VCSEL 谐振腔侧向尺寸必须相对较小（<5 μm）。此外，在腐蚀空气-柱型结构中激光器偏振会受到光学谐振腔截面形状的影响。腐蚀空气-柱型 VCSEL 的一个缺点是，由于在侧壁处表面复合从而造成载流子损耗。而且，由于在侧壁缺陷处的衍射和散射，使光学损耗随着腐蚀深度的增大以及空气柱直径的减小而变大。进一步的考虑是，由于这些器件没有与激光腔接触的高效热沉，因而具有较高的热阻。通常 VCSEL 比传统的边发射激光器对热的作用更加敏感，因为谐振腔必须谐振于增益谱。失调的一个重要影响在于随着注入电流的增加，从而使输出功率不稳定。用具有高热导率材料加帽的腐蚀空气-柱型结构，可以缓解高热阻的问题。

2) 离子注入型结构

平面 VCSEL 形状能提供较好的热耗散，并简化了制作和封装工艺。在平面结构中有可能通过离子注入实现侧向电流限制。通过选择性注入离子进入半导体材料，可以使某些区域变成绝缘，因而需要控制注入电流的注入。目前已采用过各种离子（O^+、N^+、F^+ 和 H^+），其中以质子为最常用。所需的注入能量随离子的质量以及所需注入深度而异。尽管也有由注入离子引起的晶体损伤，但注入过的 VCSEL 表现出良好的可靠性。但是有源区被离子破坏和由于离子的侧向散射而使注入区域边界不清，限制了注入区和有源层的接近，也限制了小口径确定的精度。

离子注入的另一个弱点是，它不像腐蚀空气－柱型结构，它对光场不产生固有的折射率导引。连续运转时，热诱发产生的折射率梯度（热透镜现象）会引起折射率导引限制光模。热透镜现象的实验验证来自脉冲运转时观察到的更高的阈值电流以及来自电调制与光反应之间的长时间滞后现象。具有热透镜现象的折射率导引由于空间烧孔现象而不足以防止多侧模运转，注入的形状也不能提供固有的偏振控制。

3）再生长掩埋异质结型结构

在平面结构中产生折射率导引的一个方法是采用一个掩埋异质结。与传统激光器的情形相似，首先把预留腔周围的材料腐蚀掉而把有源区隔离出来；其次，再把腐蚀掉的区域用具有较高带隙能量的材料填充起来。再生长的区域确定了有源区的侧向边界并形成对电和光的限制，因为它们的带隙较宽，折射率较低。外延生长对 VCSEL 来说最具挑战性，因为需要在高活性材料 AlGaAs 的表面上生长，因此必须有精心的腐蚀技术、特殊的清洗过程以及避免暴露大气等。至今为止，已经成功采用过的再生长技术包括：先腐蚀，后随以液相外延（LPE）来回熔表面；真空集成干法腐蚀和分子束外延（MBE）；先干法腐蚀，后随之以化学预处理，然后再用金属有机气相外延（MOVPD）生长等。

用上述再生长技术制造的常见折射率导引和反导引 VCSEL 已表明能够可靠地单模运转。再生长可以实现各种电流通道的方案，例如侧向电流注入。它还可以用来钝化光腔的侧壁，恢复热沉材料以便散热，或者对微电子器件集成化形成优化外延层。

4）氧化物限制型结构

为了实现高功率和低的阈值电流，人们一直在对 VCSEL 进行研究，如图 2－2－20 所示为氧化物限制型 VCSEL 结构示意图，其中氧化限制层提供对光场和载流子的约束，可以实现很低的阈值电流。器件中心是由 1～3 个量子阱组成的有源区（置于纵向驻波场的峰值最大处），在有源层的上方和下方由两种折射率差异较大的材料分别堆叠组成 P 型和 N 型 DBR 镜层，在布拉格波长附近的反射率高达 99% 以上，DBR 反射镜中各层材料的厚度均为激光器工作波长的 1/4，激光器驱动电流通过 P 型 DBR 镜层注入有源区，为减小器件发热需要在镜层中高掺杂或在 DBR 中每一高和低折射率层之间生长占空比可变的超晶格渐变区以减小串联电阻。

近年来，VCSEL 性能的诸多进展可归因于采用了选择性氧化所产生的折射率导引和电学限制。曾成功地应用于传统激光器的 AlGaAs 材料的湿法氧化可在以电介质 DBR 构成的单片 VCSEL 中产生高效率的电流通口。对振荡于 980 nm、850 nm、780 nm 和 650 nm 的 VCSEL，已经有报道表明激光器性能获得了重大改进。选择氧化法的操作比较简单。可以首先在需要电流通口的地方生长富 Al 的 AlGaAs 层。这对 VCSEL 而言是特别合适的，因为有一个高含 Al 的外延层。为了将生长的富 Al 外延层的侧向氧化，可用腐蚀法暴露侧壁来形成一个台面结构，把这一台面结构放入蒸汽环境内，温度为 350～500 ℃，把 AlGaAs 变成一个具有低折射率的结实的绝缘氧化物。氧化是从台面结构侧壁裸露的表面开始，向中心传播，形成一个被氧化材料包围的未氧化的通口。因为

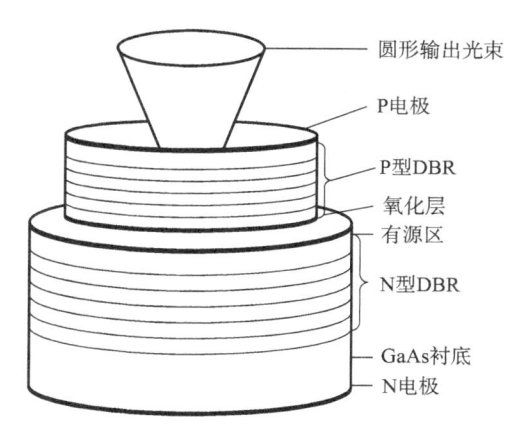

图 2-2-20　氧化物限制型 VCSEL 结构示意图

氧化速率正比于 Al 的含量，所以 Al 含量最高时，在外延层上的通口就最小。限制层可以比其他 VCSEL 结构更明显地靠近增益层，这减轻了侧向载流子扩散的影响，在有源层形成高效率的电流限制，特别是对小口径的情形更是如此。氧化速率对组分的强烈依赖关系来源于激活能量对组分的依赖性。测得的 $Al_xGa_{1-x}As$ 的氧化速率，在 $0.82 \leqslant x \leqslant 1$ 之间，改变了两个数量级以上。因此 AlGaAs 层之间高度的氧化选择性可以由层间微小的组分差别来获得。另外，这也意味着各层间严格的组分控制以及一层内组分的均匀性是生长的关键。在美国 Sandia 国家实验室，VCSEL 外延片是用 MOVPE 生长的，此法特别适用于氧化物的 VCSEL 生长，因为可以完全实现 AlGaAs 的各组分变化，实现严格的组分控制，以及实现一层内组分的高度均匀性。对于不想氧化的低折射率的 DBR 层，可以采用 6%～8% 的 GaAs 摩尔百分数。对于想要氧化的低折射率层，GaAs 的摩尔百分数要调整到 2%，以便增大其氧化速率。氧化物层中包含有小量 Ga，实验发现，这小量的 Ga 导致各向同性氧化，也导致激光器结构的热循环。

掩埋氧化物具有比原来半导体层低得多的折射率（$n \approx 1.6$）。因此，氧化物也可以用于 DBR 结构中以形成折射率的高反差。包围着未氧化的电流通口的低折射率氧化物提供了对激光场的强有力的导引作用。在光腔与含有氧化物层的周围区域间形成的有效折射率差，可以通过氧化物层以及氧化物层对光学谐振腔的相对位置来控制。把氧化物层直接设置在和光学谐振腔相邻或设置在光学谐振腔之中，可产生最强的折射率限制。但是，氧化物层折射率突然不连续，将对光腔直径小于 5 μm 的激光器引起光学损耗。

VCSEL 近年来的发展速度很快，并展现了很好的应用前景，其未来发展有以下几个方向：更高输出功率；扩展输出波长；高度集成化。

高功率二维列阵 VCSEL 作为板条形 YAG 固体激光器的泵浦源近年来已引起人们的注意，并已进入实验阶段。因为高密度的集成，其中单个激光器仅几微米大小，有可能在 1 cm² 的芯片上二维集成上百万个 VCSEL，若每单元器件按毫瓦级功率输出计，1 cm² 芯片可输出百瓦级以上的激光功率，足可应用于泵浦源，使它们已成为泵浦固体激光器的传统半导体激光器的竞争对手。又由于其阈值电流可低到亚毫安，可允许很多激光器同时工作而不至于产生很大的热耗散；其发射波长范围可达 $0.7 \sim 1.5~\mu m$，且其光谱线宽约为 $0.001~nm$，相干长度可达 $1~m$ 左右，比相干性很好的氦氖激光器的相干长度还长。这些性质使 VCSEL 很适合于许多具体的应用。

随着光纤通信技术的大力发展，市场上对长波长半导体激光器的需求日趋增长。但是现在市场上广泛使用的是 DFB 半导体激光器，这种激光器的制造较为复杂，成本较高，使得它的应用受到了一定的限制。随着长波长 VCSEL 研发和制造技术的日益成熟，这种激光器在通信领域的应用逐渐变成了一种趋势。长波长 VCSEL 由于其优良的光电性能，以及与光纤耦合工艺简单、效率高、制造工艺相对简单、方便使用传统的半导体制造技术、大批量生产等优点，因此可以达到降低制造成本，提高效率的目的。特别是随着最近一段时间 InGaAs 材料系统在长波长 VCSEL 中的应用，使得长波长 VCSEL 的研发取得了较以前更快的发展，各个国家和地区的研究者正在争分夺秒地研发自己的长波长 VCSEL，力争在这场长波长 VCSEL 的竞争中抢得先机。

高度集成化是指在一个半导体衬底上整合多个功能块，例如抽运源、可饱和吸收镜等器件。抽运源与 VCSEL 增益结构的集成已有相关报道。这种集成抽运的 VCSEL 可降低器件组装难度，易于制造大功率激光器，从而降低设备成本并扩大激光器的潜在市场。功能组件集成的另一个例子是锁模集成外腔面发射激光器，其中增益区和可饱和吸收区域集成在衬底上。通过这些方式，可以产生更加简单、紧凑、易于制造和便宜的设备，以及实现更好的性能和新颖的功能。未来发展功能集成可以帮助 VCSEL 在商业上得到更广泛的应用，特别是在低成本和大批量应用中，如移动投影显示器等领域。

（四）光子晶体表面发射半导体激光器（PCSEL）

随着人工智能时代的到来，人们对激光雷达、激光传感技术和高速激光通信的性能提出了更高要求，小体积、高效率和低成本的芯片级半导体激光器成了很好的选择，并朝着更低发散角、更高功率和更快速率方向发展。传统半导体激光器存在发散角大、单色性差和亮度低等缺点，光子晶体的引入则可以弥补这些不足。从原理上讲，光子晶体在激光器上的应用主要分为两种：一种是基于光子禁带原理在二维光子晶体结构中引入光缺陷，由于缺陷对光子的限制作用，可以使其成为激光器的谐振腔；另一种是利用光子晶体在布里渊区边界的特殊点处（能带边缘）形成驻波，使得光子态密度增强，从而大大提高模式增益。这种基于能带边缘形成驻波的带边模式的光子晶体表面发射半导体激光器（PCSEL）通过衍射实现自模式锁定，位于布里渊区中心强损耗的色散确保了单模，且具有大的光场面积。基于上述特点，带边模式的 PCSEL 具有易于测试、集成度高和光斑质量好的优点，但其在通信波段的输出功率普遍较低，这成了制约其在某些领域中应用的一个主要原因。以下对带边模式 PCSEL 的研究进展进行介绍。

光子晶体（Photonic Crystal）的概念在 1987 年由 Yablonovitch 和 John 分别独立提出。对于介电系数呈周期性排列的介电材料，图 2-2-21 分别为一维（1-D）、二维（2-D）和三维（3-D）呈周期性变化的介电材料。电磁波在介电材料中经过介电函数散射后，某些波段的电磁波强度会因相消干涉而呈指数衰减，使其无法在系统内传递，相当于在频谱上形成带隙，如图 2-2-22 所示，其中横坐标 k 为波数，纵坐标 ω 为频率，h 为普朗克常数，ν 为模式频率，于是色散关系也具有带状结构，即光子能带结构（Photonic Bandstructures）。具有光子能带结构的介电物质被称为光带隙系统（Photonic Band-Gap System），简称为光子晶体。

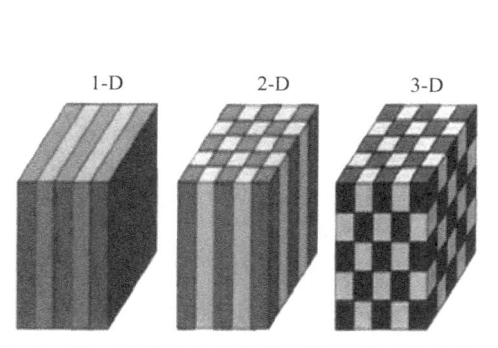

图 2-2-21 三种介电系数呈周期性排列的介电材料

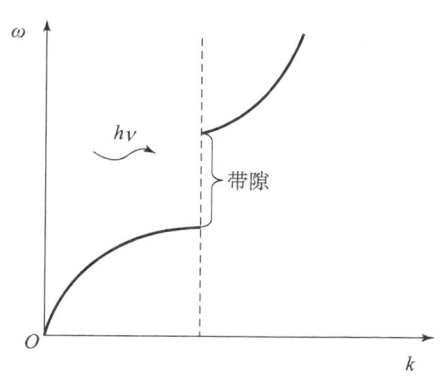

图 2-2-22 光子带隙

在光子晶体的能带结构中出现带隙，那么能量低于带隙的波就不能传播。带隙中不完全禁带是指对光子的限制作用只是存在于某些特定的方向或某一种偏振模式下，完全禁带是指在所有方向和任意偏振模式下光子都无法传播（见图 2-2-23 阴影部分）。利用这种特性，在二维光子晶体中引入缺陷，就可以获得一种缺陷模式的光子晶体激光器。此外，在光子晶体中某些较为平坦的带边位置（见图 2-2-23 箭头位置），会产生群速度 V_g 为 0 的反常现象，利用这种特点可以制备带边模式的 PCSEL。

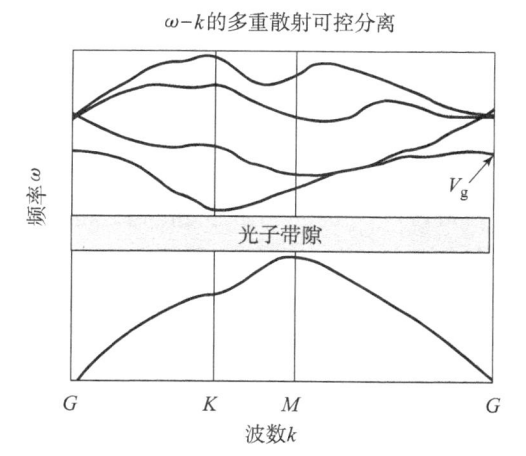

图 2-2-23 光子晶体材料的波数与频率的关系

众所周知，对于激光器而言，谐振腔的作用表现在两个方面：提供光学正反馈作用和对振荡光束的控制作用。以图 2-2-24 中长度为 L、两端为反射镜 M_1 和 M_2 构成的 F-P 腔为例，均匀平面波在平行平面光学谐振腔内沿腔的轴线方向传播，入射波和反射波会发生干涉，为了在腔内形成稳定的振荡，就需要光波因干涉而得到加强。发生相长干涉的条件：光波往返一周后所产生的相位差 $\Delta\phi$ 为 2π 的整数倍。对于几何腔长为 L、内部介质折射率为 n 的谐振腔来说，光波在腔内往返一周后的光学长度为 $2L' = 2nL$。由相差和光程差的关系式可得到相位改变量为

$$\Delta\phi = 4\pi nL/\lambda = 2\pi q \tag{2-2-3}$$

式中：q 为正整数；λ 为光波在真空中的波长。则谐振频率可写为

$$\nu_q = cq/(2nL) \qquad (2-2-4)$$

式中：c 为光速。

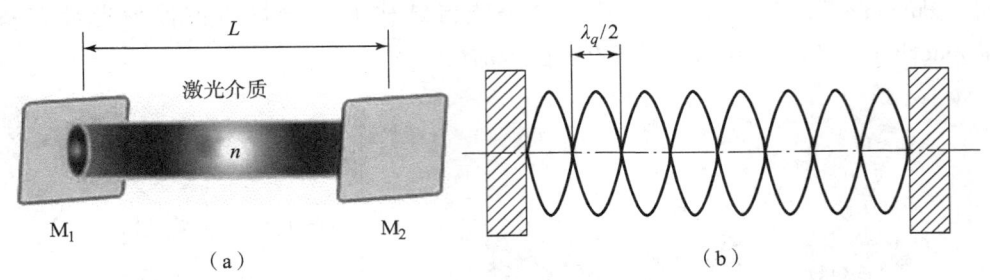

图 2-2-24 光学谐振腔及驻波
(a) 光学谐振腔结构；(b) 光学谐振腔中的驻波

由此可知，长度为 L、腔内折射率为 n 的平行平面腔只对频率满足式（2-2-4）的沿轴向传输的光波提供正反馈，谐振腔内传输方向相反、频率相同的光波通过叠加在腔内形成驻波。但对于激光器来说，提供反馈的不一定是平面反射镜，带边模式 PCSEL 就是利用布拉格衍射提供反馈，在光子晶体区域内形成驻波，从而提高光增益和控制模式。从原理上讲，利用带边模式的 PCSEL 与利用二阶光栅的分布反馈激光器相类似。二阶光栅的分布反馈激光器中的光子受到光栅的反射而形成反馈，满足布拉格衍射条件 $m_g\lambda = 2n_{\text{eff}} \times \Lambda$（$n_{\text{eff}}$ 为基模的有效折射率，m_g 为光栅的衍射阶次，Λ 为光栅周期）的波长可通过相干耦合实现模式选择。二阶光栅的分布反馈激光器的横截面与衍射特性，如图 2-2-25 所示。由于二阶光栅特定的衍射性质，其满足

$$\sin\phi = \sin\theta + m\lambda_i/(n_{\text{eff}} \times \Lambda) \qquad (2-2-5)$$

式中：λ_i 为入射波的波长；θ 为入射角；ϕ 为衍射角；m 为衍射的阶数。结合布拉格衍射条件与式（2-2-5）可以得到 $\sin\phi = \sin\theta + m$，当 θ 值为 $-90°$ 时可以获得角度为 $0°$ 的衍射光，由此实现光的垂直输出。

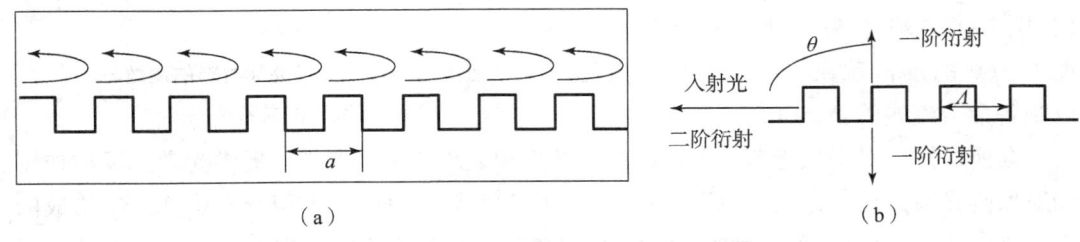

图 2-2-25 二阶光栅分布反馈激光器
(a) 横截面；(b) 衍射特性

光子晶体可被视为二维光栅结构，这里以三角晶格的光子晶体结构为例并结合能带结构，对光子晶体中的谐振和垂直出光特性进行分析。二维三角晶格光子晶体能带结构如图 2-2-26 所示。从图 2-2-26 可以看到，高对称点处的斜率几乎为 0（由群速度

公式 $V_g = d\omega/dk$ 可以认为其群速度几乎为 0），这些模式的光局域在高对称点处形成驻波振荡。对于二维光子晶体平板来说，其平行于界面方向的波矢分量 k'' 守恒。

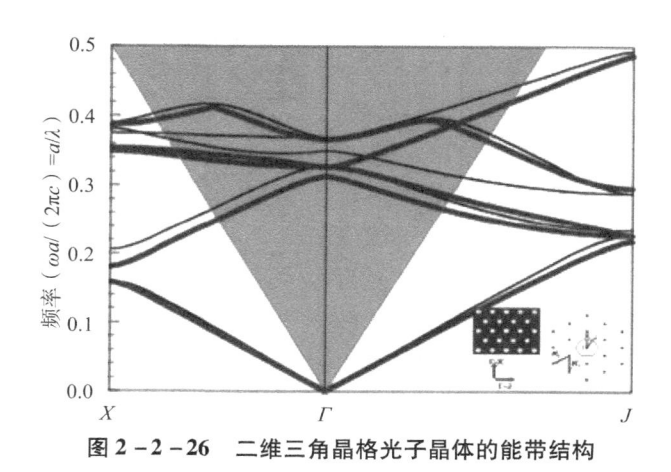

图 2-2-26 二维三角晶格光子晶体的能带结构

空气的色散关系式为

$$\omega = c\sqrt{|\bm{k}_\parallel|^2 + |\bm{k}_\perp|^2} \tag{2-2-6}$$

当 $\bm{k}_\perp$ 为 0 时，得到

$$\omega = c|\bm{k}_\parallel| = c\sqrt{|\bm{k}_x|^2 + |\bm{k}_y|^2} \tag{2-2-7}$$

可画出一个以 $\varGamma$ 为顶点的倒置圆锥面，称这个圆锥面为光锥，如图 2-2-27 所示。处于光锥内部（$\omega \geqslant c\sqrt{|\bm{k}_x|^2 + |\bm{k}_y|^2}$）的模式在垂直于光子晶体平板方向上存在能量传播，光锥下的模式则被限制在光子晶体平板内不能泄漏到空气中，其在二维三角晶格的光子晶体能带图中的区域如图 2-2-28 所示，所以处于能带图中阴影光锥区域的模式为光子晶体平板的泄漏模式。

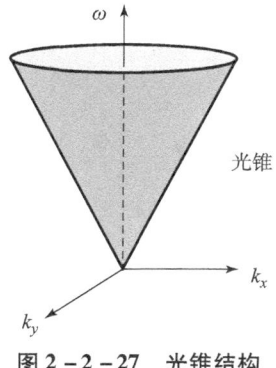

图 2-2-27 光锥结构 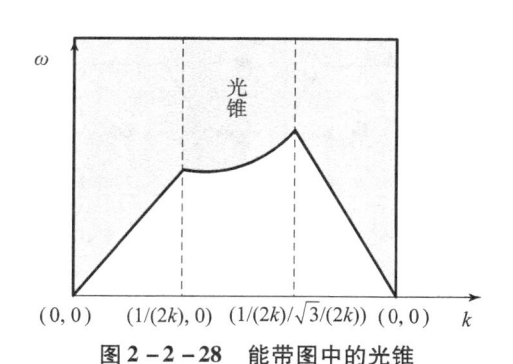　　图 2-2-28 能带图中的光锥

通过分析三角晶格光子晶体结构中的布拉格衍射，可以解释带边模式 PCSEL 中的垂直出光效应。二维光子晶体的倒易晶格如图 2-2-29 所示，其中 $\bm{K}_1$、$\bm{K}_2$ 为布拉格光栅矢量，$|\bm{K}| = 2\pi/a$，a 为晶格常数。当考虑结构中 TE（横电）模光波的布拉格衍

射时，入射光波和衍射光波满足

$$\boldsymbol{k}_\mathrm{d} = \boldsymbol{k}_\mathrm{i} + m_1 \boldsymbol{K}_1 + m_2 \boldsymbol{K}_2$$
$$(m_{1,2} = 0, \pm 1, \pm 2, \cdots) \quad (2-2-8)$$

$$\omega_\mathrm{d} = \omega_\mathrm{i} \quad (2-2-9)$$

式中：$\boldsymbol{k}_\mathrm{d}$、$\boldsymbol{k}_\mathrm{i}$ 为在平面内的衍射光波的波矢、入射光波的波矢；ω_d 和 ω_i 分别为衍射光和入射光的频率。式（2-2-8）给出了相位匹配条件（动量守恒），式（2-2-9）说明衍射光和入射光的频率不变（能量守恒）。

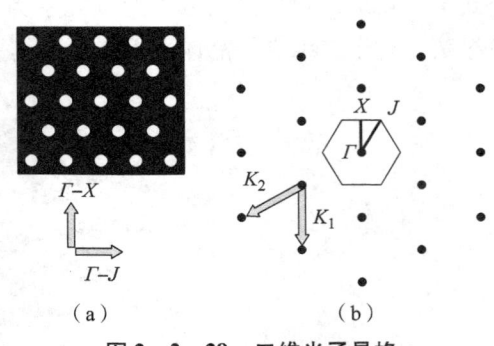

图 2-2-29 二维光子晶格
（a）结构图；（b）倒易晶格

这里先对图 2-2-30 能带中光锥外的高对称点 I 和 II 进行分析，图 2-2-31 为点 I 和点 II 处的波矢。六角形结构为第一布里渊区，第一布里渊区内，当入射光波的波矢值为图中圆的半径时才能满足衍射条件，所以对于发生在点 I 处的衍射，其衍射光波方向为其入射光的相反方向，对于发生在点 II 处的衍射光方向，则为两个不同的 Γ-J 方向。

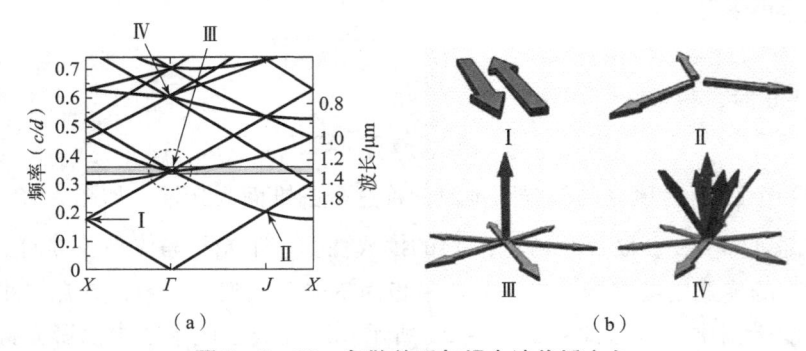

图 2-2-30 色散关系与耦合波传播方向
（a）电磁波在二维光子中传播的色散关系；（b）耦合波在点 I ~ IV 的传播方向

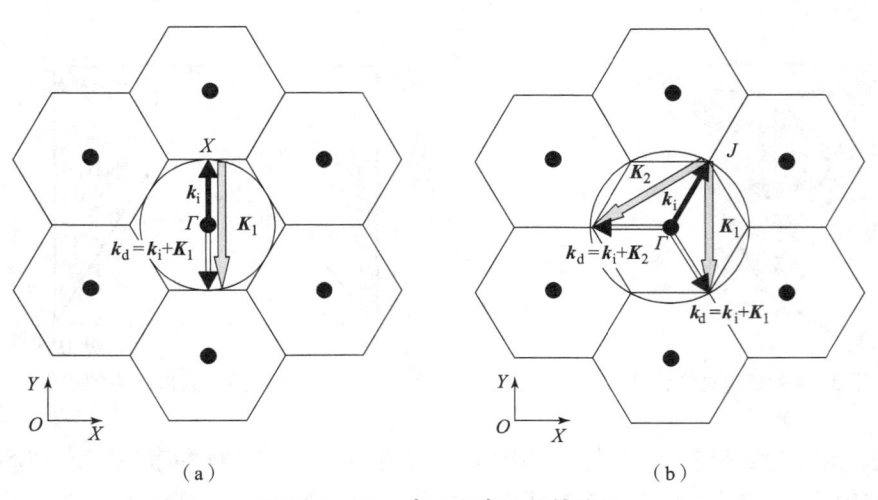

图 2-2-31 点 I 和点 II 处的波矢
（a）点 I 处波矢；（b）点 II 处波矢

图 2-2-32 为处于 $X-Y$ 平面内点Ⅲ处所发生的衍射，衍射波存在 5 个不同的 $\Gamma-X$ 方向；并且衍射波 $k_i + K$ 同样由 Γ 点发出。这种情况下，衍射波满足布拉格衍射条件，所以得到衍射光波垂直于光子晶体平面方向，如图 2-2-32（b）所示。

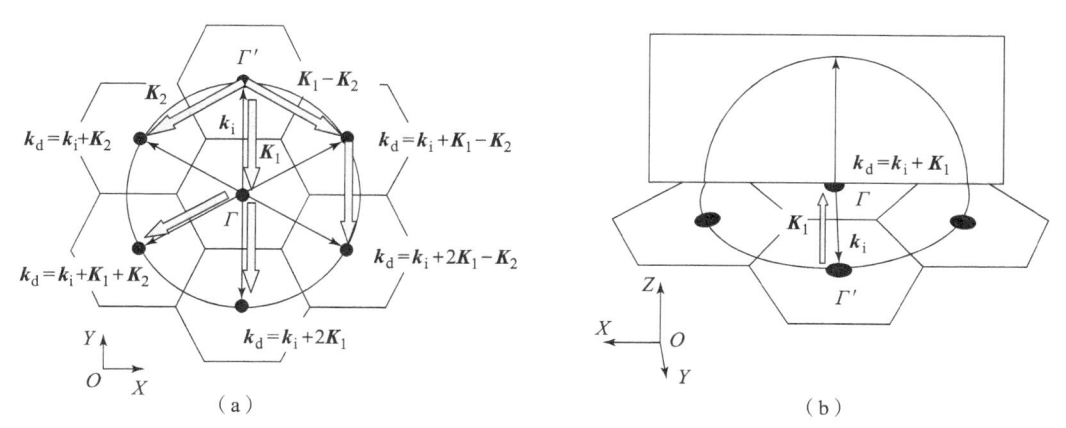

图 2-2-32 点Ⅲ处发生的衍射波矢量

(a) 平面内的衍射波矢量；(b) 垂直于光子晶体平面的衍射波矢量

这与传统光栅耦合表面发射激光器中的现象相同，由此可以利用这种现象制备出具有大面积出光且发散角很小的带边模式 PCSEL。

图 2-2-33 为在点Ⅳ处发生在平面内和垂直于平面外的衍射，与点Ⅲ处发生的衍射情况类似，其存在 5 个 $\Gamma-J$ 方向的衍射光和一个垂直于光子晶体周期平面方向的衍射光。与此同时，还存在沿底部 $\Gamma-\Gamma'$ 方向倾斜的面外衍射。

综上可以得出结论，对于带边模式 PCSEL 而言，其没有传统意义上的谐振腔，但可以通过布拉格衍射使得特定模式的光波形成谐振，并获得垂直于光子晶体周期平面方向的激光输出。

带边模式 PCSEL 无须生长布拉格反射镜且具有单模工作、发散角小和易于集成的优点，在光纤通信波段的研究最先受到人们的重视。Imada 等于 1999 年首次实现 1.3 μm 电泵浦光子晶体带边模式量子阱激光器的激射，在 1 kHz 脉冲电流下输出功率达到 20 mW。图 2-2-34 为利用晶圆融合技术制备的二维三角晶格结构面发射激光器结构，利用晶片熔融技术将量子阱有源区键合到有光子晶体结构的 N 型 InP 衬底上，成功地实现激光器在 1.3 μm 波段的面发射，阈值电流密度为 3.2×10^3 A/cm²，其发散角仅为 1.8°。

PCSEL 作为一种易于集成的袖珍版激光光源，在光纤耦合方面仍然具有巨大挑战。为了解决这一问题，2007 年，Park 等提出了一种基于光纤耦合的 PCSEL 设计方案，通过 980 nm 波长的泵浦光实现了 1.55 μm 波段的光泵浦发射，其阈值功率为 200 μW。作为晶片融合的替代方案，在光子晶体上进行外延生长的技术得到了积极的发展，并且在电注入的 PCSEL 中取得了很好的应用。

随着人们对光互联的需求进一步加大，具有阈值低和温度特性好等优点的量子点激

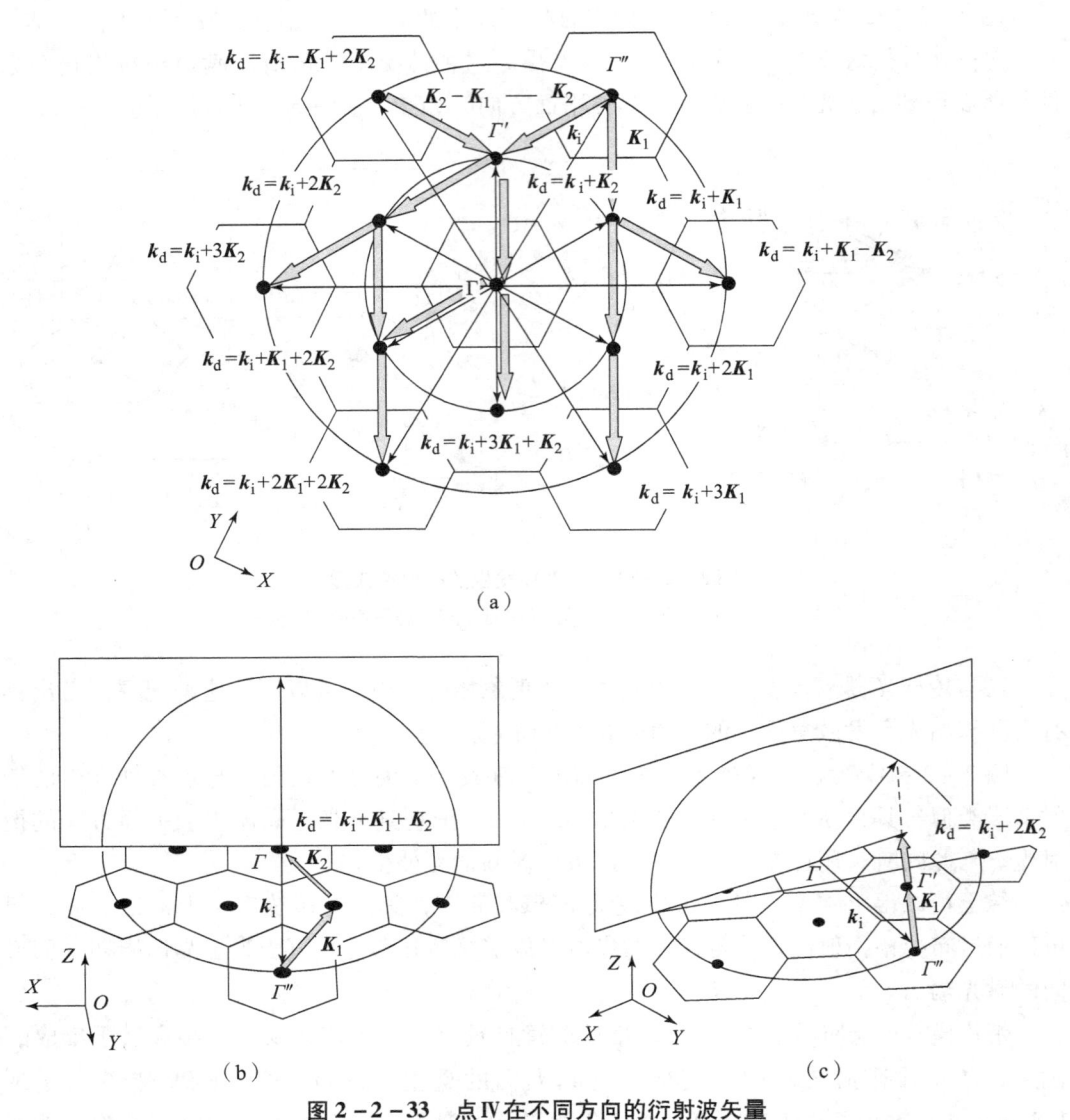

图 2-2-33 点Ⅳ在不同方向的衍射波矢量
(a) 光子晶体平面内；(b) 垂直方向；(c) 面外倾斜方向

光器再次进入人们视野，其与带边模式光子晶体相结合的器件在光纤通信中有着巨大优势。2017 年，我国的台湾交通大学报道了一种基于 1.3 μm 量子点结构的电泵浦 PCSEL，该激光器结构如图 2-2-35 所示，使用较薄的上层结构设计，使得制备的二维光子晶体能够更贴近有源区，实现有效的相邻耦合。在二维光子晶体上沉积透明导电铟锡氧化物（ITO），实现均匀电注入下的垂直激射，该激光器表征结果如图 2-2-36 所示，脉冲工作下的最大输出功率为 2 mW。

基于成熟的互补金属氧化物半导体（CMOS）工艺，硅基激光器以其更高的集成度和低功耗受到人们的重视。带边模式 PCSEL 具有无须 DBR、窄线宽和高边模抑制比等优势，在硅基面发射激光器中有着巨大的应用前景。2017 年，美国得克萨斯大学报道

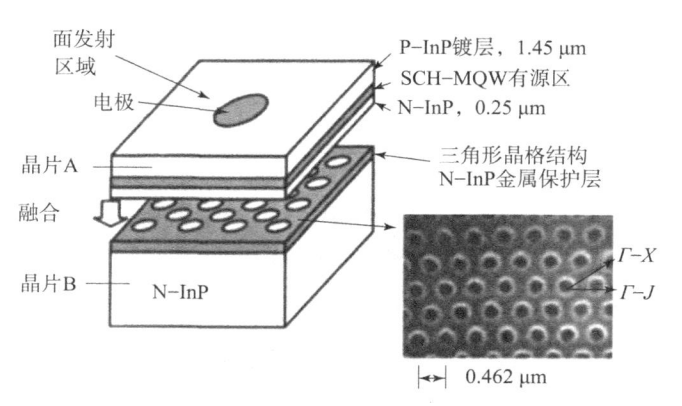

图 2-2-34 利用晶圆融合技术制备的二维三角晶格结构面发射激光器结构

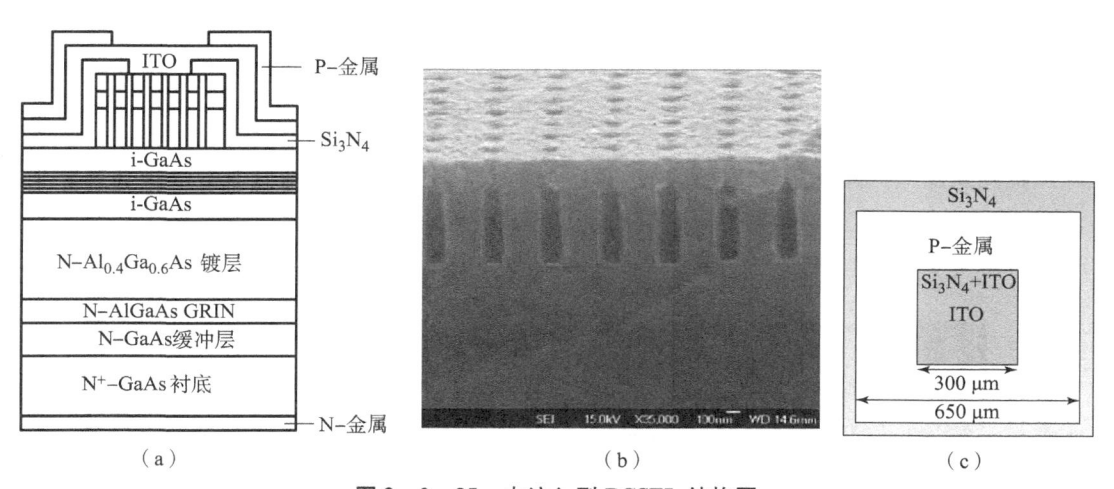

图 2-2-35 电注入型 PCSEL 结构图
（a）截面图；（b）扫描电镜斜角截面图像；（c）俯视图图像

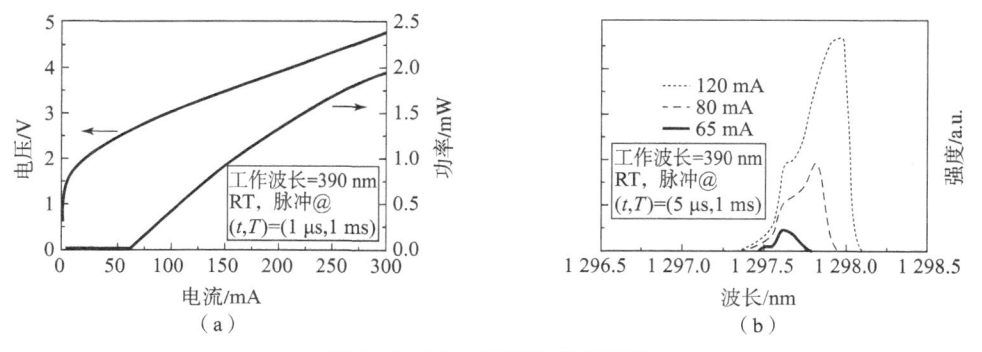

图 2-2-36 PCSEL 表征结果
（a）量子点光子晶体激光器的功率-电流-电压曲线；（b）光谱特性图

了一种在硅基衬底上制备光子晶体并实现光泵浦的面发射激光器,其结构如图 2-2-37 所示。通过对不同尺寸器件的激光特性进行对比,对于带边模式 PCSEL 而言,尺寸越小其面内损耗越大且阈值越大,并提出可以通过增加光栅结构和底部金属反射器的设计以实现低阈值、小尺寸的光子晶体面发射器件。

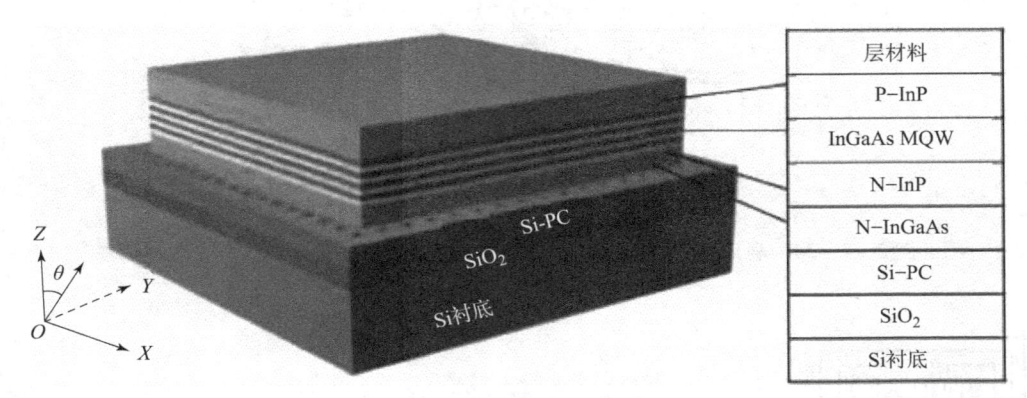

图 2-2-37 硅基 PCSEL 结构图

激光器加工方面,其较好的单模和小发散角特性同样有着极大优势。Noda 研究团队在 2004 年首先报道了一种在 965 nm 波段下工作的 PCSEL,该激光器表征结果如图 2-2-38 所示,室温连续电流条件下达到 4 mW 的输出,远场发散角为 1.1°。

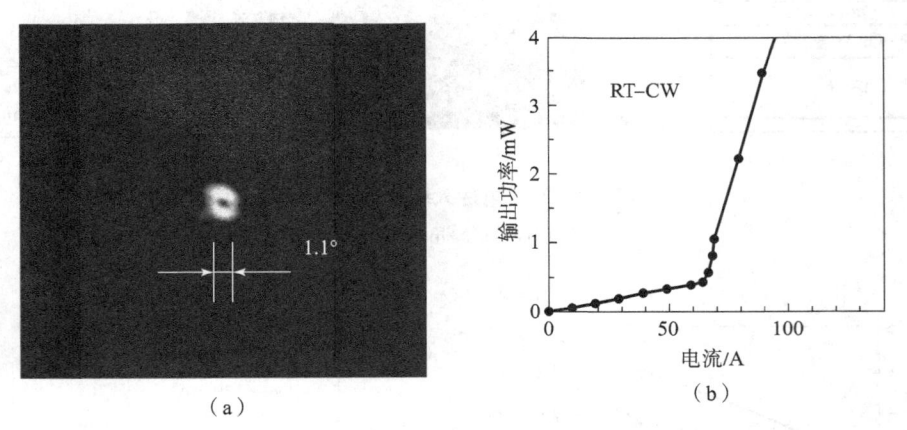

图 2-2-38 在 965 nm 波段下工作的激光器表征结果
(a) 远场发散角;(b) 电流-功率特性曲线

由于有着大面积出光、窄线宽和单模的特点,带边模式 PCSEL 在基于中红外和蓝紫光波段的生物医学感测和激光光源方面有着很大优势。但用于氮化物材料所需的光子晶体晶格常数较小,制作难度大,直到 2008 年,京都大学的 Yoshimoto 和 Noda 等首次报道了一种在蓝紫光波段的 GaN 基 InGaN 量子阱 PCSEL,如图 2-2-39 所示,图 2-2-40 为其表征结果。从图 2-2-40 可知,在室温和脉冲电流条件下,当电流为 9 A 时,输出功率为 0.67 mW,阈值电流和等效电流密度分别高达 6.7 A 和 6.7×10^4 A/cm²。

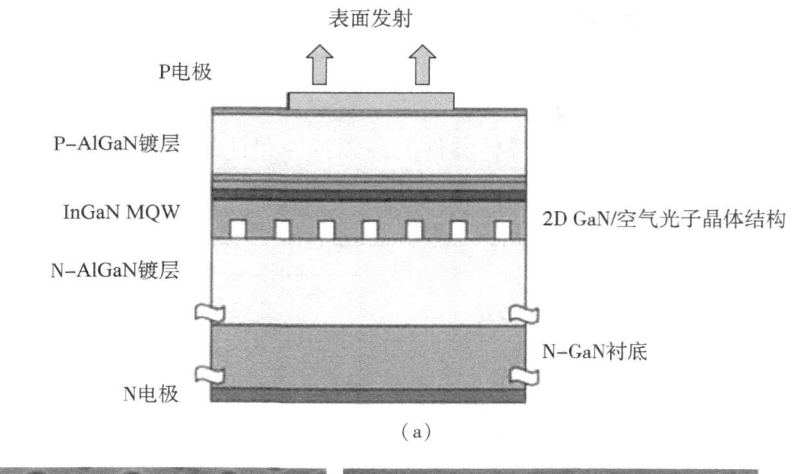

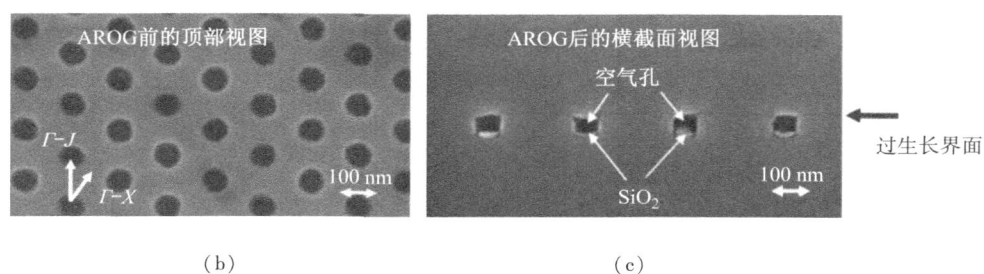

图 2-2-39 GaN 基 InGaN 量子阱 PCSEL 结构

(a) GaN 基 PCSEL 的结构示意图；(b) 三角形晶格空气孔；(c) PCSEL 横截面扫描电镜图像

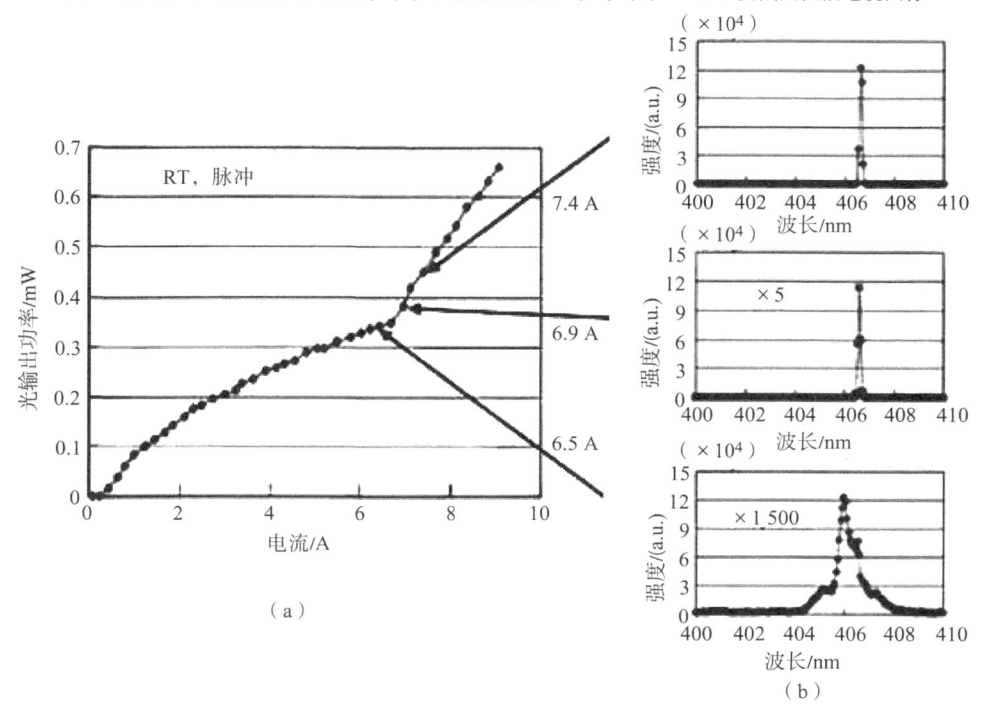

图 2-2-40 GaN 基 InGaN 量子阱 PCSEL 表征结果

(a) 室温下的电流与光输出功率特性；(b) 不同阈值电流下的发射光谱

2.2.2　近红外发光器件的瞬态特征

二极管的电容效应直接影响半导体器件的高频特性和开关特性。下面先介绍二极管的两种电容效应，即扩散电容和势垒电容，如图 2-2-41、图 2-2-42 所示。

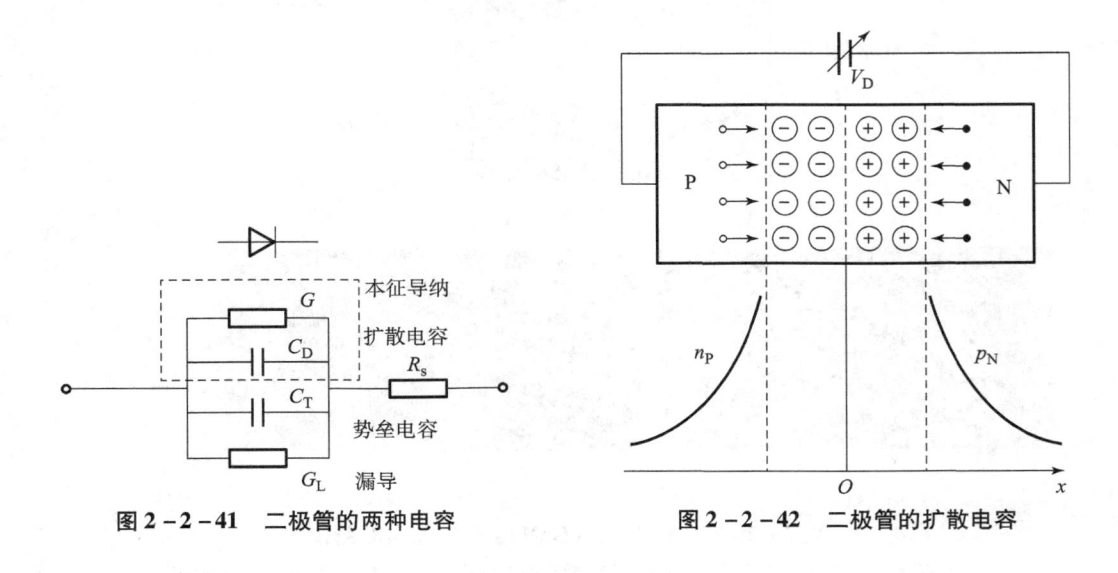

图 2-2-41　二极管的两种电容

图 2-2-42　二极管的扩散电容

（一）扩散电容

二极管的空间电荷区又称为耗尽区或势垒区。当二极管处于正向偏置时（见图 2-2-43（a）），P 区的空穴将向 N 区扩散，其结果导致到达 N 区的空穴在靠近结边缘的浓度高于距结稍远处的浓度。这种超量的空穴浓度可视为电荷被存储到二极管的邻域。存储电荷量的大小，取决于二极管上所加正向电压值的大小，离结越远，空穴浓度越低，这是因为空穴在 N 区与多数载流子——自由电子产生复合所致。N 区的电子向 P 区扩散的情况与上述情况类似。当 PN 两区域掺杂浓度相同时，即 $N_A = N_D$，则热平衡条件下，N 区中空穴的波度 p_N 与 P 区中电子的浓度 n_P 相等。其中 N_A、N_D 分别为 P 区的受主浓度和 N 区的施主浓度。若外加正向电压有一增量 ΔV，则相应的空穴（电子）扩散运动在结的附近产生一电荷增量 ΔQ，二者之比 $\Delta Q/\Delta V$ 为扩散电容 C_D。如果取微增量，则有

$$C_D = \left.\frac{dQ}{dv_D}\right|_Q = \frac{\tau_t I_D}{V_T}$$

式中：τ_t 为超量的少数载流子的平均渡越时间或寿命，表示空穴从进入 N 区到被自由电子复合（或自由电子从进入 P 区到被空穴复合）所用的平均时间；当 P、N 两区域掺杂浓度不相等时，τ_t 为空穴和电子的综合等效平均渡越时间。I_D 为结型二极管正向偏置电流，V_T 为温度电压当量，dv_D 为作用于结型二极管上的电压微增量。二极管在正向偏置

时，积累在 P 区的电子和 N 区的空穴随正向电压的增加而很快增加，扩散电容较大。反向偏置时，因为载流子数目很少，所以扩散电容数值很小，一般可以忽略。

（二）势垒电容

接下来考虑二极管处于反向偏置的情况，如图 2-2-43（b）所示。当外加电压 V_R 增加时，势垒电位增至 $V_0 + V_R$，结电场增强，多数载流子被拉出而远离二极管，势垒区将增宽；反之，当外加电压减小时，势垒区变窄。势垒区的变化意味着区内存储的正、负离子电荷数的增减，类似于平行板电容器两极板上电荷的变化。此时二极管呈现出的电容效应称为势垒电容 C_T，所不同的是，势垒电容是非线性的。

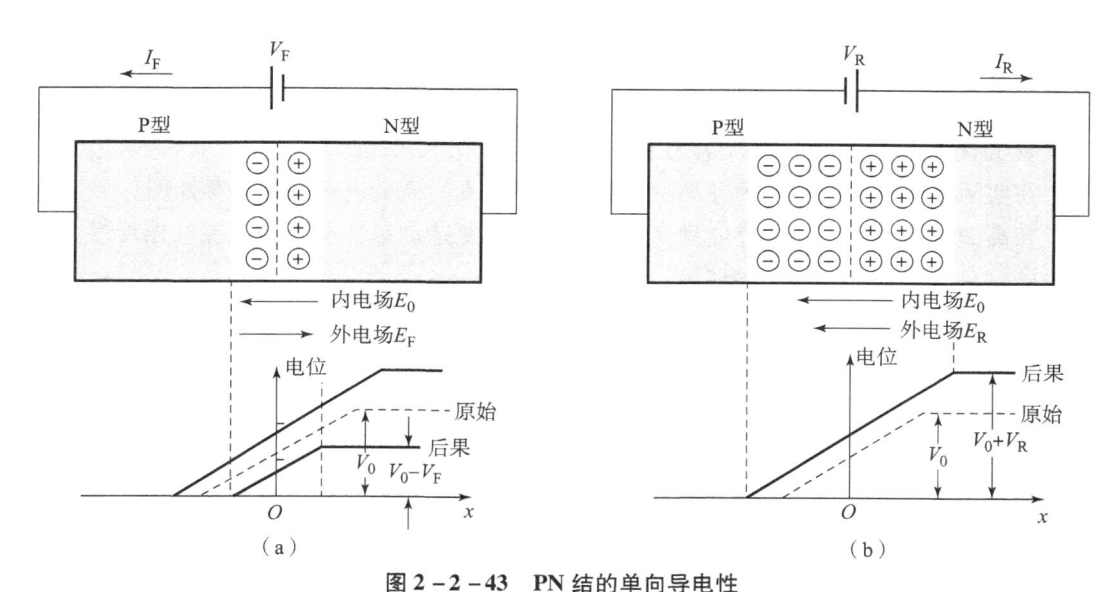

图 2-2-43　PN 结的单向导电性

（a）外加正向电压时的 PN 结；（b）外加反向电压时的 PN 结

对于非线性的势垒电容，可用微增量电容的概念来定义，即

$$C_T = |dQ/dv_D|$$

式中：dQ 为势垒区每侧存储电荷的微增量；dv_D 为作用于结型二极管上的电压微增量。经理论推导，势垒电容可表示为

$$C_T = C_{T0}/(1 - V_D/V_0)^m$$

式中：C_{T0} 为零偏置情况下的势垒电容；V_D 为结型二极管工作点上的电压（在反偏情况下为负值）；V_0 为建立势垒电位（典型值为 1 V）；m 为结的梯度系数，其值取决于二极管两侧的掺杂情况，当掺杂浓度差别不大时，$m = 1/3$；而当差别较大时，如 $N_A \gg N_D$ 或反之，则 $m = 1/2$。

由上可见，二极管的电容效应是扩散电容 C_D 和势垒电容 C_T 的综合反映，在高频运用时，必须考虑二极管电容的影响。二极管电容的大小除了与本身结构和工艺有关外，还与外加电压有关。当二极管处于正向偏置时，结电容较大（主要取决于扩散电容

C_D）；当二极管处于反向偏置时结电容较小（主要取决于势垒电容 C_T）。

（三）半导体激光器的瞬态特性

典型的半导体激光器 $P-I$ 特性曲线如图 2-2-44 所示。从图上可以看出，半导体激光器存在阈值电流 I_{th}。当注入电流小于阈值电流时，器件发出微弱的自发辐射光，类似于发光二极管的发光情况。当注入电流超过阈值，器件进入受激辐射状态时，光功率输出迅速增加，输出功率与注入电流基本保持线性关系。因此，与发光二极管的调制不同的是，由于存在阈值电流，在实际的调制电路中，为提高响应速度及不失真，需要进行直流偏置处理。

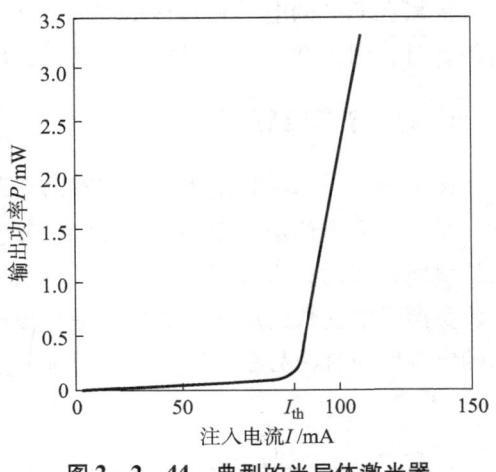

图 2-2-44　典型的半导体激光器 $P-I$ 特性曲线

在高速调制情况下，半导体激光器会出现许多复杂动态性质，如出现电光延迟、张弛振荡、自脉动和码型效应等现象。

1. 张弛振荡

当电流脉冲突然加到激光二极管上时，其光输出呈现如图 2-2-45 所示的动态响应，当注入电流从零快速增大到阈值以上时，经电光延迟后产生激光输出，并在脉冲顶部出现阻尼振荡，经过几个周期后达到平衡值。

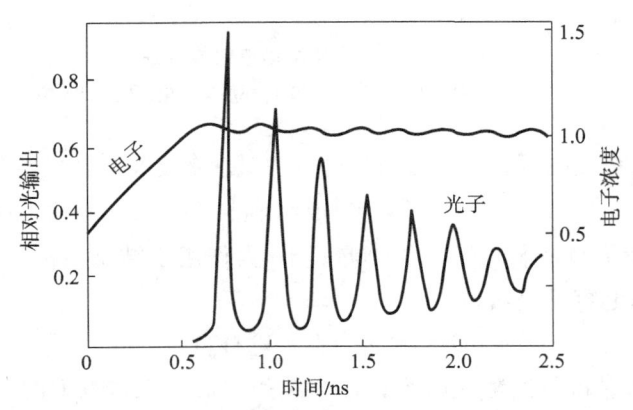

图 2-2-45　激光二极管的张弛振荡特性

这种特性是当阶跃电流加到激光二极管上时，有源层中的电子浓度迅速增加。在未达到阈值时没有激光输出，但经过电子延迟时间 t_d 后电子浓度达到阈值，并马上产生激光输出。而在光子浓度达到稳态值前，电子浓度仍在增大，直到电子浓度达到最大值，而光子浓度达到稳态值为止。由于导带内超量存储电子，受激复合过程进一步增大，当光子浓度升到最大值时，而电子浓度则降到阈值。由于光子寿命以及逸出腔外需要一定时间，使有源区内的过量复合仍维持一段时间，电子浓度进一步下降到阈值以下，光子浓度也开始迅速下降。当电子浓度下降到最低点时，有源层中的激射可能减弱甚至停止。紧接着又开始新一轮导带电子填充过程，但由于电子的存储效应，这一轮的填充时间比上次短，电子浓度和光子浓度的过冲量也比上次小。这种衰减振荡过程重复多次，直到输出光功率达到稳态值为止。

显然，如果激光二极管预偏置在阈值附近，光脉冲上升时间以及张弛振荡的幅度都会显著降低。

2. 电光延迟

半导体激光器在高速脉冲调制下，输出的光脉冲瞬态响应波形如图 2-2-46 所示。输出光脉冲和注入电流脉冲之间存在一个时间延迟 t_d，称为电光延迟时间，一般为纳秒量级。

电光延迟的原因是由于载流子浓度达到激光阈值需要一定时间（0.5~2.5 ns）。

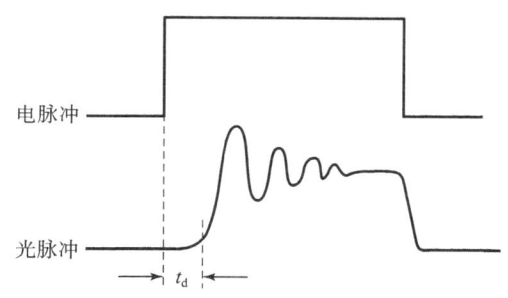

图 2-2-46 光脉冲的电光延迟和张弛振荡

张弛振荡和电光延迟与激光器有源区的电子自发复合寿命和谐振腔内光子寿命以及注入电流初始偏置量有关。当信号的调制频率接近张弛振荡频率时，将会使输出光信号的波形严重失真，势必会增加误码率，所以，半导体激光器的张弛振荡和电光延迟的存在限制了信号的调制速率应低于张弛振荡频率，这样才能保证信息传输的可靠。可以通过在半导体激光器脉冲调制时加直流预偏置的方法来使脉冲到来之前将有源区内的电子密度提高到一定程度，从而使脉冲到来时，电光延迟时间大大减小，而且张弛振荡现象可以得到一定程度的抑制。随着直流预偏置电流的增大，电光延迟时间也将逐渐减小，同样也有利于抑制张弛振荡。

3. 码型效应

电光延迟还会产生码型效应。当电光延迟时间与数字调制的码元持续时间为相同数量级时，会使后一个光脉冲幅度受到前一个脉冲的影响，这种现象称为码型效应，如图 2-2-47（a）、图 2-2-47（b）所示。考虑在两个接连出现的"1"码脉冲调制时，第一个脉冲过后，存储在有源区的电子以指数形式衰减，如果调制速率很高，脉冲间隔小于其衰减周期，就会使第二个脉冲到来之前，前一个电流脉冲注入的电子并没有完全复合消失，此时有源区内电子密度较高，因此电光延迟时间短，输出光脉冲幅度和宽度就会增大。

码型效应的特点是，在脉冲序列中较长的连"0"码后出现的"1"码，其脉冲明显变小，而且连"0"码数目越多，调制速率越高，这种效应越明显。

消除码型效应最简单的方法就是增加直流偏置电流。当激光器偏置在阈值附近时，

图 2-2-47 码型效应

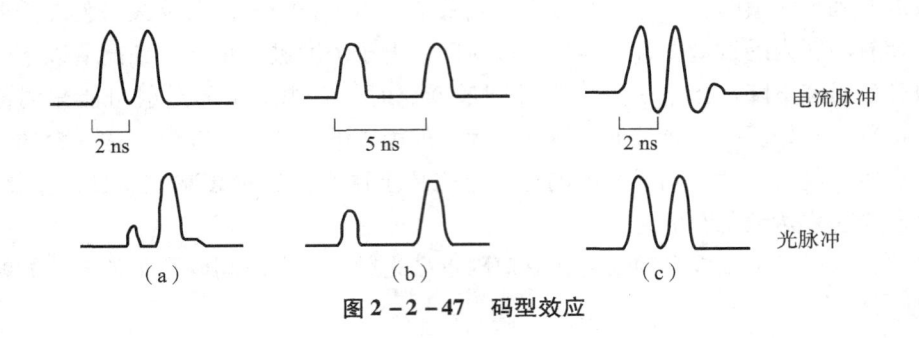

脉冲持续时间和脉冲过后有源区内电子密度变化不大，电子存储的时间大大减少，码型效应就可得到抑制。还可以采用在每一个正脉冲后跟一个负脉冲的双脉冲信号进行调制的方法，如图 2-2-47（c）所示，正脉冲产生光脉冲，负脉冲来消除有源区内的存储电子。但负脉冲的幅度不能过大，以免激光器 PN 结被反向击穿。

2.3 近红外探测器件与电子学设计方法

近红外光电探测一直是人们重点关注的研究方向，近红外光电探测器一般具有灵敏度高、空间分辨率好、动态范围大、抗干扰能力强以及能在恶劣环境下昼夜工作等特点，因此广泛应用于各种领域，如微光夜视、火控系统、光电对抗、火灾预防、环境监测、食品安全、无人驾驶等。广泛应用和快速拓展的光通信技术中，1 310 nm、1 550 nm 是两个重要的信号波段，也需要在这两个波段具有良好信号接收能力的高效光电探测器。红外辐射与电子相互作用会产生一些光电效应，例如光导、光伏、光电磁、丹倍（Dember）和光子索引效应。在带有内置势垒的结构中产生的光电效应，本质上就是光伏效应。当过多载流子以光学方式注入势垒附近就会产生这种效应。在近红外领域，激光二极管因具有较高阻抗与较低的功率损耗广受欢迎。接下来将介绍近红外探测器件的基本结构与电子学设计方法。

2.3.1 半导体的光吸收原理

（一）固体对光的吸收过程

固体的吸收是用与光强无关的参数——吸收系数 α 来表述的，其物理意义是光在介质中传播 $1/\alpha$ 的距离时，光的能量衰减为原来的 $1/e$，可用式（2-3-1）来表述：

$$I = I_0 \exp\left(-\frac{2\omega k x}{c}\right) = I_0 e^{-\alpha x} \quad (2-3-1)$$

式中：x 为入射深度；I_0 为入射前光强；k 为介质的消光系数；I 为入射深度为 x 时的光

强。固体对光的吸收过程示意图如图 2-3-1 所示。吸收系数可以如下表达：

$$\alpha = \frac{2\omega k}{c} = \frac{4\pi k}{\lambda} \qquad (2-3-2)$$

式中：λ 为入射光波长。可见固体材料的吸收系数与入射光波长和消光系数直接相关。当光在各向同性介质中传播的时候，可以解出 n 和 k 的表达式，如下所示：

$$n^2 = \frac{1}{2}\varepsilon_r \left[1 + \left(1 + \frac{\sigma^2}{\omega^2 \varepsilon_r^2 \varepsilon_0^2}\right)^{1/2}\right] \qquad (2-3-3)$$

$$k^2 = -\frac{1}{2}\varepsilon_r \left[1 - \left(1 + \frac{\sigma^2}{\omega^2 \varepsilon_r^2 \varepsilon_0^2}\right)^{1/2}\right] \qquad (2-3-4)$$

式中：n 为实部折射率；k 为虚部折射率，又称为消光系数；ε_0 为真空介电常数；ε_r 为介质的相对介电常数；σ 为介质的电导率。由式（2-3-4）可知，当电导率 $\sigma \approx 0$ 时，消光系数 $k \approx 0$。由此可知，电导率为 0 的介质材料，其吸收系数也同样为 0，这就是为什么介质材料吸收较低的原因。

（二）半导体材料的吸收机制

半导体材料的消光系数 k 通常不等于 0，由前面的结论可知，其吸收系数 α 也不为 0，当光传输通过半导体材料时，会发生衰减的现象。当光照射固体材料时，使得材料内部的电子吸收足够的光子能量从低能级跃迁到高能级。半导体对光子的吸收中，最重要的过程就是电子吸收光子从价带跃迁到导带的过程，被称为本征吸收，图 2-3-2 为半导体本征光吸收示意图。

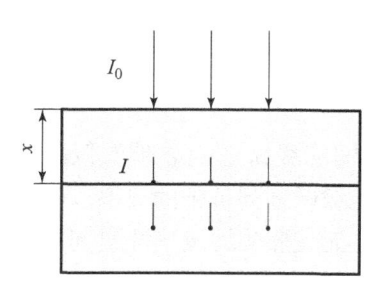

图 2-3-1 固体对光的吸收过程示意图

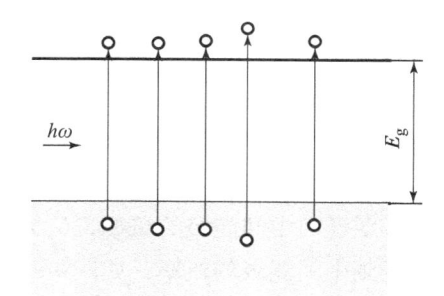

图 2-3-2 半导体本征光吸收示意图

本征吸收是发生在半导体的能带与能带之间的吸收，而半导体材料中存在着禁带，所以如果要发生本征吸收，电子吸收的光子必须大于禁带宽度 E_g：

$$\hbar\omega \geq \hbar\omega_0 = E_g \qquad (2-3-5)$$

同时有关系式：

$$\omega = \frac{2\pi c}{\lambda} \qquad (2-3-6)$$

由上述两式可知，当入射光光子的角频率小于 ω_0，即波长大于 λ_0 时，半导体材料无法发生本征吸收。将关系式（2-3-6）代入式（2-3-5）中，得到本征吸收的长波限的表达式如下：

$$\lambda_0 = \frac{1.24}{E_g} (\mu m) \qquad (2-3-7)$$

本征吸收为半导体的最主要吸收方式，而半导体的禁带宽度决定了本征吸收能否发生。

然而在实验中经常能够观察到波长比本征吸收限 λ_0 更长的光波在半导体中同样可以被吸收，这是因为，除本征吸收以外，半导体还存在其他的吸收机制，主要为：吸收光子后形成相互束缚的空穴-电子对的激子吸收；自由载流子吸收光子后在导带或价带内跃迁的自由载流子吸收；亦或者杂质能级上的电子吸收光子后跃迁到导带，空穴吸收光子后跃迁到价带的杂质吸收。以上吸收机制的存在使得半导体可以吸收波长比本征吸收限更长的光。

（三）杂质吸收

半导体材料中的杂质可以给禁带中引入杂质能级，杂质能级上的电子和空穴同样可以跃迁到导带或者价带中，引起杂质吸收。如图 2-3-3 所示，杂质吸收也是需要吸收光子来实现能级之间的跃迁的，所以杂质能级的吸收也存在吸收限，

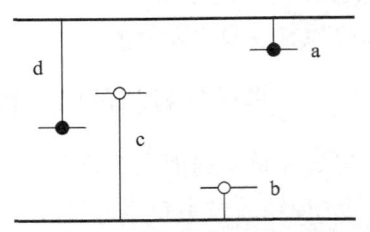

图 2-3-3 半导体杂质光吸收示意图

一般浅能级杂质如 a 和 b，只能吸收能量较低的光子，对于一般的半导体相应的杂质吸收区在远红外波段，而如 d 和 c 一样的深能级杂质，它的吸收限则接近半导体的本征吸收限。

从理论上来看，只要向 Si 材料中引入深能级杂质，使 Si 材料通过深能级杂质吸收的方式，吸收能量更低的但接近本征吸收限的光子，从而制备出在大于 1 100 nm 的波段拥有响应的 Si 基红外探测器。

给出深能级光吸收的模型，假设 G_n 为电子从中间能级跃迁到导带的概率，U_n 为电子从导带跃迁回中间能级的概率，G_p 为空穴从中间能级跃迁到价带的概率，U_p 为空穴从价带跃迁到中间能级的概率，如图 2-3-4 所示。在无光照的情况下能级间的跃迁处于平衡状态：

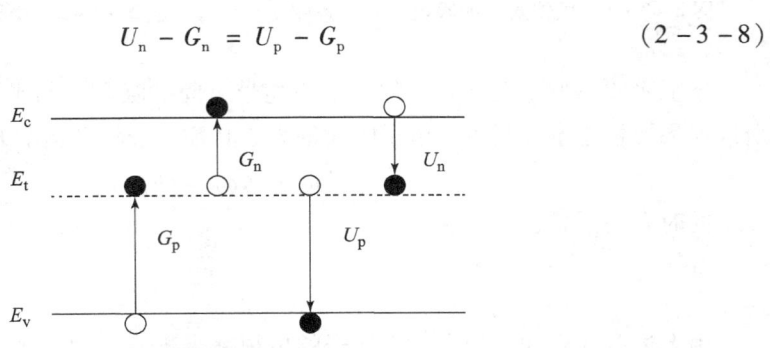

$$U_n - G_n = U_p - G_p \qquad (2-3-8)$$

图 2-3-4 深能级杂质吸收后能带间跃迁示意图

其中 U_n、G_n、U_p 和 G_p 可以采用如下方式描述：

$$U_n = C_n(N_t - n_t)n \quad (2-3-9)$$

$$G_n = C_n n_t n_0 = C_n n_t n_i e^{(E_t - E_i)/(kT)} \quad (2-3-10)$$

$$U_p = C_p n_t p \quad (2-3-11)$$

$$G_p = C_p(N_t - n_t)p_0 = C_p(N_t - n_t)n_i e^{(E_i - E_t)/(kT)} \quad (2-3-12)$$

假定深能级只有一个，并且是相对于价带更接近于导带的深能级。其中 n 和 p 分别代表电子和空穴的浓度；n_0 和 p_0 分别代表平衡电子浓度和平衡空穴浓度；n_i 是本征载流子的浓度；E_i 是本征费米能级；k 是玻尔兹曼常数；T 是热力学温度；N_t 是深能级上的缺陷浓度（能俘获电子或空穴的能级状态的数量）；n_t 是深能级上的电子浓度；C_n 和 C_p 是电子和空穴的复合系数，与电子、空穴的俘获截面 σ_n、σ_p 直接相关：

$$C_n = \sigma_n V_{th} \quad (2-3-13)$$

$$C_p = \sigma_p V_{th} \quad (2-3-14)$$

式中：V_{th} 为电子的热速度（大约为 10^7 cm/s）。

根据 2009 年 Aylan F. Logan 等人获得的结论：

$$G_n \geq U_p \quad (2-3-15)$$

结果说明深能级上的电子相对于跃迁回价带来说，更容易被激发到导带上。由于探测器的响应依赖于电子跃迁到导带，深能级的位置决定了其可吸收光子的最低能量，从而决定了器件的吸收波长范围。

（四）光电探测基本原理

光电探测就是接收入射的光信号并将其转换成电信号的过程，也就是将光辐射量转换成电量（电流、电压）。当探测器表面有光照射时，如果材料禁带宽度小于入射光光子的能量，即 $E_g < \hbar\omega$，则价带电子可以跃迁到导带形成光电流。光电探测的物理原理是光电效应，其作用过程为入射光照射到光电探测材料上引起材料内部原子、分子的内部电子状态发生变化。光电效应通过作用原理的不同可以分为外光电效应（材料吸收光子，受到激励发射出电子）和内光电效应（材料吸收光子，受到激励产生电子 – 空穴对），半导体光电探测材料的物理机理是内光电效应。半导体光电探测器有三个基本的工作过程：

过程 1：外部光信号被光电探测材料吸收产生光生载流子。

过程 2：光生载流子通过扩散或漂移过程被输运从而形成光电流。

过程 3：光电流在放大电路中放大并转换为电压信号被读取。

其物理机理主要体现在前两个过程：光信号入射，半导体材料吸收光子，受到激发产生电子 – 空穴对；电子 – 空穴对在漂移运动（漂移运动比扩散运动的速度快）的作用下产生光电流，进而对外部电路产生影响形成电信号。以普通的光电二极管结构为例，光入射到反向偏压下的光电二极管中被吸收，在二极管内产生电子 – 空穴对，产生的电子 – 空穴对在耗尽层中内建电场的作用下，以高速的漂移运动向二极管的两个电极运动，再被外加电路感知，转换成信号。

2.3.2 近红外探测器件

人们对以光电效应为基础的不同类型探测器已经产生兴趣，但只有光导和光伏（PN结和肖特基势垒）探测器得到了广泛研发和应用。在带有内置势垒的结构中产生的光电效应，本质上就是光伏效应。当过多载流子以光学方式注入势垒附近就会产生这种效应。内置电场使符号相反的电荷载流子根据外部电路情况沿相反方向移动。有几种结构可能观察到光伏效应，包括PN结、异质结、肖特基势垒和金属绝缘半导体（Metal – insulator – semiconductor，MIS）光电容器。对于红外探测，上述各类型器件都有一定优点，取决于具体应用。

光通信技术的不断发展对光接收设备提出了越来越高的要求，制作高速率、高响应度和低暗电流、响应波长在 $1.3 \sim 1.55\ \mu m$ 的近红外光电探测器，并最终实现光电集成接收机芯片一直是人们追求的目标。目前，Ⅲ – Ⅴ族材料在这方面的工艺已经成熟并已实现产业化，但其价格昂贵、热学机械性能较差，并且不能与现有成熟的硅基工艺兼容。随着硅基光电子技术的不断发展，特别是硅基光波导、HBT的性能不断提高，为制作高性能硅基光电集成接收芯片提供了先决条件，高性能硅基近红外波段（特别是 $1.55\ \mu m$）光电探测器逐渐成为研究的热点。

（一）PN结二极管

光电压探测器最普通的例子是用半导体材料制作的突变PN结，常简称为光敏二极管。PN结光敏二极管的工作原理如图2 – 3 – 5所示。能量大于能隙的光子入射到器件的前表面，在结两侧形成电子 – 空穴对。通过散射，散射长度之内产生的电子和空穴从该结到达空间电荷区，然后，电子 – 空穴对被强电场分隔开；少数载流子被加速，在另一侧变成多数载流子。产生光电流的这种方法使电压 – 电流特性在负电流或反向电流方向发生了漂移，如图2 – 3 – 5（d）所示。

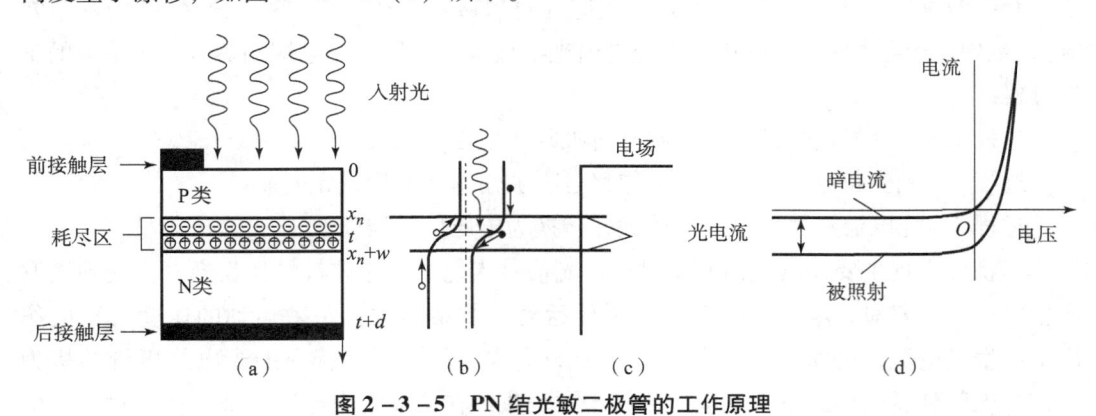

图2 – 3 – 5 PN结光敏二极管的工作原理

（a）突变结的结构；（b）能带图；（c）电场；（d）被照射和未被照射光敏二极管的电流 – 电压特性

被照射光敏二极管的等效电路如图 2-3-6 所示。光敏二极管有一个小的串联电阻 R_s、由结和封装电容组成的总电容 C_d 以及偏压（负载）电阻 R_L。紧邻光敏二极管的放大器的输入电容是 C_a，输入电阻是 R_a。从实际出发，R_s 要比负载电阻 R_L 小得多，可以忽略不计。

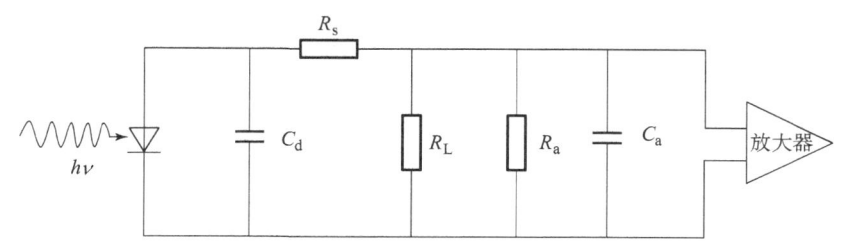

图 2-3-6 被照射光敏二极管的等效电路（串联电阻包括接触电阻以及非薄膜 P 区和 N 区电阻）

通常，PN 结总的电流密度表示为

$$J(V,\Phi) = J_d(V) - J_{ph}(\Phi) \quad (2-3-16)$$

式中：暗电流密度 J_d 只与 V 有关；光电流仅与光子通量密度 Φ 有关。

一般地，简单光电压探测器（不是雪崩光敏二极管（Avalanche Photodiode，APD））的电流增益等于1，根据式 $I_{ph} = q\eta A\Phi_s g$，则光电流等于

$$I_{ph} = \eta qA\Phi \quad (2-3-17)$$

然而，光敏二极管受到照射时会产生过量的多数载流子，负责消除该载流子的电场将额外的少数载流子感应到 PN 结。因此，对混合传导起重要作用的光敏二极管，增益与汇集的光电流有关，其大小取决于迁移率之比，改变偏压可以进行增减。该增益适用于在结附近的激励，这种效应会在光敏二极管中产生异常低的结电阻。下面将讨论增益等于1的普通光敏二极管的理论。

暗电流和光电流具有各自独立的线性关系（即使这些电流起着重要作用），并且可以采用一种很直接的方式计算量子效率。

如果 PN 结二极管是开路的，结两侧累积的电子和空穴就会形成开路电压（见图 2-3-5（d））。若将一个负载与二极管相连，电路中就会有电流。当二极管终端出现短路，就会出现最大电流，称为短路电流。

将 $V = V_b$ 时二极管的增量电阻 $R = \partial I/\partial V$ 乘以短路电流，就可以得到开路电压，即

$$V_{ph} = \eta qA\Phi R \quad (2-3-18)$$

其中：V_b 为偏压；$I = f(V)$，为二极管的电流-电压特性。

在许多直接应用中，光敏二极管在零偏压下工作时，有

$$R_0 = \left(\frac{\partial I}{\partial V}\right)^{-1}_{V_b = 0} \quad (2-3-19)$$

经常遇到的一个光敏二极管评价函数是 $R_0 A$ 乘积，即

$$R_0 A = \left(\frac{\partial J}{\partial V}\right)^{-1}_{V_b = 0} \quad (2-3-20)$$

式中：$J = I/A$，为电流密度。

在辐射探测中，光敏二极管可以工作在 $I-V$ 特性曲线的任意位置。为减小器件的时间常数 RC，在很高频率应用中常使用反向偏压工作模式。

PN 结的光生伏打效应

PN 结的光生伏打效应涉及三个主要的物理过程：第一，半导体材料吸收光能产生非平衡的电子 – 空穴对；第二，产生的非平衡电子和空穴从产生处以扩散或漂移的方式向势场区（PN 结的空间电荷区）运动，这种势场除 PN 结的空间电荷区外，也可以是金属 – 半导体的肖特基势垒或异质结势垒等；第三，进入势场区的非平衡电子和空穴在势场作用下向相反方向运动而分离，于是在 P 侧积累了空穴，在 N 侧积累了电子，建立起电势差。如果 PN 结开路，则这个电势差（开路电压）就是电动势，称为光生电动势。如果在 PN 结两端连接负载，就会有电流通过，这个电流称为光电流。这样，光照 PN 结就实现了光能向电能的转换。PN 结短路时的电流称为短路光电流，它是 PN 结太阳电池能够提供的最大电流。

图 2 – 3 – 7（a）所示为无光照平衡 PN 结能带图。在光的照射下，半导体中的原子因吸收光子能量而受到激发，如果光子能量大于禁带宽度，在半导体中就会产生电子 – 空穴对。在 PN 结扩散区以内（如果 PN 结空间电荷区外不存在由于杂质浓度不均匀等原因引起的内建电场）产生的电子 – 空穴对，一旦进入 PN 结的空间电荷区，就会被空间电荷区的内建电场所分离，非平衡空穴被拉向 P 区，非平衡电子被拉向 N 区，结果在 P 区边界将积累非平衡空穴，在 N 区边界将积累非平衡电子，产生一个与平衡 PN 结内建电场方向相反的光生电场。

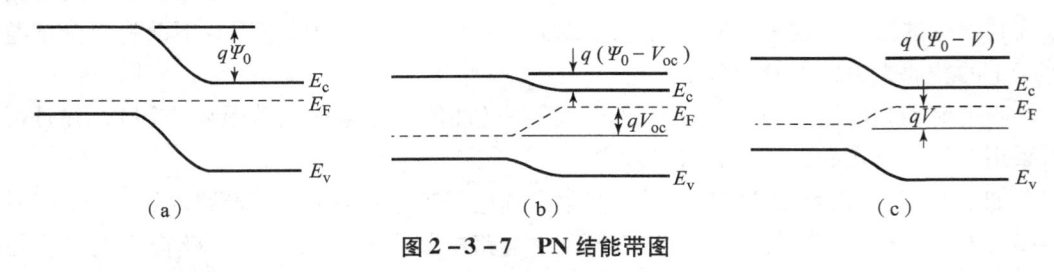

图 2 – 3 – 7　PN 结能带图

(a) 无光照平衡 PN 结能带图；(b) 光照 PN 结开路状态；(c) 光照 PN 结有串联电阻时的状态

如果 PN 结处于开路状态，光生载流子只能积累于 PN 结两侧。这时在 PN 结两端测得的电位差（即开路电压）就是光生电动势，用 V_{oc} 表示。非平衡载流子的出现意味着 N 区电子的费米能级升高，P 区空穴的费米能级降低。从能带图上看，P 区和 N 区费米能级分开的距离就等于光生电动势 qV_{oc}。PN 结的势垒高度将由热平衡时的 $q\psi_0$ 降低为 $q(\psi_0 - V_{oc})$，如图 2 – 3 – 7（b）所示。

如果把 PN 结从外部短路，则 PN 结附近的光生载流子将通过这个途径流通。这时流过太阳电池的电流是短路电流，用 I_L 表示，其方向从 PN 结内部看是从 N 区指向 P 区的。由于这时非平衡载流子不再积累在 PN 结两侧，所以光电压为 0，能带图恢复为图 2 –

3-7（a）。

一般情况下，即使不加负载，PN 结材料和引线也总有一定的串联电阻，用 R_S 表示这种等效串联电阻。当有电流通过时，光生载流子只有一部分积累于 PN 结上，使势垒降低为 qV，其中 V 是电流流过 R_S 时，在 R_S 上产生的电压降。qV 是 P 区和 N 区费米能级分开的距离，如图 2-3-7（c）所示。在图 2-3-7（c）中，PN 结的势垒高度由热平衡时的 $q\psi_0$ 降低为 $q(\psi_0 - V)$。与作为普通整流、检波用的 PN 结对比可以看出，光生电流的方向相当于普通二极管反向电流的方向，光照使 PN 结势垒降低等效于 PN 结外加正向偏压，它同样能引起 P 区空穴和 N 区电子向对方注入，形成 PN 结正向注入电流。这个正向电流的方向与光生电流的方向正好相反，称为暗电流。暗电流是太阳电池中的不利因素，应当设法减小它。

对于在整个器件中均匀吸收的情形，显然短路光电流 I_L 可以表示为

$$I_L = qAG_L(L_n + L_p) \tag{2-3-21}$$

式中：G_L 为光生电子-空穴对的产生率，A 为 PN 结的面积，$A(L_n + L_p)$ 为光生载流子的体积。由式（2-3-21）可知，短路光电流取决于光照强度和 PN 结的性质。

（二）太阳电池

在一个大面积的 PN 结上做好上、下电极的接触引线便构成了一个太阳电池，如图 2-3-8 所示。

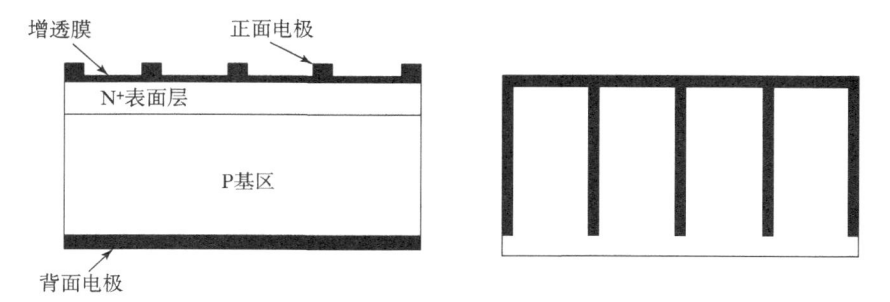

图 2-3-8 太阳电池的结构示意图

背面接触一般采用大面积蒸镀金属形成欧姆接触，以减小串联电阻。对于正面电极，既要求减小接触电阻又要尽量减少对阳光的遮挡，故常常做成栅格形状。为了减少阳光反射，在光照面上蒸镀一层薄介质膜，称之为增透膜或减反射膜。太阳电池的光照面可以是 N 型区也可以是 P 型区，前者称为 N^+/P 型，后者称为 P^+/N 型。一般把光照面称为表面层，将 PN 结下面的区域称为基区或基层。

$I-V$ 特性：

首先考虑串联电阻 $R_S = 0$ 的理想情况。图 2-3-9 所示为理想太阳电池的等效电路，R_L 为负载电阻，电流源为短路光电流 I_L。在理想情况下，太阳电池的 $I-V$ 特性可以简单地由图 2-3-9 所示的等效电路写出，即

$$I = I_L - I_D = I_L + I_0(1 - e^{V/V_T}) \tag{2-3-22}$$

式中：$I_D = I_0(e^{V/V_T} - 1)$ 为 PN 结正向电流，即 PN 结的暗电流；I_0 为 PN 结饱和电流，PN 结的结电压就是负载 R_L 上的电压降 V。

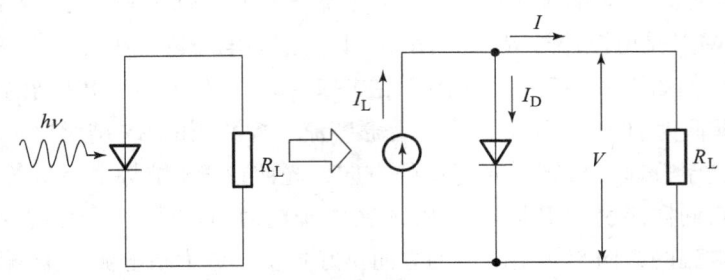

图 2-3-9　理想太阳电池的等效电路

根据式（2-3-22），PN 结上的电压为

$$V = V_T \ln\left(\frac{I_L - I}{I_0} + 1\right) \tag{2-3-23}$$

在开路情况下，$I = 0$，于是得到开路电压为

$$V_{oc} = V_T \ln\left(1 + \frac{I_L}{I_0}\right) \tag{2-3-24}$$

这是太阳电池能提供的最大电压。

在短路情况下（$V = 0$），有 $I = I_L$，这是太阳电池能提供的最大电流。

以式（2-3-22）表示的一个实验器件在不同光强下的 I-V 特性如图 2-3-10 所示，数据是在一级气团（AM1）的光照下取得的。当太阳在天顶及测试器件在晴朗天空下的海平面上时，在 AM1 条件下测得到达太阳电池的能量略高于 100 mW/cm²。如果把器件放到大气层外（如在卫星上），则称为 AM0 条件，此时太阳电池的能量约为

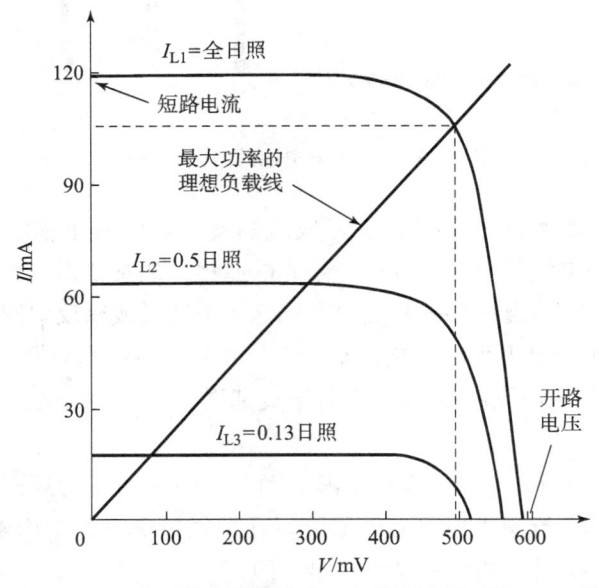

图 2-3-10　典型的太阳电池在一级气团光照下的 I-V 特性

135 mW/cm²。AM0 和 AM1 的差别在于大气对太阳光的衰减。衰减的主要原因是臭氧层对紫外光的吸收、水蒸气对红外光的吸收以及空气中尘埃和悬浮物对太阳光的散射等。根据太阳电池的等效电路图可以看出，太阳电池向负载提供的功率为

$$P = IV = I_L V - I_0 V(e^{V/V_T} - 1) \quad (2-3-25)$$

实际的太阳电池存在着串联电阻和分流电阻。串联电阻是接触电阻和薄层电阻的总和，它使 $I-V$ 特性发生改变；分流电阻是 PN 结泄漏电流引起的。考虑到串联电阻 R_S 和分流电阻 R_{Sh} 的作用，太阳电池的等效电路图如图 2-3-11 所示。

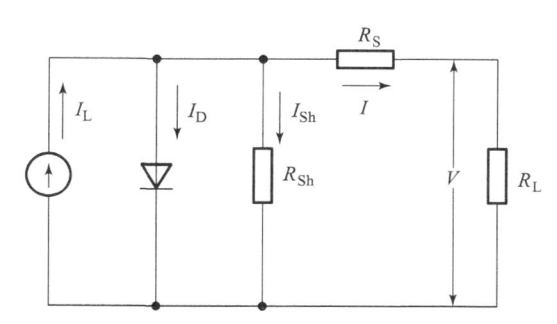

图 2-3-11 包括串联电阻和分流电阻的太阳电池的等效电路图

根据图 2-3-11，可以写出考虑了串联电阻和分流电阻作用后的 $I-V$ 特性式为

$$I = I_L + I_0 [1 - e^{(V + IR_S)/V_T}] - \frac{V + IR_S}{R_{Sh}} \quad (2-3-26)$$

（三）PIN 结二极管

在许多光电探测器中，响应速度是很重要的。但在空间电荷区中产生的瞬时光电流是我们唯一感兴趣的光电流。为增加光电探测器的灵敏度，耗尽区的宽度应该做得尽可能大。PIN 光电二极管是替代简单 PN 光电二极管的最常用方案，尤其是应用在超快速光电探测技术的光通信、测量和抽样系统中。图 2-3-12 所示为 PIN 光电二极管外形。

图 2-3-12 PIN 光电二极管外形

半导体吸收光之后会产生电子-空穴对，产生在耗尽层内和耗尽层外载流子扩散区

内的电子-空穴对，最后将被电场（反向偏压电场或 PN 结内建电场）分开，它们漂移通过耗尽层，在外电路产生电流。为了提高光子的收集效率，在 P 层和 N 层之间夹入一层本征（或低掺杂）的 I 层材料，这种结构的光电二极管称为 PIN 光电二极管。图 2-3-13 所示为 PIN 光电二极管的基本结构、反偏压下的能带图和光吸收特性。

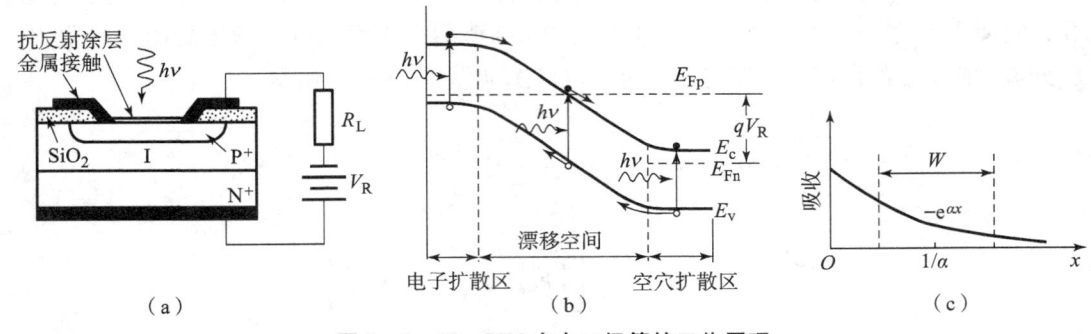

图 2-3-13　PIN 光电二极管的工作原理
(a) 基本结构；(b) 反偏压下的能带图；(c) 光吸收特性

P 层和 N 层中间的 I 层，在足够高的反偏压下，完全变成耗尽层，增加了耗尽层的宽度。因此，I 层也称为耗尽层，其中产生的电子-空穴对立刻被电场分离而形成光电流，这个电流是漂移电流。

在 I 层之外产生的电子-空穴对以扩散方式向耗尽层边缘扩散，然后被耗尽层收集，它们形成的电流是扩散电流。与漂移电流相比，扩散电流是慢电流。在 PIN 光电二极管中存在漂移和扩散两种机制的电流。

由于 I 区中自由电子密度非常低以及高电阻率，因此施加的偏压全加在 I 区，从而获得零偏压或者非常低的反向偏压。一般地，对于本征区为 $10^{14} \sim 10^{15}$ cm^{-3} 掺杂浓度的，5～10 V 偏压足以用来耗尽几微米的厚度，电子速度也能够达到饱和值。

PIN 光电二极管有一个"受控"耗尽层宽度，为满足光电响应和带宽要求，可以对该宽度进行调整。在响应速度和量子效率之间必须进行折中，对高响应速度，耗尽层宽度应当小；但对于高量子效率（或响应度），宽度应当大。已经有人提议，采用外部微型谐振腔方法来提高该情况下的量子效率。在这种方法中，吸收层放置在腔内，从而使很小的探测体积也可以吸收大部分光子。

PIN 光电二极管的响应速度最终受限于传输时间或电路参数。载流子通过 I 层的传输时间取决于其宽度及载流子的速度。通常，即使在中等偏压下，载流子也是以饱和速度通过 I 层，减小 I 层厚度可以缩短传输时间。将结设计得非常靠近照明表面，能够降低 I 层外所产生的载流子造成的扩散效应。

PIN 光电二极管的传输时间比 PN 光电二极管短，即使其耗尽层比 PN 光电二极管宽，但由于载流子几乎是以饱和速度传输的，所以实际上对应的是载流子用在耗尽区的所有时间（在 PN 结的 PN 界面处电场达到峰值，然后快速减小）。对于厚度小于一个扩散长度的 P 层和 N 层，仅对扩散的响应时间典型值是：P 类硅为 1 ns/μm，P 类Ⅲ-V

材料约为 100 ps/μm。因为空穴的迁移率较低，所以 N 类Ⅲ-Ⅴ族材料的对应值是每微米几纳秒。

在 PIN 结二极管两端施加不同的直流电，PIN 结二极管本征层（I 层）的载流子数目会发生变化。

零偏置时，PIN 结二极管的两端无外加电压。图 2-3-14 是零偏时 PIN 结二极管的杂质分布、空间电荷分布和电场分布图。P$^+$区和 N$^+$区的浓度远大于 I 区的杂质浓度，因此在浓度梯度的作用下，P$^+$区的空穴和 N$^+$区的电子向 I 区扩散，并在 I 区内复合消失。同时由于 I 层中有少量 N 型杂质，在扩散作用下，P$^+$层中的空穴向 I 层扩散，留下了多余的电子，而 I 层中的电子向 P$^+$层扩散，留下了多余的空穴，在 P$^+$I 结两侧形成了耗尽层，并形成内建电场，内建电场使载流子继续扩散。由于 P$^+$区浓度远大于 I 层浓度，因此 P$^+$的耗尽层扩展很薄，而 I 层耗尽层扩展要多得多。因此零偏时，整个 I 层靠近 P$^+$区部分耗尽区，其内无载流子，电阻率很高，剩余部分依然仅有极少量的载流子，PIN 结二极管呈现出高阻抗。

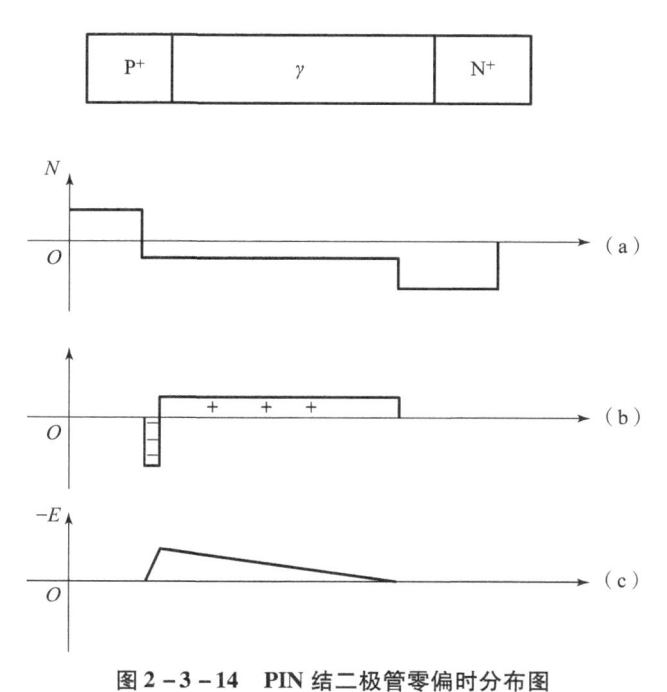

图 2-3-14　PIN 结二极管零偏时分布图
(a) 杂质分布；(b) 空间电荷分布；(c) 电场分布

当 PIN 结二极管受正向偏压控制时，管外电场方向与管内相反，势垒变弱，大量 P 层的空穴和 N 层的电子持续向 I 层流入，形成了由 P 层流向 N 层的正向电流方向。在不断输入正向偏压的情况下，I 层中注入的多子既会发生扩散也会进行复合，从而 I 层中保持了一定的载流子分布，同时由于载流子在 I 层中的注入量远大于复合量，从而 I 层会积累大量的载流子，I 层的电阻率也就会大幅下降，使得 PIN 结二极管在正偏状态下表现出较低的阻抗。

PIN 结二极管在正向偏置状态下的等效电路模型如图 2-3-15 所示。图中，R_f 为 PIN 结二极管正偏下的等效电阻；R_s 为 P、N 区电阻与接触电阻之和；C_j 为结电容与扩散电容之和，在正向的大偏流作用下，C_j 的电抗值远大于 R_j，因此在简化等效电路时可以忽略 C_j；R_j 是管子正向偏置状态下 I 层的电阻，其阻值公式为：

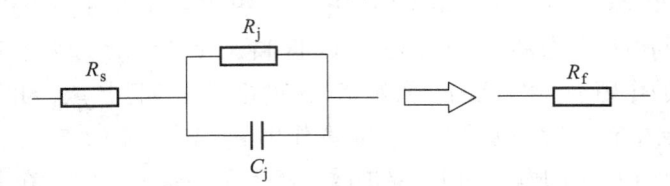

图 2-3-15 PIN 结二极管的正偏等效电路模型

$$R_j = \frac{W^2}{(\mu_n + \mu_p) \times I_F \times \tau} \quad (2-3-27)$$

式中：W 为 I 层厚度，μ_n 为 N 层电子的迁移率，μ_p 为 P 层空穴的迁移率，I_F 为正偏电流，τ 为 I 层的平均载流子寿命。

在反向偏置时，PIN 结二极管的反向偏置状态与零偏状态类似，不同的是由于反向电压的存在，管子的内建电场得到加强，I 层中的耗尽层更厚，电阻率更高，从而 PIN 结二极管在反偏时的阻抗也就更高。当 PIN 结二极管受反向偏压控制时，由于 P、N 区的杂质含量很高，外加电场主要作用于 I 层，此时管内电场方向与管外电场相同，I 层中非耗尽层的电子不断向 N 区移动，进一步扩大了 I 层的耗尽层。同时，由于仅有少量来自 P、N 区的载流子注入 I 层，所以由这些少子导电形成的反向电流也较小。在反向电压不断增加的情况下，I 层中的耗尽层也会不断变宽，一直到耗尽层充满整个 I 层后，I 层处于"穿通状态"，之后如果继续增加反向电压，耗尽层厚度也不会显著变宽，因此 PIN 结二极管反偏时的阻抗会在 I 层"穿通"后保持近似不变。

PIN 结二极管反向偏置时，耗尽层可等效为 R_j 和 C_j 并联，非耗尽层可等效为 R_i 和 C_i 并联，其中 R_j 和 R_i 均是大电阻，C_i 和 C_j 一般均为小于 1 pF 的小电容，在 I 层穿通后，仅有耗尽层存在，因此 PIN 结二极管的等效电路可简化为 R_r 和 C_j 串联，其等效模型如图 2-3-16 所示。图 2-3-17 为反偏时的 PIN 结二极管电路及伏安特性曲线。

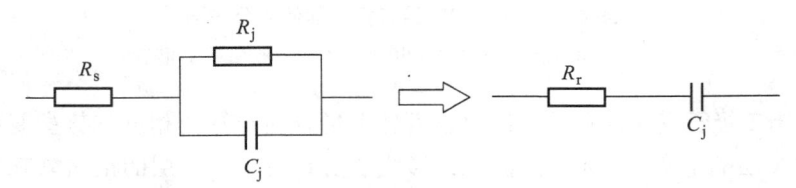

图 2-3-16 PIN 结二极管的反偏等效电路模型

其中，PIN 结二极管在反偏状态下的结电容 C_j 的计算公式如下：

$$C_j = \frac{\varepsilon \times A}{D} \quad (2-3-28)$$

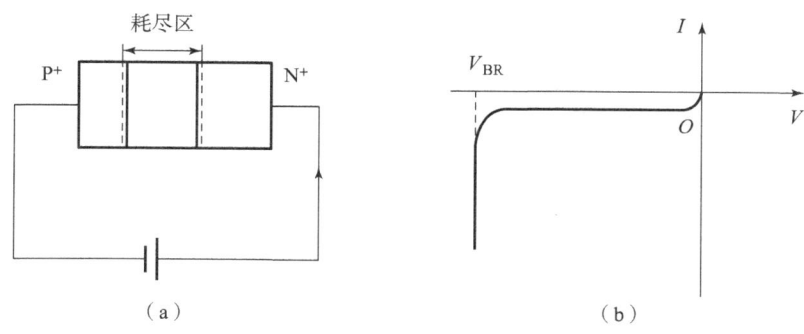

图 2-3-17 反偏时的 PIN 结二极管电路及伏安特性曲线

(a) 电路;(b) 伏安特性曲线

式中:ε 表示 I 层材料的介电常数,D 为 I 层中存在的耗尽层厚度,A 为 PN 结横截面积。

这种二极管是一种低失真的偏流控制电阻器,且具有良好的线性性能。PIN 结二极管的直流伏安特性和 PN 结二极管是一样的,但是在微波段却有本质的差别。由于 PIN 结二极管 I 层的总电荷主要是由偏置电流决定的,而不是微波电流瞬时值产生的,所以对微波信号只呈现一个线性电阻。该阻值由直流偏置决定,正偏时阻抗很小,接近短路;反偏时很大,接近开路。因此,PIN 结二极管对微波信号不产生非线性整流作用,这是和普通二极管的根本区别。

加上封装参数后,PIN 结二极管的等效电路如图 2-3-18 所示。其中,C_p 为管壳电容;L_s 为封装电感,它是由管子 P、N 区与两边管脚连接时所用的引线产生的。这两者的存在大大降低了 PIN 结二极管的开关性能,在高频信号下封装带来的影响更加严重,因此当 PIN 结二极管需要工作在很高频段时,一般不能采用带封装形式的。

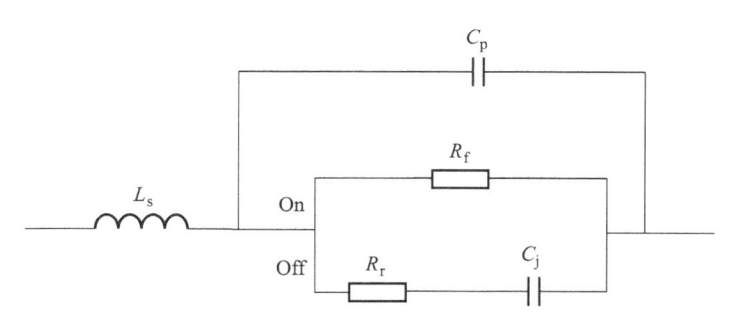

图 2-3-18 带封装的 PIN 结二极管的等效电路

1. PIN 结二极管电路参数分析

1)正向电阻 R_f

在忽略 C_j 的情况下,正向电阻 R_f 可视为 R_j 和 R_s 之和,其阻值主要取决于 R_j 的阻值,由式(2-3-27)可以看出,R_j 的影响因素包括 I 层厚度 W、管内正偏电流 I_F 和载流子寿命 τ 等。将 PIN 结二极管用作开关器件时,为了得到更好的开关性能,正向电阻需要尽可能小,一般采取增大管内正偏电流 I_F 的方式可以有效减小正向电阻。

2) 反向电阻 R_r

I 层穿通时耗尽层的电阻 R_j 可近似为

$$R_j = \frac{\tau \times W}{A \times \varepsilon} \qquad (2-3-29)$$

为了减小反向电阻,需要增大 R_j,也就是需要增大 τ 和 W,减小 A。然而增大 W 会导致正向电阻变大,增大 τ 不利于减小开关时间,而减小 PN 结的横截面积 A 会影响 PIN 结二极管的功率容量。

3) 反向电容 C_j

由于 I 层的介电常数往往较高,所以其边缘电容可不考虑,PIN 结二极管在零偏或反偏状态下的结电容可由式(2-3-28)求得,其电容值主要会影响小信号输入时 PIN 结二极管开关的插入损耗和隔离度。

4) 击穿电压 V_{BR}

当反偏电流达到一定值时,PIN 结二极管会被击穿,此时管子所加的反向电压称为击穿电压 V_{BR}。一般来说,PIN 结二极管承受的反向电压不能超过 V_{BR},但实际上由于反向电压作用的时间比较短暂,当瞬时负压大于 V_{BR} 时,管子并不会击穿,因此实际应用中,可以允许管子两端的最大负压在短时间内超过 V_{BR}。

5) 截止频率 f_c

$$f_c = \frac{1}{2\pi C_j (R_f R_r)^{\frac{1}{2}}} \qquad (2-3-30)$$

将 PIN 结二极管用作开关器件时,f_c 与工作频率 f 的比值会对开关性能造成较大的影响,为实现更好的开关性能,需要尽可能提高截止频率,也就是需要减小 C_j、R_f 和 R_r,但同时减小这三个值存在矛盾,因此需要综合各种因素和实际情况来考虑。

6) 功率容量

在特定工作状态下,PIN 结二极管的功率容量由它能承受的最高功率决定。当 PIN 结二极管在脉冲状态下工作时,其功率容量的大小会受到两个值的限制,一是击穿电压 V_{BR} 的值,二是管子允许通过电流的最大值,若超过这两个限制,前者会导致 I 区雪崩击穿,后者会导致管子温度过高而烧穿。此外,其功率容量还会受到管子在电路中串联或并联的形式和管子散热条件的影响。改善 PIN 结二极管功率容量的方法主要有加大 PN 结的横截面积、减小 I 层厚度和改进电路结构。

如需制备 PIN 结二极管可以采用 GaAs 高阻外延技术——垂直台面结构的工艺流程,PIN 结二极管选用两种 I 层厚度(1.5~2 μm 和 8~10 μm),外延层浓度控制在 10^{13}~10^{14} cm^{-3} 之间,以闭管 Zn 扩散形成 P$^+$ 区,如图 2-3-19 所示。经实验证明,用 GaAs 材料制作的 I 层杂质分布要比用 Si 材料好,即 GaAs 器件零偏压穿通性能比 Si 器件好。这是因为 GaAs 外延生长温度低,

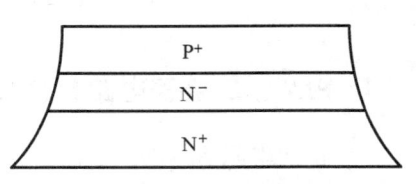

图 2-3-19 外延法制备 PIN 结二极管

自掺杂现象不严重，过渡区较陡的缘故。

2. 少子寿命

少子寿命是 PIN 结二极管的重要参数，对二极管的正向导通压降和开关时间有重要影响。为了得到较好的结果，在分析时需要对 PIN 结二极管做一些假设。下面的分析如没有特别说明都服从以下假定：

①在一维条件下做近似处理；
②忽略在高掺杂区的复合；
③认为在正向导通时高掺杂区没有少子堆积；
④少子寿命在整个 I 区是常数；
⑤I 区在稳态和反向恢复过程中处于大注入状态时，通常使用下列参数：

$$D = 2D_p D_n / (D_p + D_n), L = \sqrt{D\tau}$$

式中：D 为双极扩散系数，L 为双极扩散长度，τ 为 I 区少子寿命。

（1）基于频率特性的方法来测量少子寿命，射频法是通过 PIN 结二极管的频率特性提取寿命。通常人们认为 PIN 结二极管在使用时，它的阻抗表现为纯电阻，电阻值由偏置电流决定，但是这只在高频时才能得到较好地符合。实际上，PIN 结二极管的阻抗是频率、少子寿命和二极管几何尺寸的函数。图 2 – 3 – 20 是 PIN 结二极管阻抗随频率变化的示意图。当交流小信号的频率在 $1/\tau$ 附近时

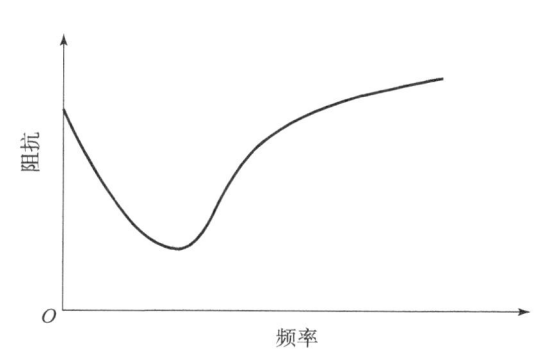

图 2 – 3 – 20　PIN 结二极管的阻抗 – 频率关系

PI 结与 NI 结的结效应增大，由此引起的容抗部分的作用变得显著。在 $\omega\tau \ll 1$ 时（ω 为角频率），容抗部分占据总阻抗绝大部分，当 $\omega\tau \gg 1$ 时容抗部分逐渐趋于 0，而当 $\omega\tau = 1$ 时容抗部分达到它的最小值。利用这一性质，测出此时的频率 f，即可得到寿命：

$$\tau = \frac{1}{\omega} = \frac{1}{2\pi f} \quad (2 - 3 - 31)$$

（2）基于开关特性的方法来测量少子寿命，例如阶跃恢复法。阶跃恢复法的基本过程是首先给 PIN 结二极管加正向导通电压 V_f 使它达到稳定状态，然后使电压突变为 $-V_r$，在这一过程中电流 – 时间关系如图 2 – 3 – 21 所示。从图中可以看出，当二极管外加电压突变后，反向电流首先在一段

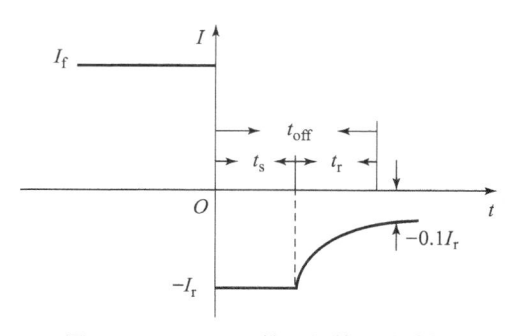

图 2 – 3 – 21　PIN 结二极管开关特性

时间内保持不变，然后才逐渐下降达到反向饱和电流。反向电流保持恒定的时间称为存储时间 t_s，电流下降到 $-0.1I_r$ 的时间称为下降时间 t_r，$t_{off} = t_s + t_r$ 即为反向恢复时间。二极管正向导通后 P 区的空穴注入 I 区，并在 PI 结处形成积累，注入的空穴服从一维的连续方程：

$$D\frac{\partial^2 p}{\partial x^2} = \frac{\partial p}{\partial t} = \frac{p}{\tau} \tag{2-3-32}$$

上式乘以 q 和结面积 A 并在整个 I 区内从 0（结的边缘处）到 W（W 是 I 区厚度）对 x 积分，忽略在高掺杂区的复合，就可得到电荷控制方程：

$$i(t) = \frac{dQ}{dt} = \frac{Q}{\tau} \tag{2-3-33}$$

在 $0 < t < t_s$ 时 $i(t) = -I_r$，将其代入式（2-3-33），解这个微分方程并利用边界条件 $Q(0) = I_f\tau$ 可以得到：

$$Q(t) = (I_f + I_r)\tau\exp\left(\frac{-t}{\tau}\right) - I_r\tau \tag{2-3-34}$$

近似认为 $Q(t_s) = 0$，则：

$$\tau = t_s\left[-\ln\left(1 + \frac{I_f}{I_r}\right)\right]^{-1} \tag{2-3-35}$$

3. 基本结构

PIN 结二极管的基本结构有两种，也就是平面结构（横向结构）和台面结构（纵向结构）。两种结构各有优点。一般 P 区和 N 区的掺杂浓度都很高，而 I 区即本征区（Intrinsic），为不掺杂区域，厚度一般较大（对于射频 PIN 结二极管，为 10~200 μm，对于光电 PIN 结二极管，为 10~280 μm）。初期的 PIN 结二极管以硅基为主，现在的 PIN 结二极管一般采用 InGaAs 等复合半导体以获得更优质的特性。台面结构采取的工艺和制造 MOS 管的工艺类似，不过采用了氮化硅层进行，分别对每一个有源区刻蚀掺杂打孔后连线即可。

平面工艺一般兼容性强，只要调整光刻版图就可以调整 I 层厚度，利于单片的集成，但是掺杂的扩散不容易控制，因为当 P 型掺杂浓度不够高的时候难以形成欧姆接触。图 2-3-22 显示台式 PIN 结二极管的结构和平面结构不同，台面结构的结都处于垂直方向，二极管成台式凸出在衬底表面，两层金属的电极也都不在同一个平面上。

图 2-3-23 显示台式 PIN 结二极管的制作工艺一般为在衬底上逐层外延生长出 N-I-P 三层的结构，并且根据需要调整各层的掺杂浓度和厚度，然后通过光刻和刻蚀的方式去除部分 N 层，使得剩余两层突出形成台面，最终按照需要器件的大小刻蚀分离 N^+ 区域，实现器件的隔离，最后填充介质或金属连线。

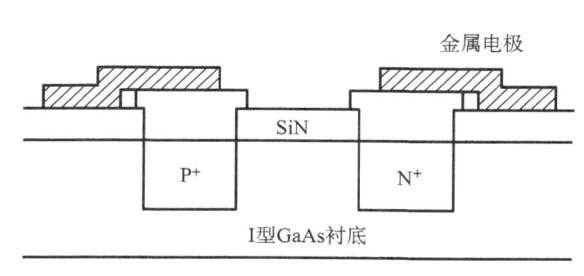

图 2-3-22　I 型 GaAs 衬底

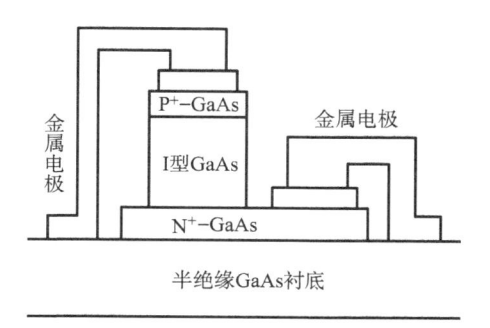

图 2-3-23　半绝缘 GaAs 衬底

图 2-3-24 是常见的台面结构 PIN 结二极管的俯视图，上下电极分别由 P⁺ 层和 N⁺ 层欧姆接触金属构成。这种结构的上电极为圆形，下电极为圆环形，电流分布均匀，可避免局部区域电荷积聚，有利于提高器件的功率容量和击穿电压。但是当这种结构应用到单片电路中时，二极管上下电极需要通过微带线与电路其他部分连接，连接上电极的微带线将跨越下电极表面，出现重叠区域。

在长距离的光纤通信系统中，光电 PIN 结二极管多采用 P-InP/I-InGaAs/N-InP 的双异质结结构。P-InP 的禁带宽度为 1.35 eV，

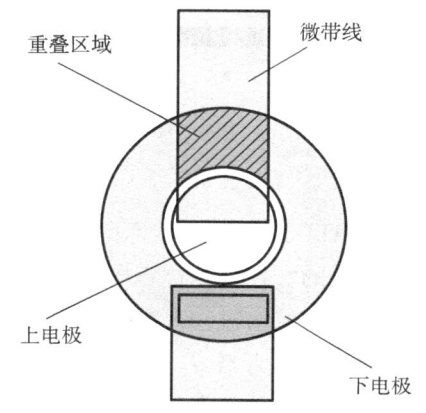

图 2-3-24　常见 GaAs PIN 结二极管俯视图

对波长大于 0.92 μm 的光不吸收。I-InGaAs 的禁带宽度为 0.75 eV（对应截止时波长为 1.65 μm），在 1.3～1.6 μm 波段上表现出较强的吸收，几微米厚的 I 层就可以获得很高的响应度。这样，对于光通信的低损耗波段，光吸收只发生在 I 层，完全消除了慢电流扩散电流的影响。I 层可以很薄，以获得最佳的量子效率和频率响应。

光电 PIN 结二极管的主要噪声源是产生-复合噪声，由于反向偏压结中暗电流非常小，所以要比约翰逊噪声大。

（四）雪崩光电二极管

雪崩光电二极管（APD）也是最常用的一类光探测器，它利用器件内部的雪崩倍增过程使光吸收产生的电流得到放大。在通常的光电 PIN 结二极管中没有这种放大作用。

图 2-3-25 所示为 APD 的典型结构和反向偏压 V_R 下的电场分布。当 V_R 足够大时，N⁺P 结的强电场将引起载流子的雪崩倍增，在这里形成倍增区，使光电流得到放大。I 层厚度比较大（直接带隙材料为微米量级，间接带隙材料为几十微米量级），是光吸收的区域（吸收区）。其间的电场不足以发生碰撞电离，但通常能使载流子以饱和漂移速

度 v_s 运动。N^+ 型保护环的作用是防止 N^+P 结的边缘击穿，中间 N^+P 结的击穿将先于保护环击穿。

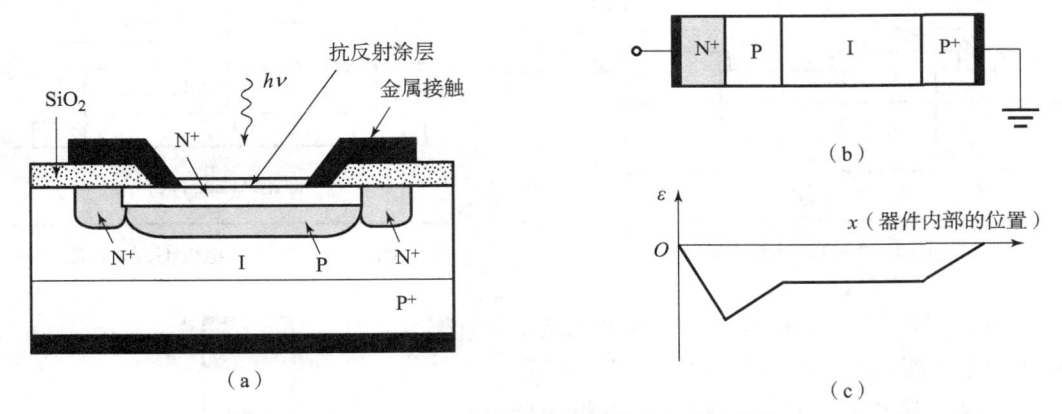

图 2-3-25 APD 的典型结构与反向偏压特性
（a）、（b）结构；（c）反向偏压特性

设计 APD 时需要重点考虑的问题是如何减小雪崩噪声。雪崩噪声是由雪崩过程的随机性产生的。在雪崩过程中，在耗尽层每一给定距离所产生的每一对电子-空穴对并不经历相同的倍增过程。雪崩噪声与电离率比（α_p/α_n）有关，α_p/α_n 越小，雪崩噪声也就越小。这是因为当 $\alpha_p = \alpha_n$ 时，每一个入射的光生载流子在倍增区会产生三个载流子：初始的一个以及二次电子和空穴。一个载流子数变化的涨落代表了一个大的百分比变化，于是噪声也就大。另外，若有一个电离率趋近于 0（如 $\alpha_p \to 0$），则每一个入射光生载流子都能在倍增区产生大量载流子。在这种情况下，一个载流子的涨落相对来说就不重要了。因此，为了减小雪崩噪声，可以采用 α_p 和 α_n 相差很大的半导体材料。

Ⅲ-Ⅴ族化合物半导体是制造光电器件的重要材料。原则上，在直接带隙半导体的情况下，光探测器的吸收区不必很长，APD 可以由很宽的吸收区和倍增区构成，但是对于窄带隙材料（如 InGaAs，$E_g \approx 0.75$ eV），碰撞电离所需的强电场会引起很大的来自带间隧道效应的漏电流。为了避免这种现象，通常采用分别吸收和倍增（简称为 SAM）的 APD 结构。光吸收发生在窄禁带材料内，雪崩倍增过程发生在宽禁带材料内。图 2-3-26 所示为 1.5~1.65 μm 波长的光通信用 InGaAs APD 的典型结构。它是在 N^+-InP 衬底上外延生长 N-InGaAs 光吸收层和 N-InP 倍增层，并在这两层中间夹入 N-InGaAsP 层制成的。夹入 N-InGaAsP 层是用来缓和 InGaAs 层和 InP 层的禁带宽度 E_g（分别为 0.75eV 和 0.35eV）的差异所产生的价带不连续，使光吸收层产生的空穴迅速流入倍增层。因为作为倍增层的 InP 材料的空穴电离率大于电子电离率（$\alpha_p > \alpha_n$），所以这种 APD 的倍增过程是由空穴碰撞电离而在 N 型 InP 中形成的。

实际中，应根据应用来选择雪崩光电二极管的材料。最广泛的应用是激光测距、高速接收器和单光子计数。Si 雪崩光电二极管应用于 400~1 100 nm 波长范围；Ge 雪崩光电二极管的波长范围为 800~1 650 nm；InGaAs 雪崩光电二极管的波长范围为 900~

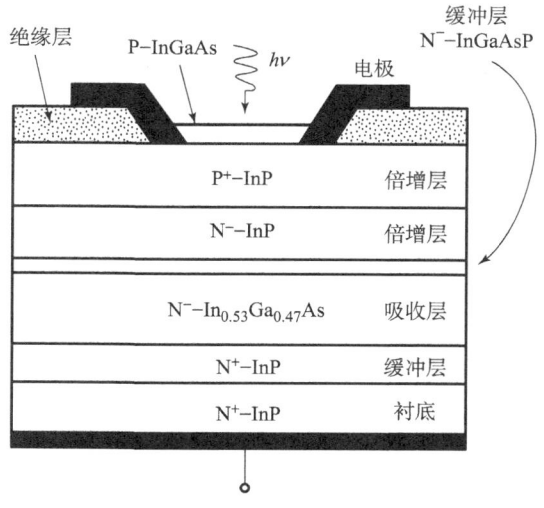

图 2-3-26 InGaAs APD 结构

1 700 nm。应用于光纤通信的 InGaAs 雪崩光电二极管要比 Ge 雪崩光电二极管昂贵，但能够提供较低的噪声和较高的频率响应（工作面积一定）。建议，Ge 雪崩光电二极管应用在放大器噪声较大或成本是主要考虑因素的情况中。表 2-3-1 列出了 Si、Ge 和 InGaAs 雪崩光电二极管的参数。

表 2-3-1　Si、Ge 和 InGaAs 雪崩光电二极管的参数

参数	Si	Ge	InGaAs
波长范围/nm	400～1 100	800～1 650	900～1 700
峰值波长/nm	830	1 300	1 550
电流响应度/(A·W^{-1})	50～120	2.5～25	—
量子效率/%	77	55～75	60～70
雪崩增益	20～400	50～200	10～40
暗电流/nA	0.1～1	50～500	10～50（$M=10$）
上升时间/ns	0.1～2	0.5～0.8	0.1～0.5
增益×带宽/GHz	100～400	2～10	20～250
偏压/V	150～400	20～40	20～30
电容/pF	1.3～2	2～5	0.1～0.5

2.3.3　红外探测器的性能参数

红外探测器的性能可用一些参数来描述，这些参数称为红外探测器的性能参数。一个红外系统只有知道了红外探测器的性能参数后才能设计该红外系统的性能指标。

（一）红外探测器的工作条件

红外探测器的性能参数与探测器的具体工作条件有关，因此，在给出探测器的性能参数时必须给出探测器的有关工作条件。

1. 辐射源的光谱分布

许多红外探测器对不同波长的辐射的响应率是不相同的，所以，在描述探测器性能时需说明入射辐射的光谱分布。如果是单色光源，就要给出单色光的波长；如果是黑体源，则要给出黑体的温度；如果入射辐射通过了相当距离的大气层和光学系统，则必须考虑大气的吸收和光学系统的反射等对能量所造成的损失；如果入射辐射经过调制，则应给出调制频率分布，但当放大器通频带很窄时只需给出调制的基频和幅值。给出探测器的探测率时，一般都需注明是黑体探测率还是峰值探测率。

2. 工作频率和放大器的噪声等效带宽

探测器的响应率与探测器的频率有关，探测器的噪声与频率和噪声等效带宽有关，所以在描述探测器的性能时应给出探测器的工作频率和放大器的噪声等效带宽。噪声等效带宽 Δf 可表示为

$$\Delta f = \frac{1}{G(f_0)} \int_0^\infty G(f) \mathrm{d}f \tag{2-3-36}$$

式中：$G(f)$ 是频率为 f 时的功率增益，$G(f_0)$ 是功率增益峰值。对于单调谐回路，噪声等效带宽 Δf 大于按 3 dB 衰减定义的带宽 B；对于多重调谐回路，Δf 接近 B。Δf 可从放大器的功率增益频谱曲线求得。

3. 工作温度

许多探测器，特别是由半导体制备的红外探测器，其性能与它的工作温度有密切的关系，所以，在给出探测器的性能参数时必须给出探测器的工作温度。最重要的几个工作温度为室温（295 K 或 300 K）、干冰温度（194.6 K，它是固态 CO_2 的升华温度）、液氮沸点（77.3 K）、液氦沸点（4.2 K）。此外，还有液氖沸点（27.2 K）、液氢沸点（20.4 K）和液氧沸点（90 K）。在实际应用中，除将这些物质注入杜瓦瓶获得相应的低温条件外，还可根据不同的使用条件采用不同的制冷器获得相应的低温条件。

4. 光敏面积和形状

探测器的性能与探测器面积的大小和形状有关。虽然归一化探测率 D^* 已考虑到面积的影响而引入了面积修正因子，但实践中发现不同光敏面积和形状的同一类探测器的探测率仍存在差异，因此，给出探测器的性能参数时应给出它的面积。

5. 探测器的偏置条件

光电探测器的响应率和噪声，在一定直流偏压（偏流）范围内，随偏压线性变化，

但超出这一线性范围,响应率随偏压的增加而缓慢增加,噪声则随偏压的增加而迅速增大。光伏探测器的最佳性能,有的出现在零偏置条件,有的却不在零偏置条件。这说明探测器的性能与偏置条件有关,所以在给出探测器的性能参数时应给出偏置条件。

6. 特殊工作条件

给出探测器的性能参数时一般应给出上述工作条件,对于某些特殊情况,还应给出相应的特殊工作条件。如受背景光子噪声限制的探测器应注明探测器的视场立体角和背景温度,对于非线性响应(入射辐射产生的信号与入射辐射功率不成线性关系)的探测器应注明入射辐射功率。

(二) 红外探测器的主要性能参数

红外探测器的性能主要由以下几个参数描述。

1. 响应率

探测器的信号输出均方根电压 V_s(或均方根电流 I_s)与入射辐射功率均方根值 P 之比,也就是投射到探测器上的单位均方根辐射功率所产生的均方根信号(电压或电流),称为电压响应率 R_v(或电流响应率 R_i),即

$$R_v = \frac{V_s}{P} \quad \text{或} \quad R_i = \frac{I_s}{P} \tag{2-3-37}$$

其中,R_v 的单位为 V/W,R_i 的单位为 A/W。

响应率表征探测器对辐射响应的灵敏度,是探测器的一个重要的性能参数。如果是恒定辐照,探测器的输出信号也是恒定的,这时的响应率称为直流响应率,以 R_0 表示。如果是交变辐照,探测器输出交变信号,其响应率称为交流响应率,以 $R(f)$ 表示。

探测器的响应率,通常有黑体响应率和单色响应率两种。黑体响应率以 $R_{v,BB}$(或 $R_{i,BB}$)表示。常用的黑体温度为 500 K。光谱(单色)响应率以 $R_{v,\lambda}$(或 $R_{i,\lambda}$)表示。在不需要明确是电压响应率还是电流响应率时,可用 R_{BB} 或 R_λ 表示;在不需明确是黑体响应率还是光谱响应率时,可用 R_v 或 R_i 表示。

2. 噪声电压

探测器具有噪声,噪声和响应率是决定探测器性能的两个重要参数。噪声与测量它的放大器的噪声等效带宽 Δf 的平方根成正比。为了便于比较探测器噪声的大小,常采用单位带宽的噪声 $V_n = V_N/\Delta f^{1/2}$。

3. 噪声等效功率

入射到探测器上经正弦调制的均方根辐射功率 P 所产生的均方根电压 V_s 正好等于探测器的均方根噪声电压 V_N 时,这个辐射功率被称为噪声等效功率,以 NEP(或 P_N)表示,即

$$\text{NEP} = P\frac{V_N}{V_s} = \frac{V_N}{R_v} \qquad (2-3-38)$$

按上述定义，NEP 的单位为 W。也有将 NEP 定义为入射到探测器上经正弦调制的均方根辐射功率 P 所产生的电压 V_s，正好等于探测器单位带宽的均方根噪声电压 $V_N/\Delta f^{1/2}$ 时，这个辐射功率被称为噪声等效功率，即

$$\text{NEP} = P\frac{V_N/\Delta f^{1/2}}{V_s} = \frac{V_N/\Delta f^{1/2}}{R_v} \qquad (2-3-39)$$

一般来说，考虑探测器的噪声等效功率时不考虑带宽的影响，在讨论归一化探测率 D^* 时才考虑带宽 Δf 的影响而取单位带宽。但是，按式（2-3-38）定义的 NEP 也在使用，请读者注意这一点。

噪声等效功率分为黑体噪声等效功率和光谱噪声等效功率两种。前者以 NEP_{BB} 表示，后者以 NEP_λ 表示。

4. 探测率 D

用 NEP 基本上能描述探测器的性能，但是，由于它是以探测器能探测到的最小功率来表示的，NEP 越小表示探测器的性能越好，这与人们的习惯不一致；而且，由于在辐射能量较大的范围内，红外探测器的响应率并不与辐照能量强度成线性关系，从弱辐照下测得的响应率不能外推出强辐照下应产生的信噪比。为了克服上述两方面存在的问题，引入探测率 D，它被定义为 NEP 的倒数。

$$D = \frac{1}{\text{NEP}} = \frac{V_s}{PV_N} \qquad (2-3-40)$$

探测率 D 表示辐照在探测器上的单位辐射功率所获得的信噪比。这样，探测率 D 越大，表示探测器的性能越好，所以在对探测器的性能进行相互比较时，用探测率 D 比用 NEP 更合适些。D 的单位为 W^{-1}。

5. 归一化探测率 D^*

噪声等效功率 NEP 和探测率 D 与探测器的面积 A_D 和放大器的噪声等效带宽 Δf 有关，因此这两个参数还不能准确地比较出两个探测器性能的优劣。大多数探测器的 NEP 显示出正比于探测器面积 A_D 的平方根和噪声等效带宽 Δf 的平方根，即

$$\text{NEP} \propto (A_D\Delta f)^{1/2} \qquad (2-3-41)$$

因为 $D = 1/\text{NEP} \propto 1/(A_D\Delta f)^{1/2}$，写成等式，得

$$D = D^* \frac{1}{(A_D\Delta f)^{1/2}} \qquad (2-3-42)$$

$$\begin{aligned}D^* &= D(A_D\Delta f)^{1/2} \\ &= \frac{(A_D\Delta f)^{1/2}}{\text{NEP}} = \frac{V_s/V_N}{P}(A_D\Delta f)^{1/2} \\ &= \frac{R_v}{V_N}(A_D\Delta f)^{1/2} \quad (\text{cm}\cdot\text{Hz}^{1/2}\cdot\text{W}^{-1})\end{aligned} \qquad (2-3-43)$$

由于 D^* 消除了探测器面积 A_D 和噪声等效带宽 Δf 的影响,所以称 D^* 为归一化探测率。D^* 是式(2-3-42)中的比例常数,所以也称它为比探测率。D^* 实质上是单位辐射功率辐照在探测器单位面积上在放大器单位带宽条件下所获得的信噪比。D 和 D^* 的测量值用类似于 NEP 的标注方法标注。由于 D 已不常用,所以,这里只讲 D^* 的标注方法。

探测率 D^* 有黑体探测率和光谱(单色)探测率两种。黑体探测率 D^* 应标明黑体温度 T_{BB}、辐射调制频率 f 和单位带宽,所以探测率 D^* 常被表示为 $D^*_{BB}(T_{BB},f,1)$。因为 D^* 参数中所用带宽都是 1 Hz,所以常将 1 略去,写为 $D^*_{BB}(T_{BB},f)$。有时又将 D^*_{BB} 的下标略去,写成 $D^*(T_{BB},f)$。例如,对于 500 K 黑体源,调制频率为 900 Hz,黑体探测率可写为 $D^*(500\text{ K},900)$。D^* 的单位是 $\text{cm}\cdot\text{Hz}^{1/2}\cdot\text{W}^{-1}$。若辐照光源不是黑体而是单色光,就应用光谱探测率 D^*_λ。对于光谱探测率 D^*_λ,应标明单色光的波长 λ 和调制频率 f,如 $D^*_\lambda(\lambda,f)$。若是峰值波长,则可表示为 $D^*_{\lambda P}(\lambda_P,f)$,如 $\lambda_P=5\ \mu\text{m},f=800\text{ Hz}$,则可表示为 $D^*_\lambda(5,800)$。在不需要说明具体条件时,探测率就用 D^* 表述了。

有的探测器自身的噪声与由背景来的光子起伏所产生的光子噪声相比可以忽略时,这种探测器就达到了背景噪声限。背景噪声限探测器的探测率与视场角有关。为了消除视场角的影响,用 D^{**} 来描述探测器的性能。D^{**} 定义为

$$D^{**} = \left(\frac{\Omega}{\pi}\right)^{1/2} D^* \qquad (2-3-44)$$

式中:Ω 为探测器所看到的立体角,它等于探测器响应元向挡板或冷屏所张的有效立体角。对于 D^* 在半角为 $\theta/2$ 的锥形中为常数的特殊情况下(见图 2-3-27),Ω 为

$$\Omega = \pi\sin^2\left(\frac{\theta}{2}\right) \qquad (2-3-45)$$

所以

$$D^{**} = D^*\sin\left(\frac{\theta}{2}\right) \qquad (2-3-46)$$

当 $\theta=\pi$ 时,$D^{**}=D^*$。

式(2-3-46)说明,受背景光子噪声限制的探测器的探测率与探测器的视场角有关,加冷屏减小视场角可以提高探测率。当视场角为 π 时,D^{**} 就是通常所说的归一化探测率 D^*。从图 2-3-27 可看出,当 $\theta>120°$ 时,$D^{**}\approx D^*$;当 $\theta<60°$ 时,D^* 随 θ 的减小迅速增大。

D^{**} 对小视场角没有意义,因为视场很小时由背景辐射引起的光子噪声很小,光子噪声不是探测器的主要噪声,不满足背景限制条件。

由于探测率有以上几种表述,容易出现混淆。黑体探测率 $D^*(T_{BB},f)$ 和峰值探测率 $D^*_\lambda(\lambda_P,f)$ 是探测器探测率的两种基本表述,一般所说的探测率,若不加特殊说明就是黑体探测率 $D^*(T_{BB},f)$ 或峰值探测率 $D^*_\lambda(\lambda_P,f)$。

6. 光谱响应

功率相等的不同波长的辐射照在探测器上所产生的信号 V_s 与辐射波长 λ 的关系叫

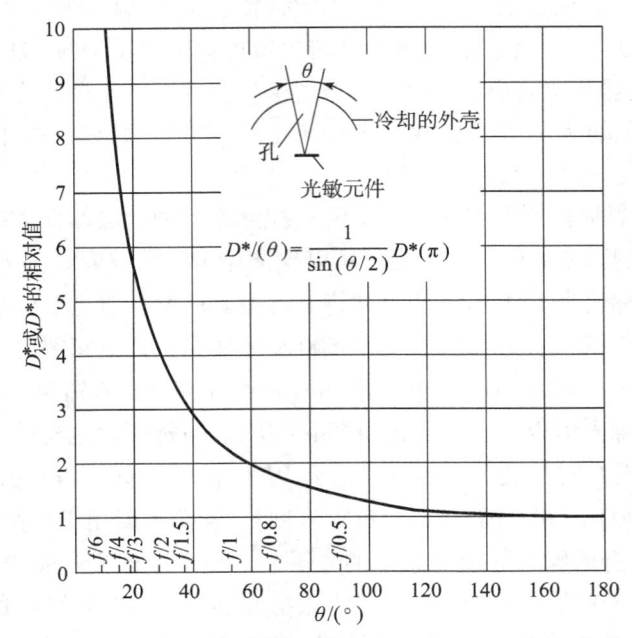

图 2-3-27 在朗伯型探测器前面用冷却孔来得到受光子噪声限制的 D_λ^* 和 D^* 的相对增加

作探测器的光谱响应（等能量光谱响应）。通常用单色波长的响应率或探测率对波长作图，纵坐标为 $D_\lambda^*(\lambda,f)$，横坐标为波长 λ。有时给出准确值，有时给出相对值。前者叫作绝对光谱响应，后者叫作相对光谱响应。绝对光谱响应测量需校准辐射能量的绝对值，比较困难；相对光谱响应测量只需辐照能量的相对校准，比较容易实现。在光谱响应测量中，一般都是测量相对光谱响应，绝对光谱响应可根据相对光谱响应和黑体探测率 $D^*(T_{BB},f)$ 及 G 函数（G 因子）计算出来。

光子探测器是基于探测器所用的半导体材料吸收光子产生自由载流子而工作的。入射光子的能量必须大于或等于本征半导体的禁带宽度或杂质半导体的杂质电离能。小于这个能量的光子将不会被吸收，因而不能产生光子效应。光子探测器的光谱响应曲线在长波方向存在一截止波长 λ_c，它与半导体的禁带宽度 E_g 有如下关系：

$$\lambda_c \frac{hc}{E_g} = \frac{1.24}{E_g} (\mu m) \tag{2-3-47}$$

式中：λ_c 为光子探测器的截止波长；c 为光在真空中的传播速度；h 为普朗克常数；E_g 为半导体的禁带宽度，单位为 eV。

光子探测器的光谱响应，有等量子光谱响应和等能量光谱响应两种。由于光子探测器的量子效率（探测器接收辐射后所产生的载流子数与入射的光子数之比）在响应波段内可视为小于 1 的常数，所以理想的等量子光谱响应曲线是一条水平直线，在 λ_c 处突然降为 0。随着波长的增加，光子能量成反比例下降，要保持等能量条件，光子数必须正比例上升，因而理想的等能量光谱响应是一条随波长增加而直线上升的斜线，到截

止波长 λ_c 处降为 0。一般所说的光子探测器的光谱响应曲线是指等能量光谱响应曲线。图 2-3-28 是光子探测器和热探测器的理想光谱响应曲线。

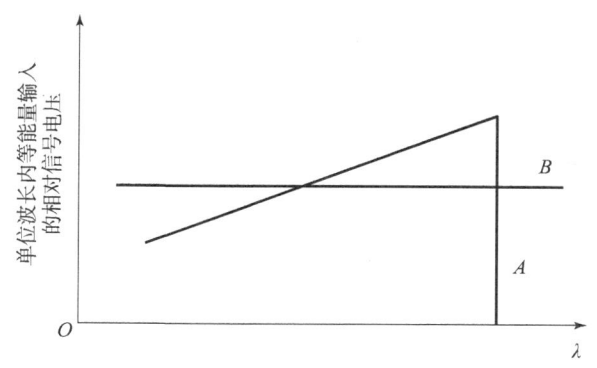

图 2-3-28　光子探测器和热探测器的理想光谱响应曲线

从图 2-3-28 可以看出：光子探测器对辐射的吸收是有选择的（如图 2-3-28 的曲线 A 所示），所以称光子探测器为选择性探测器；热探测器对所有波长的辐射都吸收（如图 2-3-28 的曲线 B 所示），因此称热探测器为无选择性探测器。

光子探测器的实际光谱响应曲线（见图 2-3-29）与理想的光谱响应曲线有差异。随着波长的增加，探测器的响应率（或探测率）逐渐增大（但不是线性增加），到最大值时不是突然下降而是逐渐下降。响应率最大时对应的波长为峰值波长，以 λ_P 表示。通常将响应率下降到峰值波长的 50% 处所对应的波长称为截止波长，以 λ_c 表示。在一些文献中也有注明下降到峰值响应的 10% 或 1% 处所对应的波长。

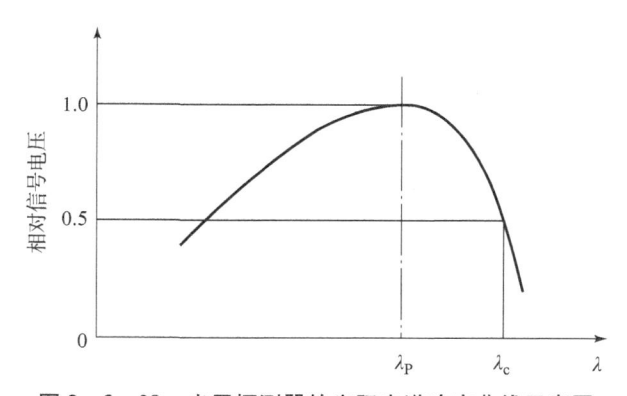

图 2-3-29　光子探测器的实际光谱响应曲线示意图

从探测器光谱响应测量的有关数据可知探测器的光谱响应范围、峰值响应波长 λ_P 和截止波长 λ_c，由此可推算出半导体的禁带宽度 E_g 或杂质电离能 E_D（或 E_A），结合黑体探测率的有关数据，可以计算各波长所对应的响应率和探测率。这些数据不仅为红外探测器的使用者所关心，而且也为器件的制造者提供了分析和改进器件制造工艺的依据。

7. 响应时间

探测器的响应时间（也称时间常数）表示探测器对交变辐射响应的快慢。由于红外探测器有惰性，因此对红外辐射的响应不是瞬时的，而是存在一定的滞后时间。探测器对辐射的响应速度有快有慢，以时间常数 τ 来区分。

为了说明响应的快慢，假定在 $t=0$ 时刻以恒定的辐射强度照射探测器，探测器的输出信号从 0 开始逐渐上升，经过一定时间后达到一稳定值。若达到稳定值后停止辐照，探测器的输出信号不是立即降到 0，而是逐渐下降到 0，如图 2-3-30 所示。这个上升或下降的快慢反映了探测器对辐射响应的速度。

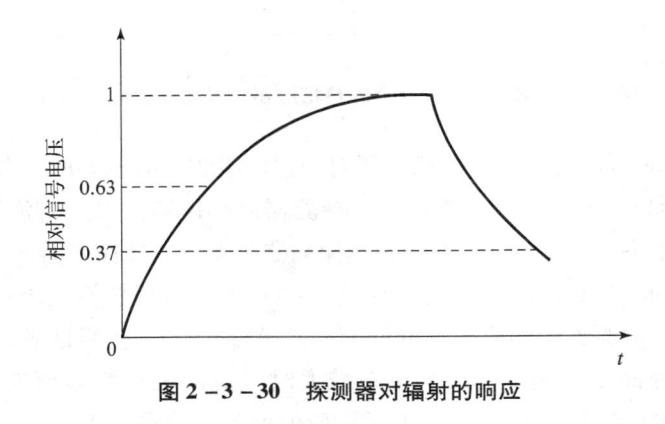

图 2-3-30 探测器对辐射的响应

决定探测器时间常数最重要的因素是自由载流子寿命（半导体的载流子寿命是过剩载流子复合前存在的平均时间，它是决定大多数半导体光子探测器衰减时间的主要因素）、热时间常数和电时间常数。电路的时间常数 RC 往往成为限制一些探测器响应时间的主要因素。

探测器受辐照的输出信号遵从指数上升规律，即在某一时刻以恒定的辐射照射探测器，其输出信号 V_s 按下式表示的指数关系上升到某一恒定值 V_0。

$$V_s = V_0(1 - e^{-t/\tau}) \tag{2-3-48}$$

式中：τ 为响应时间（时间常数）。

当 $t = \tau$ 时，

$$V_s = V_0\left(1 - \frac{1}{e}\right) = 0.63 V_0 \tag{2-3-49}$$

除去辐照后输出信号随时间下降，如下式所示：

$$V_s = V_0 e^{-t/\tau} \tag{2-3-50}$$

当 $t = \tau$ 时，

$$V_s = V_0/e = 0.37 V_0 \tag{2-3-51}$$

由此可见，响应时间 τ 的物理意义是：当探测器受红外辐射照射时，输出信号上升到稳定值的 63% 时所需要的时间；或去除辐照后输出信号下降到稳定值的 37% 时所需要的时间。τ 越短，响应越快；τ 越长，响应越慢。从对辐射的响应速度要求来看，τ 越小越好，然而对于像光电导这类探测器，响应率与载流子寿命 τ 成正比（响应时间主要由载流子寿命决定），τ 短，响应率也低。SPRITE 探测器，要求材料的载流子寿命 τ 比较长，短了，就无法工作。所以对探测器响应时间的要求应结合信号处理和探测器的性能这两方面来考虑。当然，这里强调的是响应时间由载流子寿命决定，而热时间常数和电时间常数不成为响应时间的主要决定因素。事实上，不少探测器的响应时间都是由电时间常数和热时间常数决定的。热探测器的响应时间长达毫秒量级，光子探测器的时间常数可小于微秒量级。

8. 频率响应

探测器的响应率随调制频率变化的关系叫作探测器的频率响应。当一定振幅的正弦调制辐射照射到探测器上时，如果调制频率很低，输出的信号与频率无关；当调制频率升高，由于在光子探测器中存在载流子的复合时间或寿命，在热探测器中存在着热惯性或电时间常数，响应跟不上调制频率的迅速变化，导致高频响应下降。大多数探测器，响应率 R 随频率 f 的变化（见图 2-3-31）如同一个低通滤波器，可表示为

$$R(f) = \frac{R_0}{(1 + 4\pi^2 f^2 \tau^2)^{1/2}} \qquad (2-3-52)$$

式中：R_0 为低频时的响应率；$R(f)$ 为频率为 f 时的响应率。

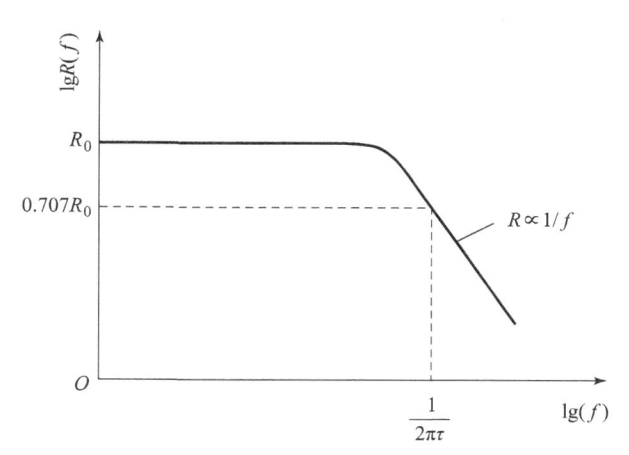

图 2-3-31 响应率的频率依赖关系

式（2-3-52）仅适合于单分子复合过程的材料。所谓单分子复合过程是指复合率仅正比于过剩载流子浓度瞬时值的复合过程。这是大部分红外探测器材料都服从的规律，所以式（2-3-52）是一个具有普遍性的表示式。

在频率 $f \ll 1/(2\pi\tau)$ 时，响应率与频率 f 无关；在较高频率时响应率开始下降；在 $f = 1/(2\pi\tau)$ 示时，$R(f) = \frac{1}{\sqrt{2}} R_0 = 0.707 R_0$，此时所对应的频率称为探测器的响应频率，以 f_c 表示；在更高频率，$f \gg 1/(2\pi\tau)$ 时，响应率随频率的增高反比例下降。

对于具有简单复合机理的半导体,响应时间 τ 与载流子寿命密切相关。在电导现象中起主要作用的寿命是多数载流子寿命,而在扩散过程中少数载流子寿命是主要的。因此,光电导探测器的响应时间取决于多数载流子寿命,而光伏和光磁电探测器的响应时间取决于少数载流子寿命。

有些探测器(如在 77 K 工作的 PbS)具有两个时间常数,其中一个比另一个长得多,响应率与频率的关系如图 2-3-32 所示。有的探测器在光谱响应的不同区域出现不同的时间常数,对某一波长的单色光,某一个时间常数占主要,而对另一波长的单色光,另一个时间常数成为主要的。在大多数实际应用中不希望探测器具有双时间常数。

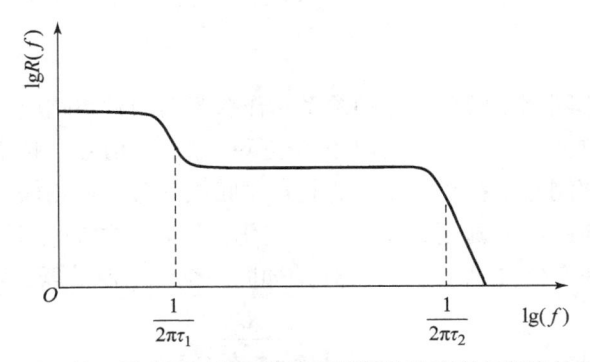

图 2-3-32 具有双时间常数的探测器的响应率与频率的关系

现在来讨论探测率与频率的依赖关系。因为 D^* 所表示的是在单位带宽内由具有一定的光谱分布的单位辐射功率所产生的不依赖面积的信号噪声比,对于噪声不依赖频率(此类噪声称为内噪声,热噪声就是其中的一种)的探测器,探测率与频率的依赖关系与响应率与频率的依赖关系具有同样的形式。但是,对于受电流噪声限制的探测器,噪声电压随 $(1/f)^{1/2}$ 变化,D^* 与频率有如下的关系:

$$D^*(f) = \frac{Kf^{1/2}}{(1 + 4\pi^2 f^2 \tau^2)^{1/2}} \qquad (2-3-53)$$

式中:K 为一个除频率 f 外的包括其他参数在内的比例数。图 2-3-33 表示了受 $1/f$ 噪声限制的探测器的探测率 D^* 与频率的依赖关系。

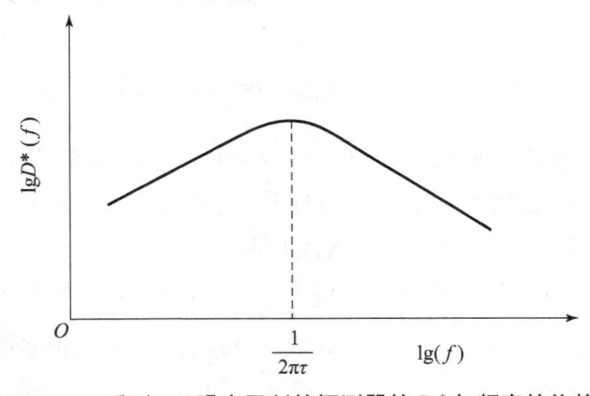

图 2-3-33 受到 $1/f$ 噪声限制的探测器的 D^* 与频率的依赖关系

将 $D^*(f)$ 对 f 微商，并令其等于 0，可得到最高探测率对应的频率为

$$f_{\max} = \frac{1}{2\pi\tau} \quad (2-3-54)$$

2.3.4 探测电路实例

在红外系统中，红外探测器输出的电信号非常微弱，一般仅为微伏数量级，它只有被充分放大和各种处理后才能记录下来，因此信号放大与处理电路是红外装置的重要组成部分。信号放大与处理电路从探测器接收到低电平信号，通过放大、限制带宽、分离信息，再送到终端的控制装置或显示器。

通常，红外系统要采用隔直流（或交流耦合）电路，将探测器输出的信号耦合到放大电路中。这有三方面的原因：第一，抑制背景的需要，用交流耦合电路就具有这种功能；第二，可以消除探测器上的任何直流偏置电位；第三，能把探测器的 $1/f$ 噪声的干扰影响减至最小。一种简单的交流耦合电路如图 2-3-34 所示。

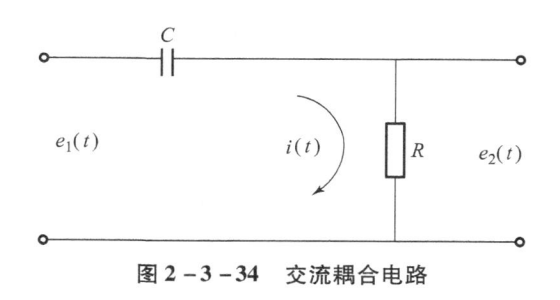

图 2-3-34 交流耦合电路

（一）低噪声放大器的设计原则

与普通放大器相比，低噪声放大器具有低得多的噪声指数。在研制低噪声放大器时，应该一开始就抓住低噪声这个关键指标来分析、计算和设计电路。对放大器的其他非噪声质量指标，如放大器的增益、频率响应、输入阻抗和输出阻抗、稳定性等，有的可以放在解决噪声指标的同时加以解决，有的则需要在满足噪声指标的基础上再做进一步的调整。

欲使放大器获得良好的低噪声特性，除采用好的低噪声器件外，还要进行周密的设计。低噪声放大器设计的一般程序可归纳如下：首先根据噪声要求、源阻抗特性、频率响应等指标来确定输入级电路（包括输入耦合网络）。设计内容包括选择电路组态、选用器件、确立低噪声工作点和进行噪声匹配等工作，以便获得最小噪声指数 $F_{\min}$，或最小内部等效输入噪声 $U_{n\min}^2$。应该指出，在探测器的源电阻是纯电阻时，$F_{\min}$ 与 $U_{n\min}^2$ 是一致的。但是，当信号源阻抗不是电阻而是电抗时，由于源电抗没有热噪声，那么应用噪声指数进行设计就没有意义了，此时，低噪声放大器设计应以内部等效输入噪声 U_n^2 最小为目的。当放大器需要在宽频带内工作时，应用噪声指数进行设计原则上也不

合适，而更为合理的方法是使 $\int_{f_1}^{f_2} \frac{1}{\Delta f} U_n^2 \mathrm{d}(\Delta f)$ 最小。最好借助于计算机辅助设计，这样可获得更满意的结果。然后，根据放大器要求的总增益、频率响应、动态范围、稳定性等非噪声指标设计后继电路，决定电路级数、电阻配置、反馈和频率补偿方法等。这些设计与一般多级放大器的设计原理相同，但要注意使后继电路不破坏总的噪声性能。

按照上述程序设计的实际电路，通常需要通过合理安装、调试和复算，才能使电路性能达到要求的全部质量指标。为了把握住低噪声设计中的几个重要环节，下面进一步讨论一些具体问题。

1. 晶体三极管和场效应管的选择

选择有源器件主要从源电阻和频率范围来考虑，图 2-3-35 是输入器件选用导图。从图 2-3-35 可以看出，当源电阻小于 100 Ω 时，为了使源电阻和放大器的最佳源电阻相匹配，可采用变压器耦合或者采用几路相同的放大器并联的方法来降低放大器的输入阻抗，达到和源电阻匹配的目的。当源电阻很大时，可以采用场效应管。当源电阻在几十欧姆至 1 MΩ 范围内时，选用晶体三极管作输入级是最合适的。此外，它还可以用改变三极管集电极电流的方法进行一些必要的调整。PNP 型和 NPN 型三极管有一些差别，PNP 型三极管由于它在基区内迁移率较高，基区电阻 $r_{bb'}$ 较小些，故热噪声电压也小些，这种管子适用于源电阻较小的情况；而 NPN 型三极管的 β_0 与 f_T 往往大一些，输入电阻高一些，适用于源电阻较大的情况。

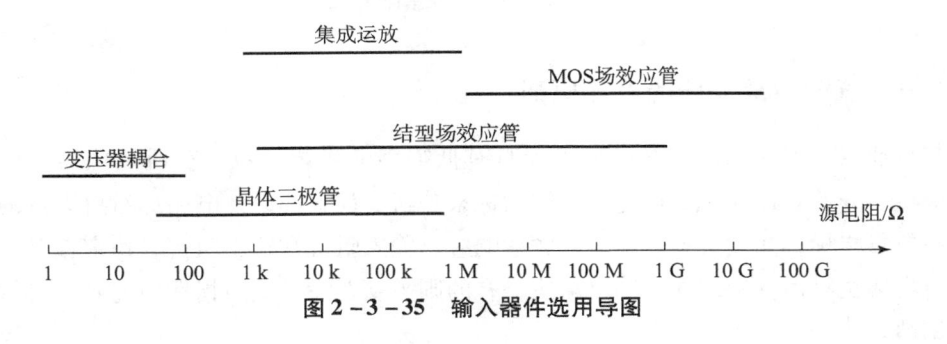

图 2-3-35 输入器件选用导图

集成电路放大器体积小、价格便宜，如果对噪声的要求不是很高时，则用集成运算放大器更为合适。集成电路经过选择，其噪声电平通常为晶体管电路的 2~5 倍。

2. 电阻的选择

当电阻中流过直流电流时，往往会产生过剩噪声。过剩噪声是指在电阻的基本热噪声之中多余出来的噪声，由于它是电流通过电阻时产生的噪声，所以又称为电流噪声。在电流流过连续的导体时产生这种噪声。合成碳质电阻是由碳粒同黏合剂的混合物压制而成的，由于电导率是不均匀的，直流电流不是均匀地流过，在碳粒之间有一些像微弧跳变的东西，因而会产生电流尖峰或脉冲，这些就是过剩噪声。电阻器越均匀，过剩噪声越小。

合成碳质电阻的噪声电动势般在十几至几十 μV/V 以上，精密金属膜电阻的噪声电动势可小于 0.2~1 μV/V。

图 2-3-36 是一般电阻的噪声指数，噪声指数是指在电阻两端加上每一伏直流偏置电压时，在十倍频内测得的过剩噪声电压的均方根值。在低噪声放大器中，采用低电平供电可降低电阻上的过剩噪声。

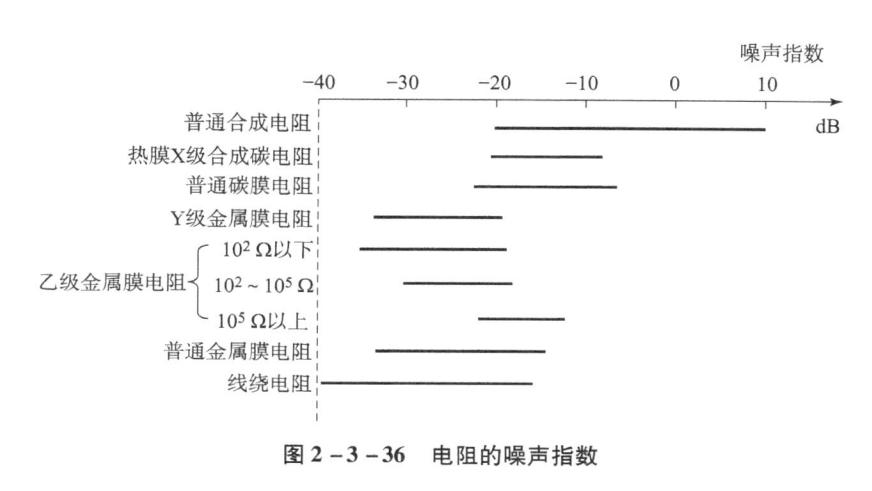

图 2-3-36　电阻的噪声指数

3. 电感线圈的选择

实际电感线圈的等效电路如图 2-3-37 所示，R 为线圈的导线电阻，C 为线圈匝间及层间的分布电容。选用电感线圈应从以下三方面考虑：

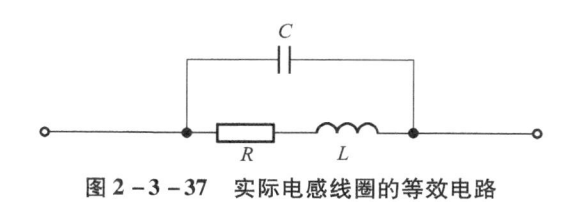

图 2-3-37　实际电感线圈的等效电路

第一方面：选择导线的粗细可以改变 R 的热噪声和过剩噪声；
第二方面：线圈的 L 和 C 均能改变电路的噪声；
第三方面：电感器易受外磁场的影响，影响最大的是空芯电感，开环磁芯电感次之，而闭环磁芯受影响最小。

（二）放大电路实际设计

本节将对图 2-3-38 所示放大电路进行实际设计。表 2-3-2 列出的是电路的设计规格。

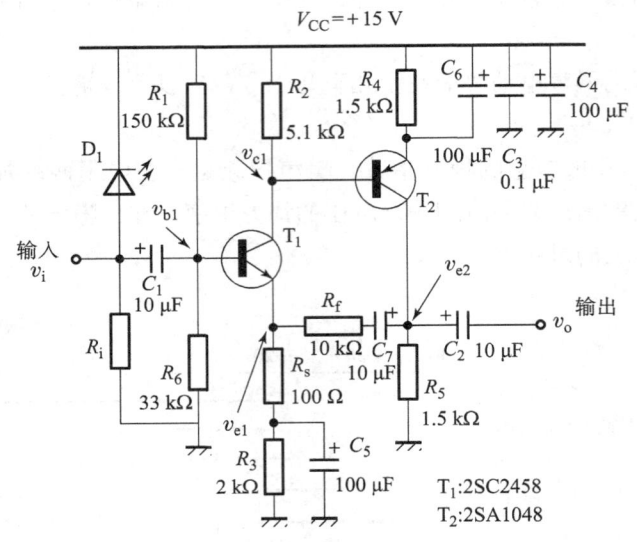

图 2-3-38 低噪声前置放大电路

表 2-3-2 负反馈放大电路的设计规格

电压增益	100 倍（40 dB）
最大输出电压	5 V_{p-p}
频率特性	—
输入输出阻抗	—

1. 前置放大电路的设计

由于探测器通常所处空间有限，并且还可能处于运动的机构上，所以在探测器上进行信号处理十分困难。一种常用的解决办法是在靠近探测器的位置上放置小型前置放大器，用来放大探测器的输出信号，变换它的输出阻抗，改善分路电容效应以展宽探测器的频带，使电信号经这些处理后能通过低阻抗屏蔽式电缆，成功地被传输到信号处理系统的有关电路部分。

对前置放大器的设计要求是低噪声，高增益，输出阻抗低，动态范围大，良好的线性特征和较好的抗颤噪声能力。此外，还要仔细地屏蔽，以消除不希望的散杂场信号。因此，在探测器附近设置的前置放大器可能是整个信号处理系统中最关键的部分。

为了达到上述要求，通常设计的前置放大器的噪声指数很低，这样才能使探测器噪声成为系统中的主要噪声。当探测器和前置放大器的阻抗不相匹配时，可采用发射极输出电路来克服解决。当信号振幅变化范围很宽又不可能使用增益转换开关时，可以使用对数增益前置放大器，以保证弱信号获得高增益，强信号得到低增益。

前置放大器所需电压增益的大小取决于系统的应用情况，如前置放大器到信号处理电路部分的距离远近、附近的机械和电子设备的干扰强弱以及前置放大器最大的非畸变输出范围等。为了保证系统的低噪声指数，前置放大器的最小电压增益应为 10 以上，这样才能保证后面各级放大器产生的噪声可忽略不计。在大多数系统应用中，前置放大器具有 30~100 的电压增益值是最合适的。对于大多数晶体管前置放大器，当电压输出超过几伏时，就开始饱和，故对这种类型的前置放大器，其最大输出信号常设计为 1 V 左右。所以，前置放大器的动态范围不宜过大，它受到输入端的探测器噪声电平和允许的最大输出信号的限制。

此外，通常希望前置放大器具有低的输出阻抗，因为在高信息传输率的系统中，低输出阻抗可保证电缆电容不衰减信号的高频分量。

电路的低噪声化有以下三种方法：

方法 1：使用低噪声的放大器件（晶体三极管、FET、OP 放大器等）。这是显而易见的重要方法。

方法 2：为了减少由电阻产生的热噪声，电路要进行低阻抗化。无源元件电阻也会产生称为热噪声的噪声。电阻值越高，热噪声越大（温度越高，热噪声也越大）。为此，如果电路进行低阻抗化，就成为低噪声电路。

方法 3：为了减少噪声的总功率，将频带变窄。FET 和 OP 放大器等有源元件会产生各种噪声。但是，在这些噪声中，在频带上均匀分布的噪声（热噪声、散粒噪声等）可以通过限制电路频带宽度的方法来减少噪声的总量。

2. 电源周围的设计

即使是使用两个近红外器件的负反馈放大电路，其电源电压也完全与共发射极放大电路时一样，取比最大输出电压（峰-峰值）与发射极上的压降（1 V 以上）的和还稍大一些的值。因此，该电路的电源电压 V_{CC} 有必要取在 6 V 以上（ -5 V_{p-p} + 1 V），在这里取 15 V。

因为电源电压是 15 V，在 T_1、T_2 的集电极-基极间和集电极-发射极间有可能加上最大达 15 V 的电压。所以，必须选择集电极-基极间最大额定值 V_{CBO} 与集电极-发射极间最大额定值 V_{CEO} 在 15 V 以上的近红外器件。

因此，T_1 选用常规的通用小信号晶体三极管 2SC2458（东芝），而 T_2 选用 2SC2458 的互补对——性能相似、极性相反的一对晶体三极管 2SA1048（东芝）。

表 2-3-3 列出了 2SA1048 的电特性。显然使用 T_1、T_2 任何档次的 h_{FE} 都可以。在这里使用 GR 挡。

表 2-3-3 2SA1048 的规格与特性

(a) 最大规格（T_a = 25 ℃）			
项目	符号	规格	单位
集电极-基极间电压	V_{CBO}	-50	V
集电极-发射极间电压	V_{CEO}	-50	V

续表

项目	符号	规格	单位
发射极-基极间电压	V_{BEO}	-5	V
集电极电流	I_C	-150	mA
基极电流	I_B	-50	mA
集电极损耗	P_C	200	mW
结温	T_j	125	℃
储存温度	T_{stg}	-55~125	℃

(b) 电特性（$T_a = 25℃$）

项目	符号	测试条件	最小	标准	最大	单位
集电极截止电流	I_{CBO}	$V_{CB} = -50$ V, $I_E = 0$	—	—	-0.1	μA
发射极截止电流	I_{EBO}	$V_{EB} = -5$ V, $I_C = 0$	—	—	-0.1	μA
直流电流放大系数	h_{FE}	$V_{CE} = -6$ V, $I_C = -2$ mA	70	—	400	—
集电极-发射极间饱和电压	$V_{CE(sat)}$	$I_C = -100$ mA, $I_B = -10$ mA	—	-0.1	-0.3	V
转移频率	f_T	$V_{CE} = -10$ V, $I_C = -1$ mA	80	—	—	MHz
集电极输出电容	C_{ob}	$V_{CB} = -10$ V, $I_E = 0$, $f = 1$ MHz	—	4	7	pF
噪声指数	NF	$V_{CE} = -6$ V, $I_C = -0.1$ mA, $f = 1$ kHz, $R_g = 10$ kΩ	—	1.0	10	dB

NPN 管与 PNP 管进行组合的理由：

在这里，T_2 是 PNP 型晶体三极管，当然也可以使用 NPN 型晶体三极管。但是，将多级同极性的晶体三极管级联起来时，由于偏置电压的极性相同，在直流电位关系上变得难办（不能取得最大输出电压），所以，通常情况下如果初级是 NPN，则次级为 PNP，再下一级为 NPN……，交替地将极性不同的器件组合起来使用。

关于 T_1、T_2 的集电极电流，如在最大额定值以下，一般为数毫安，但是在紧靠近额定值的附近来使用并不太好。

在这里，设 T_1 的集电极电流 I_{C1} 刚好为 1 mA，T_2 的集电极电流 I_{C2}（考虑到由输出端取出电流）取得稍大一些为 3 mA（T_2 的集电极电流的一部分成为由输出端供给负载的电流）。

3. 电阻的设计

T_1 发射极电流 I_E 的大小取决于电阻 $R_s + R_3$，设在 $R_s + R_3$ 上所加的电压为 2 V（如不在 1 V 以上，则发射极电流的温度稳定性变坏）。如果略去晶体三极管的基极电流，则 $I_{E1} = I_{C1}$，所以为了使 $I_{E1} = I_{C1} = 1$ mA，故有 $R_s + R_3 = 2$ kΩ。

R_2 的值取得越大，T_1 的共发射极电路的增益就越大（因为共发射极电路的增益为集电极电阻÷发射极电阻)。因此应尽可能地提高 R_2 来增加裸增益。

然而，T_2 的基极是直接连接到 T_1 的集电极上的，所以增大 R_2 时，R_2 上的压降也变大，使 T_1 的集电极电位过于接近 GND 侧，不能取出最大输出电压。

因此，在这里取 R_2 的电压降 $I_{C1} \cdot R_2$ 为 5 V。这样 T_2 的发射极与 GND 间的电压为 10 V，在理论上能够取出 10 V_{p-p} 的最大输出电压。所以，R_2 的值取为 5.1 kΩ。

由此得出 R_2 的压降为 5.1 V。这个 5.1 V 加在 T_2 的基极与电源之间，故 $V_{BE} = 0.6$ V，则加在 R_4 上的电压为 4.5 V（=5.1 V–0.6 V）。为了使 T_2 集电极电流 I_{C2} 为 3 mA，使 I_{C2} 与 T_2 的发射极电流 I_{E2} 相等，则 $R_4 = 1.5$ kΩ。

R_5 是决定 T_2 增益的电阻，因为 R_4 用 C_6 进行交流短路，所以无论取多大，T_2 都是最大增益（显然，T_2 增益的增大是由于提高了裸增益的缘故）。因此，在决定 R_5 的值时，没有必要考虑 T_2 的增益，仅考虑满足最大输出电压就可以。

T_2 的发射极电位是 10.5 V（$= V_{CC} - I_{E2} \cdot R_4 = 15$ V–3 mA×1.5 kΩ），所以为了使输出振幅更大，取 R_5 的压降为 5 V。因此 R_5 的值为 1.5 kΩ。R_5 的压降，即 T_2 的集电极电位取为 T_2 的发射极电位与 GND 的中间值 5 V。所以能得到 10 V_{p-p} 的最大输出电压（上下各偏离 5 V），充分满足设计规格。另外，就满足设计规格而言，没有必要特别设定上述的中间电位。确定 T_1 的集电极电阻 R_2 时，没有考虑 T_1 的最大输出电压，这是由于集电极出现的信号振幅太小的缘故。对于 T_2，就不能这样了，因为集电极信号直接成了输出信号。

R_f 是决定电路增益的重要反馈电阻。R_f 的值因为与电路的输出阻抗有关系，所以不能取得太小（R_f 接在输出端，从放大器来看与负载一样）。如图 2–3–38 所示，在共发射极电路集电极直接作为输出的电路结构情况下，R_f 的范围是数千欧至数十千欧。这里取 $R_f = 10$ kΩ。

由设计规格可知，电路的增益必须是 100 倍，故设定 R_s 为 100 Ω，为了使 T_1 的发射极电流为 1 mA，必须取 $R_s + R_3 = 2$ kΩ，所以 R_3 取为 2 kΩ。

因为 $V_{BE} = 0.6$ V，所以为了使 T_1 的发射极直流电位（$R_s + R_3$ 的压降）为 2 V，T_1 的基极电位必须取 2.6 V。

由于 T_1 的基极电位是由电源电压用 R_1 与 R_6 进行分压之后的电压，所以取 R_6 的压降为 2.6 V，R_1 的压降为 12.4 V（=15 V–2.6 V）就可以了。

对于 R_1 与 R_6，为了略去基极电流的影响，在 R_1 与 R_6 上希望流过为基极电流 10 倍的电流，所以 R_1 与 R_6 上流过的电流取为 0.1 mA（设 h_{FE} 为 100，则 T_1 的基极电流为 0.01 mA）。

所以，它们的值分别为 124 kΩ 和 26 kΩ，在不改变 R_1 与 R_6 之比的前提下，取为 150 kΩ 和 33 kΩ。

4. 电容的设计

C_1 与 C_2 是将直流电压切去的耦合电容。这里取 $C_1 = C_2 = 10$ μF。因此，C_1 与电路的输入电阻形成高通滤波器的截止频率 f_{cl1} 为 0.6 Hz。

C_3 与 C_4 是电源的去耦电容，取 $C_3 = 0.1\ \mu F$，$C_4 = 100\ \mu F$。C_4 不是取常用的 $10\ \mu F$，而是取为 $100\ \mu F$，这是由于用 C_6 将 R_4 与电源旁路的缘故。虽然认为电源的电阻与 GND 一样，C_4 应该对电源进行旁路，但是对于 GND 来说，如图 2-3-39（a）所示，C_6 与 C_4 串联接地，所以 C_4 的值必须比 C_6 的值大些，或者至少是相同的电容量。

为此，C_4 与 C_6 都取为 $100\ \mu F$，顺便说一下 C_6，如果按照图 2-3-39（b）所示来连接电路，则 C_6 直接接在 GND 上，所以即使 C_4 的值小些也可以。

但是，在低频电路中，增大 C_4 的值是常识。所以，经常使用图 2-3-39（a）的方法（若采用图 2-3-39（b）方法，则 C_6 必须是大容量且耐压高的电容器）。

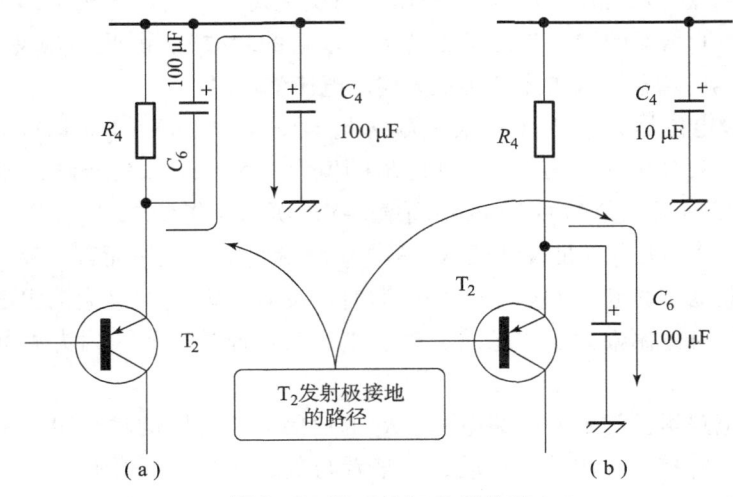

图 2-3-39　C_4 与 C_6 的关系

（a）见图 2-3-38 的电路；（b）路径改善后的电路

C_5 是使 T_1 的交流发射极电阻成为 R_s 本身值，对 R_3 进行旁路的旁路电容。C_5 与 R_s 形成高通滤波器，为了降低截止频率，必须充分减低 R_s 的交流阻抗。这里取 C_5 为 $100\ \mu F$。因此，C_5 与 R_s 形成的高通滤波器的截止频率 f_{cl2} 为 16 Hz。

C_6 是为了充分提高 T_2 的增益，将 R_4 旁路使得 T_2 交流发射极电阻为 $0\ \Omega$ 的旁路电容。C_6 仍然要选相对于 R_4 来说，其交流阻抗非常小的值，所以在这里与 C_5 一样，取 C_6 比 $100\ \mu F$ 稍大一些的值。

C_7 是将 T_2 的集电极直流部分切断，仅让交流成分通过 R_f 进行反馈用的电容器。相对于 R_f，其交流阻抗要非常低。这里取 $C_7 = 10\ \mu F$。

5. 放大器性能

图 2-3-40 所示的是实验电路低频范围内电压增益的频率特性。

当对设计出的电路进行正确的电压增益测量时，在 10 kHz 处，电压增益约为 39.4 dB，即 93.3 倍，比设计值的 101 倍约低 8%。这是由于假定电路的裸增益十分大，而使用 $(R_s + R_f)/R_s$ 进行计算的缘故。

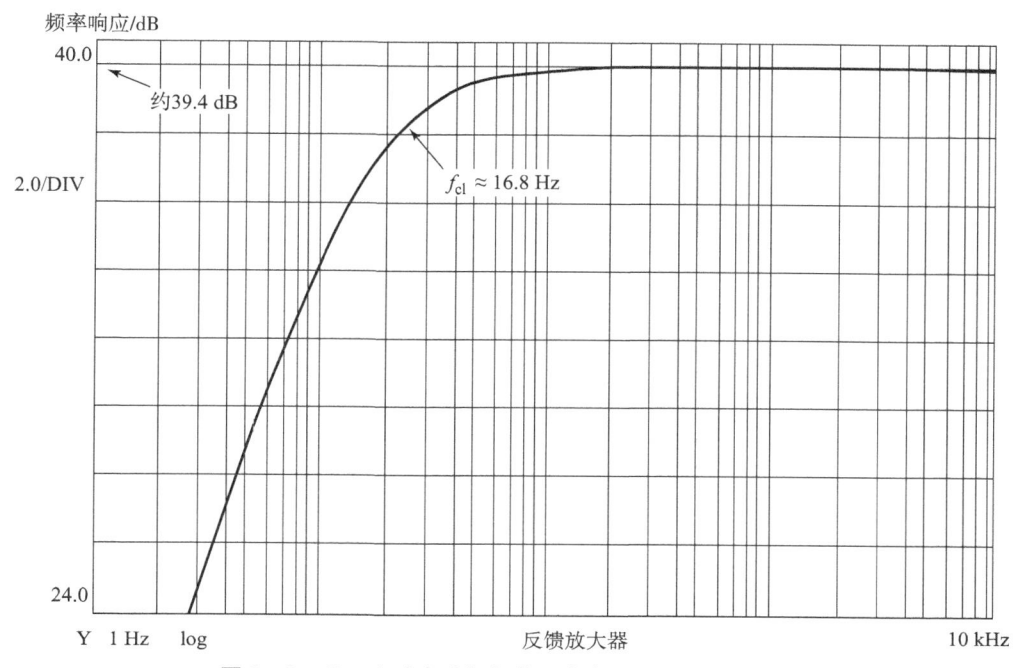

图 2-3-40 实验电路低频范围内电压增益的频率特性

观察图 2-3-40 可知，低频截止频率为 16 Hz。这与 R_s 与 C_5 形成的高通滤波器的截止频率 $f_{cl2} = 16$ Hz 几乎完全一致。C_1 与输入阻抗形成的高通滤波器的截止频率 f_{cl1} 要比 f_{cl2} 低一个数量级，在这个图上不能看到。

图 2-3-41 所示的是实验电路高频范围（100 kHz～100 MHz）的电压增益与相位的频率特性。

从图 2-3-41 可知，高频截止频率 f_{ch} 约为 3.3 MHz。尽管电压增益也获得近 40 dB，而频率特性却一直很好地扩展到高频范围。

为了将该特性与没有加负反馈的电路做比较，使用晶体三极管组成增益为 2 dB 的共发射极放大电路两级级联起来的电路，图 2-3-42 是此电路的频率特性。f_{ch} 约为 800 kHz，与图 2-3-41 相比较，约为 1/4。由此可知，加上负反馈也能改善频率特性，这也是负反馈的优点之一。

图 2-3-43 是由图 2-3-38 改进后的电路，改变 R_f 的值，分别将闭环增益减小为 40 dB、30 dB 和 20 dB 时，得到的电压增益的频率特性。

由此可知，闭环增益越小，越能扩展高频特性。特别要指出，在 $A_v = 20$ dB 时在特性上稍稍出现峰，且频率扩展到约 46.8 MHz。尽管 T_1 和 T_2 使用的是通用的一般型晶体三极管，但负反馈的影响还是非常明显地显现出来了。

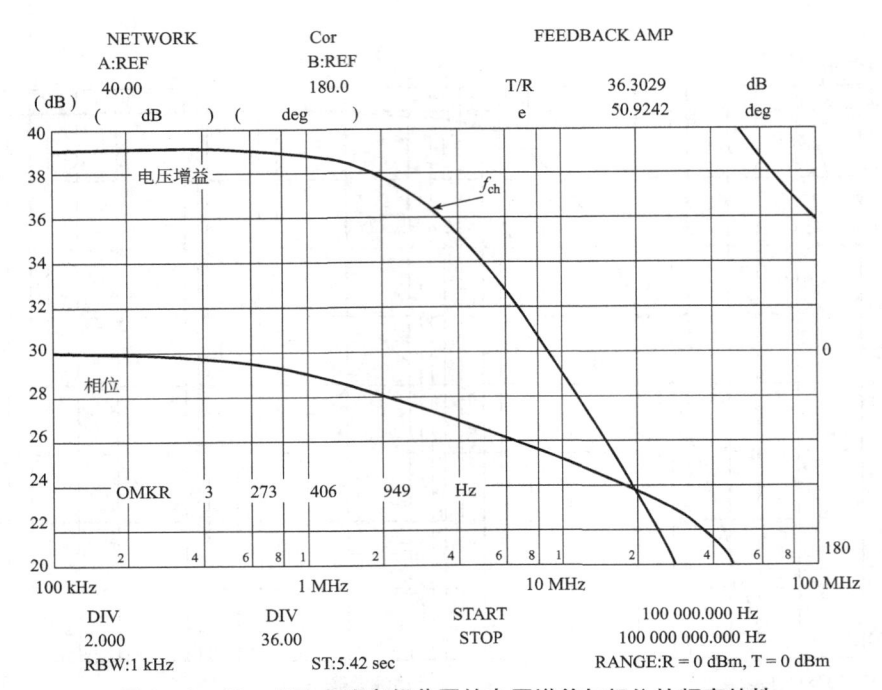

图 2-3-41 实验电路高频范围的电压增益与相位的频率特性

图中：NETWORK—网络；Cor—校准；FEEDBACK AMP—反馈放大器；A：REF—通道 A 的参考值；B：REF—通道 B 的参考相位；T/R—发射/接收模式；e——般表示误差矫正；dB—分贝单位；deg—相位单位（°）；DIV—每格刻度；START—起始频率；STOP—截止频率；RBW—分辨带宽；ST—扫描时间；sec—秒；RANGE—输入功率范围；R = 0 dBm—输入参考电平为 0 dBm；T = 0 dBm—发射端输出功率为 0 dBm；OMKR—标记点。

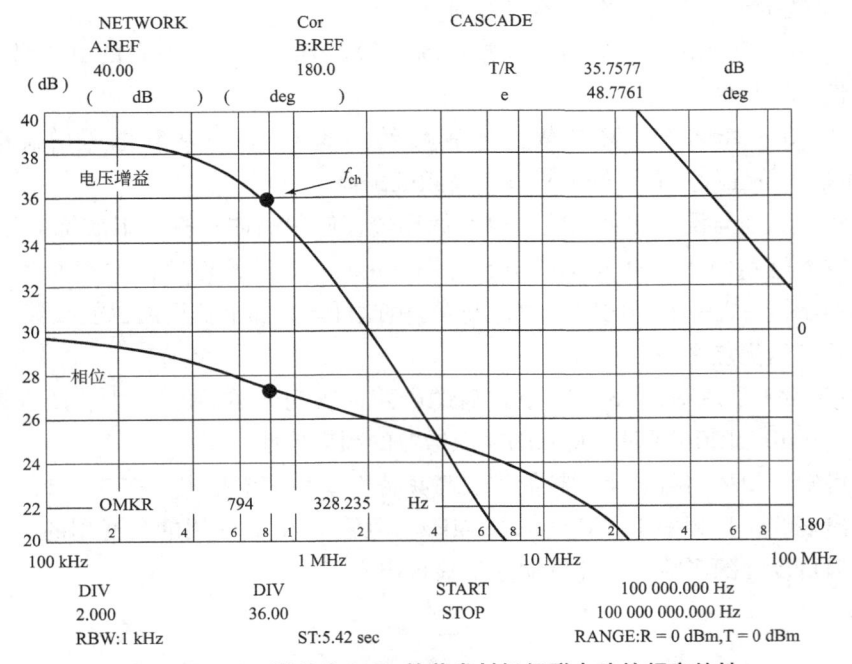

图 2-3-42 增益为 2 dB 的共发射极级联电路的频率特性

图中：CASCADE—级联；其余同图 2-3-41。

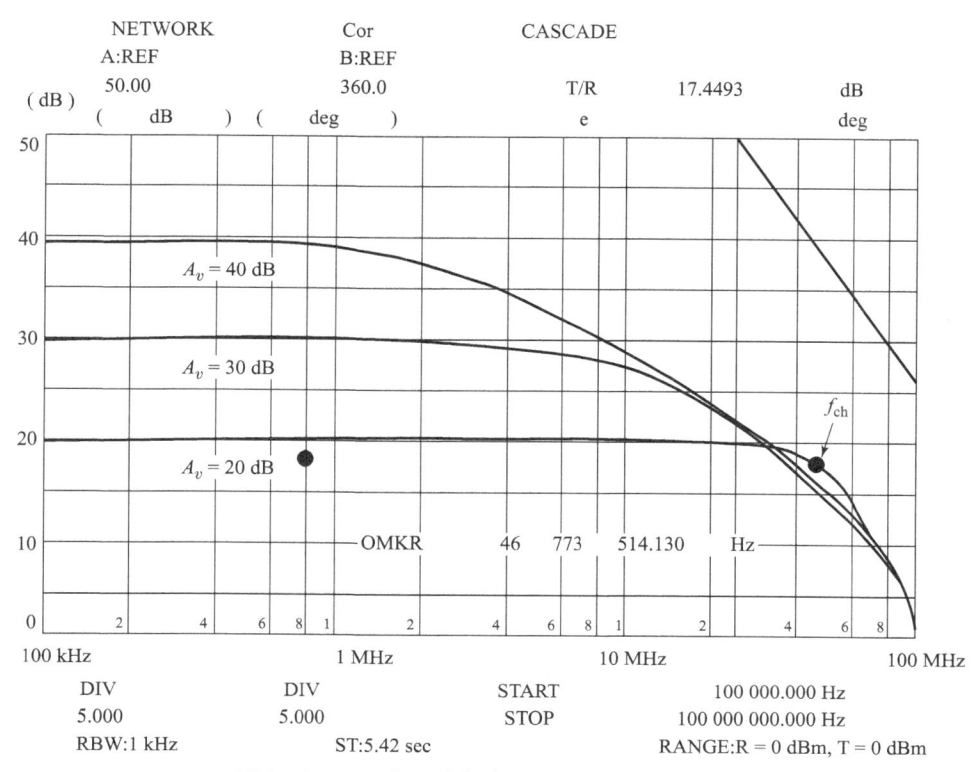

图 2-3-43　在实验电路改变增益后的频率特性

6. 输入输出阻抗

图 2-3-44 表示信号源电压 v_s 与电路输入信号 v_i 的波形，其中，$v_s = 50\ mV_{p-p}$，串联电阻即信号源电阻 $R_s = 27\ k\Omega$。从 $v_i = 25\ mV_{p-p}$（为 v_s 的 1/2）可知，输入阻抗 Z_i 与 R_s 相同，为 27 kΩ。该值是 R_1 与 R_6 并联连接的值，与没有加负反馈的普通共发射极放大电路的结果完全相同。

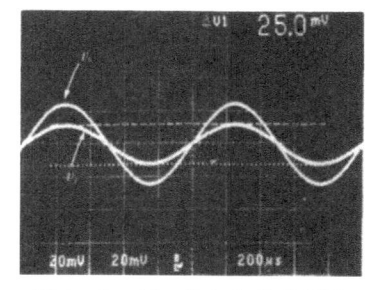

图 2-3-44　输入阻抗的测定

根据图 2-3-38，从输出端加反馈到输入端（T_1）发射极的电路中可以知道，无论加反馈还是不加反馈，输入阻抗都没有变化。但是，随着加反馈的方法不同，输入阻抗有所变化。

图 2-3-45（a）是无负载、输入信号 $v_i = 10\ mV_{p-p}$ 时的输入输出波形。图 2-3-45（b）同样是 $v_i = 10\ mV_{p-p}$，输出端有 $R_1 = 1.5\ k\Omega$ 负载时的输入输出波形。

如图 2-3-46 所示，接有负载时，电压的下降量可以认为是由于输出阻抗 Z_o 所产生的，则该电路的输出阻抗为 $Z_o = 102\ \Omega$。

共发射极放大电路的输出阻抗为集电极电阻值的本身，但是当加上负反馈时，这种电路的输出阻抗大大地下降。

那么，加上负反馈后，输出阻抗下降了多少呢？输出阻抗仅仅下降了一部分。加上

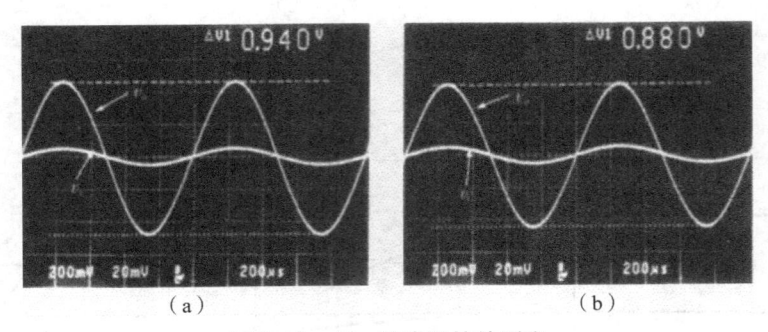

图 2-3-45 输出阻抗的测定
（a）无负载时的输入输出波形；（b）$R_2 = 1.5\ \text{k}\Omega$ 时的输入输出波形

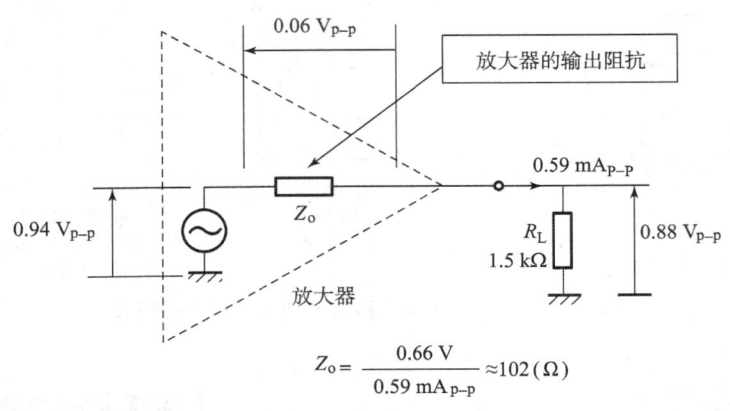

$$Z_o = \frac{0.66\ \text{V}}{0.59\ \text{mA}_{p-p}} \approx 102(\Omega)$$

图 2-3-46 实验电路的输出阻抗的求法

反馈后的最终增益，也称为闭环增益与裸增益之差。

例如，在没有加负反馈时的 Z_o 为 10 kΩ，裸增益为 60 dB，加了负反馈后增益为 20 dB 的电路中，Z_o 为最终增益为 −40 dB（= 20 dB − 60 dB）的值，即 Z_o 为没有加反馈时的 1/100，也就是 100 Ω。

这是负反馈的最大优点。所以，突然地增大裸增益，而又加上负反馈情况下，输出阻抗能够大大地下降。

相反，想增大闭环增益时，如果没有预先某种程度地增加裸增益，输出阻抗不可能下降，这种情况要加以注意。

7. 观察噪声特性

图 2-3-47 是输出端的噪声频谱，它是将图 2-3-38 电路的输入端与 GND 短路后测出的。与渥尔曼电路的噪声频谱相比较，噪声要多出 20 dB。这是由于图 2-3-38 电路的增益是 40 dB，刚好比渥尔曼电路的增益大 20 dB 的缘故。

图 2-3-48 是在图 2-3-38 电路中改变 R_f 的值，分别将闭环增益减少至 40 dB、30 dB 和 20 dB 时的噪声频谱（注意，纵轴与图 2-3-47 不同）。

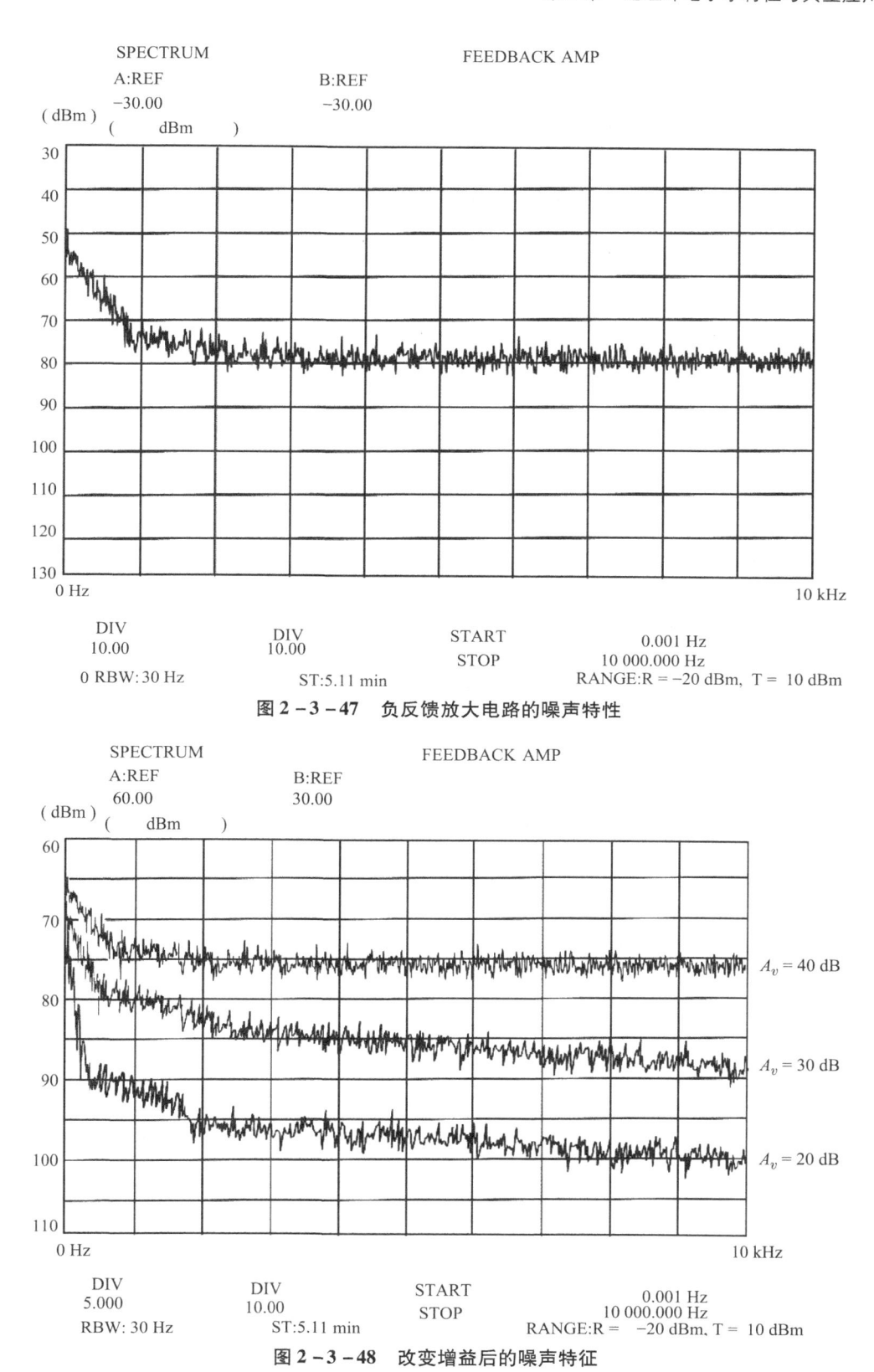

图 2-3-47　负反馈放大电路的噪声特性

图 2-3-48　改变增益后的噪声特征

由此可知，当增益各减少 1 dB 时，噪声刚好各减少 10 dB。可以这样认为，当闭环增益变小（由于裸增益是一定的）时，该减少的量正好等于负反馈的增加，因此，能够改善噪声特性。这就是说，加上负反馈也可以改善噪声特性。

8. 负反馈对放大器增益与带宽的影响

由图 2-3-49 所示的负反馈放大电路组成框图可写出下列关系式：

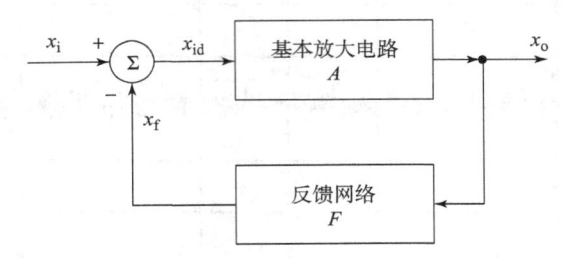

图 2-3-49 负反馈放大电路的组成框图

基本放大电路的净输入信号为

$$x_{id} = x_i - x_f \tag{2-3-55}$$

基本放大电路的增益（开环增益）为

$$A = \frac{x_o}{x_{id}} \tag{2-3-56}$$

反馈网络的反馈系数为

$$F = \frac{x_f}{x_o} \tag{2-3-57}$$

负反馈放大电路的增益（闭环增益）为

$$A_f = \frac{x_o}{x_i} \tag{2-3-58}$$

将式（2-3-55）、式（2-3-56）、式（2-3-57）代入式（2-3-58），可得负反馈放大电路增益的一般表达式为

$$A_f = \frac{x_o}{x_i} = \frac{x_o}{x_{id}+x_f} = \frac{x_o}{\frac{x_o}{A}+Fx_o} = \frac{A}{1+AF} \tag{2-3-59}$$

由式（2-3-59）可以看出，引入负反馈后，放大电路的闭环增益 A_f 减小了，减小的程度与 $1+AF$ 有关。$1+AF$ 是衡量反馈程度的重要指标，负反馈放大电路所有性能的改变程度都与 $1+AF$ 有关。通常把 $1+AF$ 称为反馈深度，而将 $AF = \frac{x_o}{x_{id}} \cdot \frac{x_f}{x_o} = \frac{x_f}{x_{id}}$ 称为环路增益。

由于在一般情况下，A 和 F 都是频率的函数，即它们的幅值和相位角都是频率的函数，当考虑信号频率的影响时，A_f、A 和 F 分别用 $\dot{A}_f$、$\dot{A}$ 和 $\dot{F}$ 表示。下面分几种情况对 $\dot{A}_f$ 的表达式进行讨论。

当 $|1+\dot{A}\dot{F}|>1$ 时，则 $|\dot{A}_f|<|\dot{A}|$，即引入反馈后增益下降了，这时的反馈是负反馈；$|1+\dot{A}\dot{F}|\gg 1$ 时，称为深度负反馈，此时 $|\dot{A}_f|\approx\dfrac{1}{|\dot{F}|}$，说明在深度负反馈条件下，闭环增益几乎只取决于反馈系数，而与开环增益的具体数值无关。

当 $|1+\dot{A}\dot{F}|<1$ 时，则 $|\dot{A}_f|>|\dot{A}|$，这说明已从原来的负反馈变成了正反馈。

当 $|1+\dot{A}\dot{F}|=0$ 时，则 $|\dot{A}_f|\to\infty$，这就是说，放大电路在没有输入信号时，也会有输出信号，产生了自激振荡，使放大电路不能正常工作。在负反馈放大电路中，自激振荡现象必须设法消除。

必须指出，对于不同的反馈类型，x_i、x_o、x_f 及 x_{id} 所代表的电量不同，因而，不同负反馈放大电路的 A、A_f、F 相应地具有不同的含义和量纲，现归纳如表 2-3-4 所示。其中 A_v、A_i 分别表示电压增益和电流增益（量纲为 1）；A_r、A_g 分别表示互阻增益（单位为 Ω）和互导增益（单位为 S），相应的反馈系数 F_v、F_i、F_g 及 F_r 的量纲也各不相同，但环路增益 AF 总是量纲为 1 的。

表 2-3-4　负反馈放大电路中各种信号量的含义

信号量或信号传递比	反馈类型			
	电压串联	电流并联	电压并联	电流串联
x_o	电压	电流	电压	电流
x_i、x_f、x_{id}	电压	电流	电流	电压
$A=x_o/x_{id}$	$A_v=v_o/v_{id}$	$A_i=i_o/i_{id}$	$A_r=v_o/i_{id}$	$A_g=i_o/v_{id}$
$F=x_f/x_o$	$F_v=v_f/v_o$	$F_i=i_f/i_o$	$F_g=i_f/v_o$	$F_r=v_f/i_o$
$A_f=\dfrac{x_o}{x_i}=\dfrac{A}{1+AF}$	$A_{vf}=\dfrac{v_o}{v_i}$ $=\dfrac{A_v}{1+A_vF_v}$	$A_{if}=\dfrac{i_o}{i_i}$ $=\dfrac{A_i}{1+A_iF_i}$	$A_{rf}=\dfrac{v_o}{i_i}$ $=\dfrac{A_r}{1+A_rF_g}$	$A_{gf}=\dfrac{i_o}{v_i}$ $=\dfrac{A_g}{1+A_gF_r}$
功能	v_i 控制 v_o，电压放大	i_i 控制 i_o，电流放大	i_i 控制 v_o，电流转换为电压	v_i 控制 i_o，电压转换为电流

9. 增益带宽积

如果将放大电路的开环通带增益 A 乘以带宽 BW，则得 Af_H，称其为开环增益带宽积。引入负反馈后，放大电路的增益带宽积为

$$A_f f_{Hf}=\dfrac{A}{1+AF}\times[(1+AF)f_H]=Af_H \qquad (2-3-60)$$

上式表明，放大电路的开环增益带宽积与闭环增益带宽积相等，即放大电路的增益带宽积近似是一个常量。也就是说，对于一个给定的放大电路，既可以以降低带宽为代

价来提高增益，也可以以降低增益为代价来增加带宽，视实际需要而选择。但在多极点系统中，情况要复杂得多，改变反馈深度时，它的增益带宽积已不再是常数。

负反馈之所以能够改善放大电路的多方面性能，归根结底是由于将电路的输出量（v_o 或 i_o）引回到输入端与输入量（v_i 或 i_i）进行比较，从而随时对输出量进行调整。前面研究过的增益稳定性的提高、非线性失真的减小、抑制噪声、对输入电阻和输出电阻的影响以及扩展频带，均可用自动调整作用来解释。反馈越深，即 $1+AF$ 的值越大，调整作用越强，对放大电路性能的影响越大，但闭环增益下降也越多。由此可知，负反馈对放大电路性能的影响，是以牺牲增益为代价的。另外，也必须注意到，反馈深度 $1+AF$ 或环路增益 AF 的值也不能无限制增加，否则在多级放大电路中，将容易产生不稳定现象（自激振荡），因此这里所得的结论在一定条件下才是正确的。

为了便于比较和应用，现将负反馈对各类放大电路性能的影响归纳于表 2-3-5 中。

表 2-3-5　负反馈对各类放大电路性能的影响

反馈类型	放大类型	稳定的增益	输入电阻 R_{if}	输出电阻 R_{of}	通频带
电压串联	电压	A_{vf}	$(1+A_vF_v)R_i$ 增大	$R_o/(1+A_{vo}F_v)$ 减小	增宽
电压并联	互阻	A_{rf}	$R_i/(1+A_rF_g)$ 减小	$R_o/(1+A_{ro}F_g)$ 减小	增宽
电流串联	互导	A_{gf}	$(1+A_gF_r)R_i$ 增大	$(1+A_{gs}F_r)R_o$ 增大	增宽
电流并联	电流	A_{if}	$R_i/(1+A_iF_i)$ 减小	$(1+A_{is}F_i)R_o$ 增大	增宽

10. 负反馈对放大电路性能的影响

（1）提高增益的稳定性。

放大电路的增益可能由于元器件参数的变化、环境温度的变化、电源电压的变化、负载大小的变化等因素的影响而不稳定，引入适当的负反馈后，可提高闭环增益的稳定性。当负反馈很深即 $(1+AF)\gg 1$ 时

$$A_f = \frac{A}{1+AF} \approx \frac{1}{F} \qquad (2-3-61)$$

这就是说，引入深度负反馈后，放大电路的增益取决于反馈网络的反馈系数，而与基本放大电路几乎无关。反馈网络一般由其稳定性能优于三极管的无源线性元件（如 R、C）组成，因此闭环增益是比较稳定的。

在一般情况下，增益的稳定性常用有、无反馈时增益的相对变化量之比来衡量，即用 dA/A 和 dA_f/A_f 分别表示开环和闭环增益的相对变化量。将 $A_f = \dfrac{A}{1+AF}$ 对 A 求导数得

$$\frac{dA_f}{dA} = \frac{(1+AF)-AF}{(1+AF)^2} = \frac{1}{(1+AF)^2} \qquad (2-3-62)$$

或 $dA_f = \dfrac{dA}{(1+AF)^2}$ 两边分别除以 $A_f = \dfrac{A}{1+AF}$ 得

$$\frac{dA_f}{A_f} = \frac{1}{1+AF} \cdot \frac{dA}{A} \quad (2-3-63)$$

该式表明，引入负反馈后，闭环增益的相对变化量为开环增益相对变化量的 $\dfrac{1}{1+AF}$，即闭环增益的相对稳定度提高了。$1+AF$ 越大，即负反馈越深，dA_f/A_f 越小，闭环增益的稳定性越好，不过有两点需要注意：

①负反馈不能使输出量保持不变，只能使输出量趋于不变。而且只能减小由开环增益变化而引起的闭环增益的变化。如果反馈系数发生变化而引起闭环增益变化，则负反馈是无能为力的。所以，反馈网络一般都由无源元件组成。

②不同类型的负反馈能稳定的增益类型也不同，如电压串联负反馈只能稳定闭环电压增益，而电流串联负反馈只能稳定闭环互导增益。

多级放大电路中，输出级的输入信号幅度较大，在动态过程中，放大器件可能工作在它的传输特性的非线性部分，因而使输出波形产生非线性失真。引入负反馈后，可使这种非线性失真减小，现以下例说明。

某电压放大电路的开环电压传输特性如图 2-3-50 中曲线 1 所示，该曲线斜率的变化反映了增益随输入信号的大小而变化。v_o 与 v_i 间的这种非线性关系，说明若输入信号幅度较大，输出会产生非线性失真。引入深度负反馈（$(1+AF) \gg 1$）后，闭环增益近似为 $1/F$，所以该电压放大电路的闭环电压传输特性可近似为一条直线，如图 2-3-50 中曲线 2 所示。与曲线 1 相比，在输出电压幅度相同的情况下，斜率（即增益）虽然变小了，但增益因输入信号的大小而改变的程度却大为减小，这说明 v_o 与 v_i 之间几乎呈线性关系，亦即减小了非线性失真。而负反馈减小非线性失真的程度与反馈深度 $1+AF$ 有关。

图 2-3-50 某电压放大电路的传输特性
1—开环特性；2—闭环特性

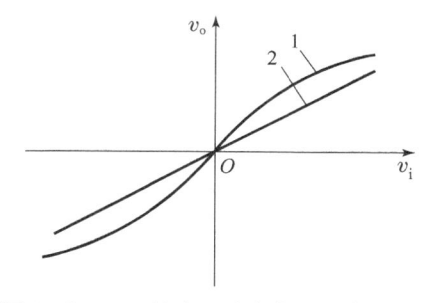

应当注意的是，负反馈减小非线性失真所指的是反馈环内的失真。如果输入波形本身就是失真的，这时即使引入负反馈，也是无济于事的。

（2）负反馈可以减小放大器的非线性失真。

负反馈电路对非线性失真的自动调节作用可从图 2-3-51 所示电路得到说明。若基本放大器的非线性失真使其输出信号产生正半周幅度大、负半周幅度小的失真波形，如图 2-3-51（a）所示，则通过反馈网络的反馈信号也是失真的，它与输入正弦信号相减，得到的基本放大器净输入信号将是正半周幅度小、负半周幅度大的失真波形，从而阻止了输出信号正半周幅度变大和负半周幅度变小的趋势，因此在保持输出信号幅度相同的条件下，它的波形更接近于正弦波，减小了非线性失真，如图 2-3-51（b）所示。

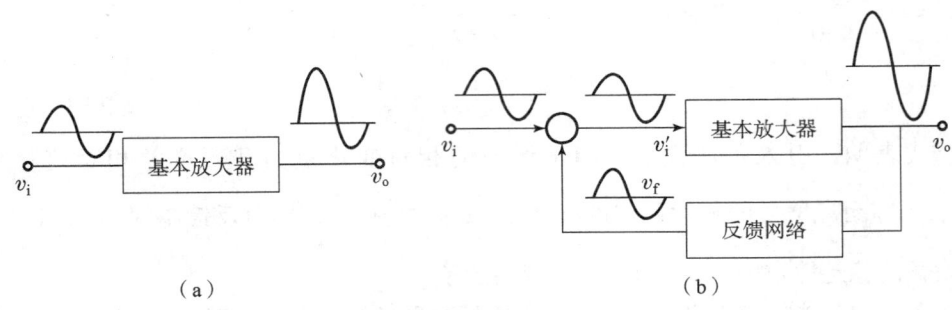

图 2 - 3 - 51　负反馈对放大器非线性失真的影响

负反馈是用增益换取失真抑制的，粗略地说，如果采用 10 dB 的负反馈，放大器的交调失真将下降 10 dB，但同时也意味着整个系统的增益要相应下降 10 dB。这就是说放大器要提供足够高的增益才能得到较好的功率增益和线性度。遗憾的是在高频情况下，固态近红外器件的增益随频率增加而降低，因此很难得到较高的环路增益。如果把许多近红外器件管通过级联而获得较高的增益，则会影响电路的稳定性。所以负反馈减小放大器的非线性失真的特点适用于频率较低的场合。

（3）抑制反馈环内噪声。

对放大电路来说，噪声或干扰是有害的，下面介绍负反馈能抑制噪声的原理。设在图 2 - 3 - 52（a）的输入端，存在由该放大电路内部产生的折算到输入端的噪声或干扰电压 $\dot{V}_n$。此时电压的信噪比为

$$\frac{S}{N} = \frac{|\dot{V}_s|}{|\dot{V}_n|} \qquad (2-3-64)$$

为了提高电路的信噪比，在图 2 - 3 - 52（a）的基础上，另外增加一增益为 $\dot{A}_{v2}$ 的前置级，并假定该级无噪声，然后对此整体电路加一反馈系数为 $\dot{F}_v$ 的反馈网络，如图 2 - 3 - 52（b）所示，由此可得反馈系统输出电压的表达式为

$$\dot{V}_o = \dot{V}_s \frac{\dot{A}_{v1}\dot{A}_{v2}}{1 + \dot{A}_{v1}\dot{A}_{v2}\dot{F}_v} + \dot{V}_n \frac{\dot{A}_{v1}}{1 + \dot{A}_{v1}\dot{A}_{v2}\dot{F}_v} \qquad (2-3-65)$$

于是可得新的信噪比为

$$\frac{S}{N} = \frac{|\dot{V}_s|}{|\dot{V}_n|}|\dot{A}_{v2}| \qquad (2-3-66)$$

它与原有的信噪比相比，提高到了原有信噪比的 $|\dot{A}_{v2}|$ 倍。必须注意的是，无噪声放大电路的 $\dot{A}_{v2}$ 在实践中是很难做到的，但可使它的噪声尽可能小，如精选器件、调整参数、改进工艺等。

与减小非线性失真一样，引入负反馈可减小噪声，但在减小噪声的同时，有用信号同样减小，信号与噪声之比不变。故引入负反馈，使放大器的噪声性能不变。

例如，一台扩音机的功率输出级常有交流噪声，来源于电源的 50 Hz 的干扰。其前

(a)

(b)

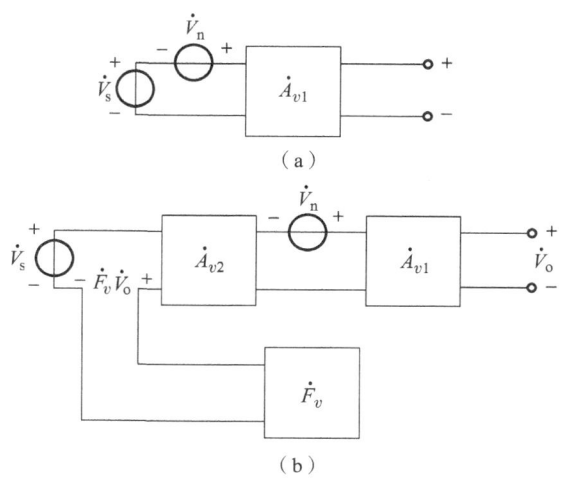

图 2-3-52 负反馈抑制反馈环内噪声的原理框图

置级或电压放大级由稳定的直流电源供电，噪声或干扰较小，当对整个系统的后面几级外加一个负反馈环时，对改善系统的信噪比具有明显的效果。

若噪声或干扰来自反馈环外，则引入负反馈也无济于事。

（4）扩展带宽。

到目前为止，我们对反馈放大电路的讨论均未考虑信号的频率，即假设放大电路的开环增益 A 和反馈系数 F 均与信号频率无关。然而，由于电路中电抗性元件及半导体器件内部结电容的存在，任何放大电路的增益都是信号频率的函数，增益的大小和相移都随频率的变化而变化。另外，当反馈网络中含有电抗性元件时，反馈系数也是频率的函数。因此，反馈放大电路的增益也必然是信号频率的函数。下面将简要讨论负反馈放大电路的频率响应。

为了使问题简单化，我们设反馈网络由纯电阻组成，即反馈系数是与信号频率无关的实数，而且设放大电路在高频区和低频区各有一个极点（单极点），则基本放大电路的高频响应表达式为

$$\dot{A}_\mathrm{H} = \frac{\dot{A}_\mathrm{M}}{1 + \mathrm{j}\dfrac{f}{f_\mathrm{H}}} \tag{2-3-67}$$

式中：$\dot{A}_\mathrm{M}$ 为开环通带（中频区）增益；f_H 为开环上限频率。引入负反馈后，由式（2-3-59）可知

$$\dot{A}_\mathrm{Hf} = \frac{\dot{A}_\mathrm{H}}{1 + \dot{A}_\mathrm{H} F} \tag{2-3-68}$$

将式（2-3-67）代入式（2-3-68），得

$$\dot{A}_{\mathrm{Hf}} = \frac{\dfrac{\dot{A}_{\mathrm{M}}}{1+\mathrm{j}\dfrac{f}{f_{\mathrm{H}}}}}{1+\dfrac{\dot{A}_{\mathrm{M}}F}{1+\mathrm{j}\dfrac{f}{f_{\mathrm{H}}}}} = \frac{\dot{A}_{\mathrm{M}}}{1+\mathrm{j}\dfrac{f}{f_{\mathrm{H}}}+\dot{A}_{\mathrm{M}}F} = \frac{\dot{A}_{\mathrm{M}}/(1+\dot{A}_{\mathrm{M}}F)}{1+\mathrm{j}\dfrac{f}{(1+\dot{A}_{\mathrm{M}}F)f_{\mathrm{H}}}} = \frac{\dot{A}_{\mathrm{Mf}}}{1+\mathrm{j}\dfrac{f}{f_{\mathrm{Hf}}}}$$

(2-3-69)

式中：$\dot{A}_{\mathrm{Mf}} = \dot{A}_{\mathrm{M}}/(1+\dot{A}_{\mathrm{M}}F)$ 为通带闭环增益，$f_{\mathrm{Hf}} = (1+\dot{A}_{\mathrm{M}}F)f_{\mathrm{H}}$ 为闭环上限频率。

由式（2-3-69）可知，通带闭环增益是通带开环增益的 $\dfrac{1}{1+\dot{A}_{\mathrm{M}}F}$，但闭环增益的上限频率增加到开环增益上限频率的 $1+\dot{A}_{\mathrm{M}}F$ 倍，不过对于不同组态的负反馈放大电路，其增益的物理意义不同，因而 $f_{\mathrm{Hf}} = (1+\dot{A}_{\mathrm{M}}F)f_{\mathrm{H}}$ 的含义也就不同。例如，对于电压并联负反馈放大电路，是将互阻增益的上限频率增加到 $(1+\dot{A}_{r\mathrm{M}}F_g)f_{\mathrm{H}}$。

利用上述推导方法，可以得到负反馈放大电路的低频响应表达式：

$$\dot{A}_{\mathrm{Lf}} = \frac{\dot{A}_{\mathrm{Mf}}}{1-\mathrm{j}\dfrac{f_{\mathrm{Lf}}}{f}}$$

(2-3-70)

式中：$f_{\mathrm{Lf}} = \dfrac{f_{\mathrm{L}}}{1+\dot{A}_{\mathrm{M}}F}$。显然引入负反馈后，下限频率减小了，减小的程度与反馈深度有关。

综上分析可知，引入负反馈后，放大电路的通频带展宽了，即

$$BW_{\mathrm{f}} = f_{\mathrm{Hf}} - f_{\mathrm{Lf}} \approx f_{\mathrm{Hf}}$$

(2-3-71)

当放大电路的波特图中有多个极点，而且反馈网络不是纯电阻网络时，问题将复杂得多，但是通频带展宽的趋势不会改变。

11. 负反馈对输入电阻和输出电阻的影响

放大电路中引入的交流负反馈类型的不同，则对输入电阻和输出电阻的影响也就不同，下面分别加以讨论。

（1）对输入电阻的影响。

负反馈对放大电路输入电阻的影响取决于反馈网络输出端口与基本放大电路输入端口的连接方式，即取决于是串联还是并联负反馈，与输出回路中反馈的取样方式无直接关系（取样方式只改变 $\dot{A}\dot{F}$ 的具体含义）。因此，分析负反馈对输入电阻的影响时，只需画出输入回路的连接方式，如图 2-3-53 所示。其中 R_i 是基本放大电路的输入电阻（开环输入电阻），R_{if} 是负反馈放大电路的输入电阻（闭环输入电阻）。

①串联负反馈对输入电阻的影响。

由图 2-3-53（a）可知开环输入电阻为

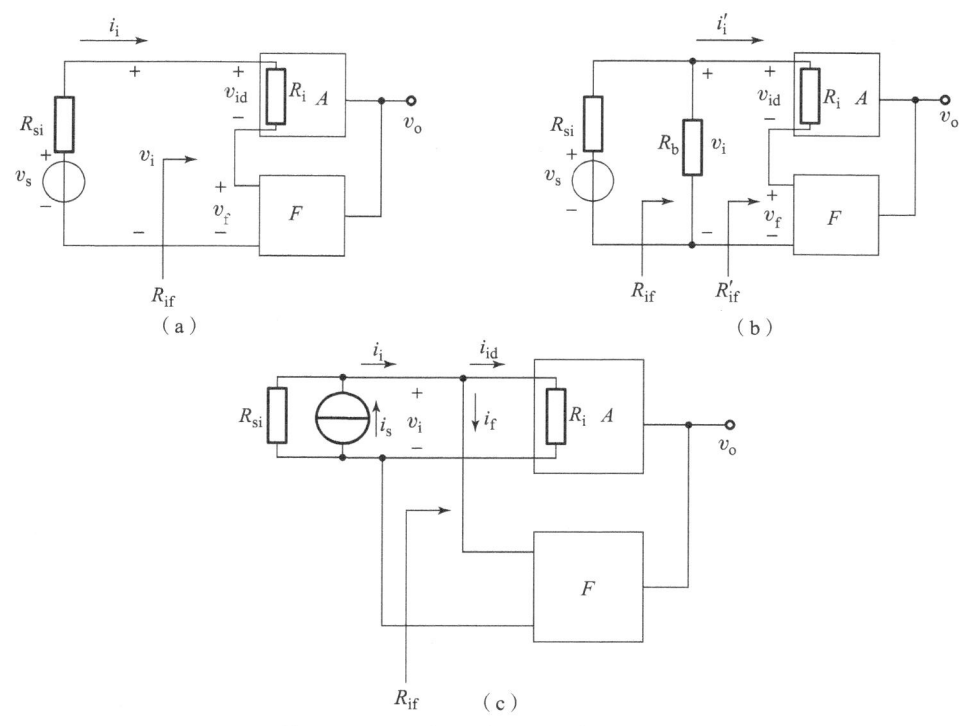

图 2-3-53　负反馈对输入电阻的影响
(a) 串联反馈；(b) 偏置电阻在反馈环之外时的串联负反馈电路方框图；(c) 并联反馈

$$R_i = \frac{v_{id}}{i_i} \qquad (2-3-72)$$

有负反馈时的闭环输入电阻为

$$R_{if} = \frac{v_i}{i_i} \qquad (2-3-73)$$

而

$$v_i = v_{id} + v_f = (1 + AF)v_{id} \qquad (2-3-74)$$

所以

$$R_{if} = (1 + AF)\frac{v_{id}}{i_i} = (1 + AF)R_i \qquad (2-3-75)$$

式(2-3-75)表明，引入串联负反馈后，输入电阻增大了。闭环输入电阻是开环输入电阻的 $1 + AF$ 倍。当引入电压串联负反馈时，$R_{if} = (1 + A_v F_v)R_i$。当引入电流串联负反馈时，$R_{if} = (1 + A_g F_r)R_i$。需要指出的是，在某些负反馈放大电路中，有些电阻并不在反馈环内，如共发射极放大电路中的基极偏置电阻 R_b，负反馈对它并不产生影响，这类电路的方框图如图 2-3-53(b)所示，由图可知，$R'_{if} = (1 + AF)R_i$，而整个电路的输入电阻 $R_{if} = R_b // R'_{if}$。

②并联负反馈对输入电阻的影响。

由图 2-3-53（c）可知，在并联负反馈放大电路中，反馈网络的输出端口与基本放大电路的输入电阻并联，因此闭环输入电阻 R_{if} 小于开环输入电阻 R_i。由于

$$R_i = \frac{v_i}{i_{id}} \quad (2-3-76)$$

$$R_{if} = \frac{v_i}{i_i} \quad (2-3-77)$$

而

$$i_i = i_{id} + i_f = (1 + AF)i_{id} \quad (2-3-78)$$

所以

$$R_{if} = \frac{v_i}{(1+AF)i_{id}} = \frac{R_i}{1+AF} \quad (2-3-79)$$

式（2-3-79）表明，引入并联负反馈后，输入电阻减小了。闭环输入电阻是开环输入电阻的 $1/(1+AF)$，引入电压并联负反馈时，闭环输入电阻 $R_{if} = \dfrac{R_i}{1+A_rF_g}$。引入电流并联负反馈时，闭环输入电阻 $R_{if} = \dfrac{R_i}{1+A_iF_i}$。

（2）对输出电阻的影响。

负反馈对输出电阻的影响取决于反馈网络输入端口在放大电路输出回路的取样方式，即是电压负反馈还是电流负反馈，与反馈网络输出端口在放大电路输入回路的连接方式无直接关系（输入连接方式只改变 AF 的具体含义）。

①电压负反馈对输出电阻的影响。

由于电压负反馈能使放大电路的输出电压趋于稳定，即从电压负反馈放大电路的输出端口看进去有一个内阻很小的电压源，因此电压负反馈可使放大电路的输出电阻减小。图 2-3-54 是求电压负反馈放大电路输出电阻的框图。其中 R_o 是基本放大电路的输出电阻（开环输出电阻），A_o 是基本放大电路在负载 R_L 开路时的增益。按照求放大电路输出电阻的方法，图中已令输入信号源 $x_s = 0$，且忽略了信号源 x_s 的内阻 R_{si}。将 R_L 开路（令 $R_L = \infty$），在输出端加一测试电压 v_t，于是闭环输出电阻为

$$R_{of} = \frac{v_t}{i_t} \quad (2-3-80)$$

为简化分析，假设反馈网络的输入电阻为无穷大，这样反馈网络对放大电路输出端没有负载效应。由图 2-3-54 可得

$$v_t = i_t R_o + A_o x_{id} \quad (2-3-81)$$

而

$$x_{id} = -Fv_t \quad (2-3-82)$$

将式（2-3-82）代入式（2-3-81）得

$$v_t = i_t R_o - A_o F v_t \quad (2-3-83)$$

于是得

$$R_{of} = \frac{v_t}{i_t} = \frac{R_o}{1 + A_o F} \qquad (2-3-84)$$

式（2-3-84）表明，引入电压负反馈后，输出电阻减小了，闭环输出电阻是开环输出电阻的 $1/(1+A_o F)$。当引入电压串联负反馈时，$R_{of} = \frac{R_o}{1 + A_{vo} F_v}$；当引入电压并联负反馈时，$R_{of} = \frac{R_o}{1 + A_{ro} F_g}$。

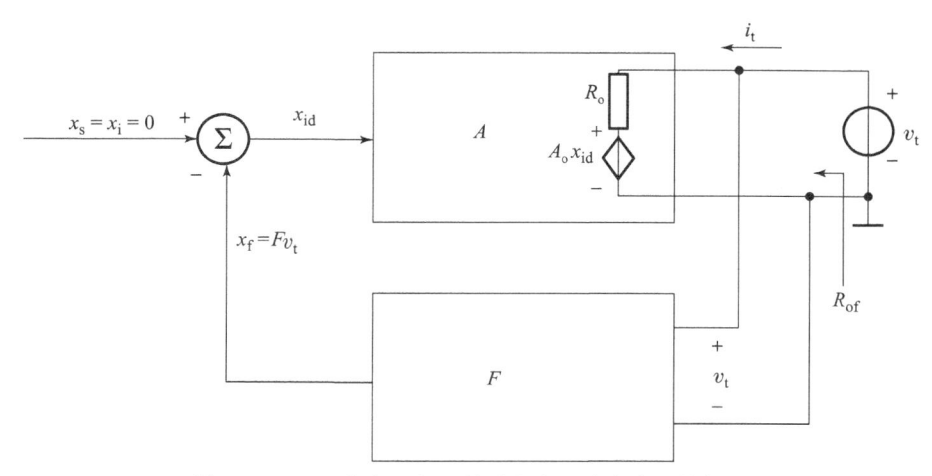

图 2-3-54　求电压负反馈放大电路输出电阻的框图

②电流负反馈对输出电阻的影响。

由于电流负反馈能使输出电流趋于稳定，即从电流负反馈放大电路的输出端口看进去有一个内阻很大的电流源，因此电流负反馈可使放大电路的输出电阻增大。图 2-3-55 是求电流负反馈放大电路输出电阻的框图。其中 R_o 是基本放大电路的输出电阻，A_s 是基本放大电路在负载短路时的增益。同样，图中已令输入信号源 $x_s = 0$，且忽略 x_s 的内阻 R_{si}。将 R_L 开路，在输出端加一测试电压 v_t，并假设反馈网络的输入电阻为 0，于是它对放大电路输出端没有负载效应。由图 2-3-55 可得：

$$i_t = \frac{v_t}{R_o} + A_s x_{id} = \frac{v_t}{R_o} - A_s F i_t \qquad (2-3-85)$$

$$R_{of} = \frac{v_t}{i_t} = (1 + A_s F) R_o \qquad (2-3-86)$$

式（2-3-86）表明，引入电流负反馈后，输出电阻增加了。闭环输出电阻是开环输出电阻的 $1 + A_s F$ 倍。当引入电流串联负反馈时，$R_{of} = (1 + A_{gs} F_r) R_o$。当引入电流并联负反馈时，$R_{of} = (1 + A_{is} F_i) R_o$。

值得注意的是，与求输入电阻相类似，式（2-3-86）所求的是反馈环内的输出电阻。

综上分析，可以得到这样的结论：负反馈之所以能够改善放大电路多方面的性能，归根结底是由于它将电路的输出量（v_o 或 i_o）引回到输入端与输入量（v_i 或 i_i）进行比

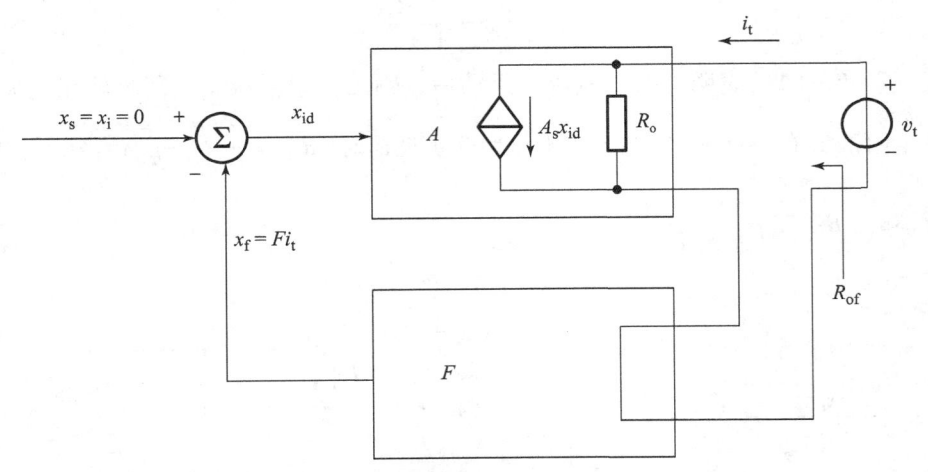

图 2 – 3 – 55　求电流负反馈放大电路输出电阻的框图

较,从而随时对输出量进行调整。前面研究过的增益稳定性的提高、非线性失真的减小、抑制噪声、对输入电阻和输出电阻的影响以及扩展通频带,均可用自动调整作用来解释。反馈越深,即 $1+AF$ 的值越大,调整作用越强,对放大电路性能的影响越大,但闭环增益下降也越多。由此可知,负反馈对放大电路性能的影响,是以牺牲增益为代价的。另外,也必须注意到,反馈深度 $1+AF$ 或环路增益 AF 的值也不能无限制增加,否则在多级放大电路中,将容易产生不稳定现象(自激振荡)。因此,这里所得的结论要在一定条件下才是正确的。

2.4　近红外电真空微光夜视系统设计与固体器件概述

上一节我们了解了近红外探测器件的基本结构,在此基础上,我们继续探索近红外在近红外电真空微光夜视系统中的应用。

在现代高新技术局部战争中,微光、红外、激光等光电系统以其极高的时域、空域、频域分辨率,特强的抗电磁干扰能力,独有的夜间观察功能和良好的战场适应性等特点而备受瞩目和重视,使其在现代高新技术局部战争中发挥极其重要的作用。微光夜视器件和系统具有图像清晰、体积小、质量轻、价格低等优点。本节将讨论近红外电真空微光夜视系统的设计,对固体器件做简明介绍。

2.4.1　近红外电真空微光夜视系统的过程与现状

20 世纪 80 年代末,美、英、法、德等国军队已装备有第三代近红外电真空微光夜视系统,该技术在 1991 年海湾战争中也已显示出其威力。近红外成像系统的工作波段主要集中在 $0.76 \sim 1.3\ \mu m$ 的近红外光谱区,其长波限由光电阴极决定。近红外电真空微光夜视系统能充分利用军事目标和自然界景物之间反射能力的显著差异，在一定程度上识别伪装。图 2-4-1 表示出了自然界生长期的绿色植物（绿色草木）和人造物体（粗糙混凝土和暗绿色漆）在可见光和近红外辐射光谱区内反射比的变化。从图中可看到，在可见光谱区绿色草木和暗绿色漆的光谱反射积分量相似，可见光接收器（包括人眼）对这两类目标是难以区分的，而在近红外光谱区域中绿色草木的反射比要比暗绿色漆高得多，即近红外电真空微光夜视系统能充分利用这种差异而获得目标与背景的高对比度图像。通过用近红外电真空微光夜视系统观察发现，离开树木的绿叶其近红外光谱反射比迅速下降，因此可以利用这点来识别伪装，其次是近红外辐射比可见光受大气散射的影响小而且较易通过大气层。但在有雾的恶劣天气条件下，近红外辐射同样受到大气散射的影响。再者，这类系统在工作时不受环境照明的影响，可以在"全黑"条件下工作，如在照相馆的暗室等场合。

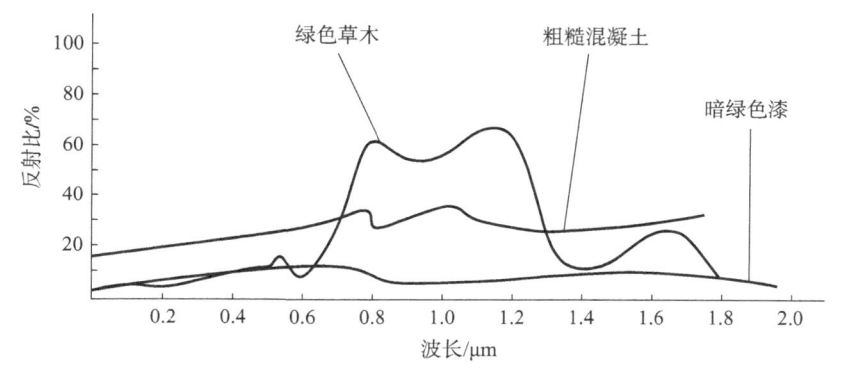

图 2-4-1 三种典型目标的反射光谱曲线

光电直接成像器件有变像管和增像管（像增强器管）两种，总称为像管。变像管能将投射到像管光电阴极面上的不可见图像转换为可见光图像；增强管则能将投射的微弱可见光图像增强。像管一般由光电阴极（光敏面）、电子光学系统、荧光屏和高真空管壳组成。红外变像管是将红外辐射图像转换为可见光图像的直接成像器件，其典型结构如图 2-4-2 所示。

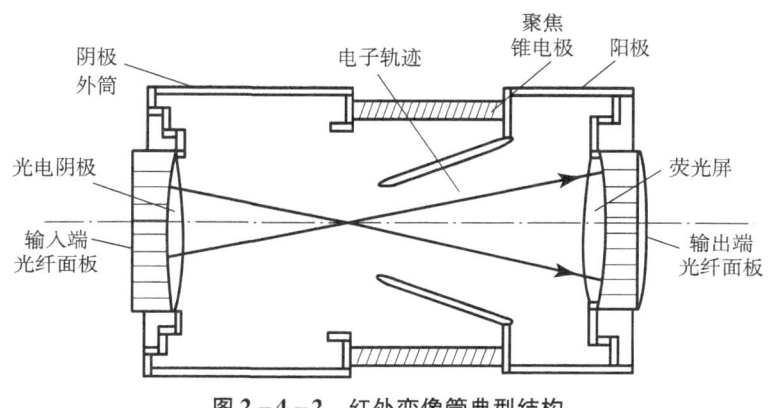

图 2-4-2 红外变像管典型结构

当红外辐射图像形成在光电阴极面上时，面上各点产生正比于入射辐射强度的电子发射，形成电子图像。电子光学成像系统将光电阴极上的电子像传递到荧光屏上，在传递过程中完成图像几何尺寸的缩放和电子能量的增强，进而使荧光屏受电子轰击发光，形成可见图像，完成电光转换。

像管常用的光电阴极按阴极材料可分为银-氧-铯光电阴极、锑-碱类光电阴极和Ⅲ-Ⅴ族负电子亲和势光电阴极三大类。1887年，H. Hertz观察到用紫外线照射负极可以在较大距离的两电极间引起火花放电，由此发现了光电效应。1889年，Elster与Geitel发现用可见光照射在碱金属上也可以引起光电效应。但当时用经典电磁理论很难解释有关光电流和电子能量随波长变化的情况，这个困难在1905年由A. Einstein提出应当把光电发射看作一种量子效应而解决了，Einstein认为光电发射表示光子转变成了自由电子。当Einstein的理论逐步得到接受后，实验工作者们就将研究重心转移到了比较各种材料的光电发射特性上面，以探求决定量子效率、光谱响应曲线形状和阈值波长等因素的一般规律。

1929年之后，Koller和Compbell发现复杂的银-氧-铯（Ag-O-Cs）光电发射体比以前所用的材料在量子效率方面高出两个数量级，而且对整个可见光和近红外光谱都是敏感的。随着Ag-O-Cs阴极的出现，对光电发射的主要兴趣从科学研究转到了实际应用上。在Ag-O-Cs阴极发现以后的三十多年间，又陆续发现了四种在可见光谱区具有高量子效率的新材料：P. Golich在1936年发现了锑钝阴极（Cs_3Sb，S-11）；A. H. Sommer在1939年提出了铋银氧铯阴极（Bi-Ag-O-Cs，S-10），在1955年提出了多碱阴极（Na_2KSb），并于1963年提出了锑钾铯阴极（K_2CsSb）。从20世纪40年代开始，随着固体物理的迅速发展，研究者们认识到光电发射材料大都是半导体，并对其许多特性进行了系统的研究，包括随波长变化的光吸收与光电导、晶体结构、霍尔效应以及热电子发射等。

1965年，J. J. Scheer和J. VanlaarLaar发表了对光电发射领域产生深刻影响的著名论文"GaAs-Cs：一个新型光电发射体"，证实了关于电子亲和势为负值的推测，首次向人们展示了一种全新的光电发射体。NEAGaAs光电阴极一经出现，便以其较高的量子效率、较小的暗发射、集中的电子能量分布和角分布，以及可进一步向红外扩展的光谱响应等优点，很快成为光电发射领域的主要研究对象。图2-4-3给出了GaAs光电阴极与其他阴极的量子效率比较，可以明显看出，GaAs光电阴极光谱响应在长波段具有显著优势。

1975年，美国Varian公司首先利用"反转结构"制备了透射式负电子亲和势（NEA）光电阴极并将其粘贴在玻璃衬底上。此后随着金属有机化学气相淀积（IMOCVD）外延技术的发展，反转结构得到了进一步完善和提高。国内外众多研究机构从阴极掺杂结构、激活机理、制备工艺等方面展开了对GaAs光电阴极发射性能的研究，其中美国ITT公司的成果最为突出。2002年该公司研制并生产的透射式GaAs光电阴极的电子扩散长度达3~7 μm，积分灵敏度在1 500 μA/lm以上，平均可达1 800 μA/lm，场助作用下灵敏度高的已达3 200 μA/lm。

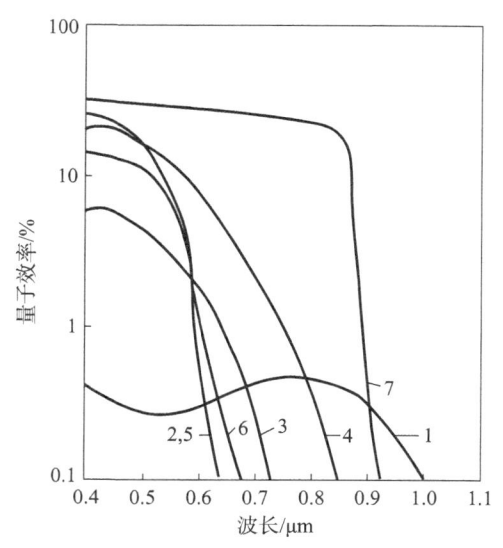

图 2-4-3　NEAGaAs 光电阴极与其他 PEA 光电阴极的量子效率曲线

1—Ag-O-Cs；2—Cs₃Sb；3—Bi-Ag-O-Cs；4—[Cs] Na₂KSb；5—Na₂KSb；
6—K₂CsSb；7—GaAs[Cs-O]

常用的电子光学系统有贴聚焦系统、静电聚焦系统和磁聚焦系统。早期的红外变像管采用的是旋转对称的静电聚焦系统，一般为双电极系统（聚焦系统），玻璃型为双圆筒式，金属-玻璃型为准球面对称式。电极系统必须按电子成像的要求设计，制成确定的电极形状，以确保光电阴极发出的电子图像被正确地聚焦成像于荧光屏上，并有好的像质。

荧光屏的作用是将电子动能转换成光能，即把电子图像转换成光学图像，其性能好坏直接影响着像管质量。表征荧光屏性能的参数有荧光屏发光亮度、均匀性、发光效率、余辉、发射光谱、吸收光谱、荧光屏的鉴别力和调制传递函数等，但最主要的是荧光屏发光亮度、均匀性、发光效率和余辉。

红外变像管中的荧光屏通常采用（Zn，Cd）S·Ag 荧光粉，编号为 P-20。其发光颜色为黄绿色，峰值波长为 0.560 μm，10% 余辉时间为 0.05~2 ms。荧光粉的颗粒度一般控制在 3.5 μm（1~6 μm），以保证屏的分辨率。为提高屏的质量和防止光向光电阴极方向反馈，在刷涂的粉层上要蒸镀铝层，镀前先涂敷一层有机硝化纤维素薄膜，使铝层平整光滑。镀后将膜层焙烧分解，荧光屏的铝化使屏的亮度提高、对比度改善。对铝层的厚度要做最佳选择，使之既能起到上述作用，又能使电子束通过铝层引起的能量损失减至最小。

钙钛矿量子点材料由于具有高发光量子产率、低阈值激射、低荧光寿命和发光波长可调等优异光电特性，至今依然是纳米激光和照明发光领域的研究热点之一。由于钙钛矿量子点有优良的光学性质和良好的稳定性，使其在 LED、生物领域、太阳能电池等领域有越来越宽广的应用，也使量子点成为下一代荧光屏开发的优选材料之一。本实验团队近几年来也对量子点做了深入的研究。

量子点的发光主要是通过电子-空穴对复合的方式（也叫激子湮灭）来实现发光的。产生激子的方式一般有两种，一种通过光致发光（PL）产生，另一种通过电致发光（EL）产生。但无论是通过电注入还是光激发等手段，它们所产生的电子和空穴所在的能级不全都位于各自的最低能级上，因而它们会优先在带内发生弛豫，图2-4-4详细地给出了量子点发光原理的示意图。以电子为例，它会将导带内的能级当作阶梯，一级级地快速弛豫来到导带底，同样价带内的空穴也会通过弛豫来到价带顶。价带顶的空穴和导带低的电子由于库仑作用而相互吸引，二者结合就形成了一个电子-空穴对（也叫激子），进而会发生复合，放出一个光子，我们将这种复合方式称为带边复合，也就是带边发光。

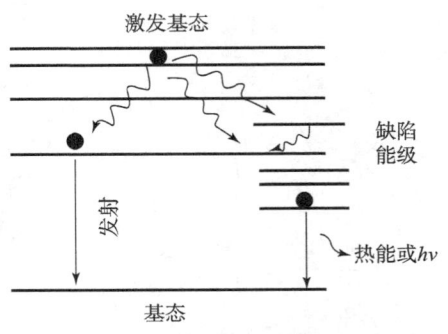

图2-4-4 量子点发光原理示意图

图2-4-5展示了$CsPbBr_3$量子点在365 nm紫外光照射下所得的光致发光光谱图（PL），以及光致发光效果图。从图中可以看出，出射光的发光峰位于可见光光谱区域，发光峰峰值位于520 nm波长处，根据钙钛矿发光机理可知，其来源于钙钛矿量子点中的激子复合发光。此外，$CsPbBr_3$钙钛矿量子点具有窄发射谱，图中测得半高宽仅为20 nm。

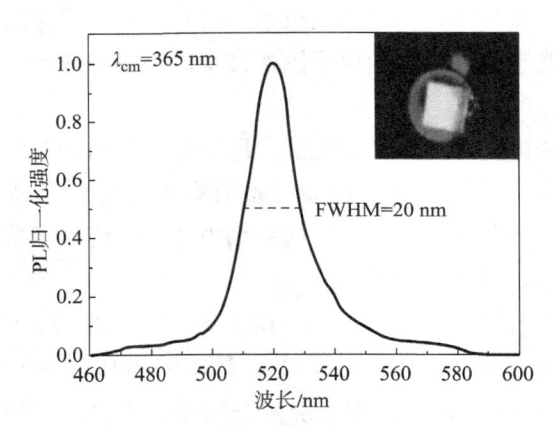

图2-4-5 $CsPbBr_3$量子点的光致发光光谱

图2-4-6展示了钙钛矿量子点薄膜的瞬态光学特性，通过高速脉冲激光器对$CsPbBr_3$钙钛矿量子点实现光致发光，来测量其余辉时间。光源为PG公司生产的ULPN-355-M紫外高速脉冲光激光器，其发射的355 nm的紫外激光脉宽为1.2 ns，脉冲能量为10 μJ。采用300 nm厚度制备的$CsPbBr_3$量子点薄膜，照射4.8 ns的紫外脉冲激光后，利用Tachyonics公司研制的COMET瞬态光谱仪测量两种量子点薄膜的荧光寿命，可以看出钙钛矿量子点薄膜的余辉时间约为20 ns。由此表明，$CsPbBr_3$钙钛矿量子点具有良好的瞬态发光特性，其作为发光器件的荧光层，具有优越的频响特性。

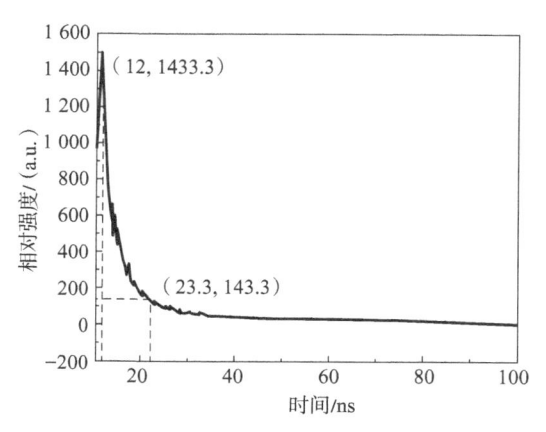

图 2-4-6　CsPbBr$_3$量子点薄膜的瞬态光学特性

2.4.2　光电倍增与电子光学空间光学传递模型

20 世纪 70 年代，随着材料研究出现重大突破，出现了微通道板像增强器，微通道板（MCP）是由大量中空的玻璃纤维（微通道）在二维平面排布而成的薄片，经过特殊处理，在微通道孔壁内侧有一层用于产生二次发射电子的高电阻薄膜，在高电阻薄膜下有一层导电薄膜。在微通道孔输入端和输出端都镀有镍铬合金电极，用于给微通道板供电，微通道板与微通道孔的具体结构与表征如图 2-4-7～图 2-4-9 所示。

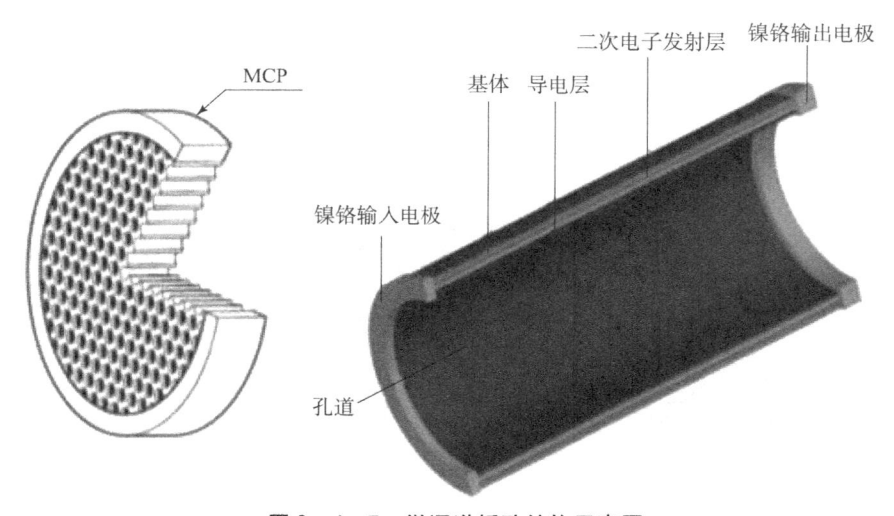

图 2-4-7　微通道板孔结构示意图

(a)　　　　　　　　　　　　(b)　　　　　　　　　　　　(c)

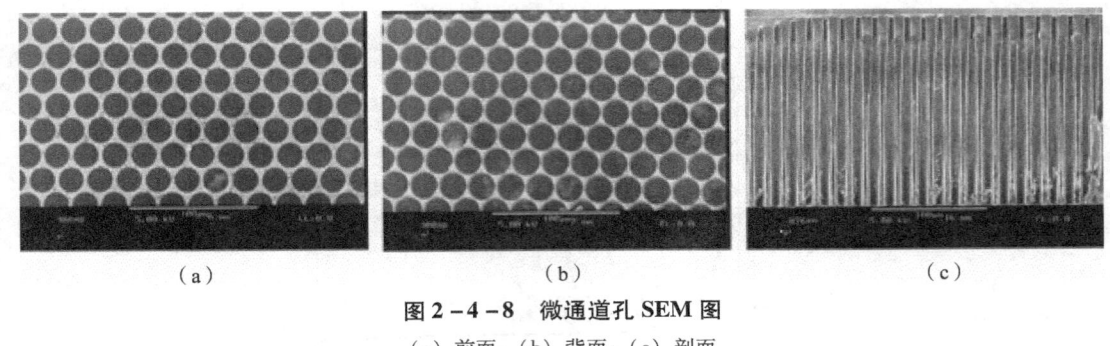

图 2-4-8　微通道孔 SEM 图
(a) 前面；(b) 背面；(c) 剖面

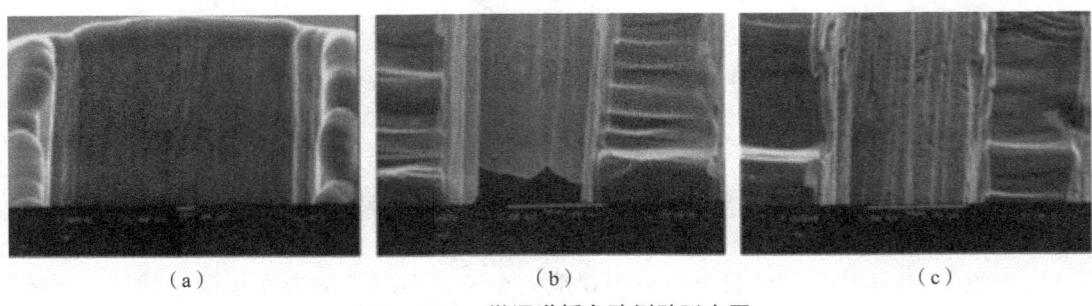

(a)　　　　　　　　　　　　(b)　　　　　　　　　　　　(c)

图 2-4-9　微通道板多孔侧壁形态图
(a) 上部；(b) 中部；(c) 底部

微通道板的倍增原理如图 2-4-10 所示。微通道孔两端镀有镍铬合金电极，工作时在其两端施加高压电场。光电阴极所产生的光电子被阴极与通道板输入电极之间的电场吸引，轰击微通道孔的二次电子发射层，非弹性碰撞会产生更多的电子（二次发射电子）。在沿着轴线方向的电场驱使下，碰撞产生的二次电子继续轰击二次电子倍增层，进而形成二次发射电子束流。假设输入通道板的电子数目为 m，每个进入通道的电子碰撞到电子发射层后会产生 β 个二次电子，每个电子在通道孔内累计碰撞 n 次，则微通道板输出面出射的总电子数将为 $m\beta^n$。

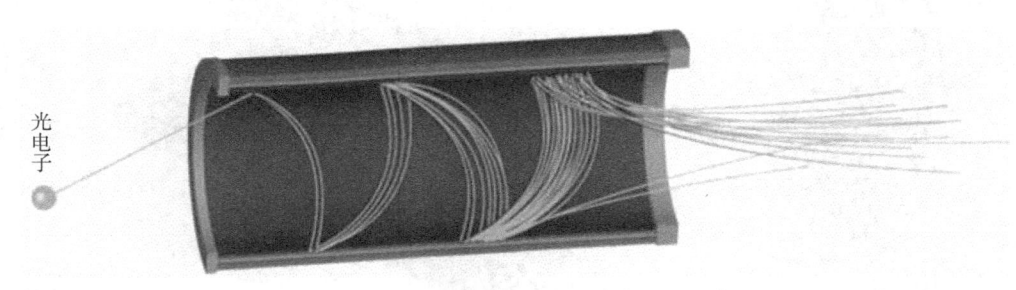

光电子

图 2-4-10　单微通道孔电子倍增过程示意图

微通道板对入射电子有着倍增作用，越靠近输出端的电子束流密度越大、电子越多，当倍增的电子达到一定的数量时便会在微通道板输出端产生电子云气。电子云会排斥微通道孔出射的二次电子，改变微通道孔内电场分布，使得二次发射电子数量减小直到形成饱和电子云气。这说明微通道板存在自饱和效应,即微通道板的增益是有限的。在实际应用中,单块微通道板两端电压达到 1 000 V 时其增益可达 10^4,增大微通道板两端电压时可以使其增益进一步增大,但当微通道板两端电压过高时,微通道板在大电流下容易产生不可逆的热损坏。为了防止微通道板在实际应用中产生损坏,常采用微通道板级联的方式以获得较高的增益,当两块微通道板呈 V 形级联时总增益可达到 $10^6 \sim 10^7$,当三块微通道板呈 Z 形级联时其总增益可达到 $10^7 \sim 10^8$。

微通道板被广泛应用于微光夜视器件中,图 2-4-11 为三代微光夜视器件的核心部分——双近贴聚焦电子光学系统。物镜将来自目标的光线聚焦在像增强器的光电阴极上,光电阴极将光学图像转换成电子图像,由于微通道板的存在,因此电子通过增益机构来增加电子的能量和数量,电子光学系统将增强的电子图像聚焦在荧光屏上,在高能电子的轰击下荧光屏被打亮,在目镜里便可看到增强了的光学图像,其中像增强器的作用便是完成二次光电转换,主要把微弱的输入图像增强几万倍甚至几十万倍,使之成为人眼易于分辨的目标图像。

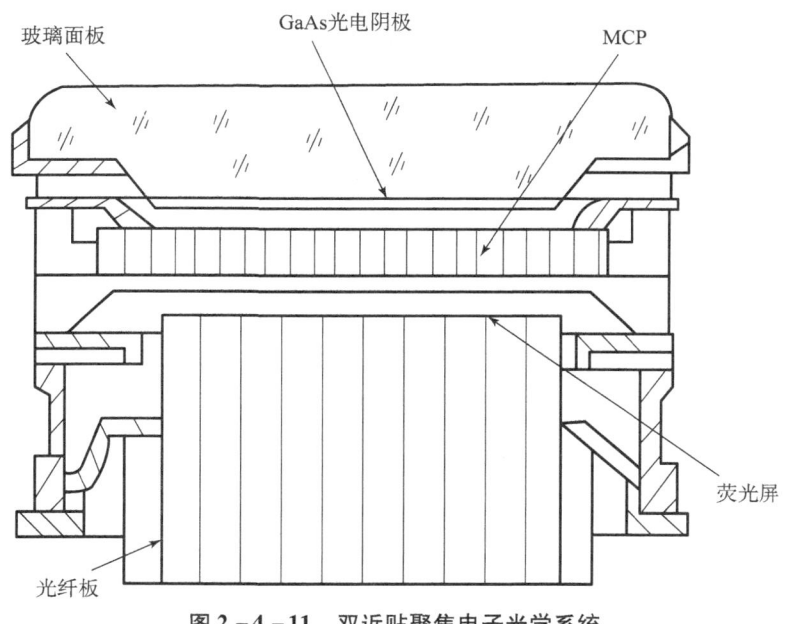

图 2-4-11 双近贴聚焦电子光学系统

对于近红外变像管,在以前的工作中主要集中在场辅助、转移电子(TE)光电阴极上。这些 TE 光电阴极具有极好的量子效率,在 1.0~1.6 μm 范围内量子效率 $QE = 5\% \sim 10\%$。1990 年 TE 光电阴极再次被考察,并研制了二电极的像增强器件,其量子效率在 1.2~1.6 μm 范围内为 10%。由于 TE 器件是场助式的,其像质、可靠性及规模生产能力在应用上和在近红外领域上尚存在一些问题,特别是难以将这类近红外(NR)光电阴极与已有的像增强器和系统相组合,这就给制造和推广带来了困难和障碍。近些年通过研究一种负电子亲和势的 NR 光电阴极,可与标准的二代或三代微通道板像增强器的管体结构相连接,这样不仅能将电子成像器件的响应波段推向近红外波段,又能保证管子的高性能与可靠性。

所谓分辨率是指光学成像器件对微弱光信号的探测能力以及分辨目标图像中明暗细节的能力,是光学成像器件的重要参数之一。在像增强器件中,微弱光信号通过像管转变为电信号,再通过显示设备转变为光学图像。在这个过程中,对比度随着图像明暗细节尺寸的变化而有不同程度的下降。明暗细节的尺寸越小,对比度越低。随着对比度的降低,图像也变得无法分辨。分辨率有不同的表示方式,常用的表示方式有两种:极限分辨率、调制传递函数(MTF)。

如图2-4-12所示,随着输入信号两条线或者两个点距离的缩短,输出的图像也逐渐地靠近,进一步表现为互相重叠。当互相重叠到一定程度以后,两者就不能被独立分辨,这个不能分辨的临界距离,称为极限分辨率。

图2-4-12 光学成像过程示意图

极限分辨率的测量方法:对于对比度为100%的图像信号,当它们通过微光管的光电转换,在显像管上显示时,在正常的显像管亮度下,正常人眼能够辨认出的最小尺寸。实验表明,对于对比度为100%的测试条纹,在正常的显像管亮度下,人眼能分辨的对比度极限为3%~5%。像增强器件的极限分辨率是指对比度从100%下降到3%~5%的像素尺寸。极限分辨率所反应的像增强器的图像信息不够全面,并且测试靠人眼判断,会受到测试人生理和心理等因素的影响,所得结果不够客观。

调制传递函数(MTF)评价法是通过分析研究图像的固有空间频率经过光电成像系统各线性传递环节时的衰减过程及规律,最后以图像输出频谱的形式,给出系统的分辨率特性。这种方法被广泛运用于正常或高景物照度下使用的各类光电成像系统的图像评价和总体性能分析,是评价成像系统空间分辨能力的重要指标,其理论基础是傅里叶频谱分析法。

在光学像质评价中,人们普遍认为调制传递函数MTF是评价成像系统和器件像质的最全面、最客观方法;而分辨率是器件MTF曲线3%调制度对应的一个空间频率。

目前部分红外电子成像器件采用双近贴聚焦电子光学系统的MCP像增强结构,它由光电阴极、第一近贴聚焦电子光学系统、微通道板(MCP)、第二近贴聚焦电子光学系统和荧光屏五个部分组成。每一部分均对输入图像的质量(MTF)及分辨率构成影响。其物理本质是图像信息载体——光子和光电子在输运(飞行)过程中形成的空间横向弥散,弥散半径决定了器件的空间分辨率。

由于电子在几微米的光电阴极体内输运过程中横向扩散所造成的弥散很小,理论极限分辨率可达 1 000 lp/mm 以上，故其对器件的 MTF 影响可以忽略。

在近贴聚焦电子光学系统中电子按抛物线投射成像，其成像电子弥散斑分布不仅与近贴距离 L、加速电压 φ 有关，而且与光电阴极的电子初能量和初角度分布有关。

对于多碱光电阴极而言，通常假设其电子出射初角度为余弦分布 $\cos\alpha$，初能量分布为 $\beta_{1,4}$ 分布，且最大初电位 $\varepsilon_m = 0.25$ V。可得到前近贴的 MTF 为

$$\mathrm{MTF}_P(f) = \exp\left(-\frac{4}{7}\pi^2 L_1^2 \frac{\varepsilon_m}{\varphi_1} f^2\right) \quad (2-4-1)$$

式中：f 为空间频率（lp/mm），L_1 为光电阴极与第一块微通道板的距离（mm），ε_m、φ_1 为光电子最大发射初电位（eV）和前近贴工作电压（V）。

MCP 是由百万紧密排列且内壁具有高二次发射特性的空心通道组成的二维电子倍增元件，整个微通道板的空间分辨率取决于单位面积内的微通道数量，理论极限分辨率定义为每毫米内通道阵列的阵列数。一般通道芯径间距约 12 μm，长径比为 40 ~ 60 μm。当微通道孔为圆孔时，为获取更大的开口率，微通道孔的排列方式如图 2-4-13 所示。在忽略 MCP 通道离散效应的条件下，以 MCP 单通道圆孔为响应函数，可得 MCP 的 MTF 为

$$\mathrm{MTF}_{\mathrm{mcp}}(f) = \left|\frac{J_1(2\pi f d_c)}{\pi f d_c}\right| \quad (2-4-2)$$

$$R_{\mathrm{mcp}}(f) = \frac{1\,000}{\sqrt{3}D} \quad (2-4-3)$$

式中：$J_1(\ )$ 为一阶贝塞尔函数，d_c 为微通道板单孔直径（μm），$R_{\mathrm{mcp}}(f)$ 为微通道板的极限分辨率，D 为微孔中心距（μm）。

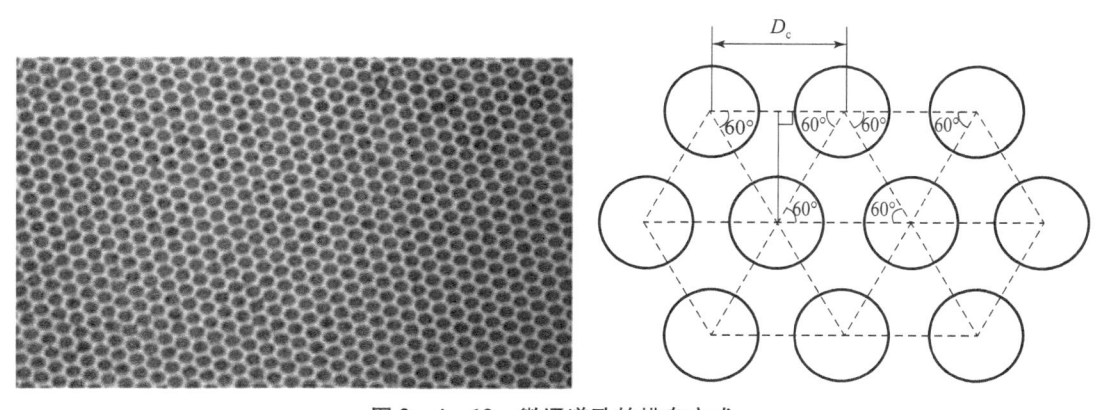

图 2-4-13 微通道孔的排布方式

MCP 是影响成像分辨率和信噪比的主要因素，近年来通过工艺改进，产生了高性能 MCP，芯径间距从 12 μm 减小到 8 ~ 9 μm 及 6 μm，对应成像器件分辨率从 36 lp/mm 提高到 45 ~ 50 lp/mm 及 64 lp/mm，同时通过材料改进和加大 MCP 的开口面积等工艺，MCP 的噪声特性得到较大的改善。

由于微通道板逸出电子有一个高的峰值，并带有一个长发射能量拖尾，因此，通常

认为微通道板输出端电子逸出角分布为朗伯分布，电子初能量分布符合麦克斯韦分布。但是，按此计算的结果与实际情况相差较大。实际上，由于 MCP 输出端电极的末端损失，逸出电子初始角较多地集中在轴线附近很窄的立体角范围内，且 MCP 输出面到荧光屏间的均匀电场在微通道口处产生畸变，导致电子会聚作用，如图 2-4-14 所示。但通过控制极间电压与距离，即改变 MCP 输出面与荧光屏间的电压与后近贴距离，可改变电子在渡越时所产生的弥散斑大小，如图 2-4-15 所示。假设 MCP 输出端的电子出射初角度为 $\cos3\alpha$ 分布，初能量为 $\beta_{2,32}$ 分布，且最大初电位 $\varepsilon_m = 5$ V，由此得到后近贴电子光学系统的 MTF 为

$$\mathrm{MTF}_B(f) = \exp\left(-\frac{1}{9}\pi^2 L_2^2 \frac{\varepsilon_m}{\varphi_2} f^2\right) \tag{2-4-4}$$

式中：φ_2 为后近贴加速电压（V），L_2 为后近贴距离（mm）。

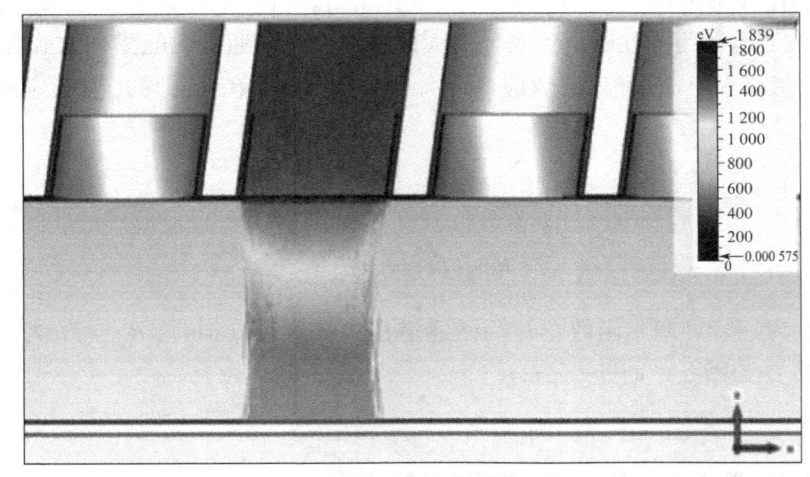

图 2-4-14　电子束流在 MCP 后近贴空间中的渡越过程

荧光屏的 MTF 可近似地表示为：

$$\mathrm{MTF}_{PS}(f) = \exp[-(f/f_c)^{n_c}] \tag{2-4-5}$$

式中：(f_c, n_c) 为特征参数。在早期采用离心沉淀工艺的荧光屏，往往取 $(f_c, n_c) = (30, 1.1)$，对于目前的荧光屏工艺，常用 $(f_c, n_c) = (46, 1.1)$。通常以 MTF 降低到 3% 或 5% 对应的频率 f_m 为极限频率，则荧光屏的极限分辨率为

$$f_m = f_c[-\ln(\mathrm{MTF}_m)]^{\frac{1}{n_c}} \tag{2-4-6}$$

对于荧光屏的极限频率 f_m 分别约为 125 lp/mm（5%）和 144 lp/mm（3%）。早期研究认为荧光屏的极限分辨率远大于像增强器的分辨率，可忽略其影响。

综合光电阴极、前近贴电子光学、MCP、后近贴电子光学、荧光屏环节，其总的传递函数可表示为

$$\mathrm{MTF} = \mathrm{MTF}_P(f)\mathrm{MTF}_{mcp}(f)\mathrm{MTF}_B(f)\mathrm{MTF}_{PS}(f) \tag{2-4-7}$$

$d=0.5$ mm　　　　　　　$d=1.0$ mm　　　　　　　$d=1.5$ mm

(a)

$V_a=1$ kV　　　　　　　$V_a=3$ kV　　　　　　　$V_a=6$ kV

(b)

图 2-4-15　电子弥散斑

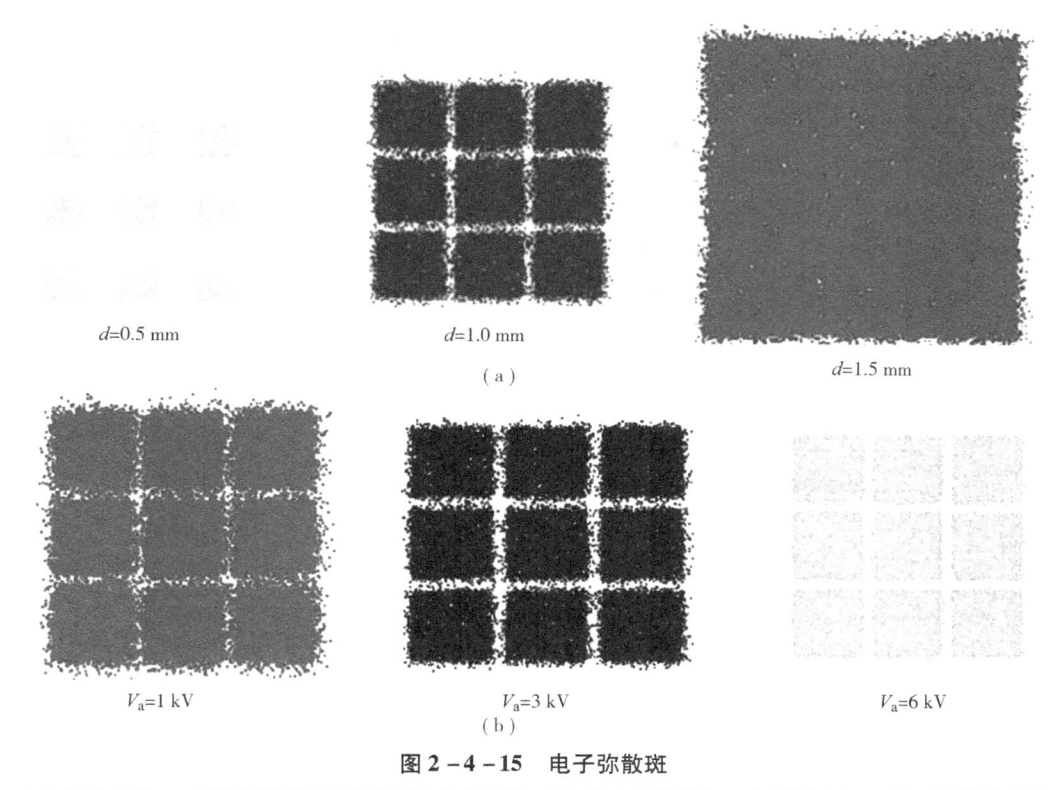

（a）固定电压 V_a 时不同近贴距离 d 下电子弥散分布图；（b）固定近贴距离 d 时不同电压 V_a 下电子弥散分布图

2.4.3　近红微光固体成像器件原理与发展概述

微光成像技术在军事应用、天文观测、医用治疗等方面具有重要前景。微光器件是微光成像技术的关键，其发展经历了以 S20（Sb-K-Na-Cs）多碱光电阴极与电子倍增微通道板（MCP）为核心的第一、二代器件，以砷化镓负电子亲和势光电阴极和 MCP 为核心的第三代器件，和以非镀膜电子倍增多通道板、门控高压电源、砷化镓光电阴极为关键部件的第四代器件，它们属于真空光电器件，工艺难度较大，高压强光下容易损毁，适用光谱范围较小。随着半导体工艺的发展，全固态微光器件问世，其具有量子效率高、响应速度快、噪声低、光谱响应宽等特点，优势显著。其中电子倍增 CCD（EMCCD）微光器件和 $In_xGa_{1-x}As$ 全固态微光器件具有代表性。

经典微光夜视技术是研究在夜间低照度条件下，光子—电子—光子图像信息之间相互转换、增强、处理、显示等物理过程。利用该项技术能使人们在极黑的夜晚，利用夜天光增强器的方法就可像白天一样看清楚景物，通过采用扩展观察者视力的方法，实现了夜间或黑暗条件下的隐蔽观察。微光夜视技术的工作原理是利用目标景物对夜天光反射率的差异而实现低照度成像的光电技术。夜视技术始于 20 世纪 30 年代，真正发展在 20 世纪 50 年代、60 年代，其核心器件是微光像增强器或称为微光夜视器件。

电子轰击 APS 微光成像器结构如图 2-4-16（a）所示，它采用了基于第三代微光像增强技术的 GaAs 光电阴极，与像增强器不同之处在于，去除了 MCP 和荧光屏，在毫米级尺度附近安装高分辨率、背部减薄的 APS 像传感器（BSB-APS）作为阳极。当光电阴极发射的光电子，通过光电阴极和传感器阳极之间的高压电场作用，轰击背面的 APS 传感器阵列的阳极时，高能光电子转化为电子-空穴对，进而实现电子轰击半导体的电信号增益，如图 2-4-16（b）所示。电子轰击半导体的增益机制本身就具有低噪声特性，其过量噪声因子（KF）小于 1.1，明显小于微通道板（KF<1.8）和 EMCCD 中的雪崩增益（KF=1.4）。这样的低噪声 EBS 增益有效地提高了成像器件的信噪比（SNR）。

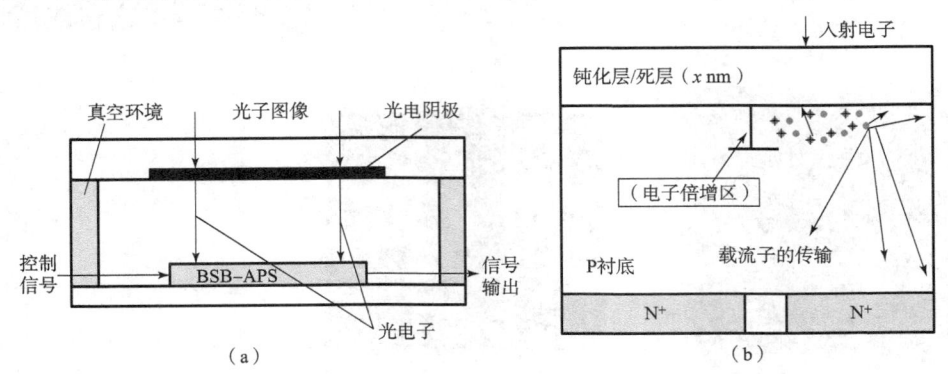

图 2-4-16　EBAPS 结构和电子倍增层中电子倍增原理图

当入射电子进入背部减薄的 APS 电子倍增层中时，入射电子会与体内原子相互作用发生散射碰撞。散射碰撞分为弹性散射和非弹性散射。其中发生弹性散射时，电子只改变运动方向而基本不损失能量；发生非弹性散射时，电子能量会有损失而电子运动方向基本不变。碰撞过程中入射电子能量就会转移给半导体层中的硅原子，进而形成电子-空穴对，即产生二次电子倍增。二次电子倍增的增益符合半导体增益公式（2-4-8）。因为硅的禁带宽度为 1.1 eV，则由式（2-4-9）可计算出硅的电离能为 3.65 eV。倍增电子将在表面处形成非平衡载流子的注入，并在浓度梯度等作用下向背部减薄的有源像素传感器中的 N 阱收集结运动，并最终被读出电路读出。

$$G = \frac{\varepsilon(E_0 - E_{\text{dead}})}{3.65} \quad (2-4-8)$$

$$E_{\text{ionisation}} = 2.3 E_{\text{gap}} + 1.3 \text{ (eV)} \quad (2-4-9)$$

式中：E_0 为入射光电子能量，G 为增益倍数，ε 为电荷收集效率，E_{dead} 为经过死层损耗的能量。

EBAPS 亦可称为 EBCMOS，是真空-半导体混合微光器件的重要组成部分，它的出现始于美国 Intevac 公司在 1999 年公布的电子轰击有源像素传感器（EBAPS）混合型光电探测器的发明专利，这是第一次将有源像素传感器这种固体 CMOS 图像传感器作为真空器件的阳极，通过电子轰击半导体的增益机制来实现微弱信号放大。EBAPS 虽然出现得比较晚，但在短短十几年内发展迅速，并在微光夜视、激光雷达、高能物理和天文观察等领域被广泛应用。

2000 年，Kenneth A. Costello 和 Verle W. Aebi 等人研制出名为 NightVista 的 EBAPS 器

件，像素大小为 12 μm×12 μm，像素阵列大小为 640×480，帧速率为 30 帧/秒。

2005 年，美国 Intevac 公司发布了 ISIE6 和 ISIE10，作为 NightVista 的升级版本。ISIE6 的像元尺寸减小至 6.7 μm×6.7 μm，而像素阵列扩大为 1 280×1 024。ISIE10 的像元尺寸为 10.8 μm×10.8 μm，像素阵列大小为 1 280×1 024，后端数字输出位宽为 10 bit，帧速率提高至 37 帧/秒，其读出噪声进一步减小，低照度性能相比于 NightVista 和 ISIE6 也更加优越。

2007 年，法国里昂大学 R. Barbier 等人开发出一款 EBCMOS 原型机，其像元尺寸为 17 μm×17 μm，像素阵列大小为 1 024×1 024，最低成像照度为 $2×10^{-4}$ lx。在此基础之上，法国核物理研究所在 2009 年研制出了名为 LUSIPHER（Large – scale Ultra – fast Single Photo – Electrontracker）的 EBCMOS 器件，其灵敏度更高，探测下限达到单光子量级。

2009 年，法国核物理研究所在里昂大学 R. Barbier 等人的研究基础上研制出了名为 LUSIPHER 的更高灵敏度的 EBCMOS 器件，探测灵敏度达到单光子量级。

2012 年，法国 Photonis 公司研制出其第一款 EBAPS 器件，在此基础上，于 2013 年推出名为 EBNOCTURN 的 EBAPS 相机。

2012 年，美国 Intevac 公司和美国海军空战中心共同研制出基于 EBAPS 技术的 ISIE4000 系列微光夜视传感器。

2020 年美国 Intevac 公司收到美国海军 500 万美元合同，用于合作开发 EVA 计划，作为计划的一部分，Intevac 公司将为美国海军提供最新的 ISIE19 型 EBAPS 传感器，用于帮助美国海军陆战队飞行员在弱光条件下更有效地执行任务，但相关技术指标尚未见公布。

虽然 EBAPS 发展历史只有短短 20 年，但是发展迅速，美国 Intevac 公司已有成熟的 EBAPS 相机产品问世，相关性能处于国际领先水平。目前，美国 Intevac 公司在售的 NightVista 系列 M611 – 05 型 EBAPS 相机，采用 ISIE11 型 EBAPS 传感器，如图 2 – 4 – 17 为 ISIE11 型 EBAPS 传感器实物图。

相机分辨率为 1 600×1 200，全分辨率输出帧频为 60 Hz，相机内部集成高压电源、温度传感器、闪存模块等，最低工作环境照度为 10^{-5} lx。Intevac 公司的 M611 – 05 型 EBAPS 相机实物图与成像效果如图 2 – 4 – 18 所示。

图 2 – 4 – 17　ISIE11 型 EBAPS 传感器实物图

标准光晕　　　　　低光晕

图 2 – 4 – 18　Intevac 公司的 M611 – 05 型 EBAPS 相机实物图与成像效果

在国内，由于核心技术受限，EBAPS 的发展起步较晚，与国外差距还比较大。但是已有诸多科研单位进行了相关研究，如微光夜视技术重点实验室、中电集团 55 所、中国科学院西安光学精密机械研究所、长春理工大学、南京理工大学等，在 EBAPS 理论研究、EBAPS 器件制备、EBAPS 成像技术研究方面取得了一定成果。

2016 年，微光夜视技术重点实验室和长春理工大学共同对 P 型基底掺杂 EBAPS 的电荷收集效率进行了理论模拟研究，最终得到的理论结果与实际较为相符。

2017 年，中国科学院西安光学精密机械研究所的刘虎林等人的研究表明，EBCMOS 器件所需的阈值电压约为 2 500 V（CMOS 表面约 100 nm 厚的保护层），在电场强度为 5 000 V/mm 时，器件的空间分辨率可达到 25 lp/mm。

2019 年，南京理工大学在微光夜视技术重点实验室研制出的 EBCMOS 器件基础之上，进行了 EBCMOS 成像系统和成像技术研究，能够在 2.0×10^{-4} lx 照度下识别目标。与此同时各代微光夜视器件分布如图 2-4-19 所示。

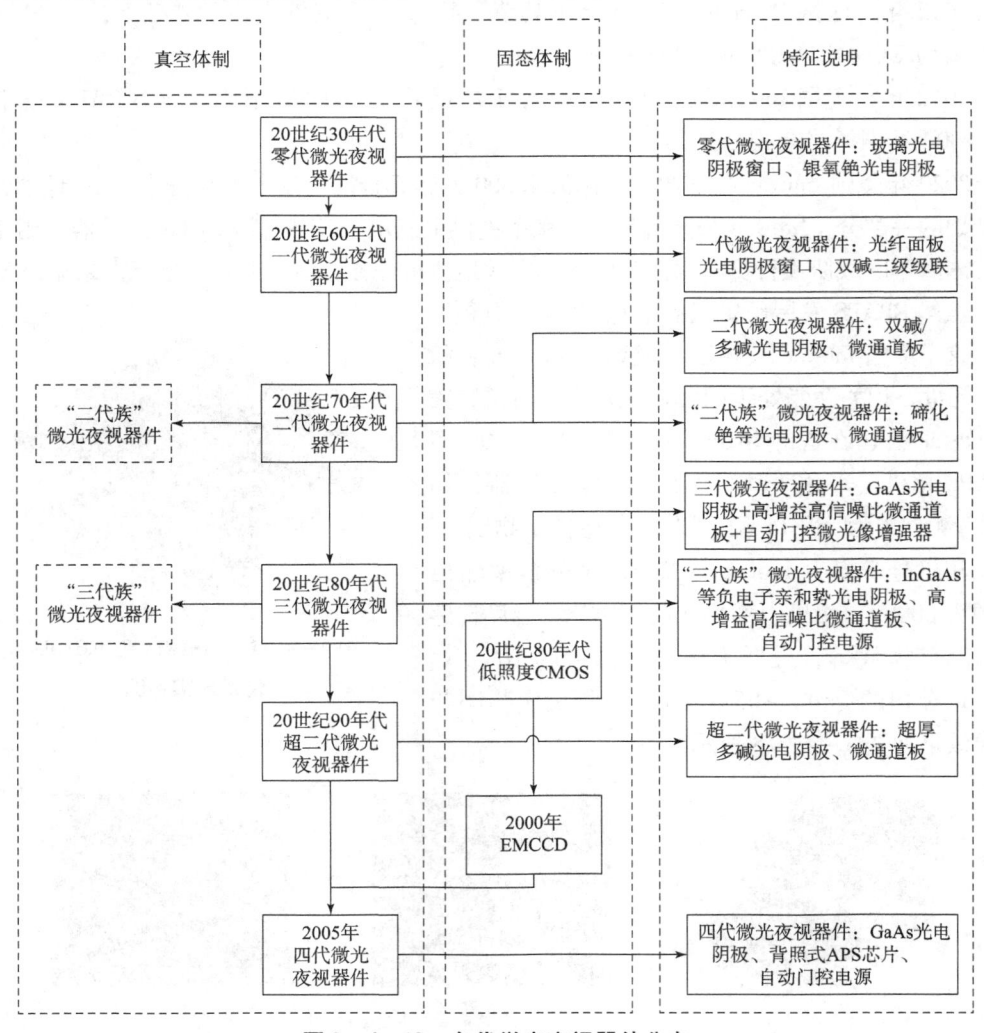

图 2-4-19 各代微光夜视器件分布

2.5 近红外分子光谱检测中的电子学设计

近红外光谱以其速度快、不破坏样品、操作简单、稳定性好、效率高等特点，已被广泛应用于各个领域。所以在欧美及日本等发达国家，近红外光谱检测系统被列为重点研究对象。

本节将介绍近红外光谱检测中的电子学设计，简要描述近红外分子光谱检测系统，针对锁相放大器进行设计。

2.5.1 近红外分子光谱检测系统概述

近红外光谱分析技术包括定性分析和定量分析，定性分析的目的是确定物质的组成与结构，而定量分析则是为了确定物质中某些组分的含量或是物质的品质属性值。与常用的化学分析方法不同，近红外光谱分析法是一种间接分析技术，是用统计的方法在样品待测属性值与近红外光谱数据之间建立一个关联模型（或称校正模型，Calibration Model）。因此在对未知样品进行分析之前需要搜集一批用于建立关联模型的训练样品（或称校正样品，Calibration Samples），获得用近红外光谱仪器测得的样品光谱数据和用化学分析方法（或称参考方法，Reference Method）测得的真实数据。其工作原理是，如果样品的组成相同，则其光谱也相同，反之亦然。如果建立了光谱与待测参数之间的对应关系（称为分析模型），那么，只要测得样品的光谱，通过光谱和对应关系，就能很快得到所需要的质量参数数据，其分析方法包括校正和预测两个过程。

近红外光谱分析技术，其实就是一种间接的相对分析，通过收集大量具有代表性的标准样本，经严格细致的化学分析测出必要的数据，再通过计算机建立数学模型，即定标，以最大限度地反映被测样本群体的常态分布规律，然后再通过该数学模型或定标方程，预测未知样品的所需数据。

近红外光谱测试技术中硬件的核心环节是近红外光谱仪。根据分光方式可将近红外光谱仪器划分为阵列型、光栅扫描型、傅里叶变换型、发光二极管型、声光可调型和基于 MEMS 技术的近红外光谱仪等。目前市场上主要是色散型和干涉型的仪器。干涉型的近红外光谱采集设备就是通常所说的傅里叶变换光谱仪，此类设备属于高端产品，价格相对较贵，适用于实验室分析。对于现场应用，则主要以固定光栅阵列探测式和 AOTF 较适合，但是由于 AOTF 产品中的核心分光元件成本昂贵，产品的价格也比较高。所以，目前市场上应用最多的就是固定光栅阵列探测式的近红外光谱设备。基于光学扩展量和分布加权平均采样的思想，提出利用分层环带光纤耦合的形式收集样品的漫射光。图 2-5-1 为光纤直接耦合形式及 7 路光纤分布采样结构形式。

基于以上思想，设计了一个分立式双层环带分布收集结构，该结构由 19 个定向接收点构成，分为两层环带分布，分别与受照面呈 30°（9 点）和 60°（10 点），每个接收

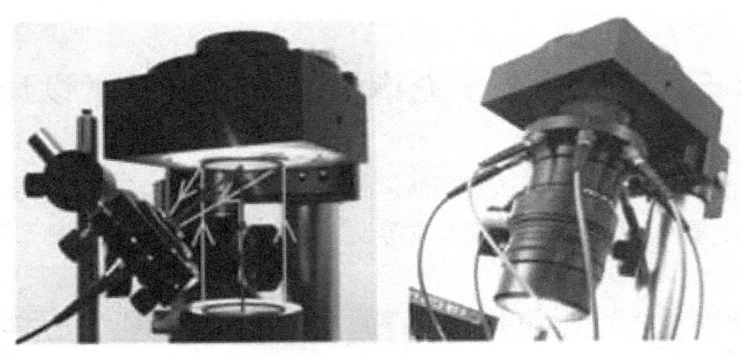

图 2-5-1　光纤直接耦合形式及 7 路光纤分布采样结构形式

点为光纤收集，漫反射光的能量通过 19 个收集通道在另一端导入光谱仪，图 2-5-2 为该设计结构在不同工作距离下的计算仿真效果及真实测试效果比较，该设计可以通过调节工作距离，有效实现分布加权平均采样的目的。

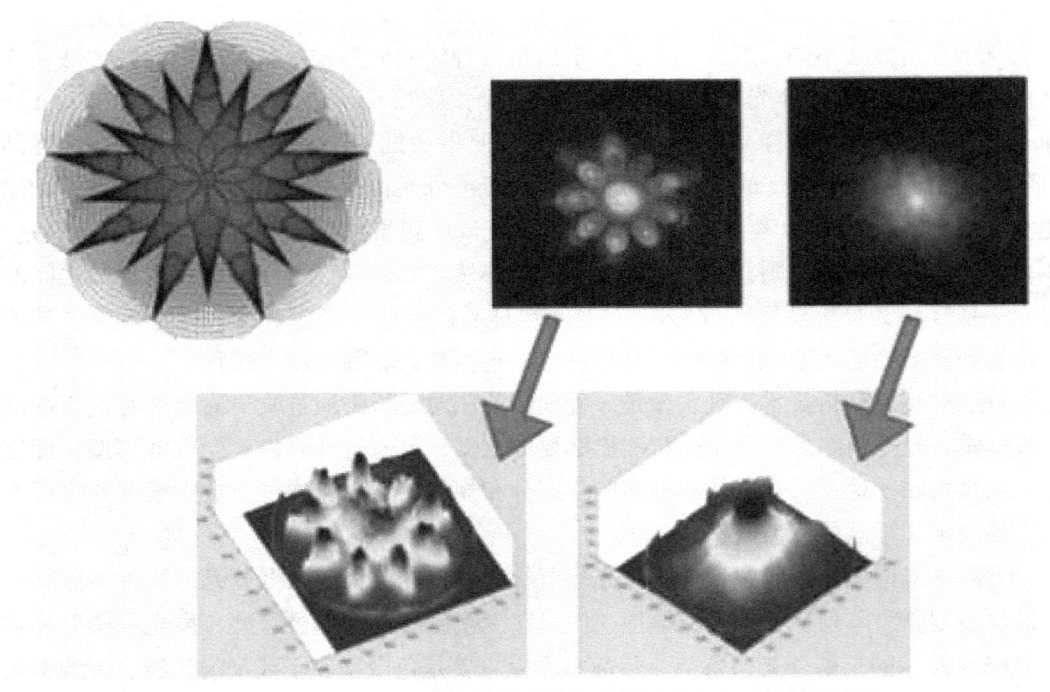

图 2-5-2　不同工作距离下的计算仿真效果及真实测试效果比较

灯体采用长寿命卤钨杯灯 OSRAM6425812V20WMR11（寿命为 2 000 h，波长范围为 320～2 500 nm）作为光源的灯泡，聚光结构采用反射聚光器配合前置准直透镜的聚光结构，光源利用效率高，配 12 V 开关稳压电源，再辅以滤光片等。

该光源具有如下特点：第一，该光源具有较高的输出稳定度；第二，该光源的光谱覆盖范围宽；第三，该光源的背反射镜设计结构可提升 50% 以上的光使用效率；第四，该光源在全谱范围内光谱连续且平滑；第五，该光源可用来标定成为标准白光光源。

获得近红外光谱的方法主要有透射（Transmittance）、漫反射（Diffuse Reflectance）

和透反射（Transflection）三种。透射测定法是将待测样品置于作用光与检测器之间，检测器所检测到的分析光是作用光通过物体与样品分子相互作用后的光，主要适用于液体样品；所得到的光谱遵从比尔-朗伯定律。漫反射测定法则是将检测器与光源置于待测样品的同一侧，检测器检测到的光是光源发出的光直射到样品上之后，在样品表面与内部发生了多次的折射与反射之后反射回来的光；漫反射测定法是对固体样品进行近红外测定的常用方法，其光谱可以反映出物体表面及内部的多种性质。此外，透反射测定法则是利用透的方式实现样品与作用光的相互作用，但采用反射的方式检测分析光。根据漫反射和透反射两种样品测试的基本原理，基于样品光谱收集系统（环带光纤耦合形式漫反射收集器）、光源系统（OSRAM6425812V20WMR11卤钨灯）、光纤束和样品皿等，分别设计了近红外漫反射小麦测试系统和近红外漫透反射小麦测试系统，如图2-5-3所示。

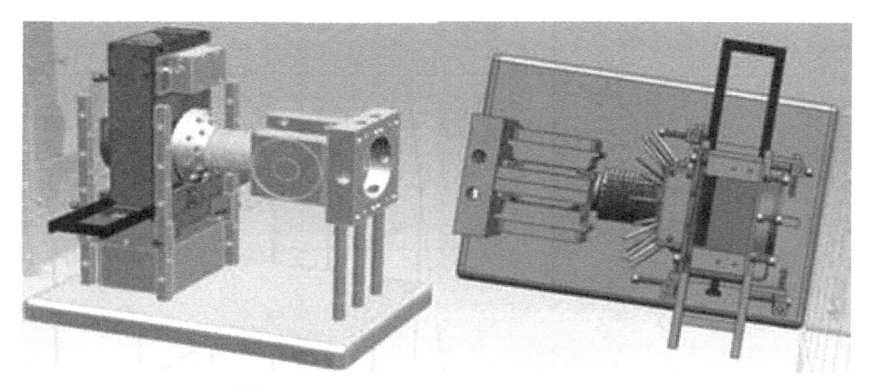

图2-5-3 漫透反射测试系统设计图

相对于反射式光谱吸收模式而言，直接吸收光谱模式在气体痕量检测系统中优势明显，具体的系统示意图如图2-5-4所示。具体工作过程如下：通过注入正弦波或者低频锯齿波电流来进行波长扫描，波长扫描范围一般要覆盖目标气体的特征吸收光谱线。激光通过分光镜分为两路，其中一路进入气池与目标气体发生相互作用；另外一路通过扫描目标气体的特征吸收光谱，获得包含目标气体吸收数据的输出激光，即透射光强度I_t。通过在气体吸收信号中拟合非吸收区域，获得入射光强度I_0；另一路光通过标准具进入检测器，通过解调得到的干涉信号可以精确地获得扫描范围内的波长变化，用于标定激光器输出波长变化特征。

根据比尔-朗伯定律，如果测量时的压力、温度和光程等固定时，可以通过I_0和I_t确定积分吸光度以及其曲线，从而完成谱线强度的校正以及气体浓度反演。在直接吸收光谱中，吸光度$a(\nu)$与波数ν（或波长）有关，曲线如图2-5-5所示。

$$a(\nu) = \frac{I_0(\nu)}{I_t(\nu)} = PS(T)g(\nu)CL \qquad (2-5-1)$$

通过吸光度$a(\nu)$在频域上积分相当于得到吸收积分吸光度A，由于线型函数$g(\nu)$的积分为1，所以可以得到浓度C的表示式为

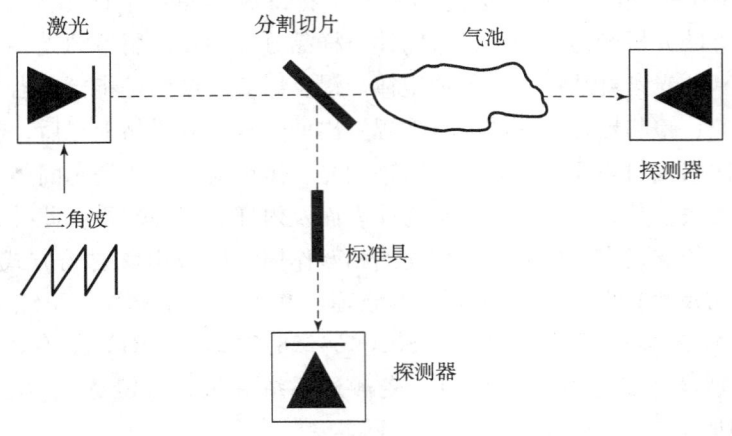

图 2-5-4 直接吸收测量系统结构框图

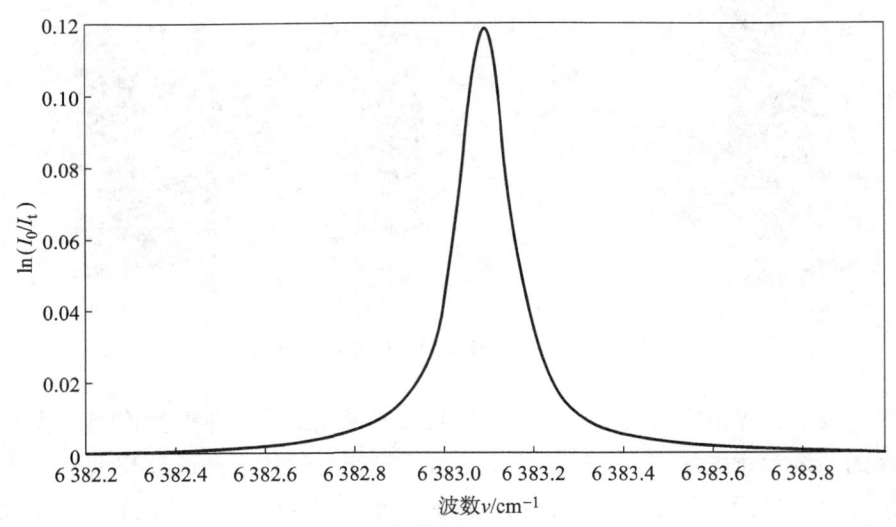

图 2-5-5 吸光度与波数（或波长）相关曲线

$$C = \frac{A}{S(T)PL} \quad (2-5-2)$$

式中，C 的量纲是 1，表示气体吸收体积与总体积的比；P 为气体压力；$S(T)$ 为线强；L 为光程。

如果已知光程 L、线强 $S(T)$ 以及压力 P，那么我们可以通过直接吸收的方法测量气体浓度。但是，直接吸收系统受激光功率波动的影响较大，信噪比较小，且灵敏度较低，不能实现低浓度测量。为解决这一问题，研究人员开发了不同的技术来提高灵敏度，比如通过使用光学多通池来增加吸收路径长度，也可以通过使用调制技术（比如波长调制技术）来降低信号中的噪声。

波长调制光谱（Wavelength Modulated Spectrum，WMS）技术通过调制激光驱动电流，实现波长扫描，结合锁相放大技术实现高灵敏探测。如图 2-5-6 所示为 WMS 技术的系统示意图，利用三角信号和正弦信号对激光波长及强度进行调制，经过吸收池的光信号经探测器采集后经锁相放大实现谐波信号的提取。更进一步，利用上位机程序实现气体浓度的反演。WMS 技术能够获得多次谐波信号（见图 2-5-7），一般情况下，谐波级次越高幅值越低，越不利于气体浓度的反演。另外，一次谐波的信号受激光强度影响较大，而二次谐波信号与气体浓度具有更好的线性度，因此常选用一次谐波信号来完成对二次谐波信号的光强修正，然后再利用二次谐波信号进行气体浓度反演。可见为了精准地检测各级谐波精度，设计低噪声高灵敏度的锁相放大器尤为关键，为此下面将对锁相放大器的设计方法进行详细介绍。

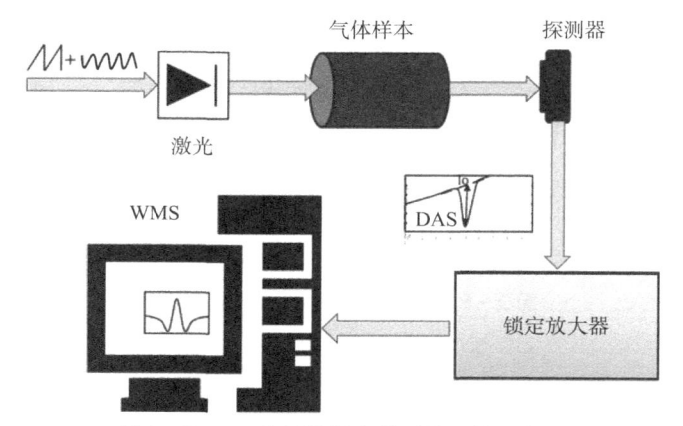

图 2-5-6　波长调制光谱测量系统示意图

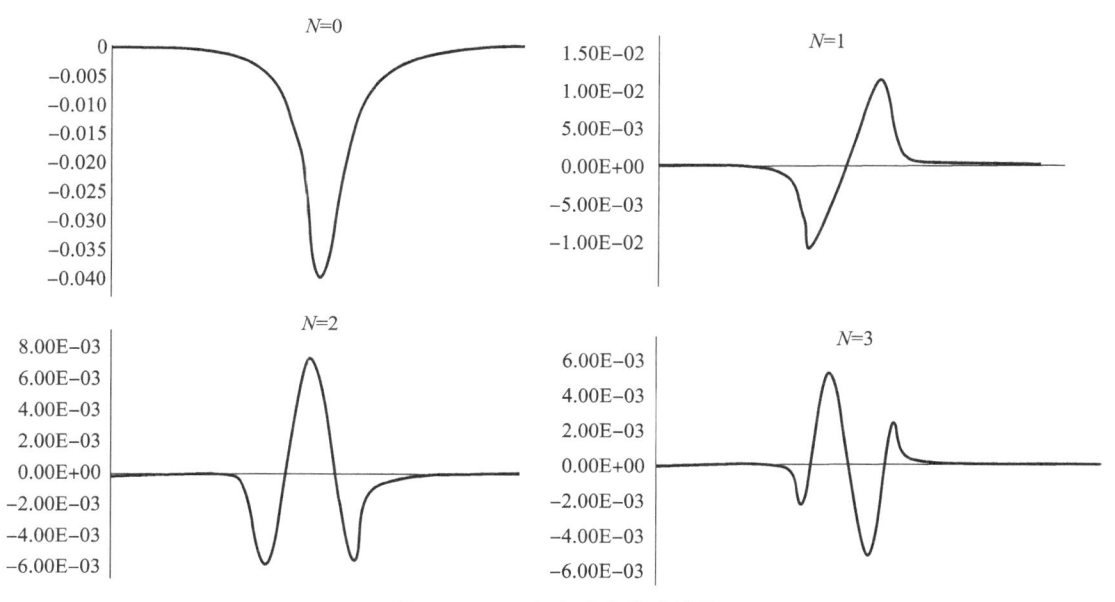

图 2-5-7　各个阶次谐波信号

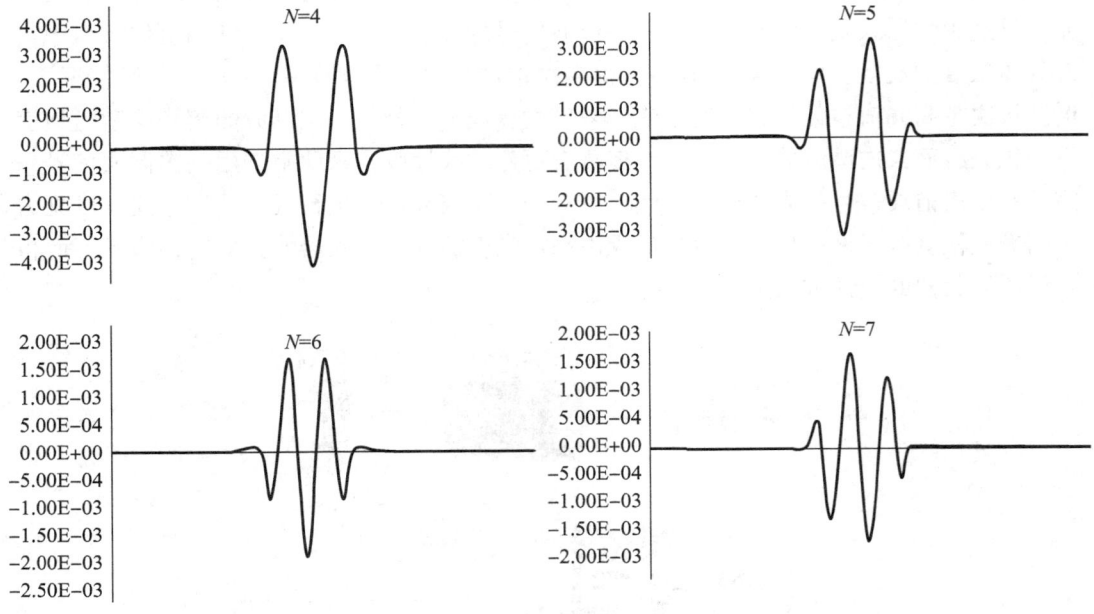

图 2-5-7 各个阶次谐波信号（续）

2.5.2 锁相放大器设计方法

在微弱信号的采集和处理中，锁相放大技术一直是一种行之有效的方法，该技术是利用相关的原理设计的一种同步相干检测，具有通频带窄、中心频率稳定、品质因数高、信噪比高等特点，在微弱信号的处理方面显示出了非常好的性能，因此在各个领域得到了广泛的应用。

锁相放大器是利用互相关原理设计的一种同步相干检测仪，它是一种对检测信号和参考信号进行相关运算的电子设备。在测量中噪声是一种不希望的干扰信号，它是限制和影响测量仪器的灵敏度、精确性和重复性的重要因素，元器件中的噪声是无法用屏蔽等措施消除的，为了减少噪声对有用信号的影响，常用窄带滤波器滤除频带外的噪声，以提高信号的信噪比，但是由于一般滤波器的中心频率不稳定，而且它的带宽与中心频率和滤波器的 Q 值有关等原因，使它不能满足更高的滤除噪声的要求。锁定放大器采用互相关接收技术，使仪器抑制噪声的性能提高了好几个数量级。另外，还可以用斩波技术把低频以至直流变成高频交流信号后进行处理，从而避开了低频噪声的影响。由于锁相放大器具有强大的噪声抑制信号提取性能，常见的应用领域即光谱信噪比增强，如图 2-5-8 为典型的锁相放大器原理图。

目前国内外生产的锁相放大器的等效噪声带宽 Δf_N 在 10^{-3} Hz 数量级，信号带宽 $\Delta f_s = 2.55 \times 10^{-14}$ Hz。如果工作频率 $f_s = 100$ kHz，仿照通常带通滤波器 Q 值的定义，则锁相放大器的等效 Q 值为 $Q = f_s/\Delta f_s = 3.9 \times 10^8$，这是常规滤波器无法达到的。在锁相

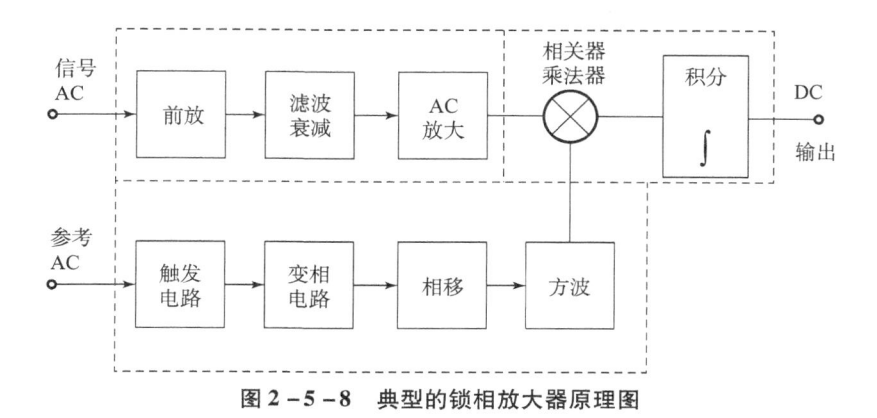

图 2-5-8 典型的锁相放大器原理图

放大器中,被测信号和参考信号是严格同步的,它不存在频率稳定性问题,所以可以看成是一个"跟踪滤波器"。

根据前面所述,白噪声电压与噪声带宽的平方根成正比,如热噪声电压为 $E_{rsm} = \sqrt{4kTR\Delta f_N}$,设仪器输入等效噪声带宽 $\Delta f_{Ni} = f_s = 100$ kHz,它的等效输出噪声带宽 $\Delta f_{No} = 4 \times 10^{-4}$ Hz,那么,锁相放大器的信噪改善比为

$$\text{SINR} = \frac{\frac{S_o}{N_o}}{\frac{S_i}{N_i}} = \sqrt{\frac{\Delta f_{Ni}}{\Delta f_{Ni}}} = \sqrt{\frac{100 \times 10^3}{4 \times 10^{-4}}} = 1.6 \times 10^4 \quad (2-5-3)$$

此结果表明,锁相放大器使信噪比提高了 1 万多倍,即信噪比提高了 80 dB 以上,这足以说明,锁相放大器具有很强的抑制噪声能力。目前锁相放大器有这些特点:极高的放大倍数,总增益可达 10^{11}(即 220 dB),能检测极微弱的信号。

在大多数锁相放大器中,为使信号进入相关器之前减小输入噪声,增强过载能力,往往在前置放大器后插入可调的低通滤波器、高通滤波器或带通滤波器。但是,滤波器的相位特性在截止频率处是不平稳的,特别是带通滤波器,其相位变化激烈,而相关器的输出又正比于相位角的余弦,所以相位变化将会影响输出的稳定性。采用外差法可以克服上述缺点,并能实现自动频率跟踪的相关检测。

1. 外差频率变换法

图 2-5-9 所示是外差频率变换法框图。在参考通道的频率合成器中,输出频率为 $f_i + f_r$ 的信号并送至第一混频器,混频后得到和频项 $f_i + 2f_r$ 与差频项 f_i,再通过带通滤波器或选频放大器,取出频率为 f_i 的信号并送到第二混频器。这样,通过频率变换就把输入信号变换成固定频率为 f_i 的信号,此信号保持了输入信号的振幅和相位信息。由于带通滤波器能滤除通带外的大部分噪声,从而使相关器不产生噪声过载。另外,相关器工作在固定频率情况下,可调到最佳性能,实现自动频率跟踪的相关检测。

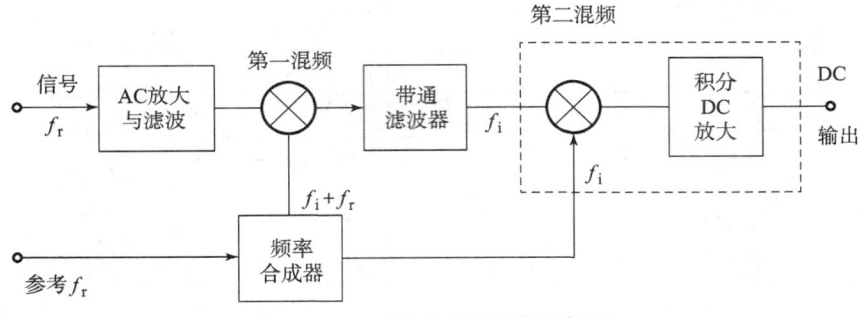

图 2-5-9 外差频率变换法框图

2. 用锁相环实现 $f_r + f_i$ 的频率合成

如图 2-5-10 所示是频率合成器框图。中频振荡器产生稳定的中频频率 f_i 的正弦信号（如晶振），此信号与压控振荡器（VCO）输出的信号 $f'_r + f_i$ 进行混频，获得和频项 $f'_r + 2f_i$ 与差频项 f'_r，经低通滤波器取出差频项 f'_r。由参考通道输入的 f_r 频率信号与低通滤波器取出的差频信号 f'_r 进行鉴相，则：

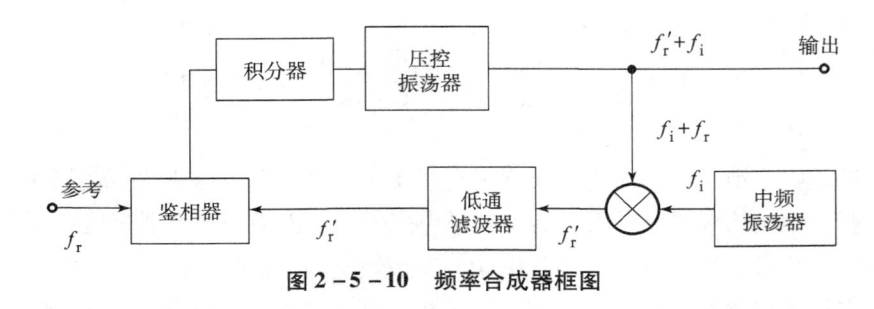

图 2-5-10 频率合成器框图

当 $f_r = f'_r$，且相位差为 π/2 时，鉴相器直流输出为零，积分器输出也为零，压控振荡器输出 $f_r + f_i$ 频率信号，锁相环处于锁定状态。

当 $f_r > f'_r$ 时，鉴相器输出负的直流电压，经积分器放大后为一正值 ΔV_{DC} 加到压控振荡器的控制端使其频率上升，使 f'_r 趋近 f_r，达到重新锁定。

当 $f_r < f'_r$ 时，鉴相器输出正的直流电压，经积分放大后，驱动压控振荡器使振荡频率下降，使 f'_r 趋近在新的频率上锁定。

积分器的作用是对鉴相器输出信号进行放大平滑，它用于控制整个环路的灵敏度与平稳度。压控振荡器的作用是使振荡频率随输入直流电压的变化而变化，实现对输入信号的频率跟踪与合成。低通滤波器的作用是滤除和频项与高频噪声，使环路工作更稳定。

通过外差频率变换使相关器的输入信号频率和参考信号频率始终为 f_i。通过对固定参考信号频率的 90°移相，能方便地实现双相锁定放大器的检测功能，如图 2-5-11 所示。

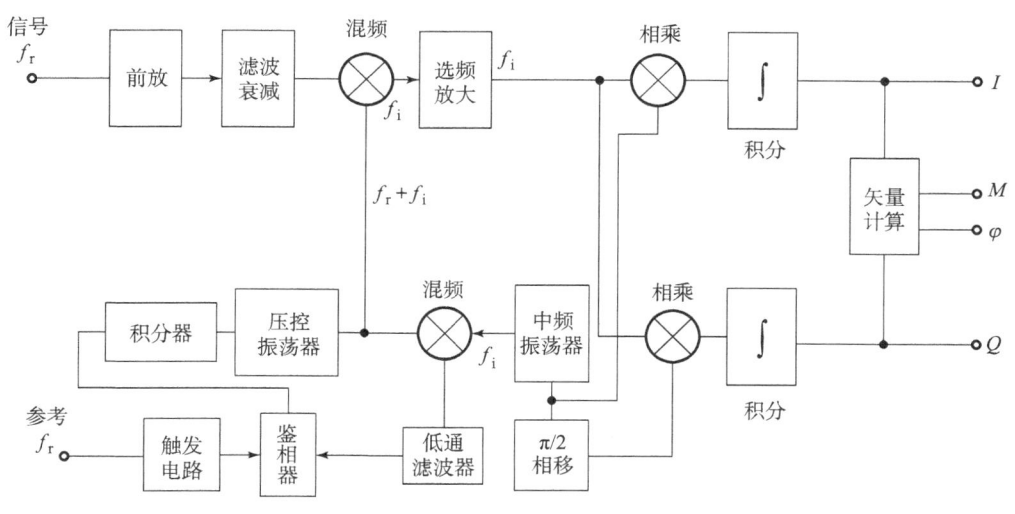

图 2-5-11 双相锁定放大器

该系统包括两个相互正交的相关器（I）和（Q），它们的参考信号之间相位差为 90°。设输入信号为 $U_s\sin(\omega t + \varphi)$，则相关器（I）的输出为

$$I = K \frac{2}{\pi} U_s \sin\varphi \tag{2-5-4}$$

式中：$K = K_{AC}K_{DC}$，K_{AC} 是系统的交流增益，K_{DC} 是系统的直流增益。

相关器（Q）的输出为

$$Q = K \frac{2}{\pi} U_s \sin\varphi \tag{2-5-5}$$

一些先进的锁相放大器已采用了计算机来完成自动控制和数据处理的任务。例如美国 PAR 公司的"5206 型"双相锁定放大器，就是一个自动化程度很高的仪器。它的内部计算机可控制灵敏度、积分时间常数、相位、工作频率补偿、动态储备、输出和显示方式等。

另有基于 FPGA 的数字锁相放大器，主要用于采集接收微弱信号。系统中，整个系统主要分为两个部分：模拟部分和数字部分，数字部分基于 FPGA 开发，最终在硬件中进行实现，具体结构如图 2-5-12 所示。

图 2-5-12 中的 FPGA 模块即为数字锁相放大器部分，主要由移相器、相关检测、低通滤波和矢量运算等部分构成。在接收到前级 A/D 模块的数字信号后，锁相放大器会将信号进行移相，移相后的数据和接收数据分别与参考信号进行乘法操作，经过低通滤波后，两路信号的比值反映了原始信号对应时刻的相位，而两者的模值反映了原始信号的幅度，从而实现了将小信号从噪声中提取出来的功能。在整个数字部分中，功能主要在 FPGA 内实现，这需要考虑到硬件系统与理论上的不同。移相器主要参考工作频率，按照参考信号的频率将接收到的信号延迟半个周期，从而达到移相 90°的功能；相关检测部分主要实现的是参考信号与接收信号的相乘，利用 FPGA 内自带的乘法器模块

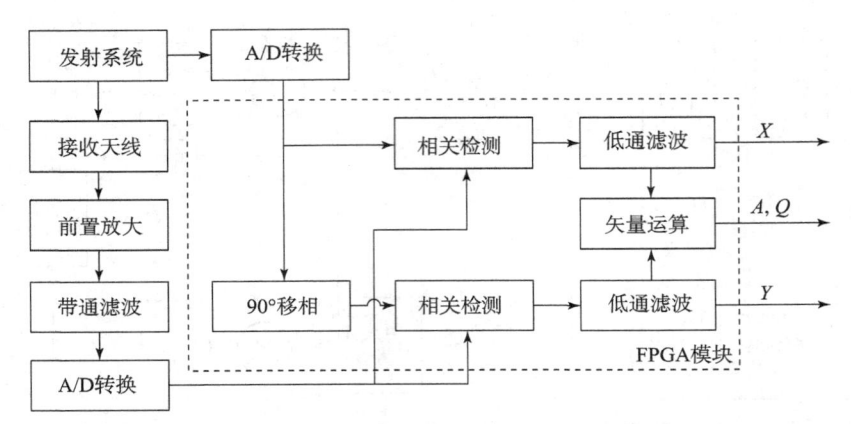

图 2 – 5 – 12　基于 FPGA 的数字锁相放大器系统总体框图

实现，以便满足时序与资源上的平衡；低通滤波器模块实现滤波，在硬件中实现需要大量的乘法器与加法器，考虑到芯片内部乘法器资源的有限性，这里采用了分布式算法，避免了乘法器的使用。

第3章
中红外电子学特征与典型应用

中红外辐射通常被定义为波长处于 2.5~8 μm（有时候区间定义稍有不同）或频率处于 400~4 000 cm^{-1}（单位为波数，与常数光速的乘积为频率，单位为 Hz）的电磁波，其不仅可用于分子含量的检测和分子类型的鉴定，还可以实现分子的成像等，从而在军事、环境监测以及基础研究等领域具有广泛的应用。

本章首先为读者介绍近中红外半导体材料、器件的基本光电子学特征，在此基础上，本章进一步为读者介绍中红外跟踪系统、中红外传感系统以及中红外成像系统的典型电子学特征与设计方法。

3.1 中红外探测器

3.1.1 中红外探测器概述

红外探测器按照响应波段可分为短波红外探测器、中波红外探测器、长波红外探测器以及甚长波红外探测器；按照工作温度，可分为制冷型和非制冷型探测器。制冷型探测器是红外探测器中最重要的类型，一般工作在较低的环境温度下（例如 77 K）。

在中红外波段，根据探测机理的不同，红外探测器主要分为两大类，一类是热敏型红外探测器（热探测器），另一类是光子型红外探测器（光子探测器，也是制冷型红外探测器），如图 3-1-1 所示。一般光子型红外探测器的响应速度比热敏型红外探测器要高几个数量级，响应时间在微秒量级。

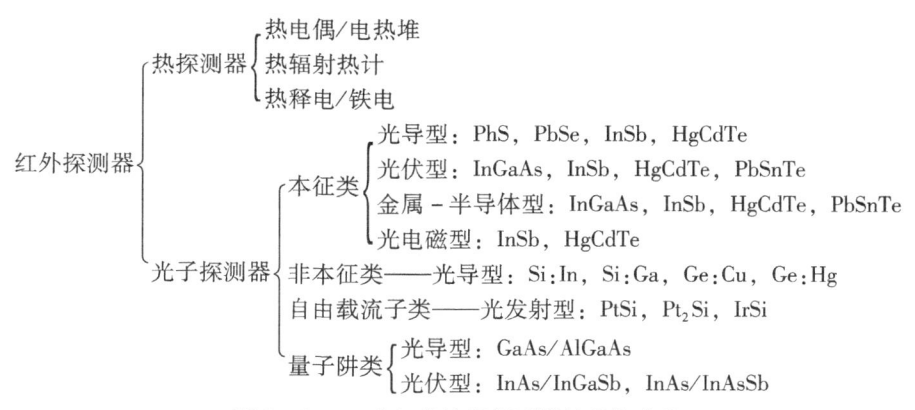

```
                    ┌─ 热电偶/电热堆
           热探测器 ─┼─ 热辐射热计
           │        └─ 热释电/铁电
           │                    ┌─ 光导型: PbS, PbSe, InSb, HgCdTe
红外探测器 ─┤                    │  光伏型: InGaAs, InSb, HgCdTe, PbSnTe
           │        ┌─ 本征类 ──┤  金属-半导体型: InGaAs, InSb, HgCdTe, PbSnTe
           │        │           └─ 光电磁型: InSb, HgCdTe
           └ 光子探测器 ─┤ 非本征类——光导型: Si:In, Si:Ga, Ge:Cu, Ge:Hg
                    │ 自由载流子类——光发射型: PtSi, Pt₂Si, IrSi
                    │            ┌─ 光导型: GaAs/AlGaAs
                    └─ 量子阱类 ─┤
                                 └─ 光伏型: InAs/InGaSb, InAs/InAsSb
```

图 3-1-1 全红外波段探测器的具体分类

热敏型红外探测器的响应光谱较为平坦，不存在峰值波长，其探测率不随波长变化而变化，即对红外辐射吸收没有波长选择性。热敏型红外探测器接收到红外辐射后，先引起接收灵敏元的温度变化，温度变化引起电信号（或其他物理量变化再转换成电信号）输出，输出的电信号与温度变化成比例。由于该温度变化因吸收热辐射能量引起，因此与吸收红外辐射的波长无关。

与热敏型红外探测器不同，光子型红外探测器对红外辐射的吸收具有波长选择性。在接收红外辐射后，光子型红外探测器的红外光子直接把材料的束缚态电子激发成传导电子，由此引起与吸收的光子数成比例的电信号输出。由于这些红外光子能量的大小，必须能达到足以激发束缚态电子到激发态，低于电子激发能的辐射不能被吸收转变成电信号。所以，光子型红外探测器吸收的红外光子必须满足一定的能量要求，即有一定波长限制。

中红外器件结构是指用于中红外波段（3~5 μm）光学、电学和热学应用的器件设计和构造。根据具体的应用需求和功能要求，中红外器件结构可以包括多种不同的设计和组件。

红外探测器是红外技术的核心部件，也是红外技术发展的先导。红外探测器是一种用于检测和测量红外辐射的器件，可以将这些辐射转换为电信号或其他可用形式的信号。红外探测器在许多领域中具有广泛的应用，包括热成像、红外传感、安防监控、医疗诊断、军事侦察等。红外探测器的研制和发展往往要受到军事技术需要的驱使和引导，其主要发展历程如图3-1-2所示。红外探测器通常被分为四代：第一代以分立型为主，元数在10^3元以下，有线列和小面阵结构；第二代为扫描型和凝视型焦平面结构，规模在10^3~10^6元；第三代以凝视型为主，规模在10^6元以上，且强调超大规模阵列、高工作温度、双波长（双色）或多波长（多色）响应。而即将进入的第四代的主要特点包括超越规模、超越像元、光学集成和更强的智能化信息处理功能。

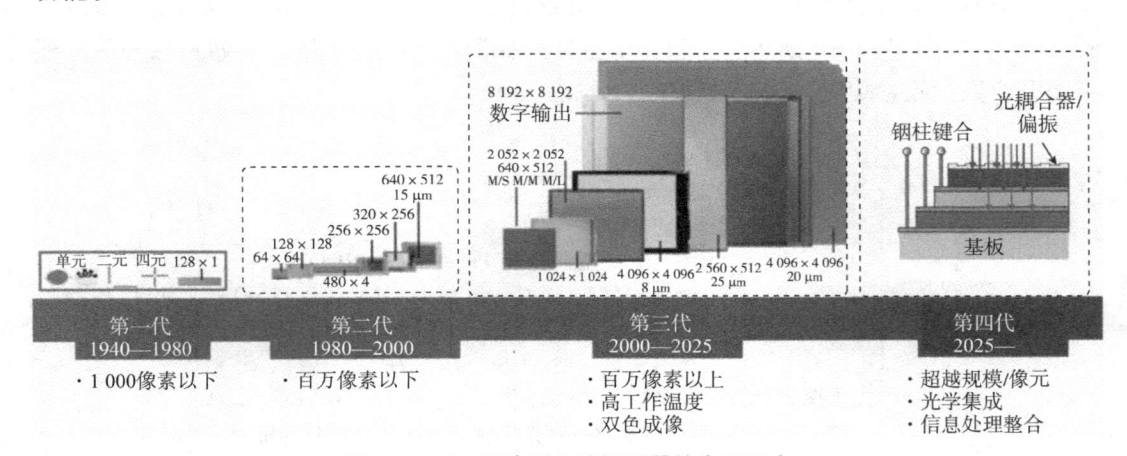

图3-1-2 制冷型红外探测器的发展历史

1960—1970年，半导体微电子领域开发的光刻技术成功引入红外探测器制造过程，发展了第一代光导型多元线列红外探测器。第一代多元光导红外探测器工作在液氮温度，由像元完成光电信号转换，然后使用室温工作的前置放大器对每个像元输出电信号进行预处理及模拟信号放大输出。每一个像元都必须通过独立信号线穿过液氮低温环境的真空杜瓦瓶壁连接由分立电子元件组成的低噪声前置放大器，输出一个瞬态模拟电压或电流信号。在给定光学视场中，过多的金属线必然增加杜瓦瓶的热负载，导致微型制冷机的制冷能力无法承受，因此需要限制红外探测器像元的引出电极、信号传输线数量，导致第一代红外探测器的像元数量非常有限，一般不超过200元。美国采用60元、120元和180元的光导型红外探测器作为热像仪通用组件。英国发明了新颖的SPRITE红外探测器，它把普通的碲镉汞光导红外探测器技术与时间延迟积分技术相结合，在一个长条探测像元中完成信号的时间延迟积分。

第一代红外探测器主要基于体晶碲镉汞材料研制。1959年开始，先后发展了布里奇曼法、碲溶剂法、固态再结晶法、移动加热法等工艺手段，进行了大量的研究工作，尝试了三十多种制备技术，并取得了阶段性研究结果。截至1969年，只能生长 $\phi 10$ mm 左右的碲镉汞晶锭，而且均匀性差，结果不稳定；到了1980年，碲镉汞体晶生长的几种主要技术都已成为生产技术，制备的优质碲镉汞体晶材料已可以制备性能良好的光导型红外探测器器件。如美国主要采用固态再结晶技术，法国主要采用碲溶剂技术，英国主要采用布里奇曼技术，乌克兰主要采用加压布里奇曼技术，均可生长直径40 mm 的晶体。

国内多家单位开展了碲镉汞体晶材料的生长研究，如昆明物理研究所、中国科学院上海技术物理研究所、航天科工集团三院8358所、华北光电技术研究所等，相继取得较好结果。昆明物理研究所从1970年开始进行碲镉汞体晶材料的生长研究，到1989年，布里奇曼法、碲溶剂法、固态再结晶法等工艺成熟，可以批量提供满足光导型红外探测器需要的优质碲镉汞体晶材料。同时，为了扩展应用范围，还发展了生长管外加压平衡方法，防止生长管爆炸，成功生长了 $\phi 40$ mm 的大直径碲镉汞晶体，其组分均匀性、结构参数、电学参数均满足光导器件使用要求。

温差电型探测器利用热电偶串联实现探测功能，其结构及实物图如图3-1-3所示。两种不同材料的导体两头分别相接时，两个接头处于不同的温度条件下，电路会产生电动势进行电信号输出，此电动势的大小反映出入射的红外辐射功率大小。

图3-1-3　温差电型探测器结构及实物图

早期的研究中，热电堆皆基于金属材料制备，但由于热电堆的响应速度慢、探测率低、成本高等缺点导致其难以被广泛使用。随着半导体材料被应用到热电堆的制作中，由于半导体材料普遍比金属材料的塞贝克（Seebeck）系数高，而且半导体的微加工技术保证了器件的微型化程度，降低了其热容量，因此热电堆的性能得到了大大地优化。互补金属氧化物半导体（Complementary Metal – Oxide – Semiconductor，CMOS）工艺的引入，让热电堆芯片电路技术实现了批量生产。

利用具有高电阻温度系数的热敏电阻制作的探测器称为热敏电阻探测器。热敏电阻受热辐射后，温度变化引起阻值变化，在固定偏压下电流就会随之变化，用来检测受到红外辐射的强度。这种探测器是由具有非常小的热容量和大电阻温度系数的材料制成的，吸收红外辐射后探测器的电阻会发生明显的变化。

常见的红外热辐射热计有以下几种类型：金属测辐射热计、半导体测辐射热计和微型室温硅测辐射热计（简称微测辐射热计）。其中，微测辐射热计型探测器是目前技术最成熟、市场占有率最高的主流非制冷红外焦平面探测器，甚至在军用市场也有一定的应用空间。

微测辐射热计是基于 MEMS 技术制造加工的微型传感器，是非制冷红外探测器的核心传感元件，最典型的应用材料为氧化钒（VO_x），它由底部反射镜、互连电极、绝热桥腿、热敏电阻和红外吸收桥面组成，如图 3 – 1 – 4 所示。

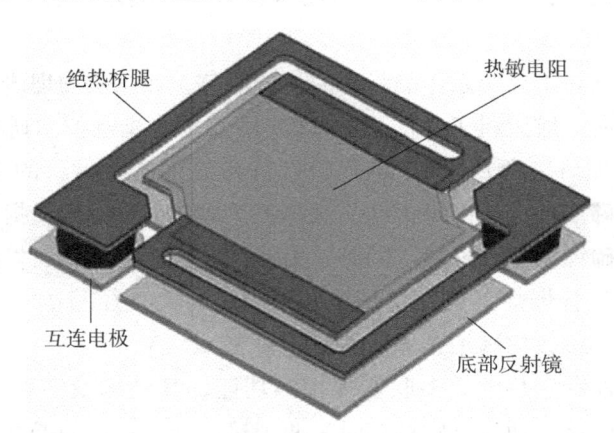

图 3 – 1 – 4 微测辐射热计的结构示意图

热释电探测器是利用热电效应（也称热释电效应）工作的探测器，它由一类处于极化状态的材料构成。热释电探测器的结构及其电路如图 3 – 1 – 5 所示。在热平衡条件下，自发电极化（或电偏振）材料的电非对称性可由自由电荷补偿，因而热释电探测器无信号；但是材料受到红外辐射时，温度升高，材料极化强度随之发生变化，这种电非对称性将无法得到补偿，于是表面呈现出电位差，连接外电路会输出电信号。其他热探测器都是直接探测温度的绝对值，而热释电探测器则是探测温度的变化量，它是一种交流型器件。热释电材料总体可分为单晶、聚合物和陶瓷三种类型。热释电探测器因其独特的性质而在光谱学、辐照度学、远距离温度测量、方向遥感等方面得到了重要的应用。

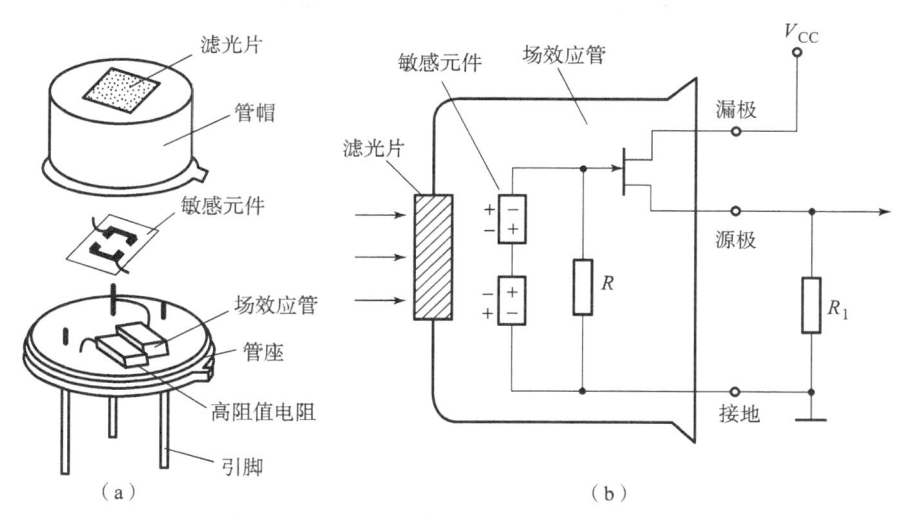

图 3-1-5 热释电探测器的结构及其电路

光电探测器的工作原理为：受红外线激发，探测器芯片传导电子增加，因而电导率增加，在外加偏压下，引起电流增加，增加的电流大小与光子数成正比。光电探测器俗称光敏电阻。光电导又分本征型激发和非本征型（杂质型）激发两种。本征型激发是指红外光子把电子从价带激发至导带，产生电子-空穴对，即导带中增加电子，价带中增加空穴。非本征型激发是指红外光子把杂质能级的束缚电子（或空穴）激发至导带（或价带），使导带中增加电子（或价带中增加空穴）。图 3-1-6 所示为碲镉汞中红外光电探测器实物图及其成像系统成像图。

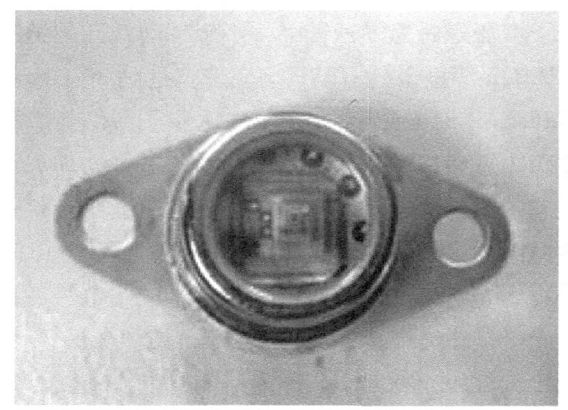

图 3-1-6 碲镉汞中红外光电探测器实物图及其成像系统成像图

光伏探测器的工作原理为：在半导体材料中，使导电类型不同的两种材料相接触，制成 PN 结，形成势垒区。红外线激发的电子和空穴在 PN 结势垒区被分开，积累在势垒区的两边，形成光生电动势，连接外电路后就会有电信号输出。光伏探测器也称为光电二极管。此外，还有一种被称为肖特基势垒型的探测器，它是由某些金属与半导体接触，形成肖特基势垒，该势垒与 PN 结势垒相似，红外线激发的载流子通过内光电发射产生电信号，实现光电探测，如图 3-1-7 所示为其制成的中红外探测成像器件。

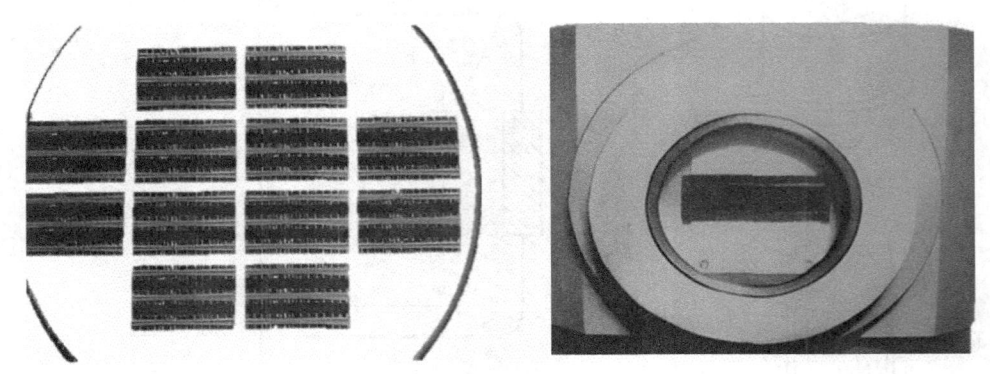

图 3-1-7　PtSi 肖特基势垒制成的中红外 CCD 器件

量子阱级联探测器（Quantum Cascade Detectors，QCD）作为一种新兴的光伏型探测器，对中远红外波段均可进行响应，发展前景备受关注。量子阱级联探测器是一种光伏型的子带间探测器，由数十个有源区构成，每个有源区包含一个掺杂的量子阱和一个级联输运区，级联输运区包含一组啁啾量子阱，各量子阱的子带能级以光学声子能量为间隔排列成台阶状，形成内建电场，光生电子沿声子台阶以亚皮秒的寿命进行定向输运，因此 QCD 能够在零偏压下工作，理论上没有偏压造成的暗电流，器件噪声应该比同样是子带间跃迁的量子阱红外光探测器（Quantum Well Infrared Photodetector，QWIP）低得多。

子带间跃迁红外探测器（QCD 和 QWIP）与传统的碲镉汞和新型的二类超晶格红外探测器相比，最大的特点是其激发态电子本征寿命为皮秒量级，小于带间跃迁的纳秒量级，因而表现出优异的高频响应特性。H. Liu 等报道的 QWIP 响应带宽达到 30 GHz。另外，子带间跃迁红外探测器主要基于 GaAs/AlGaAs 或 InGaAs/InAlAs 量子阱结构，材料生长技术成熟，外延质量明显高于上述碲镉汞和二类超晶格材料，因此适合制作大面积焦平面阵列的热像仪。实际上，美国航空航天局在 2013 年发射的陆地卫星 8 号就搭载了 8~13 μm 波段 640 像素 × 512 像素的 QWIP 焦平面阵列，用于遥感观测。QWIP 工作在光导模式下，即必须施加偏压才能采集到光电流，无法避免偏压产生的暗电流，因此通常在液氮温度或更低的温度下工作，无论是作为高速探测器还是作为成像仪，制冷的要求势必增加探测系统的复杂性和成本。QCD 出现以后，因其光伏型工作模式，避免了 QWIP 的暗电流问题，同时保留了子带间跃迁的高频特性和量子阱材料的高质量优势，受到了红外探测器领域的广泛关注。

瑞士的 F. Giorgetta 课题组报道了 InP 基 InGaAs/InAlAs 材料体系的 QCD，波长从 4 μm 到 18 μm，并且在 5.35 μm 处测量到 23 GHz 的响应频率。法国的 Bergerv 课题组采用 GaAs 基材料体系，只有 8 μm 和 14 μm 两个波长，通过一系列器件物理仿真对 QCD 的工作机理进行了深入的研究。美国普林斯顿大学 A. Ravikumar 等报道了 ZnCdSe/

ZnCdMgSe 量子阱形成的中红外 QCD，与Ⅲ-Ⅴ族的窄带不同，该Ⅱ-Ⅵ体系的 QCD 表现出 10^{30} cm^{-1} 的带宽，80 K 时响应率为 40 mA/W，探测率为 3.1×10^{16} Jones。瑞士的 P. Reininger 等在 InAs 衬底上生长的 InAs/InAsSb 基 QCD，室温下 4.84 μm 处的峰值比探测率为 2.7×10^{7} Jones。

以上 QCD 中 InP 基材料体系的性能最好，中波和长波都实现了室温响应，但是仍存在一些问题亟待解决。首先最大的问题是响应率低，10 μm 波长液氮下响应率只有 9 mA/W，室温下响应率降到 4 mA/W，这是 QCD 实用化的主要障碍，为此，多个课题组提出了不同的研究方案来提高 QCD 的响应率。日本滨松公司报道了引入波导结构的 QCD，5.4 μm 波长室温下响应率达到 40 mA/W。法国的 A. Bigioli 等在 9 μm QCD 表面做了金属阵列天线，通过增加有效受光面积，获得了室温下 50 mA/W 的响应率。瑞士的 P. Reininger 等提出了一种斜跃迁 QCD 有源区，实现了 8 μm 室温下 16.9 mA/W 的响应率。其次，量子阱的子带间吸收具有偏振选择性，因此 QCD 和 QWIP 对正入射光无响应，为此需要采用表面光栅或斜入射的方案，但是光耦合效率不够高，需要直接改进有源区低维结构材料的能带结构，实现子带间跃迁与正入射光的有效耦合。最后，光伏型 QCD 通常在液氮以上甚至室温工作，热噪声是其主要噪声来源，对于长波甚长波 QCD，其级联输运区只能容纳一两个甚至不到一个声子台阶，所以级联区很窄，相邻周期的掺杂阱间距很近，造成器件电阻很小，随着温度升高，热噪声变得特别严重，随之探测率快速恶化，很难获得理想的器件性能。QCD 是一种基于 QWIP 的改良设计。QWIP 的工作温度较低，并且读出电路易饱和，积分时间短（其能带图与工作原理见图 3-1-8）。针对这些缺点，QCD 的设计于 21 世纪初被提出并被广泛研究。

QCD 由两种材料交替生长形成，其工作原理是基于电子在不对称的、锯齿状导带结构的耦合量子阱中的子带间的跃迁，从而允许激发态电子单方向输运。它是一种不需要外加偏置电压的光伏型红外探测器件。

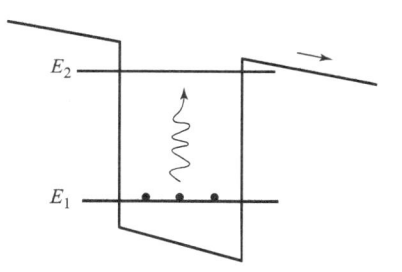

图 3-1-8 QWIP 单个周期的能带图与工作原理

一个 QCD 器件通常有几十个周期，每个周期则包含多组量子阱与势垒。这些量子阱与势垒构成两个区域：第一个区域为吸收区，通常由掺杂的量子阱构成，用于吸收光子；第二个区域为输运区，由周期内其他量子阱构成。各量子阱的子带能级以光学声子能量为间隔排列成台阶状，形成内建电场，产生的电子沿声子台阶以亚皮秒的寿命进行定向输运，因此 QCD 能够在零偏压下工作，理论上没有偏压造成的暗电流。图 3-1-9 展示了 QCD 的结构示意图。

入射光子将吸收区基态的电子激发至激发态。处于激发态的电子弛豫到下一个相邻阱的基态。这种弛豫的过程一直持续到一个周期结束，将电子输运至下一周期。

尽管缺乏光电导增益，但这种器件具有其他大多数红外探测器件所没有的优点：

优点 1：探测波长可以覆盖整个中远红外波段，并能实现双色甚至多色探测。

图 3-1-9 QCD 的能带示意图

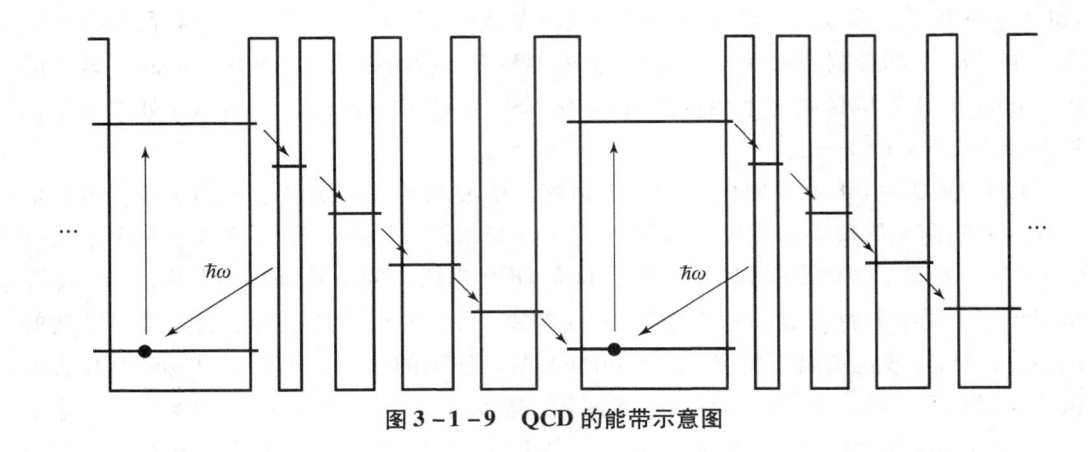

优点 2：没有暗电流，从而没有暗电流噪声。

优点 3：单量子阱中束缚态之间的光学跃迁受到较小的界面散射而具有窄线（10 meV），使得这种器件感知到的背景辐射降至很低，从而更有利于在较高的温度工作。

优点 4：能够实现超高速工作。

优点 5：由于没有暗电流，一方面可采用较长的积分时间提高灵敏度而不会使基于电荷耦合器件的读出电路饱和；另一方面热负载小，原则上可以制作具有简单冷却系统的单元或小能耗的阵列。

目前，用于制作量子阱级联探测器的较成熟的材料体系主要是半绝缘 InP 衬底上生长的 $In_xGa_{1-x}As/In_yAl_{1-y}As$ 以及半绝缘 GaAs 衬底上生长的 GaAs/Al GaAs，如图 3-1-10 为某 4.3 μm 的 QCD 器件特性。

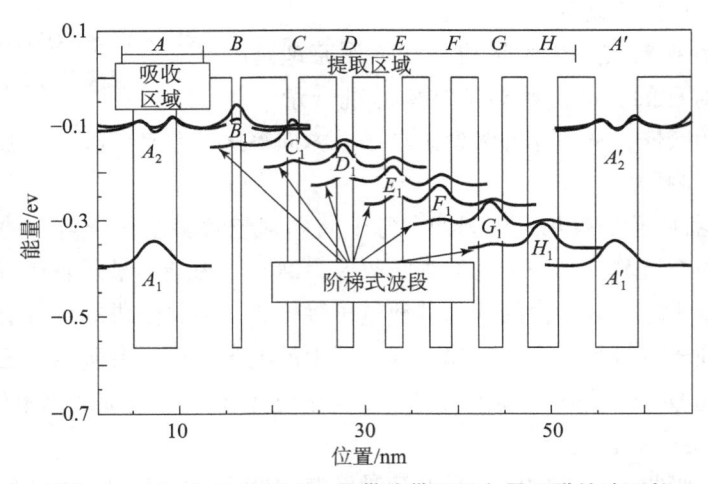

图 3-1-10 4.3 μm QCD 导带能带图及各量子阱的波函数

但是如果 QCD 放入复杂的测量系统中，QCD 的低响应率和低噪声很有可能造成其光电流被测量电路的噪声所淹没，因此其响应率低的问题亟待解决。

光磁探测器的工作原理为：由红外线激发的电子和空穴，在材料内部扩散运动过程中，受到外加磁场的作用，就会使正、负电荷分开，分别偏向相反的一侧，电荷在材料侧面积累。若连接外电路，就会有电信号产生。光磁探测器的主要应用材料有锑化铟、碲镉汞，并利用其外延层或结构层制成，如图 3 - 1 - 11 所示。由于光磁探测器要在探测器芯片上加磁场，结构比较复杂，所以现在很少使用。

红外焦平面探测器是新一代红外探测器，在单元和多元红外探测器的基础上，结合微电子芯片工艺技术，向集成化、多元数化、功能更强化、大规模化方向发展。

红外焦平面探测器主要由红外探测器阵列和读出电路（Readout Integrated Circuit，ROIC）组成，两者通过铟柱互连混成，是当前最成熟的焦平面结构，如图 3 - 1 - 12 所示。

图 3 - 1 - 11　10.6 μm 碲镉汞光磁探测器　　　图 3 - 1 - 12　红外焦平面结构示意图

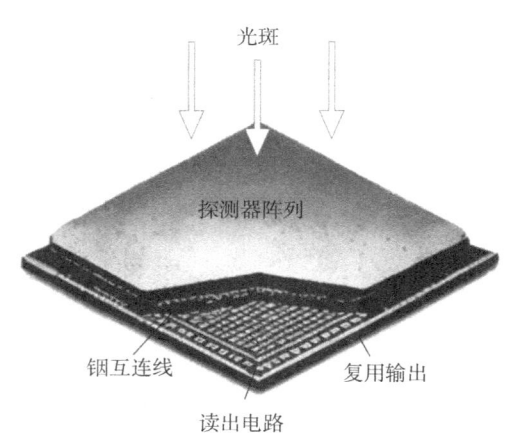

单元和多元红外探测器均属于分立元件形式，要取出每个探测元件的光电信号，必须有两条信号引出线。对于多元探测器，可以共用一条"地线"，而另一条信号线则必须从各个分立的元件单独引出。如果探测器元数增多，信号引出线也相应增多。对于军用上使用最多的高性能光子探测器，为保证制冷到低温工作，探测器芯片被封装在高真空杜瓦瓶中，信号引出线通过杜瓦瓶外壳引出，同时又要保证杜瓦瓶的高真空密封。例如，一只 120 像元的探测器，至少要有 121 条（通常为 126～132 条）引出线。这么多线从杜瓦瓶外壳中引出，要保证杜瓦瓶真空密封性，难度很大。与信号引出线相对应，每根信号线都要配一个低噪声前置放大器，信号放大后才便于后续处理，因此使用非常不便，功耗也大。

使用分立形式的多元红外探测器，一般都在 200 像元以下。但像元数越多，困难越大，很难保证其可靠性。

但是，如果利用微电子工艺和集成电路技术，使红外探测器在焦平面上完成光电转换和信息处理功能，能使组成几千个甚至几十万个高密度的探测器阵列成为可能。所以，把这种在探测器芯片上既完成光电转换又实现信号处理功能的多元红外焦平面探测器又称为红外焦平面阵列。

可用于中红外波段的焦平面阵列主要分为单片式和混合式两种结构，结构示意图如图 3 – 1 – 13 所示。

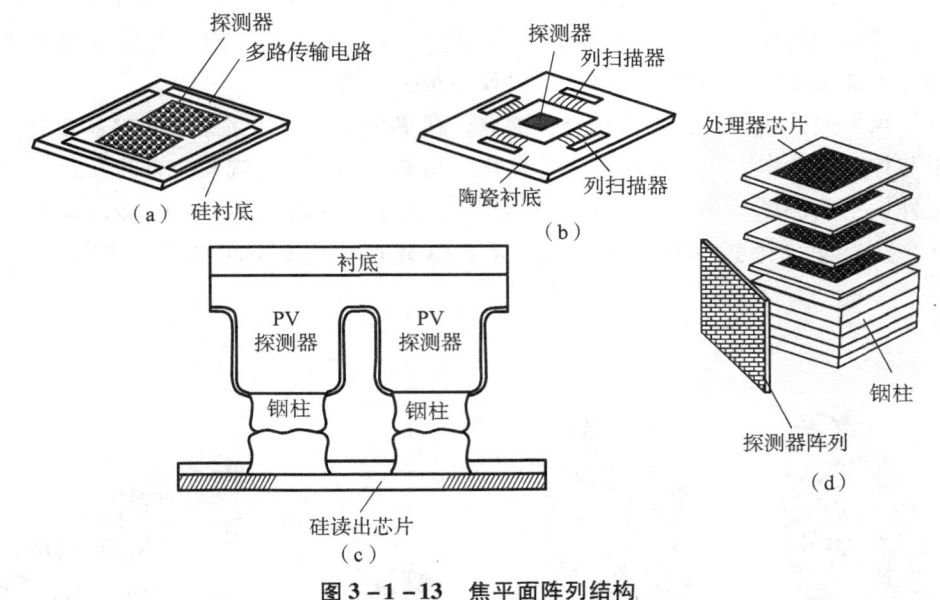

图 3 – 1 – 13 焦平面阵列结构
(a) 单片式；(b) 准单片式；(c) 平面混合式；(d) Z – 混合式

中红外单片式焦平面阵列是将探测器阵列与信号处理、读出电路集成在同一块芯片上，制作难度较大。目前使用的为 PtSi 肖特基势垒全单片式、窄带隙半导体材料（HgCdTe、InSb、PbSe）以及热敏材料（VO_x）在硅衬底上利用外延法制备的单片式探测器。

中红外混合式焦平面阵列结构式红外探测器和硅信息处理电路两部分分别进行制备，再通过镶嵌技术将两者互连。其制造难度相比单片式小，工艺也更成熟，其常用材料与分立式探测器材料亦相同。

红外焦平面阵列是探测器芯片与信号处理芯片耦合互连后的整体，其中十分突出的问题是探测器的光电信号如何注入信号处理电路的输入级、读出电路之间如何实现电耦合以及信号的传输处理和输出。

传统的模拟读出电路主要包括输入级电路、信号预处理电路、多路传输电路和输出电路，如图 3 – 1 – 14 所示。输入级电路与探测器阵列直接相连，将探测器的光生电流进行积分并放大输出。常见输入级结构包括直接注入型（Direct Injection，DI）、电容反馈跨阻放大器（Capacitor Transimpedance Amplifier，CTIA）、源跟随器输入结构（Source Follower Detector，SFD）等，其中 CTIA 和 DI 型输入级应用较广。信号预处理电路主要有采样 – 保持电路、相关双采样电路、时间延迟积分电路等。多路传输电路按照时序设定的工作模式将采样数据依次输出。输出电路通常采用源跟随器或缓冲放大器结构将信号输出。此外，随着 IRFPA 技术的发展，读出电路向数字化方向发展，数字化焦平面发展迅速（见图 3-1-15），其中片上集成模数转换器（Analog-to-Digital Convertor，ADC）是数字化 IRFPA 信号处理的核心。数字化红外探测器成像系统如图 3-1-16 所示，探测器光电流信号经过积分转换为电压信号后，片上集成的 ADC 将模拟电信号直接转换为数字信号后输出。

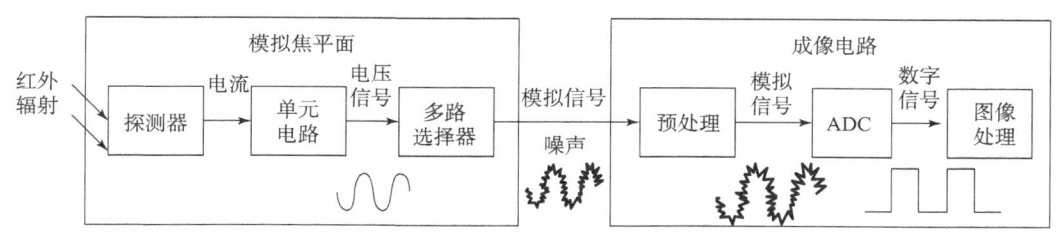

图 3-1-14 传统红外探测器成像系统示意图

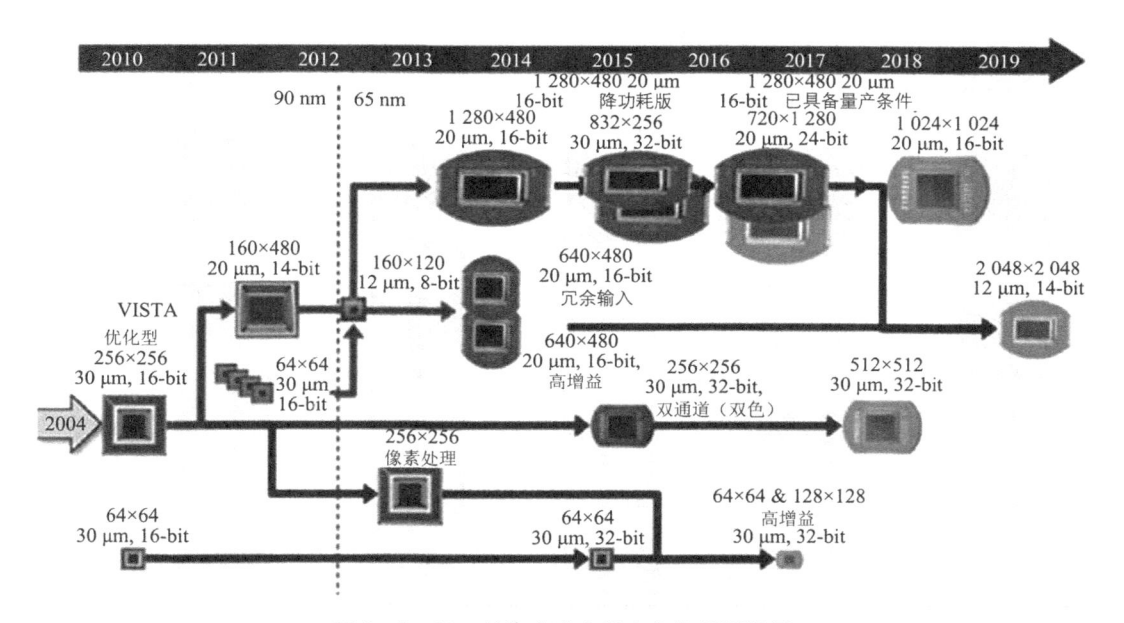

图 3-1-15 林肯实验室数字化焦平面进展

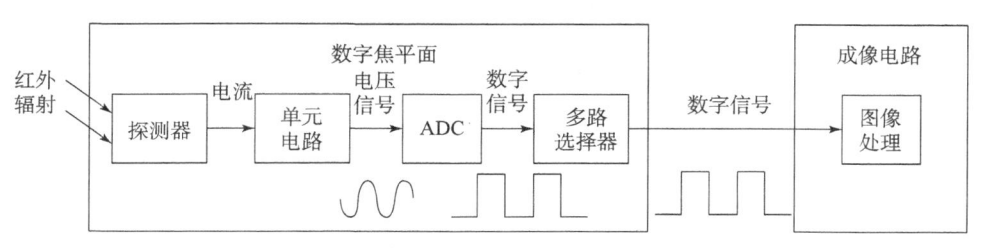

图 3-1-16 数字化红外探测器成像系统示意图

3.1.2 中红外探测器材料

中红外探测器材料是发展中红外探测器的基础,它和红外探测器的发展相辅相成。当前第三代以及未来的第四代红外焦平面探测器的发展具有大规模、多光谱、高性能、集成化等特点,针对此种应用需求,提高红外探测器核心红外材料的性能成为关键。应用于中红外探测器的材料可分为制冷型光电材料和非制冷型热敏材料。其中,在武器装备方面应用的制冷型探测器材料仍以本征的窄带隙半导体为主,高性能的制冷型红外探测器均采用化合物半导体材料。

基于窄禁带半导体的光电二极管中产生暗电流的主要机制有4种:耗尽区与产生 - 复合过程相关的电流;器件扩散区的扩散电流;与界面陷阱相关的表面漏电流;隧穿电流(带间隧穿和陷阱辅助隧道电流)。并且,红外探测器的最高工作温度通常由其暗电流决定,并随温度呈指数增长,当探测器工作时,暗电流的任何波动都直接转化为探测器中的噪声。

因此,为了使红外探测器在最佳状态下工作,必须降低工作温度,使器件暗电流尽可能小,从而使信号免于被巨大的噪声淹没。常见的中红外光电探测材料中,HgCdTe材料带隙可调、探测范围可以覆盖三个大气窗口,综合性能最优;InSb材料的带隙不可调控,探测波数范围在中红外波段($3\sim5~\mu m$),是图3 - 1 - 17、图3 - 1 - 18 中空 - 空导弹引导头的核心探测材料;由硒化铅(PbSe)材料制成的探测器是红外波段未冷却状态下探测率最高的探测器。非制冷型红外探测器材料则主要有热释电材料和测微辐射热计材料,其中,应用最为广泛的为氧化钒(VO_x)材料。

图3 - 1 - 17 空 - 空导弹红外引导头

锑化铟(InSb)晶体材料在中红外探测领域也具有独特的优势,尤其适用于需要低温工作的环境。锑化铟的性能非常适合于军事导弹引导头、红外成像和红外传感器等领域,锑化铟晶体材料发展路线如图3 - 1 - 19 所示。

硒化铅(PbSe)是一种具有立方结构窄禁带的Ⅳ - Ⅵ族半导体材料(其原子结构

图 3-1-18 以色列"怪蛇-5"空-空导弹

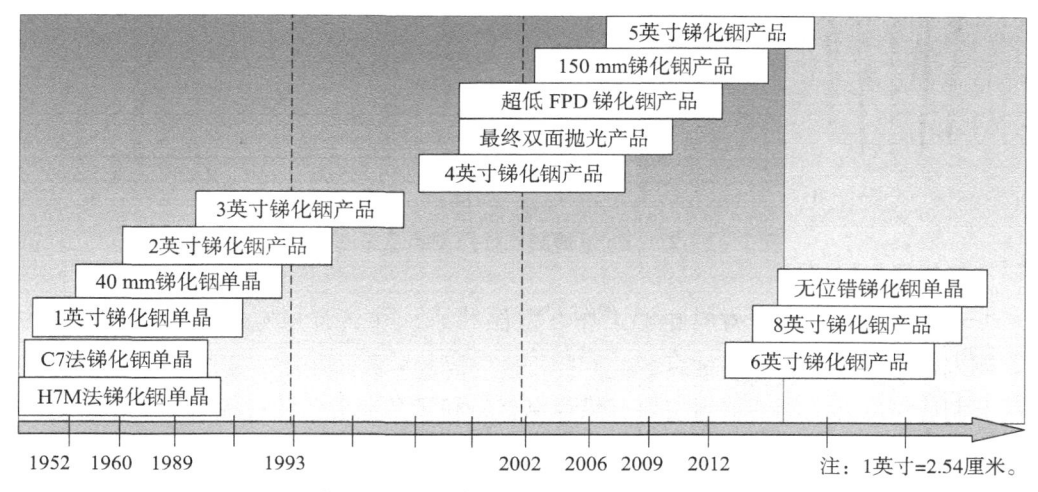

图 3-1-19 锑化铟晶体材料发展路线

见图 3-1-20），对响应波段 1~5 μm 的光谱有较高的探测率。其禁带宽度在室温条件下为 0.27 eV，在绝对零度条件下可降低到 0.17 eV。通过改变 PbSe 材料的微观结构或成分可实现对其禁带宽度的调控。

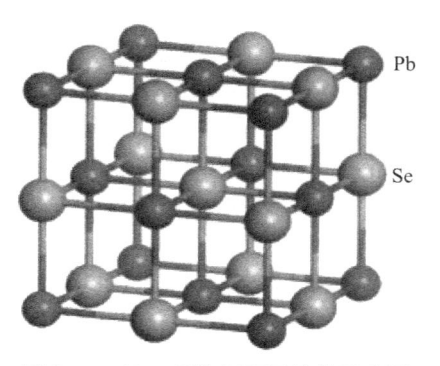

图 3-1-20 硒化铅原子结构示意图

利用其制作的多晶薄膜材料的内光电效应制成的本征光电导探测器,其量子效率高、灵敏度高,其中最典型的为盐酸类红外探测器,这类探测器在室温情况下,峰值探测率仍可达 1×10^{10} cm·Hz$^{1/2}$/W。但是由于 PbSe 薄膜制作难度仍旧很大,进一步的理论与实际应用研究仍在继续。图 3-1-21 为已初步产品化的 PbSe 薄膜红外探测器及光谱探测率。

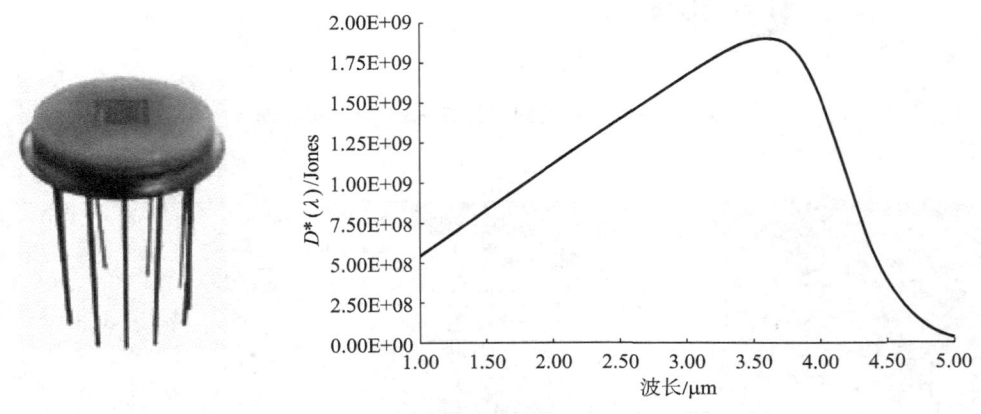

图 3-1-21 PbSe 薄膜红外探测器及光谱探测率

非制冷型红外探测器材料能够工作在室温状态,并具有稳定性好、成本低、功耗小、能大幅降低系统尺寸等优点。

非制冷型红外探测器材料主要有热释电材料和测微辐射热计材料。

热释电材料包括氧化物晶体钽酸锂、铌酸锶钡和陶瓷材料钛酸铅、锆钛酸镧以及铁电材料钛酸锶钡等,因具有化学性质稳定、容易加工等优点已被用于制作红外探测器,并在激光探测、红外报警(见图 3-1-22、图 3-1-23)和夜视仪等方面得到应用。热敏材料则主要包括氧化钒和非晶硅材料,其中,氧化钒材料具有较高的电阻温度系数,产品热灵敏度较高,是目前市场的主流选择。

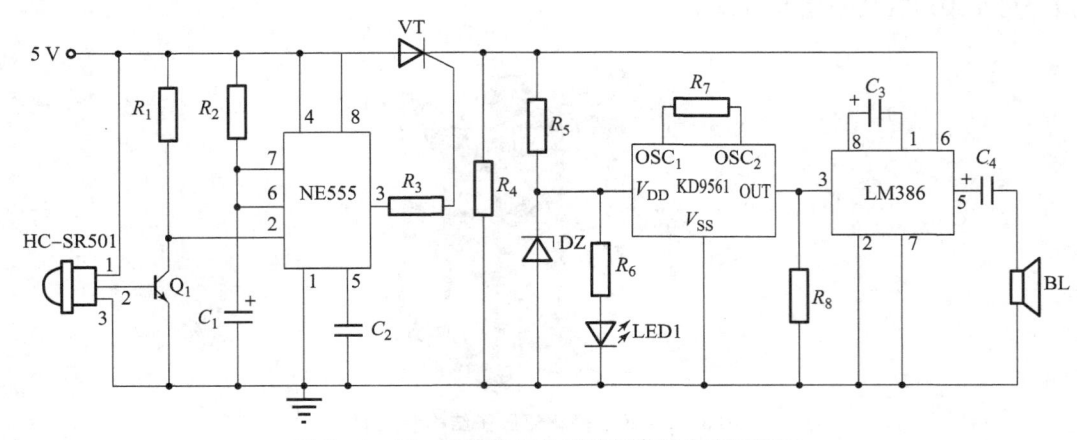

图 3-1-22 热释电红外感应报警器电路原理图

图 3-1-23 人体热释电红外感应报警器实物图

钒（V）是 3d 过渡金属元素，其氧化物之一——氧化钒制成的薄膜在热红外测辐射热计应用中，以其适中的电阻高的电阻温度系数 TCR（-2%～-6%），以及可与半导体工艺兼容的制备工艺，成为首选的敏感元热敏电阻材料，图 3-1-24 所示为氧化钒薄膜的电阻温度曲线。

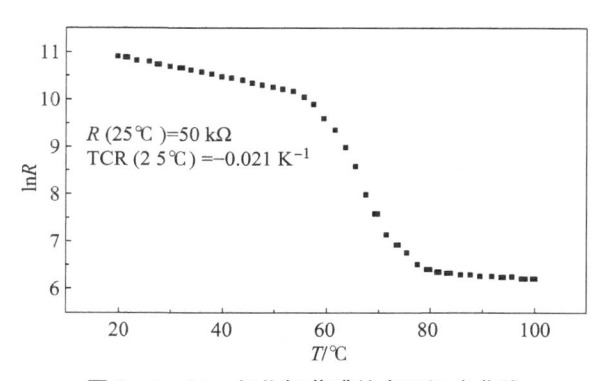

图 3-1-24 氧化钒薄膜的电阻温度曲线

氧化钒薄膜是指存在多种价态的氧化钒成分混合的非晶或多晶薄膜，通常获得的氧化钒薄膜都是两种、三种甚至更多的不同价态氧化物的混合物，其热敏特性取决于所形成薄膜的化学成分计量比、结晶状态和显微结构等主要因素。氧化钒主要作为探测器敏感材料应用于非制冷红外探测和红外成像技术中。

砷化镓（GaAs）是一种重要的半导体材料，常用于制造发光二极管（LED）、激光二极管、太阳能电池等光电设备。它属于 III-V 族直接带隙半导体，具有优良的电子迁移率和直接带隙特性，这使砷化镓在可见光及邻近波段（如近红外）中表现出色。

在 3～5 μm 的中红外波段，砷化镓的适用性受限，主要是因为它的带隙宽度约为 1.42 eV 对应的光子能量（通过公式 $E = hc/\lambda$，其中 E 是能量，h 是普朗克常数，c 是光速，λ 是光的波长），这对应于约 870 nm 的波长。要有效地吸收或发射 3～5 μm 中红外波段的光，半导体材料的带隙需要匹配此波段的光子能量，即 0.25~0.4 eV。

由于砷化镓的带隙太宽，无法吸收或发射中红外波段的光，使其不适用于该波段的光电器件。为了在中红外波段工作，人们通常会选择其他材料，比如锑化铟（InSb）、铅盐（如 PbSe 或 PbS）等，它们具有较窄的带隙，能够与 3~5 μm 波长的光互动。此外，量子阱、量子点等半导体纳米结构也能够调节电子和空穴的能级，从而可用于开发中红外波段的光电器件。但是，在中红外波段即 3~5 μm，碲镉汞这种金属－半导体结构的材料是最主要的探测材料。

3.1.3 碲镉汞（HgCdTe）探测器

1959 年，劳森（Lawson）及其同事发布的研究成果触发了变带隙 $Hg_{1-x}Cd_xTe$（HgCdTe）合金的研发热情，为红外探测器设计提供了前所未有的自由。2009 年 4 月 13—17 日，在美国佛罗里达州奥兰多市举行的第 35 届红外技术与应用会议上，举行了该成果公布 50 周年庆祝专题研讨会，将参与 HgCdTe 后续研发的大部分研究中心和工业公司齐聚一起。图 3－1－25 所示为 1957 年首次公布专利中复合三元合金材料 HgCdTe 的皇家雷达研究所（Royal Radar Establishment）的发明人。1959 年首次发表文章时增加了 E. Putley 先生。

亚历克斯·杨　　　比尔·劳森　　　斯坦·尼尔森　　　欧内斯特·普特雷
（Alex Young）　（Bill Lawson）　（Stan Nielsen）　（Ernest Putley）

图 3－1－25　HgCdTe 三元合金的发明者

HgCdTe 是结晶在闪锌矿中的伪二元合金半导体。由于其带隙可以随 x 调整，所以，$Hg_{1-x}Cd_xTe$ 已逐步成为整个红外光谱范围探测器应用中最重要/通用的材料，随着碲（Cd）成分增加，$Hg_{1-x}Cd_xTe$ 能隙逐渐从 HgTe 的负值增大到 CdTe 的正值。带隙能量调整使红外探测器能够应用于短波红外、中波红外、长波红外及甚长波红外光谱区。

劳森（Lawson）等人首次阐述了波长 12 μm 范围内的光电导和光伏两种响应，并做了低调评论：希望这种材料应用于本征红外探测器中。当时，已经相当清楚地知道

8～12 μm 大气透射窗口对热成像的重要性，对景物发射的红外辐射成像可以增强夜视观察能力。1954 年以来，已经研究了掺杂铜的锗本征光导探测器，但其光谱响应在波长 30 μm 之外（远长于 8～12 μm 窗口之需要）；同时，为了得到背景限性能，Ge：Cu 探测器必须制冷到液氦温度。1962 年，发现 Ge 中 Hg 受主能级具有约 0.1 eV 的活化能，之后不久，利用该材料制成了探测器阵列。然而，这种 Ge：Hg 探测器也要制冷到 30 K 才能得到最大灵敏度。根据理论可清楚知道：本征 HgCdTe 探测器在更高工作温度（高至 77 K）下可以达到相同的灵敏度。于是许多国家对 HgCdTe 探测器开展了深入研究，包括英国、法国、德国、波兰、苏联和美国。然而，早期的研发工作几乎没有留下资料，直至 20 世纪 60 年代末期，在美国进行的研究还处于保密。

图 3-1-26、图 3-1-27 列出了 HgCdTe 红外探测器重大研发事件的时间表。早在 1964 年，美国德州仪器公司在研发出改进型布里奇曼晶体生长技术时，就已经制造出光电导器件，维列（Velie）和格兰杰（Granger）首次阐述了在制造 HgCdTe 光敏二极管的过程中，通过在 Hg 中扩散来有意识地形成结区，从而获得具有 Hg 空位的 P 类材料。HgCdTe 光敏二极管的第一个重要应用是用作二氧化碳激光辐射的高速探测器。1967 年蒙特利尔博览会上法国馆展出一台安装有 HgCdTe 光敏二极管的二氧化碳激光系统。然而，20 世纪 70 年代研究和制造的高性能中波红外（MWIR）和长波红外线性阵列是用于第一代扫描系统中的 N 类光电导体。1969 年，巴特利特等人介绍了工作在温度 77 K、长波红外光谱区、具有背景限性能的光电导体，材料配置和探测器技术方面的优势已导致器件性能在较大的温度和背景范围内接近响应度和探测率的理论极限值。

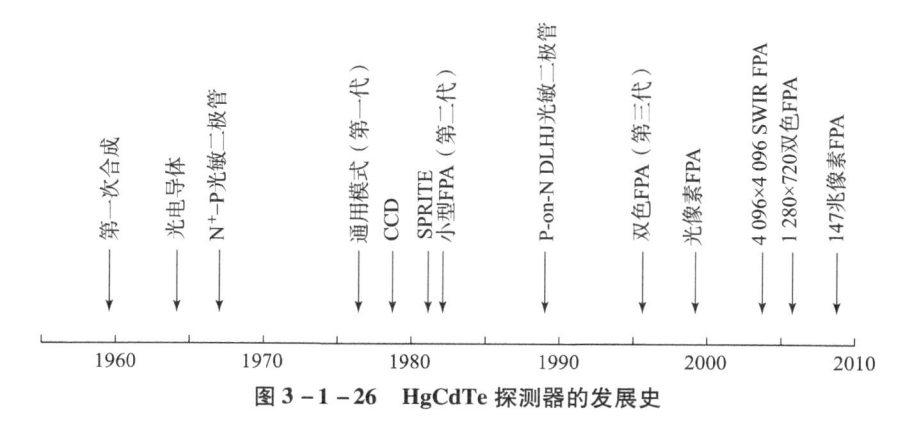

图 3-1-26　HgCdTe 探测器的发展史

英国发明了一种新的改进型标准光电导体器件，即扫积型探测器（SPRITE）。一些热成像系统已采用了该器件，但使用量在减少。SPRITE 探测器提供扫描像斑的平均信号，并通过少数载流子沿材料光电导带长度的漂移速度与成像系统扫描速度间的同步完成探测。图像信号形成一束少数电荷，汇聚在光电导带端部，在足够长时间段内有效地对信号进行积分，因此，提高了信噪比（SNR）。

扫描系统不包括焦平面阵列中的多路复用功能，属于第一代系统。美国普通模块式 HgCdTe 阵列根据应用情况使用 60、120 或 180 光电导元。

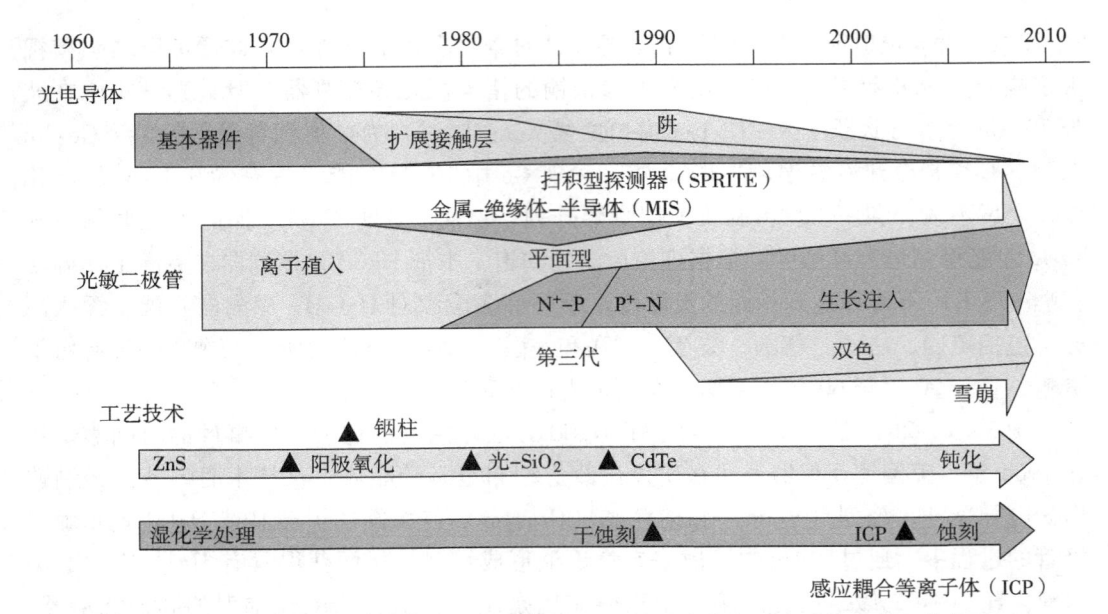

图 3-1-27 HgCdTe 探测器的研发时间表及工艺技术中有望实现的重点研发成果

在波伊尔（Boyle）和史密斯（Smith）发明电荷耦合器件（CCD）之后，一个全固态电扫描二维（2-D）红外探测器阵列直接应用于 HgCdTe 光敏二极管的想法引起了业界关注，包括 PN 结、异质结和金属-绝缘体-半导体（MIS）。

根据不同的应用情况，这些不同类型的器件对于红外探测都有一定的优势。比较感兴趣的集中于前两种结构，所以，进一步的讨论将局限于 PN 结和异质结结构。具有很低功率损耗、固有高阻抗、可以忽略不计的 1/f 噪声以及在焦平面硅芯片上易多路复用的光敏二极管，可以组装在由大量像元组成的 2-D 阵列中。但受限于当时的技术，即使有较高的阻抗，它们也可以施加反向偏压，所以，能够以电学方式与小型低噪声硅读出前置放大器电路相匹配。

虽然光敏二极管具有比光电导体高得多的光子通量，但其响应仍保持线性（由于光敏二极管吸收层中有较高的掺杂级，并且光生载流子被结快速收集）。在 20 世纪 70 年代末，重点研发中波和长波光谱范围热成像应用的大型光伏 HgCdTe 阵列，但在最近的主攻方向是扩展到短波长（即短波（SW）光谱范围的星光成像）及大于 15 μm 的超长波红外（VLWIR）星载遥感传感系统。

与第一代相比，第二代系统（全幅系统）在焦平面上会有更多像元（>10^6），一般要多三个数量级，探测器像元排列在 2-D 阵列上。与该阵列集成在一起的电路以电学方式对这些凝视阵列进行扫描。读出集成电路（ROIC）包括像素取消选择、每个像素上防止电子溢流、副帧成像、输出前置放大器和其他功能。第二代 HgCdTe 器件是 2-D 光敏二极管阵列，该技术始于 20 世纪 70 年代末，之后花费了十年时间才实现批量生产。

20 世纪 70 年代中期，首次验证了混合型结构，读出电子线路的铟柱倒焊保证了在很少几个输出线路上可多路复用几千个像素信号，大大简化了真空密封低温传感器和系统电子线路间的界面，探测器材料和多路复用器单独优化。混合焦平面阵列的另一优点是接近100%填充因数，并增大了多路复用器芯片上信号处理的面积。

一般地，金属－绝缘体－半导体光电容器都形成在N类吸收层上，一块半透明金属膜作为栅极，选择的绝缘体是薄天然氧化物。研究HgCdTe MIS探测器的唯一动机是实现单片红外CCD的诱惑，这使探测和多路复用功能在一种材料上同时完成。然而，由于MIS系统探测器是非平衡工作（因为需要在电容上施加几伏的偏压脉冲以便将表面驱动成深消耗层），所以，在MIS器件消耗层形成的电场要比PN结大得多，产生与缺陷相关的隧穿电流比基本的暗电流大几个数量级。与光敏二极管相比，MIS探测器对材料质量要求更高，很难达到要求，为此，大约在1987年，放弃了HgCdTe MIS探测器的研究。

在20世纪最后十年，在探测器研发的巨大推动下制造出第三代HgCdTe探测器，第二代系统制造工程采用的异质结结构器件的技术成果造就了这一代探测器。

HgCdTe三元合金是近乎理想的红外探测器材料体系，以下三个重要性质决定了其所处的地位：

性质1：1～30 μm可调整的能带隙范围。

性质2：能够产生高量子效率的大光学系数。

性质3：有利的内在复合机理，从而导致高工作温度（High Operating Temperature，HOT）。这些性质是形成闪锌矿半导体能带结构的直接结果。此外，HgCdTe特有的优点是具有低和高两种载流子浓度、高电子迁移率和低介电常数。晶格常数随成分具有特别小的变化，这种性质有可能生长出高质量分层和分级的带隙结构，因此，HgCdTe可以应用于不同工作模式的探测器（光导体、光敏二极管或者金属－绝缘体－半导体（MIS）探测器）。

1. 能带隙

$Hg_{1-x}Cd_xTe$的电子和光学性质取决于布里渊区Γ点附近的带隙结构，与InSb方式基本相同，电子带和轻质空穴带的形状取决于kp相互作用（kp表示动量算符和波矢量算符的内积），因而也取决于能隙和动量矩阵元。这种复合材料在4.2 K温度时的能隙范围从半金属HgTe的 -0.300 eV，在$x \approx 0.15$处经过零点，一直到CdTe的1.648 eV。图3-1-28给出了$Hg_{1-x}Cd_xTe$带隙$E_g(x, T)$在温度77 K和300 K时与合金成分参数x的关系曲线，并给出了截止波长$\lambda_c(x, T)$。在此，截止波长定义为响应下降至峰值50%处的波长。

目前，正使用一些近似表达$E_g(x, T)$的计算公式，最广泛使用的是汉森（Hansen）等人给出的表达式：

$$E_g = -0.302 + 1.93x - 0.81x^2 + 0.832x^3 + 5.35 \times 10^{-4}(1-2x)T$$

$$(3-1-1)$$

式中：E_g 的单位为 eV；T 的单位为 K。

计算本征载流子浓度最广泛使用的公式是汉森（Hansen）和施密特（Schmit）推导的表达式。其中，利用他们推导的 $E_g(x, T)$ 关系式，即式（3-1-1），以及 kp 法，若重质空穴有效质量比取 $0.443m_0$，则有：

$$n_i = (5.585 - 3.82x + 0.001\,753T - 0.001\,364xT) \times 10^{14} E_g^{3/4} T^{3/2} \exp\left(-\frac{E_g}{2kT}\right) \tag{3-1-2}$$

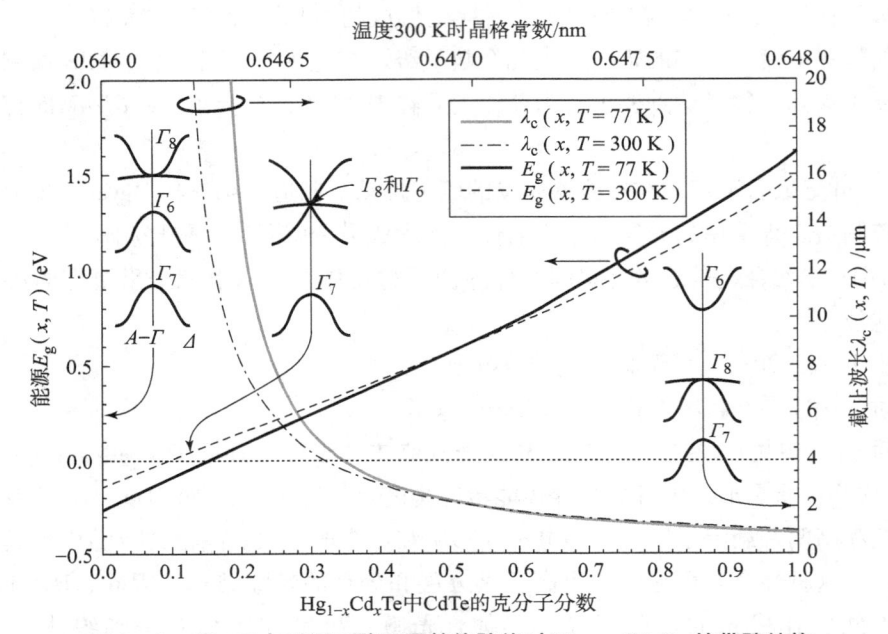

图 3-1-28 Γ 点附近三种不同禁能隙值时 $Hg_{1-x}Cd_xTe$ 的带隙结构
（根据 $\Gamma=0$ 处 Γ_6 与 Γ_8 极值间的差确定能带隙）

窄带隙汞复合材料中电子 m_e^* 和轻质空穴 m_{lh}^* 的有效质量相近，并可以根据凯恩（Kane）模型确定。在此，采用维勒（Weiler）表达式：

$$\frac{m_0}{m_e^*} = 1 + 2F + \frac{E_p}{3}\left(\frac{2}{E_g} + \frac{1}{E_g + \Delta}\right) \tag{3-1-3}$$

式中：$E_p = 19$ eV；$\Delta = 1$ eV；$F = -0.8$。该关系式可近似表示为 $m_e^*/m_0 \approx 0.071 E_g$。其中，$E_g$ 的单位为 eV。重质空穴 m_{hh}^* 的有效质量大，测量值范围是 $0.3 \sim 0.7 m_0$。$m_{hh}^* = 0.55 m_0$ 常用于对红外探测器建模。

2. 迁移率

由于有效质量小，所以，HgCdTe 中电子迁移率相当高，而重质空穴的迁移率低两个数量级，一些散射机理主导着电子的迁移率。迁移率对成分 x 的依赖性主要源自带隙对 x 的依赖性，而对温度的依赖关系取决于与温度有关的各种散射机理间的竞争。

HgCdTe 中电子迁移率主要取决于低温下离子化杂质散射（CC）及高于低温区时极性纵光学声子散射（PO），如图 3-1-29（a）所示。图 3-1-29（b）所示为未掺杂和掺杂材料在温度 77 K 和 300 K 时迁移率与成分的关系。在半导体－半金属转换附近可以观察到高纯度材料的超高迁移率值，看来，该理论正确地阐述了最高的迁移率。对于 $Hg_{0.78}Cd_{0.22}Te$ 液相外延生长层，若是 N 类材料，电离化杂质散射开始起主导作用的阈值载流子浓度约为 $1\times10^{16}\ cm^{-3}$；P 类材料，约为 $1\times10^{17}\ cm^{-3}$。在绘制电子迁移率相对于温度的曲线时，特别对液相外延生长的材料，在温度 $T<100\ K$ 范围内，常常呈现很宽的峰值，而由高质量体材料得到的迁移率数据并没有这种峰值特性。由此可知，这些峰值与带电中心的散射有关，或者与材料不均匀性导致的反常电特性有关。

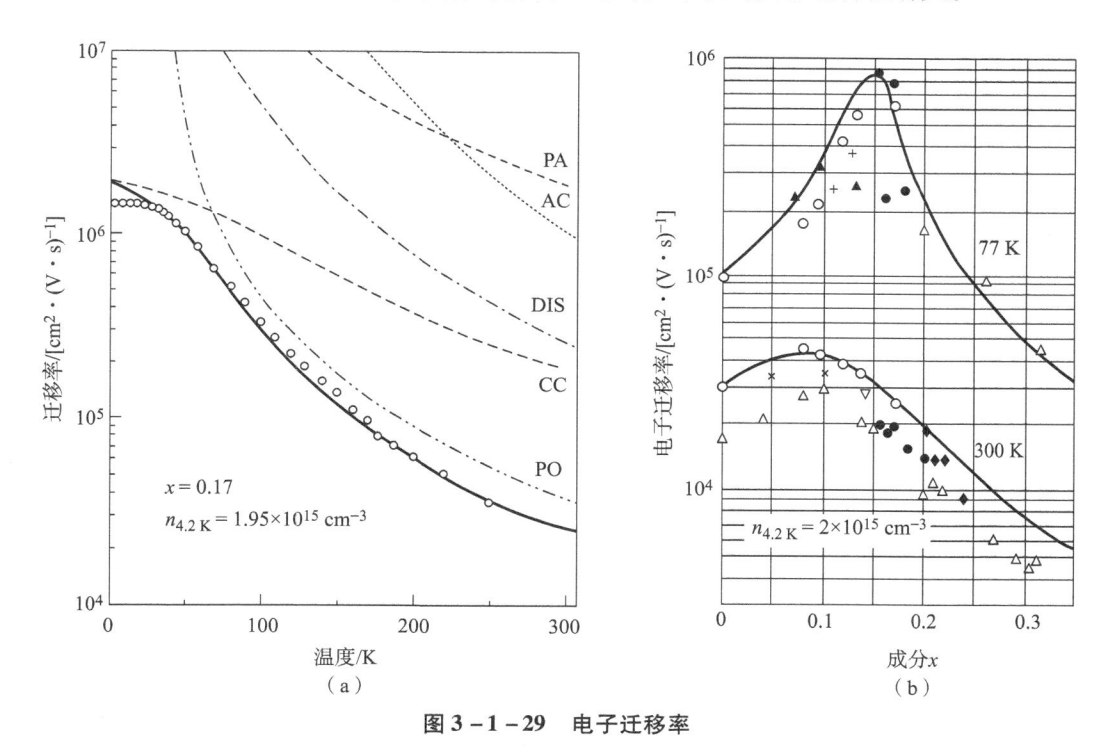

图 3-1-29 电子迁移率

电子迁移率与温度的关系：实线是理论上假设的混合散射模式，包括带电中心（CC）、极性纵光学（PO）、杂乱（DIS）、声（AC）和压声（PA）散射模式。

电子迁移率与温度为 77 K 和 300 K 时成分的关系：曲线是在 4.2 K 条件下计算所得，近似对应浓度条件下的实验点数据取自不同的研究成果。

对空穴传输特性的研究远少于对电子的研究，原因是空穴具有较低的迁移率，所以，空穴对电传导的贡献也较小。在传输测量中，即使对 P 类材料，电子贡献量也往往占优势，除非电子密度足够低。雅达瓦（Yadava）等人已经综合分析了 $Hg_{1-x}Cd_xTe$（$x=0.2\sim0.4$）中不同空穴的散射机理，他们并得出结论：重质空穴迁移率在很大程度上受控于电离杂质的散射，除非低于 50 K 的应力场或错位散射，或者高于 200 K 的极性散射成为主要散射。轻质空穴迁移率主要受控于声子散射。图 3-1-30 给出了

$Hg_{1-x}Cd_xTe$（$0.0 \leqslant x \leqslant 0.4$）中空穴迁移率的相关数据。若材料成分范围是 $0.2 \leqslant x \leqslant 0.6$，温度 $T > 50$ K，则 $Hg_{1-x}Cd_xTe$ 的电子迁移率可以近似表示为：

$$\mu_e = \frac{9 \times 10^8 s}{T^{2r}} (cm^2/(V \cdot s)) \qquad (3-1-4)$$

式中：$r = (0.2/x)^{0.6}$；$s = (0.2/x)^{7.5}$。

希金斯（Higgins）等人为他们研究的高质量溶液生长材料样品提供了一个经验公式，显示 300 K 温度下 μ_e 随 x 的变化（适合于 $0.18 \leqslant x \leqslant 0.25$）：

$$\mu_e = 10^{-4}(8.754x - 1.044)^{-1} \qquad (3-1-5)$$

室温下的空穴迁移率范围为 $40 \sim 80$ cm^2/(V·s)，并对温度的依赖性较弱，温度 77 K 下空穴迁移率要高一个数量级。根据丹尼斯（Dennis）及其同事的研究，随着受主浓度增大，77 K 温度下空穴迁移率的测量值会下降，在 $0.20 \sim 0.30$ 成分范围内，可以得到下面的经验表达式：

$$\mu_h = \mu_0 \left[1 + \left(\frac{p}{1.8 \times 10^{17}} \right)^2 \right]^{-1/4} \qquad (3-1-6)$$

式中：$\mu_0 = 440$ cm^2/(V·s)，p 为空穴浓度。

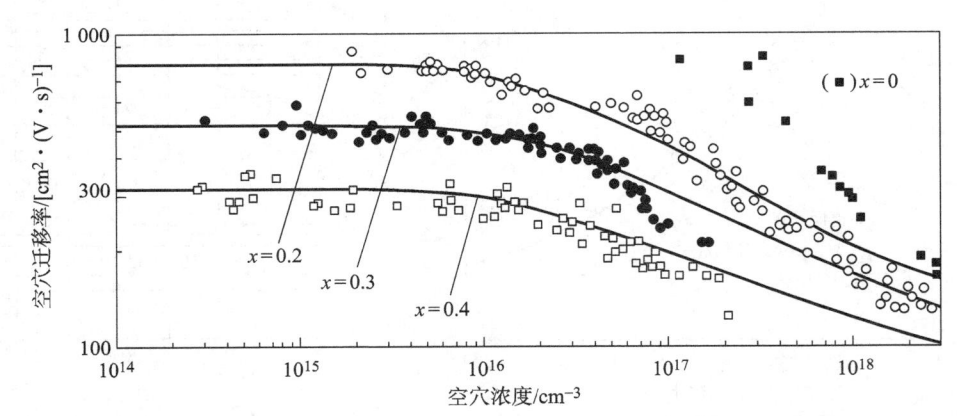

图 3-1-30　温度 77 K 下 $Hg_{1-x}Cd_xTe$ 空穴迁移率与浓度的函数关系
（实线代表计算数据，已经考虑了组合晶格和电离化杂质的散射）

为了对红外光电探测器建模，通常在计算空穴迁移率时假设电子-空穴的迁移率比 $b = \mu_e/\mu_h$ 是常数，并等于 100。

少数载流子迁移率是影响 HgCdTe 性能的基本材料性质之一，还包括载流子浓度、成分和少数载流子寿命。对于受主浓度 $< 10^{15}$ cm^{-3} 的材料，许多论文的研究结果给出的电子迁移率与 N 类 HgCdTe [$\mu_e(n)$] 中的数据相差无几。随着受主浓度增加，对 N 类电子迁移率的偏离越大，所以，对 P 类材料 [$\mu_e(p)$] 会有较低的电子迁移率。一般地，若 $x = 0.2$ 和浓度 $N_a = 10^{16}$ cm^{-3}，则 $\mu_e(p)/\mu_e(n) = 0.5 \sim 0.7$；而当 $x = 0.2$ 和浓度 $N_a = 10^{17}$ cm^{-3}，则 $\mu_e(p)/\mu_e(n) = 0.25 \sim 0.33$；然而，若 $x = 0.3$，则 $\mu_e(p)/\mu_e(n)$ 的变化范围从 $N_a = 10^{16}$ cm^{-3} 时的 0.8 到 $N_a = 10^{17}$ cm^{-3} 时的 0.9。已经发现，温度高于

200 K 时，外延 P 类 HgCdTe 层的电子迁移率与 N 类层中的直接测量值只有极小差别。

3. 光学性质

对 HgCdTe 光学性质的研究主要集中在带隙附近光学能量方面，所公布的各个与吸收系数有关的结果之间仍存在较大的不一致，原因是它们有不同的固有缺陷和杂质浓度、不均匀的成分和掺杂、样片材料厚度不均匀、机械应力及不同的表面处理方式。

在大部分复合材料半导体中，带结构非常近似于抛物线能量与动量色散的关系。因此，光学吸收系数与遵守电子态密度（规律）的能量具有二次方根倍数的函数关系，常常称为凯恩（Kane）模式。对类似于 InAs 带结构的半导体，例如 $Hg_{1-x}Cd_xTe$，可以计算出上述的带隙吸收系数，包括莫斯 – 布尔斯坦（Moss – Burstein）效应，安德森（Anderson）已经推导出相应的表达式。贝蒂（Beattie）和怀特（White）则直接为窄带隙半导体中带 – 带间辐射跃迁概率提出了一种广泛应用的解析近似表达式。

在高质量材料中，短波红外区吸收系数的测量值与凯恩模式的计算值相当吻合，而在长波区边缘，由于出现吸收拖尾现象，一直延长至比能隙更低的能量处，因而情况变得比较复杂，这种拖尾现象归因于材料成分混乱。根据菲科曼（Finkman）和沙哈姆（Schacham）的研究，吸收拖尾遵从改进型乌尔巴赫（Urbach）规则：

$$\alpha = \alpha_0 \exp\left[\frac{\sigma(E - E_0)}{T + T_0}\right] (\text{cm}^{-1}) \qquad (3-1-7)$$

式中：T 的单位为 K；E 的单位为 eV；$\alpha_0 = \exp(53.61x - 18.88)$；$E_0 = -0.3424 + 1.838x + 0.148x^2$，单位为 eV；$T_0 = 81.9$ K；$\sigma = 3.267 \times 10^4 (1+x)$，单位为 K/eV，是随成分平稳变化的拟合参数。在温度为 80～300 K 时，采用成分 $x = 0.215$ 和 $x = 1$ 完成数据拟合。

假设高能量吸收系数可以表示为

$$\alpha(h\nu) = \beta(h\nu - E_g)^{1/2} \qquad (3-1-8)$$

许多研究者假设，该规则可以应用于 HgCdTe。例如，沙哈姆和菲科曼采用拟合参数 $\beta = 2.109 \times 10^5 [(1+x)/(81.9+T)]^{1/2}$，该参数是成分和温度的函数。用于确定能隙位置的最方便方法是利用拐点，也就是说，当带 – 带转换遇到较弱的乌尔巴赫贡献时，希望斜率 $\alpha(h\nu)$ 有大的变化，为了减缓确定带 – 带转换起始位置的难度，带隙定义为 $\alpha(h\nu) = 500$ cm^{-1} 时的能量值。沙哈姆和菲科曼分析了交叉点并建议最好选择 $\alpha = 800$ cm^{-1}。霍根（Hougen）分析了 N 类液相外延生长层的吸收数据，并给出了最佳公式 $\alpha = 100 + 5\,000x$。

楚（Chu）等人对凯恩和乌尔巴赫拖尾区的吸收系数给出了类似的经验公式，采纳了下面形式的改进型乌尔巴赫规则：

$$\alpha = \alpha_0 \exp\left[\frac{\delta(E - E_0)}{kT}\right] \qquad (3-1-9)$$

式中：$\ln \alpha_0 = -18.5 + 45.68x$，$E_0 = -0.355 + 1.77x$，$\delta/(kT) = (\ln \alpha_g - \ln \alpha_0)/(E_g - $

E_0），$\alpha_g = -65 + 1.88T + (8694 - 10.315T)x$，$E_g(x,T) = -0.295 + 1.87x - 0.28x^2 + 10^{-4}(6 - 14x + 3x^2)T + 0.35x^4$。

参数 α_g 的意义是带隙能量 $E = E_g$ 时的吸收系数，即 $\alpha = \alpha_g$。当 $E < E_g$ 时，$\alpha < \alpha_g$，吸收系数遵守式（3-1-9）中乌尔巴赫规则。

楚等人也给出了一个计算凯恩区本征光学吸收系数的经验公式：

$$\alpha = \alpha_g \exp[\beta(E - E_g)]^{1/2} \tag{3-1-10}$$

式中：参数 β 取决于合金成分和温度，$\beta(x,T) = -1 + 0.083T + (21 - 0.13T)x$。扩展方程式（3-1-10）有一个符合抛物带 α 与 E 之间二次方根定律（参考式（3-1-8））的线性项 $(E - E_g)^{1/2}$。

图 3-1-31 给出了温度为 77 K 和 300 K 条件下 $Hg_{1-x}Cd_xTe$（其中，$x = 0.170 \sim 0.443$）的本征吸收光谱。

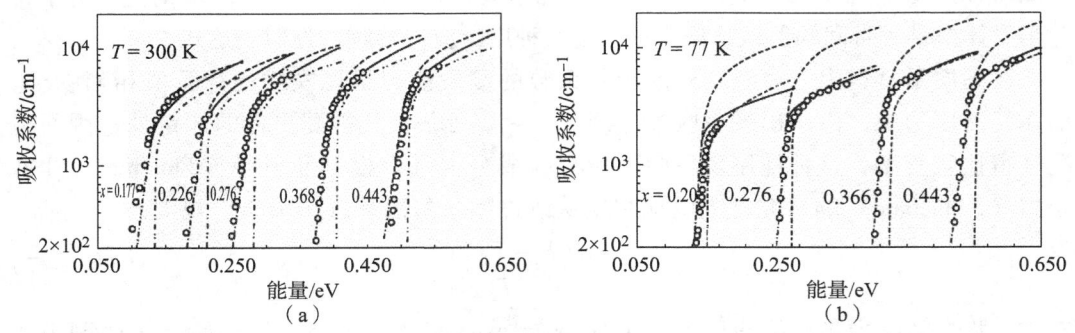

图 3-1-31 $Hg_{1-x}Cd_xTe$ 材料的本征吸收光谱（其中，$x = 0.170 \sim 0.443$）

(a) 温度 300 K；(b) 温度 77 K

由于传导带有效质量减小及吸收系数对波长 λ 呈 $\lambda - 1/2$ 的依赖关系这两方面原因，一般随带隙变小，吸收强度将减弱。可以看出，根据夏尔马（Sharma）及其同事的观点及按照式（3-1-10）计算出的凯恩曲线平直部分与由式（3-1-9）计算的拐点 α_g 处乌尔巴赫吸收拖尾有着密切联系。由于安德森模型并没有包含拖尾效应，所以，根据该模型计算出的曲线在与 E_g 相邻的能量处急剧下降。若温度为 300 K，则吸收系数高于 α_g 的曲线形状几乎具有相同的趋势，然而，楚等人给出的表达式（式（3-1-9））与实验数据具有更好的一致性。若温度为 77 K，则根据安德森和楚等人给出的公式绘制的曲线都与测量值一致，但对夏尔马等人给出的经验抛物线规则出现了差异，并且，这些偏差会随 x 减小而增大。带的非抛物面度随温度或 x 减小而增大，引起实验结果与二次方根定律间的差异增大。对于成分 x 在 0.170 ~ 0.443 和温度在 4.2 ~ 300 K 的 $Hg_{1-x}Cd_xTe$，楚等人的经验公式和安德森模型都与实验数据有很好的一致性，但安德森模型不能解释 E_g 附近的吸收。最近的研究提出窄带隙半导体，如 HgCdTe，更类似双曲线带结构关系，吸收系数为

$$\alpha = \frac{K\sqrt{(E - E_g + c)^2 - c^2}(E - E_g + c)}{E} \tag{3-1-11}$$

式中：c 为确定带结构双曲线弯曲的参数；K 为确定吸收系数绝对值的参数。最近，通过测量利用分子束外延（MBE）技术生长的、具有均匀成分的 HgCdTe 材料的光学性质，已经确认了理论预测结果。根据吸收系数在乌尔巴赫曲线拖尾区（式（3-1-7））与高能双曲线区（式（3-1-11））之间的过渡行为，并结合拟合得到的参数分析，在此认为：吸收系数的微分在乌尔巴赫曲线与双曲线区域之间具有一个最大值。图 3-1-32 给出了测量出的指数斜率参数值 $\sigma/(T+T_0)$ 与温度的关系，并将其与沙哈姆和菲科曼给出的值进行比较（其中，材料成分任意选择，如选择 $x = 0.3$），如此选择材料成分对所得数值没有太大影响。在感兴趣的范围内（$0.2 < x < 0.6$），沙哈姆和菲科曼给出的值对成分的依赖性很小，其中带尾参数 $\sigma/(T+T_0)$ 与 $(1+x)^3$ 成正比。该参数表明与成分没有明确关系，低温下的数据有很大的散点分布。随着温度升高令该参数值减小的趋势与热受激吸收过程中的增大现象一致，较低温度下得到的值更能表明晶体层的生长质量。

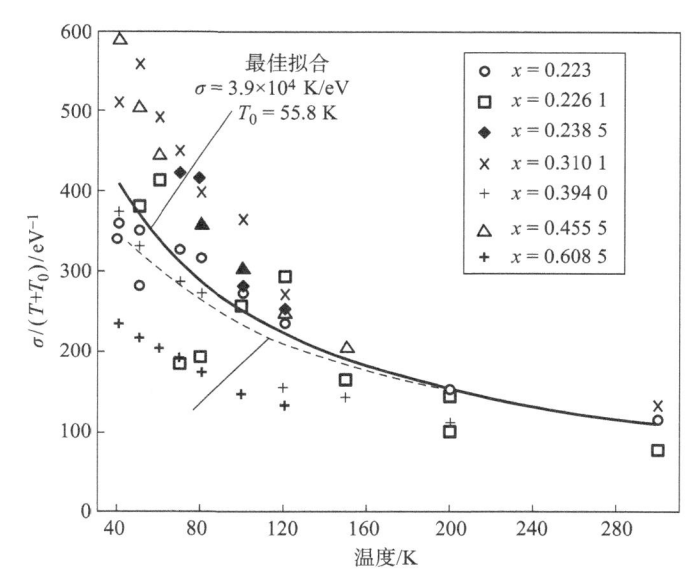

图 3-1-32 带尾参数 $\sigma/(T+T_0)$ 与温度的关系（其中包括三类情况：不同成分、以最佳总拟合为基础的模式以及 $x = 0.3$ 条件下沙哈姆和菲科曼给出的值）

应当注意，上面讨论的表达式并没有考虑掺杂对吸收系数的影响，所以，在对长波非制冷器件建模时不是很有用。

$Hg_{1-x}Cd_xTe$ 及其密切相关的合金在低于吸收缘的情况下，会有较大的吸收能力，可能与导带和价带两种带内跃迁及价带间跃迁有关。这种吸收对光学生成电荷载流子没有贡献。

通常，利用克拉默斯（Kramers）和克勒尼希（Kronig）的相互关系确立折射率对温度的依赖关系。对于 x 变化范围为 0.276~0.540 和温度范围为 4.2~300 K 的 $Hg_{1-x}Cd_xTe$，可以使用下面的经验公式：

$$n(\lambda, T)^2 = A + \frac{B}{1 - (C/\lambda)^2} + D\lambda^2 \qquad (3-1-12)$$

式中：A、B、C 和 D 为拟合参数，随成分 x 和温度 T 变化。式（3-1-12）也可以应用于室温下 x 范围为 0.205～1 的 $Hg_{1-x}Cd_xTe$。

一般地，根据评价 ε 实部和虚部时的反射率数据推导高频介电常数 ε_∞ 和静态常数 ε_0。介电常数与 x 并非线性函数，并且，在力所能及的实验范围内也没有观察到与温度的依赖关系。可以利用下面公式表述这些关系：

$$\varepsilon_\infty = 15.2 - 15.6x + 8.2x^2 \qquad (3-1-13)$$

$$\varepsilon_0 = 20.5 - 15.6x + 5.7x^2 \qquad (3-1-14)$$

使用 $Hg_{1-x}Cd_xTe$ 探测器的主要问题之一是生产匀质材料。根据公式 $\lambda_c = 1.24/E_g(x)$（其中，λ_c 的单位为 μm，E_g 的单位为 eV）可知，x 的变化与截止波长有关。其中，根据式（3-1-1）能够得到 E_g，代入并重新整理后得到：

$$\lambda_c = \frac{1}{-0.244 + 1.556x + (4.31 \times 10^{-4})T(1-2x) - 0.65x^2 + 0.671x^3}$$
$$(3-1-15)$$

式中：λ_c 的单位为 μm。对式（3-1-15）求导数，可使制造过程中的 x 变化与截止波长联系起来：

$$d\lambda_c = \lambda_c^2(1.556 - 8.62 \times 10^{-4}T - 1.3x + 2.013x^2)dx \qquad (3-1-16)$$

图 3-1-33 给出了 x 变化 0.1% 造成截止波长的某些不确定性。x 值的这种变化是极高质量材料具有的性质。例如，对于短波红外（约 3 μm）和中波红外（约 5 μm）材料，截止波长变化不大；然而，对长波材料（约 20 μm），截止波长的不确定性变大，超过 0.5 μm，不能忽略不计。这种响应变化会造成辐射定标问题，探测器所探测的将完全不是所期望的光谱区域。采用吸收测量技术确定和设计晶体及外延层成分可能是最通常的方法。一般地，对于厚样品材料（>0.1 mm），采用 50% 或者 1% 的起始波长，而对较薄的材料曾采用过各种方法。根据希金斯（Higgins）等人对厚材

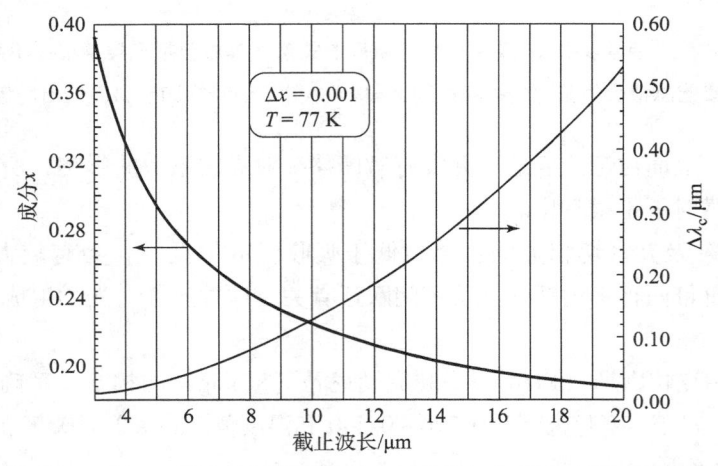

图 3-1-33　$Hg_{1-x}Cd_xTe$ 截止波长的变化（右侧纵轴）与截止波长（横轴）的函数关系

料的研究：

$$x = \frac{w_\mathrm{n}(300 \text{ K}) + 923.3}{10\,683.98} \qquad (3-1-17)$$

式中，w_n 为1%绝对透射率的起始波数。通常，根据与最大透射率的一半 $0.5T_{\max}$ 相对应的波长确定外延层成分。若是分级成分，可能使讨论更为复杂。进行紫外和可见光反射率测量对确定成分，特别是描述表面（10～30 nm 透过深度）区域特性很有帮助。一般地，在 E_1 带隙位置测量峰值反射率，并根据实验表达式计算成分：

$$E_1 = 2.087 + 0.710\,9x + 0.142\,1x^2 + 0.362\,3x^3 \qquad (3-1-18)$$

3.2 中红外测温系统与电子学特征

中红外测温是一种利用中红外波段（3～5 μm）辐射特性进行温度测量的技术。中红外测温技术的基本原理是根据黑体辐射定律和斯蒂芬-玻尔兹曼定律，物体的辐射功率与其温度之间存在一定的关系，根据物体在中红外波段的辐射特性，使用红外探测器接收和测量物体辐射出的红外辐射能量，然后进行计算和处理，以得出物体的温度。

中红外测温技术具有以下特点和优势：

（1）非接触性：中红外测温可以实现对物体的温度进行非接触性测量，无须直接接触物体，避免了测温过程中可能带来的交叉感染和损坏等问题。

（2）快速响应：中红外测温具有快速响应的特点，可以在短时间内完成对物体温度的测量，特别适用于需要快速反馈和实时监测的应用。

（3）高精度和准确性：中红外测温技术结合了先进的红外探测器和精确的算法处理，能够实现高精度和准确度的温度测量。

（4）宽测温范围：中红外测温技术可以在宽广的温度范围内进行测量，从低温到高温，可以满足不同温度环境下的需求。

中红外测温技术在许多领域中得到广泛应用，包括工业生产、医疗诊断、建筑检测、环境监测等。例如，中红外测温可以用于检测电力设备、工业加热过程的温度，以及人体体温检测、建筑热损失分析等。需要注意的是，中红外测温也会受到环境因素、物体表面特性等因素影响。

概括地说，辐射计是使入射辐射的某些特性定量化的计量仪器。红外辐射计是一种测量红外辐射的仪器。原则上讲，任何一种红外辐射测量装置都可以叫作红外辐射计，它们都是根据投射到该装置上的红外辐射功率引起的响应来测量辐射源的红外辐射特性的。

红外辐射计广泛用于辐射计量。然而，在许多其他应用中，它还是仪器的基本组成单元，例如，光电话通信系统中的接收器、红外寻的空-空导弹的寻的头等基本上都是一个红外辐射计。此外，红外辐射计通过对物体辐射及其变化的测量，可以确定目标的温度及温度分布，或探测目标及其各种物理特性。因此，红外辐射计的应用领域极其广泛。

为了满足各种应用的需要，通常对红外辐射计有如下原则性要求：

要求1：系统口径要尽可能大；

要求2：探测器尺寸要尽可能小；

要求3：视场角应尽可能大。

根据红外辐射计的光谱响应特性，可以把它分为以下几种类型。

(1) 全辐射辐射计：它对常用红外光谱的所有部分都有平坦的或者相等的响应。若探测器均匀地响应所有波段的辐射（如热探测器），而光学系统又对所有波长的入射辐射全部透过或无吸收（如反射式光学系统），则辐射计能够在 2~40 μm 波段上获得近似均匀的响应。这时，输出指示值将比例于光学系统上的总辐照度。

(2) 宽通带辐射计：一般称使用在较宽波段上且有响应的探测器（如 PbS 探测器）为宽通带辐射计。这种辐射计的响应只由探测器的响应波段范围决定。

(3) 滤光片辐射计：若在红外探测器前面安放一个红外滤光片，则构成滤光片辐射计，或称窄通带辐射计。这种辐射计的响应将受红外滤光片通带的限制，根据需要，对滤光片通带进行选择，可获得任意小的光谱区间。

(4) 光谱辐射计：它由产生窄带辐射的单色仪和测量该辐射功率的辐射计组成。光谱辐射计利用色散棱镜或衍射光栅进行分光，辐射光谱中每个小波段的辐射经过出射狭缝进入辐射计。为了选择特定的波长，可利用色散元件与反射镜组合件的旋转，改变通过出射狭缝的波长，所以，光谱辐射计可以响应到极窄波长范围的功率。

此外，红外辐射计根据工作原理、观察方式或光学系统形式又可分为不同的类型。其空间分辨率的变化范围很大，大的包括广大地理区域（如为勘测云层或地球而设计的辐射计），小的仅几微米（如红外显微镜）。其温度分辨率的差别也很大，大的为几摄氏度（如焊接过程的红外监控），小的仅为百分之几摄氏度，高级辐射计的温度分辨率甚至比热像仪的还高。红外辐射计的光谱响应一般为 3~5 μm、8~14 μm、2~25 μm 等波段。此外，不同辐射计的测温范围和工作距离也各有差异。

图 3-2-1 和图 3-2-2 分别是辐射计和光谱辐射计的结构示意图。无论哪种类型的红外辐射计均包括下列三个基本组成部分。

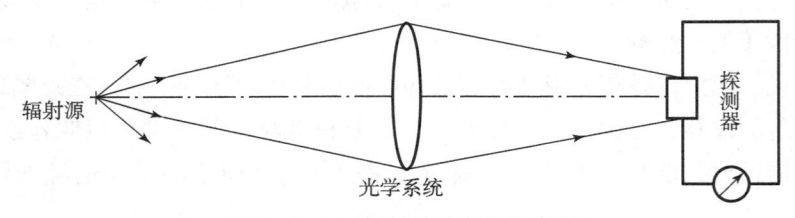

图 3-2-1 辐射计的结构示意图

(1) 探测器：它将红外辐射功率转换成电输出信号。

(2) 光学系统：它用于收集处于视场内的辐射源发射的红外辐射，并将其聚焦到探测器焦平面上。光学系统与探测器一起决定辐射计的视场和角分辨率。若同时采用滤

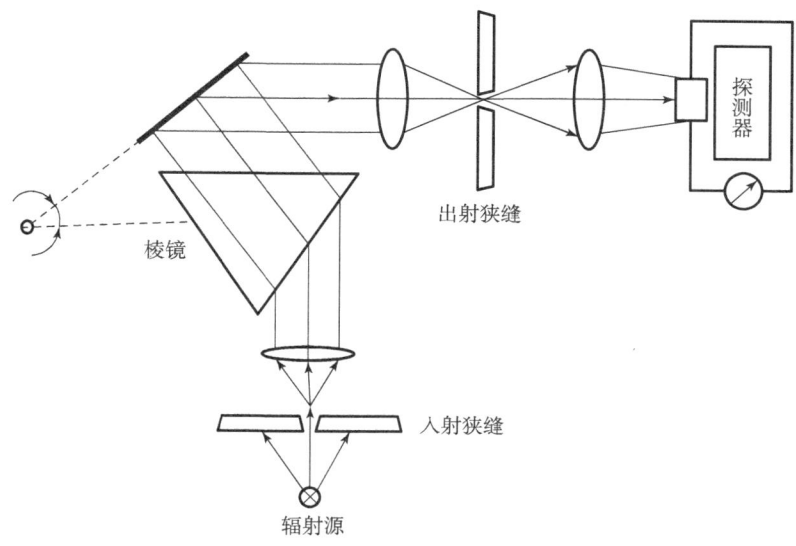

图 3-2-2　光谱辐射计的结构示意图

光片，则它与探测器一起决定辐射计的光谱响应特性。

（3）电子学放大与输出指示系统：它与探测器共同决定着辐射计对辐射随时间变化的响应特性。

辐射计的性能主要取决于探测器的种类、大小、形状、光谱响应度、时间常数和工作条件（如温度）等。其次，还应考虑与探测相关的两个概念，即参考辐射和参考温度。广义地讲，所谓参考辐射或参考温度，就是充满辐射计入射光瞳和视场并使它产生零输出响应的辐射水平或者与此相应的黑体温度。

用于绝对测量的辐射计，大都使用一个旋转的黑化斩波器，它规则地周期性地遮断从视场接收的辐射，此时，辐射计的电输出信号应正比于从视场接收的外部辐射源的辐射与黑化斩波器叶片投射到探测器上的辐射功率之差，这样，辐射计的参考温度就是接近于黑化斩波器的温度。有时在辐射计内装一可控制的参考黑体，此时，辐射计的参考温度就是该黑体的温度。

如果辐射计用于测量两个相邻近空间位置的辐射量之差，这时只得到相对结果，所以不存在参考辐射水平或参考温度的问题，有时使用辐射计测量任意大小的面积元，并与整个面积的平均辐射进行比较，如果对此平均辐射水平已做了绝对测量，则可以把它用作参考辐射水平。同样，在时间上做比较测量时，也只能把某一时刻或整个时间间隔的辐射的绝对测量值定为参考辐射水平。若根据测量结果计算入射辐射时，必须对参考辐射引起的响应进行修正。

在红外辐射测量中，人们感兴趣的源特性主要是辐射的光谱分布、空间分布、光谱和空间分布随时间的变化，以及辐射强弱和动态范围等。了解这些特性可为选择或设计辐射计提供光谱分辨率、空间分辨率、时间分辨率和灵敏度等性能指标的具体依据。为了完成红外辐射测量，准确地掌握辐射计的性能十分重要。一般说来，辐射计直接给出的是电压输出信号（或仪表偏转读数，或记录曲线），为把这些输出信息变换成待测的辐射量信息，首先应知道辐射计的灵敏度和响应度，了解响应度随调制频率及辐射波长的变化情况；其次应知道辐射计实际视场的大小和形状；此外，还应了解辐射计输出的噪声水平。因此、在进行测量之前，应仔细测定辐射计的各种性能，并对它们进行定标。

红外测温仪是以发射体的辐射强度和光谱成分来确定热体温度的仪表，其探测波段大多集中于中红外波段。作为辐射能接收器，一般分为两大类：

（1）热探测器：如热电偶、热电堆、热敏电阻及热释电探测器等。低温（200 ℃以下）的测量一般用热探测器等。

（2）光电器件：一般用于高温（1 000 ℃以上）和中温下的测量。

图 3-2-3 所示为最简单的辐射高温计原理图。目标热体发射的中红外辐射能经透镜会聚在光电器件上，光电器件将辐射能转变为电信号，经放大后由指示仪表指示被测热体的温度。

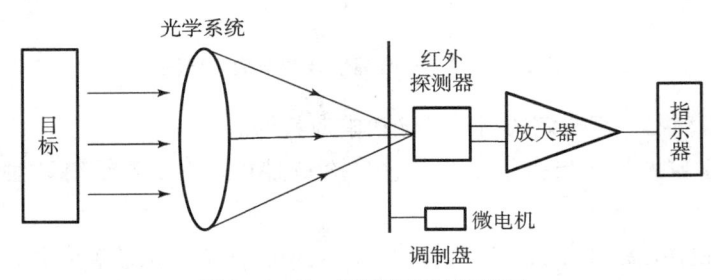

图 3-2-3　辐射高温计原理图

利用物体辐射测量温度的优点：

优点 1：不需要接触被测介质，一方面不会扰乱被测物体的温度场，另一方面可延长仪表寿命和提高其工作可靠性。

优点 2：在测量过程中，光电器件不必和被测介质达到热平衡，所以仪表滞后小，测量速度快，因而能检测温度的迅速变化过程，并能测量运动物体的温度。

优点 3：测温范围广，上限不受限制，采用红外接收器件，下限可测量 -170 ℃。

优点 4：测量距离可远可近，近者可达几厘米，甚至更小，远者可达近百千米。

优点 5：可以测量小面积的目标，目前可测量出直径小至 7.5 μm 的目标温度。

优点 6：测量对象以黑体最合适，但也可以测量一般物体。

由于红外测温仪具有上述特点，所以它在各工业部门得到了广泛的应用。例如在冶金工业中，用来远距离检测金属熔化温度，用以控制浇钢、轧钢温度或热处理温度。在电力工业中，用来监测高速运转的发电机温度，架空的电气设备或传输电线的接头温度。在纺织工业中，用来检测的确良等人造纤维的拉丝、定型等温度。在造纸工业中，用来控制纸张的加工温度。在农业上，用于测出农作物两个波段的辐射量，以此估计其产量。在气象上，可用于天气预报和监测大气污染。在化学工业中，用于遥测反应釜内物质的反应温度，检测感光胶片的涂膜温度，特别适合于测量腐蚀性强的溶解物。在煤矿中，可监测煤的自燃和预防火灾。在机械加工中，用于监测焊接温度和传动部件或加工件的温度等。在红外摄影中，可用来拍摄地面温度的分布。此外，在测温仪探测头部配上光学纤维，可以测量物体或零件难于直接观察到的部位的温度。

但是，红外测温仪有可能产生误差，其原因如下：

原因1：被测物体的黑度系数影响测量的精度。

原因2：背景的影响，测温仪应加上遮光套筒以避免杂散光和背景光的辐射。

原因3：红外测温仪的影响。

原因4：辐射路径的影响。测温的距离较远时，大气中的水蒸气、二氧化碳及臭氧等会吸收红外辐射能，从而造成误差，因此仪器的工作波段应避开上述气体的吸收光谱范围。

只让光谱波长从 λ_1 到 λ_2 之间的辐射透过光学系统，称为部分辐射。光电器件的光电流与黑体的辐射功率有如下关系：

$$I = K \int_{\lambda_1}^{\lambda_2} \varepsilon_\lambda E_{0\lambda} S\lambda \mathrm{d}\lambda \qquad (3-2-1)$$

式中：$E_{0\lambda}$ 为温度为 T、波长为 λ 时绝对黑体的单色辐射强度；S_λ 为光电器件相对于波长 λ 的光谱灵敏度；K 为随构造而定的高温计常数；λ_1 和 λ_2 为光谱范围的上、下限；ε_λ 为被测物体温度为 T 时，对于波长 λ 的单色辐射黑度系数。

图3-2-4所示为直接作用于目标辐射源的高温计原理框图，其优点是简单、响应速度快，缺点是当环境温度变化时，光电器件和放大器参数会随之变化，进而影响测量结果。为避免环境温度变化的影响，通常将传感器放在水冷套筒内，水压为 2.5 kg/cm²。同时，为了抑制直流放大器的零点漂移，往往采用对辐射通量进行调制的方法。

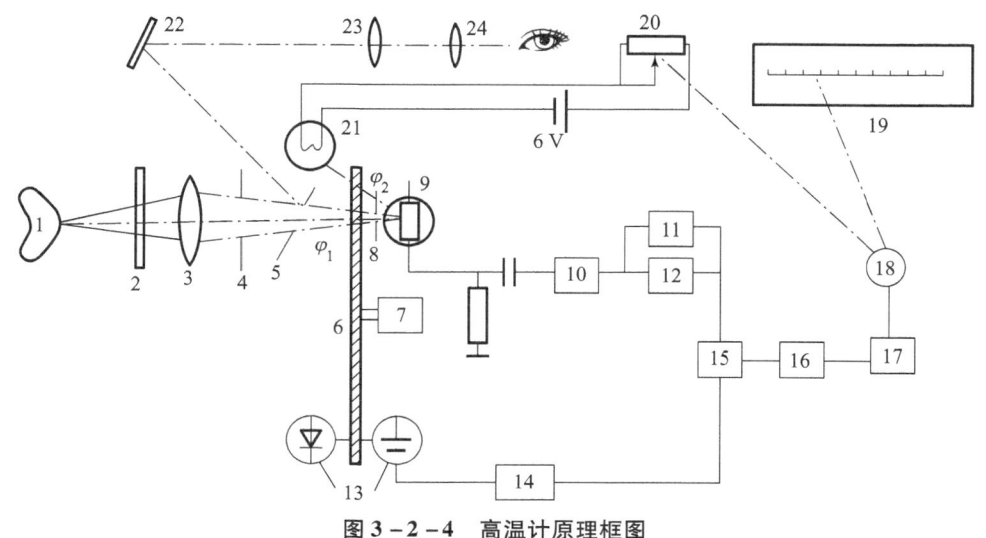

图3-2-4 高温计原理框图

1—被测物体的辐射能量；2—保护玻璃；3—物镜；4—孔径光阑；5—视场光阑；6—调制盘；7—电动机；8—光孔；9—光敏电阻；10—前置放大器；11—自动增益控制回路；12—主放大器；13—同步信号发生器；14—同步放大器；15—相敏检波器；16—滤波器；17—放大器；18—可逆电动机；19—显示仪表；20—滑动电阻器；21—标准灯；22—反射镜；23，24—透镜直接作用的高温计包含两大模块：光电传感器与电子放大与转换部分。

（1）光电传感器是接收热体辐射并与标准辐射源相比较产生插值信号的部分，其中包括光学系统、调制器、光电接收器件、标准辐射源以及同步信号发生器等。其中，同步信号发生器用来产生相敏检波用的同步信号，它是由放在调制盘两侧的发光管和光电池组成，当调制盘转动时，发光管的光周期性地照射到硅光电池上，产生交变信号，其频率与差值信号 $\Delta\varphi$ 的频率相同，通过调整可使同步信号与 $\Delta\varphi$ 同相或反相。

（2）电子放大和转换部分则可分为以下模块：

- 前置放大器。如图 3-2-5 所示，由于硫化铅光敏电阻的内阻高，故前置放大器第一级采用高输入阻抗的低噪声场效应管，由源极输出可减小增益变化和环境温度的影响，BG_3 为射极输出器，通过 R_4 作直流负反馈。

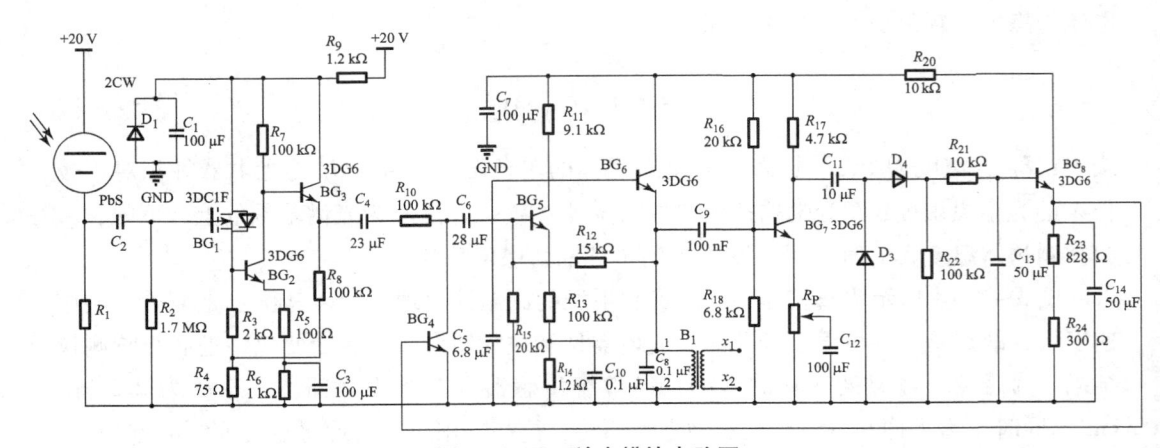

图 3-2-5 放大模块电路图

- 主放大器。BG_5 和 BG_6 组成直接耦合的主放大器，通过 R_{12} 进行负反馈以改善性能，通过变压器 B_1 的次级输出送到相敏检波器，C_9 用来改善波形和滤去高频干扰。

- 自动增益控制回路。BG_4、BG_7、BG_8 组成自动增益控制回路，主要用于调节放大器的增益，BG_7 的输出信号经 D_1、D_2 检波后，其直流分量送入 BG_8 进行电流放大，当差值信号增大时，检波器输出的直流分量增大，经 BG_4 放大后注入 BG_4 的基极电流也增大，BG_4 导通率增加，这样分压进入主放大器的差值信号减小，改变 R_{10} 或适当调节 R_P 可以在有差值信号输入时，输出信号大致维持在同一个水平上，使仪表不至于上限振荡，下限迟钝。其中 R_P 是调整自动增益控制量的电位器，R_{23} 是温度补偿用的热敏电阻。

- 同步信号放大器。如图 3-2-6（a）所示，它由 BG_9 和 BG_{10} 组成，BG_9 为一般的放大器，BG_{10} 的输出经过变压器 B_2 的次级线圈加至相敏检波器。

- 相敏检波器和滤波器。如图 3-2-6（b）所示，BG_{11}、BG_{12} 组成相敏检波器，C_4、R_7、C_5 和 C_6、R_8、C_7 组成滤波器，BG_{11} 和 BG_{12} 在这里起开关作用，加到两管基极上的变压器 B_2 次级线圈电压是反相的，它们交替地使两管饱和导通和截止。

若变压器 B_2 的次级线圈 y_1 端为正，y_2 端为负，则 BG_{11} 导通，BG_{12} 截止，若这时变

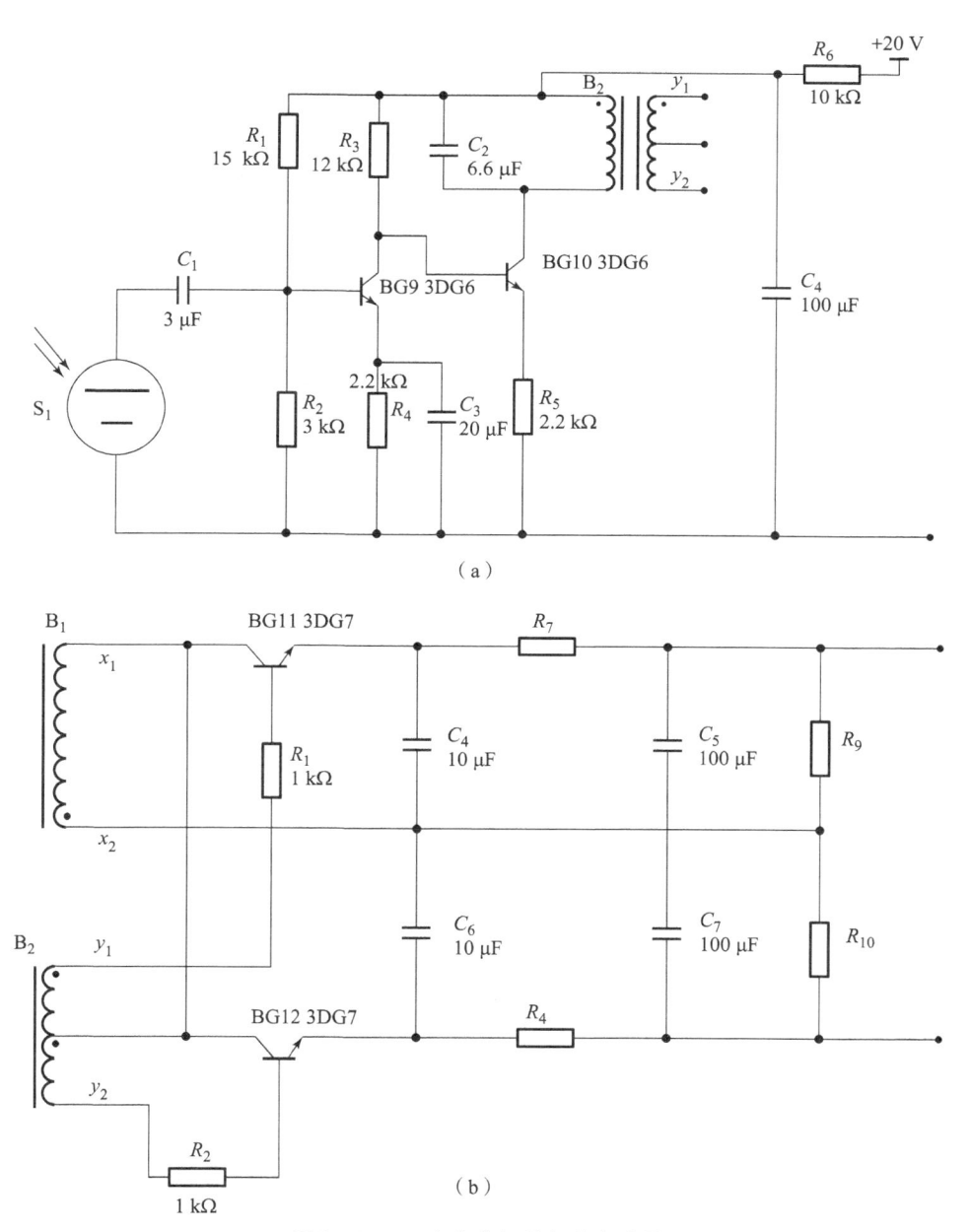

图 3-2-6 光电高温计部分电路图

压器 B_1 次级线圈的 x_1 端为正，x_2 端为负，则在电阻 R_9 上得到上端为正、下端为负的电压；到下半周时，变压器 B_1、B_2 的极性都反过来了，即 y_1 端为负，BG_{11} 截止，y_2 端为正，BG_{12} 导通。因为这时 x_2 端为正，在电阻 R_{10} 上得到上端为正、下端为负的电压，相敏检波器输出正电压。若输入的差值信号反相，相敏检波器输出极性也相反，使可逆电动机 18 反方向旋转。

被测辐射通量 φ_1 与标准辐射通量 φ_2 的相位必须相差 180°，否则在 φ_1 和 φ_2 的值相

等时，它们产生的交变信号不能互相抵消，相敏检波器的输出不等于零，造成测量不准确。另外，差值信号的相位必须与同步信号同相或反相，否则会造成检波后的直流电压减小，使电动机的起动力矩减小，增大了仪表的不灵敏区。

- 光纤传感器。光纤传感器测温的基本工作原理可以用图 3-2-7 表示。例如，背景环境中的中红外辐射发生变化后，区域内温度随即变化，光纤中传输的光波易受到其调制，光波的表征参量如强度、相位、频率、偏振态等会发生相应改变，通过检测这些参量的变化，就可以获得外界被测的环境温度信息，即光纤传感器系统具备对中红外辐射进行规律性响应的能力，可实现对外界温度参量的"传"和"感"的功能。

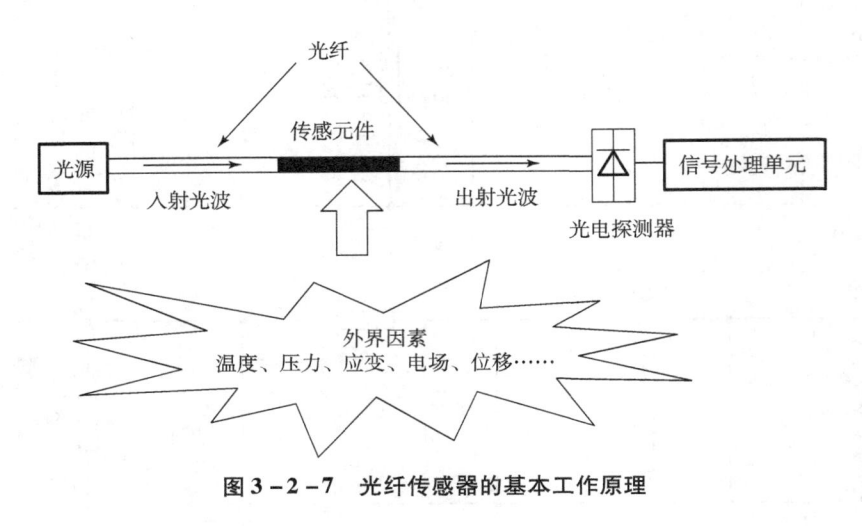

图 3-2-7 光纤传感器的基本工作原理

按照传感器的感知范围，光纤传感器可以分为点式光纤传感器和全分布式光纤传感器两大类，如图 3-2-8 所示。

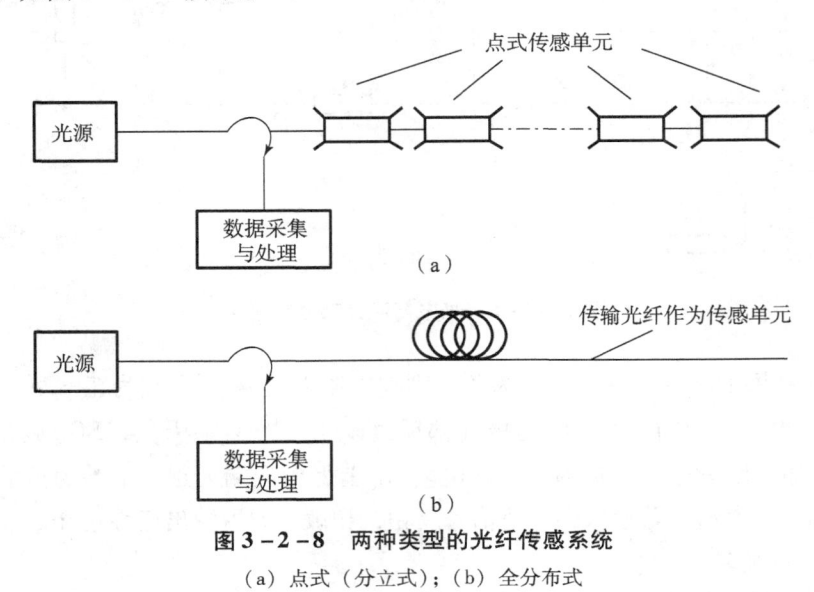

图 3-2-8 两种类型的光纤传感系统
(a) 点式（分立式）；(b) 全分布式

点式光纤传感技术又可分为单点式光纤传感技术和多点式光纤传感技术。单点式光纤传感技术通过单个传感单元来进行传感，可以用来感知和测量预先确定的某一点附近很小范围内的参量变化。通常使用的点式传感单元有光纤布拉格光栅、各种干涉仪等为测量某一特征物理量专门设计的传感器。

多点式光纤传感技术通过布置多个传感单元，组成传感单元阵列，可以实现多点传感。这类光纤传感系统是将多个点式传感单元按照一定的顺序连接起来，使之组成传感单元阵列或多个复用的传感单元，利用时分复用、频分复用和波分复用等技术共用一个或多个信息传输通道构成分布式系统。该系统既可以认为是点式传感器，也可以认为是分布式传感器，所以称之为准分布式光纤传感器。图 3-2-9 为扫描光纤 F-P 滤波器法的准分布式光纤光栅传感器。

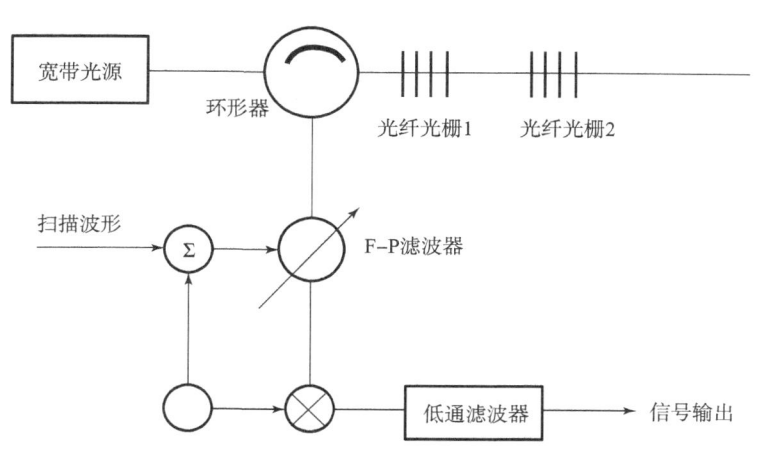

图 3-2-9　扫描光纤 F-P 滤波器法的准分布式光纤光栅传感器

其中，传感器的复用是光纤传感器所独有的技术，其典型代表是复用光纤光栅传感器。光纤光栅通过波长编码等技术易于实现复用，复用光纤光栅的关键技术是多波长探测解调，常用解调的方法包括：扫描光纤 F-P 滤波器法、基于线阵列 CCD 探测的波分复用技术、基于锁模激光的频分复用技术和时分复用与波分复用技术等。

但是，尽管准分布式的光纤传感技术可以同时测量多个位置处的信息，但它也只能够测量预先布设的传感器所在位置处的信息，其余光纤与点式传感器一样不参与传感，仅用于传输光波。而且当传感单元较多时，不但使施工复杂化，也使信号的解调更加困难。对点式光纤传感技术来说，光纤只作为信号的传输介质，大多数情况下不是传感介质。

有些被测对象往往不是一个点或者几个点，而是呈一定空间分布的场，如温度场、应力场等，这一类被测对象不仅涉及距离长、范围广，而且呈三维空间连续性分布，此时点式传感甚至多点准分布式已经无法胜任传感检测，全分布式光纤传感系统应运而生。在全分布式光纤传感系统中，光纤既作为信号传输介质，又是传感单元。即它将整根光纤作为传感单元，传感点是连续分布的，也有人称其为海量传感头，因此该传感方法可以测量光纤沿线任意位置处的信息。随着光器件及信号处理技术的发展，全分布式光纤传感系统的最大传感范围已达到几十至几百千米，甚至可以达到数万千米。为此，全分布式光纤传感技术受到了人们越来越多的重视，成为目前光纤传感技术的重要研究方向。

全分布式光纤传感器的工作原理主要基于光的反射和干涉，其中利用光纤中的光散射（见图 3-2-10）或非线性效应随外部环境发生的变化来进行传感的反射法是目前研究最多、应用最广也是最受瞩目的技术，其简要的结构示意图如图 3-2-11 所示。

图 3-2-10 光纤内散射光的分类

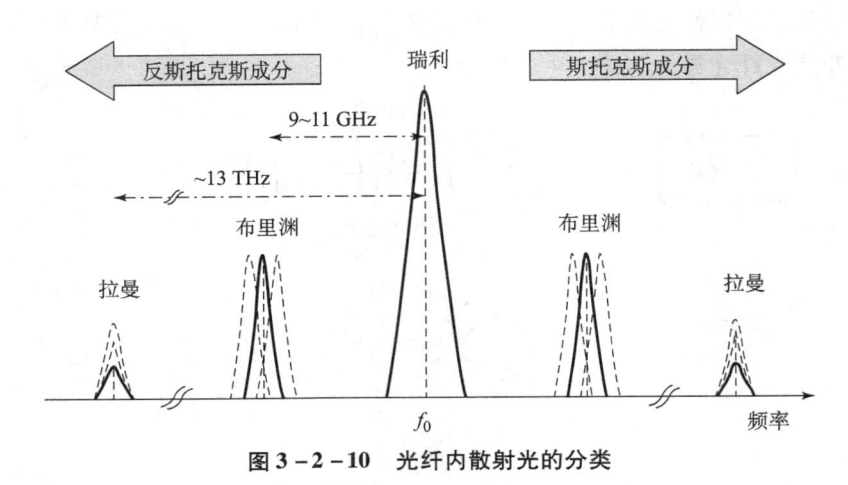

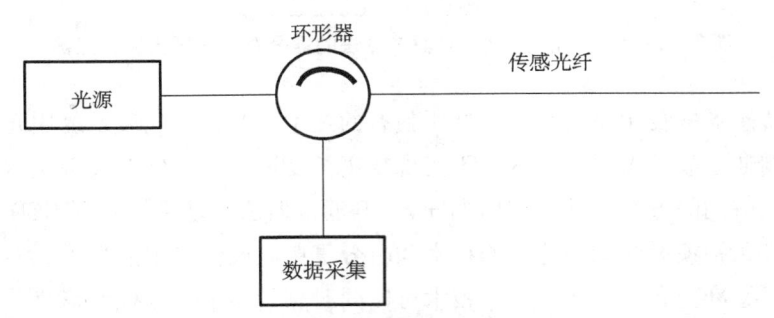

图 3-2-11 全分布式光纤传感器结构示意图

根据被测光信号的不同，全分布式光纤传感器可以分为基于光纤中的瑞丽散射、拉曼散射和布里渊散射三种类型；根据信号分析方法，可以分为基于时域和基于频域的全分布式光纤传感技术。

分布式光纤测温系统主要由分布式光纤温度传感器、控制主机、信号处理单元、激光光源、光电探测器、波长检测器等部分构成。由主机的控制程序对多个光纤温度传感器进行扫描，各传感器都会产生一定能量的反向散射光，在光电探测器接收到散射光后，首先对散射光进行窄带扫描，被扫描的光波段被接收器接收后转换为光谱分布，该光谱分布实际上受到波长的调制。

将光谱分布转换为电流信号,该电流的大小可以直接表征光强的大小,但电流值通常是非常微弱的,还需要通过放大电路进行放大。经过放大并整形的电流信号被转换成脉冲电压,该脉冲电压由信号处理单元进行接收并锁定其上升沿和下降沿,在此期间采用计时器进行计数,根据计时中断信号被触发时的计数值,即可得到传感器的标定曲线,从而计算出反射波的中心波长和波长变化量,并演算出环境温度的真实值。

图 3-2-12 所示为分布式拉曼散射光纤温度传感系统原理图。

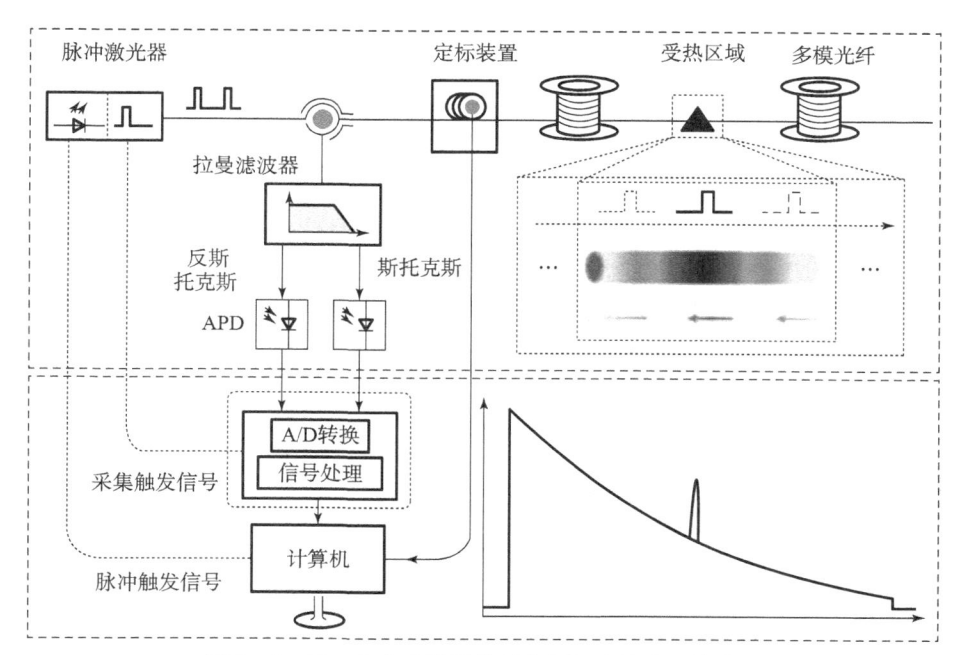

图 3-2-12 分布式拉曼散射光纤温度传感系统原理

对于中红外波段可进行响应的分布式光纤测温系统中,受到波长调制的光谱分布信息被转换成相应的微弱电流信号进行放大等处理后,要进行高频脉冲信号的取样与保持。

取样又称抽样或采样,是一种信息提取和处理过程,电信号的取样变换过程伴随着许多特性,通过相应的处理,可以提高其信噪比,增加系统的频带或压缩信号的频谱等。

样品的取样过程可用图 3-2-13 所示的取样门来实现。当取样脉冲 $P(t)$ 到来时,取样门输入与输出导通。取样脉冲消失时,取样门关闭。当取样脉冲 $P(t)$ 是理想的冲激函数时,取出的样品是线性的,这种取样称为理想取样。当开关闭合时间 τ 较长时,通过开关的是一个宽度为 τ 的信号成分,这种取样称为有限脉带取样。

对信号取样的装置称为取样门,在实际取样电路中,取样门可用二极管来实现。

图 3-2-14 所示是一种简单的取样门电路,D 为取样二极管,C 为积分电容,R_i 为信号源内阻,其电路工作过程如下:在通常状态下,偏压 E_p 通过电阻 R_L 使二极管反向偏置,信号不能通过取样门。当二极管的正端加上正极性的尖脉冲时,且脉冲幅度超过偏压 E_p 时,则二极管导通。由于取样脉冲具有一定的宽度,因此,二极管导通时间就等于取样脉冲宽度。在有效开门时间内,信号通过二极管,并由电容 C 积分保持输出。

图 3-2-13 取样过程

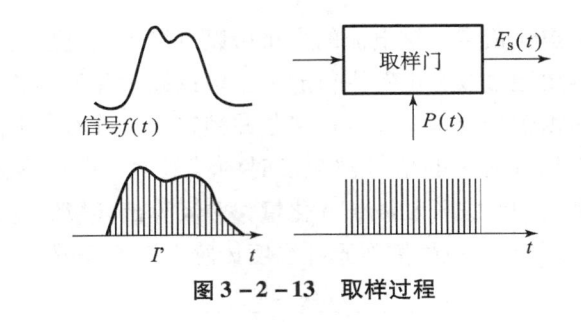

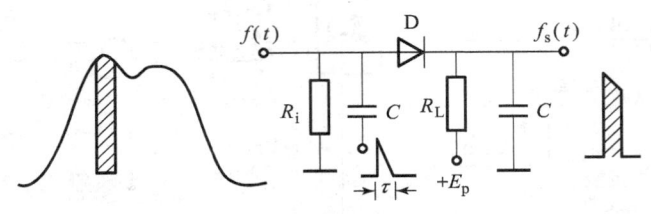

图 3-2-14 简单的取样门电路

对于高频信号的取样,常用图 3-2-15 所示的二极管桥式取样电路,也称为四管平衡取样门电路。图中 R_1 是输入端匹配电阻,4 个二极管组成桥式门,分别由 $+E_p$ 和 $-E_p$ 置反偏而处于截止状态。取样脉冲是正、负对称极性,正极性脉冲由 $-E_p$ 偏置端加入,负极性脉冲由 $+E_p$ 偏置端加入。当取样脉冲到来且幅度超过偏置电压 E_p 时,4 个二极管 D_1、D_2、D_3、D_4 同时导通,构成两个对称的通路,使输入信号 $f(t)$ 能在极短时间内被"选通"传输到输出端。此时,信号的一部分电流可以从输入端经由 D_1 进入电容 C,再从 C 经由 D_2 输出;同时,也可以通过 $D_3 \rightarrow C \rightarrow D_4$ 的通路到达输出端。两条路径实际上是并行且对称的,确保无论输入信号是正向还是负向变化,都能有效地传送到输出端并被电容 C 积分保持下来,从而完成一次取样过程。

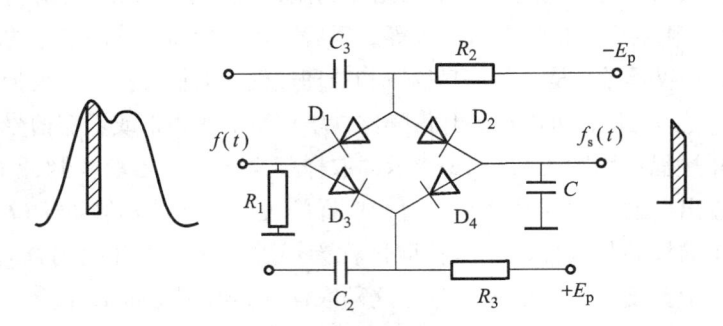

图 3-2-15 桥式取样电路

图 3-2-16 所示电路是可响应于中红外辐射的分布式光纤温度测量系统的高速取样保持电路实例,取样脉冲由三极管基极输入,当取样脉冲到来时,4 个二极管导通,输入信号通过电容 C_2 积分输出,由于场效应管输入阻抗很高,故积分电容上的取样值可以保持住。

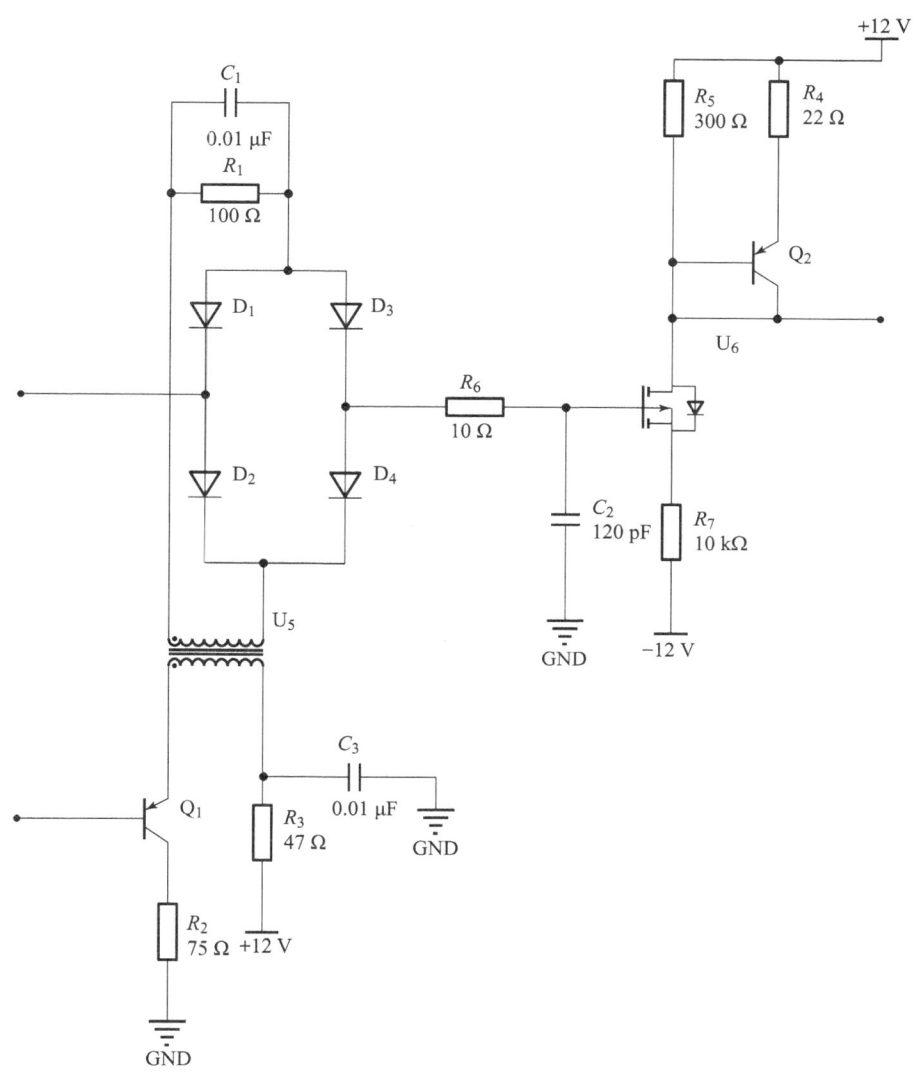

图 3-2-16　分布式光纤测温系统高速取样保持电路部分

3.3　地对空"毒刺"导弹中红外能量制导系统

在红外探测系统中，当目标温度一定时，由目标发射出的辐射通量总是恒定的，红外导引系统接收到的辐射通量也是恒定的，通过红外探测器转变成电信号就是恒定的直流。在红外导引系统中，必须获得目标的方位信息，即必须知道目标的方位角和俯仰角。为了探测目标的方位，就需要对目标辐射能进行调制，并使调制的辐射能的某些特征（如幅度、频率和相位等）随目标在空间的不同位置而变化。这样，调制后的目标辐射能包含了目标的位置信息，调制后的辐射能经红外探测器转变成交流电信号，交流信号经放大、解调后便可检测出目标的方位信息，在红外通信系统中一般采用电调幅的方法，使发射的红外光强度随音频信号幅度的大小而变化，接收端通过红外探测器转变为电信号，经放大和解调电路将音频信号还原出来，这与无线电通信的原理相同，只不过这里不是用无线电波而是用红外光作为载波，用光学系统代替天线。本小节以"毒刺"导弹为例，重点介绍红外调制信号的产生。

"毒刺"导弹（Stinger Missile）是一种便携式、肩射式的防空导弹，主要用于对抗低空飞行的敌方飞机和直升机。这种导弹由美国雷神公司（Raytheon Company）研发并生产，于20世纪80年代开始服役，目前已成为世界上最为广泛使用的便携式防空导弹之一。

"毒刺"导弹的主要特点和性能如下：

（1）红外引导系统："毒刺"导弹采用红外制导系统，即通过对目标发出的红外辐射进行侦测和跟踪，实现导弹与目标的精确相遇。这种引导系统使得"毒刺"导弹对目标进行主动目视跟踪，不依赖电磁波导引器件，提高了抗干扰和隐蔽性能。

（2）可携性和快速响应："毒刺"导弹是一种肩射式导弹，操作简便、质量相对较轻，方便携带和快速投入使用。导弹操作人员可以迅速部署并对突发的空中威胁做出反应。

（3）高效打击能力："毒刺"导弹配备了高爆战斗部，具有出色的打击能力。战斗部采用雷管引爆，能够在命中目标后产生有效破片杀伤，并引发目标的燃烧或破坏。

（4）抗干扰和自适应能力："毒刺"导弹在设计中考虑了抗干扰措施，能够抵御敌方干扰手段，如红外对抗措施和干扰灯等。此外，导弹还具备自适应能力，能够在目标跟踪过程中自动调整航向和姿态。

（5）进阶版本和改进：随着技术的进步，"毒刺"导弹也进行了多次升级和改进。其中包括添加电子对抗和抗干扰能力、提高制导精度和打击范围、减轻质量和改善便携性等方面的改进。

"毒刺"导弹在多个国家和地区广泛服役，包括美国、欧洲、中东和亚洲等地。它被广泛应用于陆军和特种部队，用于保护重要基地、车辆和装备等重要目标。它可以快速响应并击落空中威胁，为地面部队和设施提供防空保护，还可以用于反恐作战、特种部队行动海岸防御等。

"毒刺"导弹从前到后分为制导舱、战斗部舱和动力装置舱三部分，其结构图如图3-3-1所示。制导舱由控制部件、制导部件和导弹电池组成，可进行发射前目标截获、飞行中制导和动力飞行控制及供电。控制部件包括导弹的操纵面、控制伺服电动机、控制电子设备、飞行中的探测器冷却系统等。控制电子设备从制导装置接收制导指令，再把指令转变为控制操纵面倾角的电压，电压高低可决定导弹旋转速率。操纵面伺服电子设备通过伺服放大器和转矩电动机把从控制电子设备得到的电压与操纵面位置电位计获得的电压进行比较，在保持与导弹旋转速率同步的情况下转动操纵面进行弹体机动，使目标位于导弹的拦截航线上。

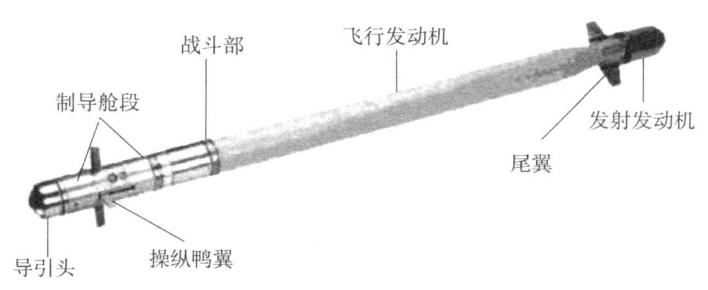

图 3-3-1 "毒刺"导弹外部结构

3.3.1 红外导引头

30年来，红外导引头一直用于短程和中程导弹上，最近越来越多地用在远程导弹、炸弹、火箭的末制导上。红外导引头的作用就是接收目标反射或辐射的红外线，并能自动产生方位误差信号和俯仰误差信号，用以控制跟踪驱动机构，使导弹不断跟踪目标，达到精确制导的目的。

第三代导弹红外导引头的重要性能指标是：①自动搜索目标；②识别人造背景和自然背景中的目标；③探测远距离目标；④探测和识别多目标；⑤抗干扰；⑥准确测定瞄准点和精确制导；⑦高速跟踪。

图 3-3-2 所示是"坦克破坏者"导弹的红外导引头原理框图。它主要包括红外探测系统、跟踪系统、信号处理系统和伺服系统等部分。

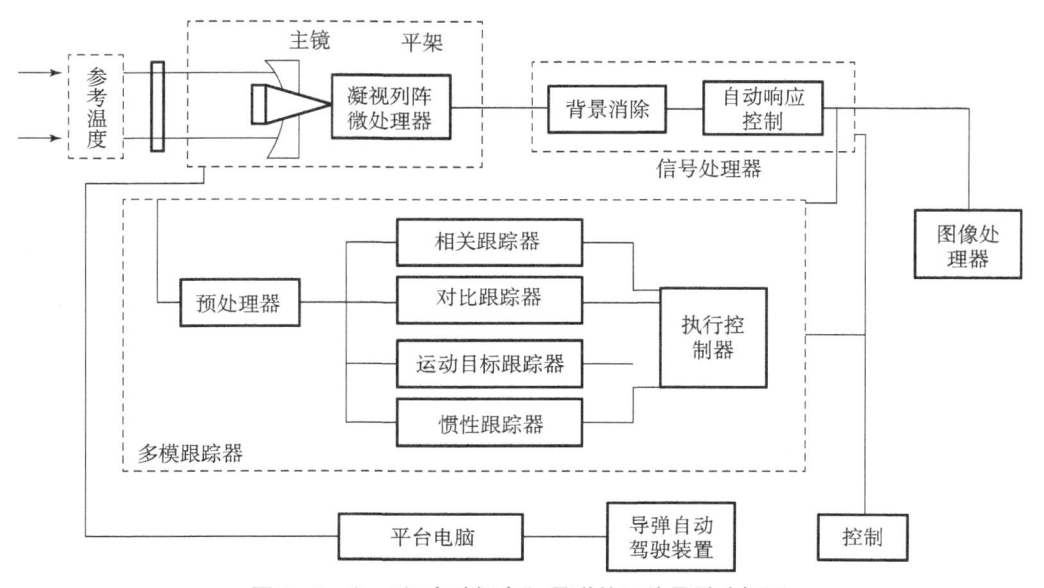

图 3-3-2 "坦克破坏者"导弹的红外导引头框图

制导部件由导引头和电子设备组成。导引头包括陀螺光学装置、红外探测器、致冷器和头部线圈。这些组件由前罩和隔板封装成一体，内充干燥氮气。导引头用调制盘和分立元件处理信号。"毒刺"导弹导引头内部的红外传感探测器采用半导体材料制成，通过成像系统将目标物的红外辐射聚焦于探测器的光敏面上，再由红外探测器通过光电转换将光信号转换成易处理的电信号。

如今的"毒刺"导弹导引头内部探测器一般采用锑化铟材料制成，具有量子效率高、可靠性好、均匀性好的优势，从而替代了硫化铅材料的探测器，其结构示意图如图3-3-3所示。

图3-3-3 锑化铟红外探测器结构图

锑化铟红外探测器的工作波长在 3~5 μm，工作温度为 70 K，因此必须致冷才能使探测器正常工作。常用的办法是使用焦耳·汤姆逊节流致冷装置（原理是利用 208 个大气压的高压贮气瓶排出高压气体通过节流气孔后体积迅速膨胀、压力降低而吸热致冷），可将锑化铟红外探测器致冷到 70~80 K（-203~-193 ℃）的低温。

应用锑化铟材料的红外探测器，其探测灵敏度大大高于硫化铅，不仅能从目标后方探测尾喷口的高温热源，还能从侧前方探测目标发动机排出的温度较低的热气流和热金属辐射热（主要是 4.7 μm 波长的二氧化碳红外辐射带，该波长的红外辐射不易为大气吸收），然后再转入尾追，因而使"毒刺"导弹获得了有限的全向攻击能力。

导引头作为精确制导武器系统的核心，兼具自主搜索、识别与跟踪目标的复杂功能，能够持续输入目标信息并给出制导控制指令，确保武器系统不断地跟踪目标，进而实现对目标的精确打击。"毒刺"导弹的导引头内部红外探测器只能用于感知目标红外辐射强弱，不能确定目标物位置，因而需要在红外探测器前添加一个不断旋转的调制盘，其原理图如图3-3-4所示。

导引头接收到的红外信号经过光学元件的汇聚，透过调制盘传达到锑化铟红外探测器上，感知目标物位置。调制盘（在导引头中位置，如图3-3-5所示）在不断旋转过程中，白色部分完全透过红外线，黑色部分完全吸收红外线，从而改变探测器接收到不同强弱的光学信号，其示意图如图3-3-6所示。

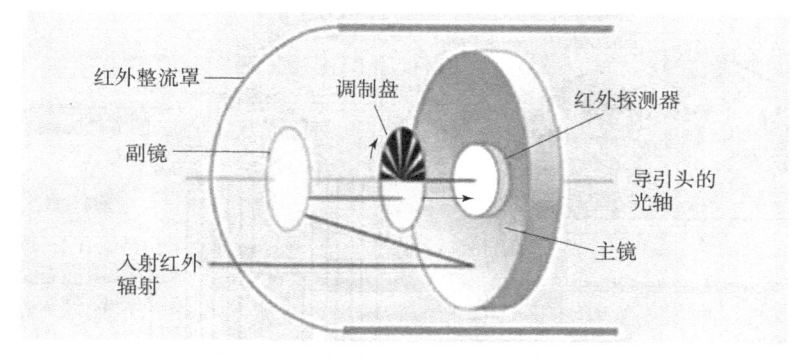

图 3-3-4 点红外导引头工作原理

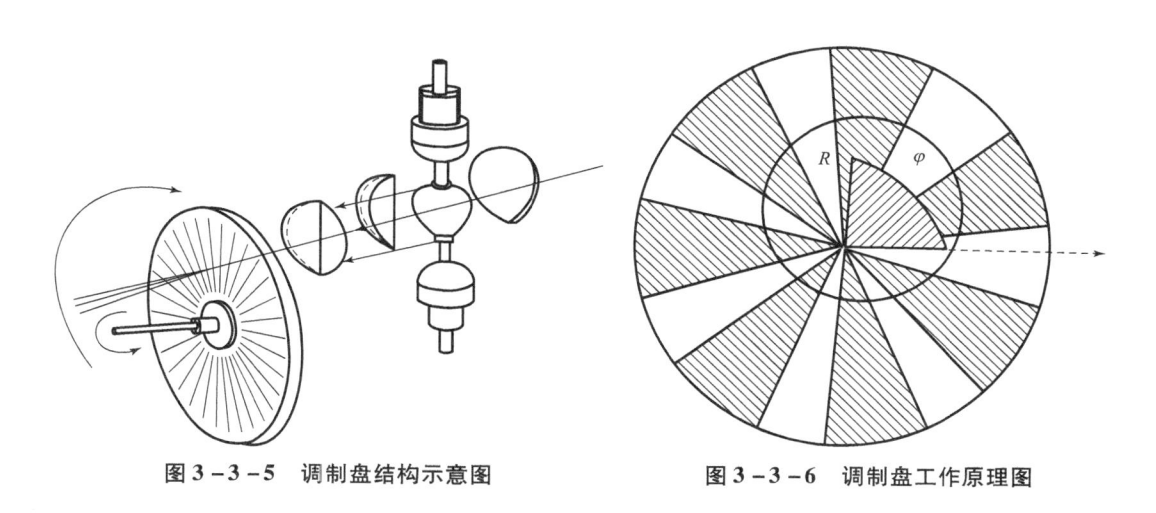

图 3-3-5 调制盘结构示意图

图 3-3-6 调制盘工作原理图

下面以黑白相间、下半部分透明的旋转式调制盘为例（示意图如图 3-3-7（a）所示），介绍红外导引头制导机理。当点目标与云团（背景）均成像于调制盘上时，目标像点很小，云团尺寸则较大。当调制盘上半区域扫过目标时，像点被明暗相间的扇形格子透过或遮挡，探测器输出一列脉冲信号；下半区域扫过目标时，像点只有一半能量通过，形成一直流信号；当调制盘上半区域扫过云团（背景）时，云团面积很大，使得斩割作用小，探测器输出带有波纹的直流信号；当下半区域扫过云团时，只有一半能量通过，形成一直流信号，如图 3-3-7（b）所示。信号经过电子滤波电路处理后，背景干扰的直流信号被滤除，代表目标信号的交流信号被锑化铟红外探测器感知，从而达到感知目标位置的目的。

与旋转扫描的幅度调制相比，圆锥扫描采用脉冲相位调制，具有灵敏度高、抗干扰能力强的特点，如图 3-3-8 为圆锥扫描调制示意图。当干扰和目标同处于导引头视场中时，由于干扰和目标辐射强度以及运动轨迹的差异，形成信号的辐射强度、脉宽、频率等差异很大，可以通过算法将明显干扰信号剔除，以提高探测器对目标信号的识别度。点红外导引头本身是被动探测导引头，本身不能发出红外信号，因此无法被飞机的雷达告警系统探测。

图 3-3-7　旋转式调制示意图

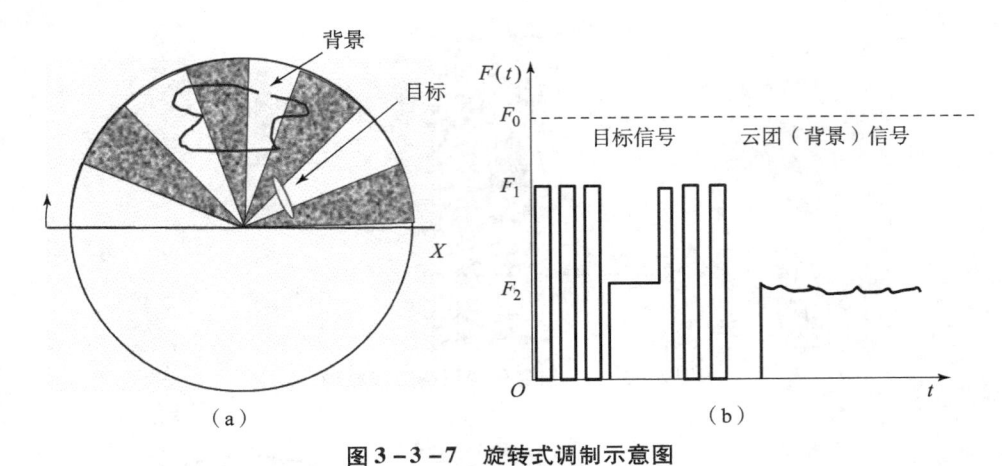

(a) 像点在调制盘上的位置；(b) 产生的调制信号

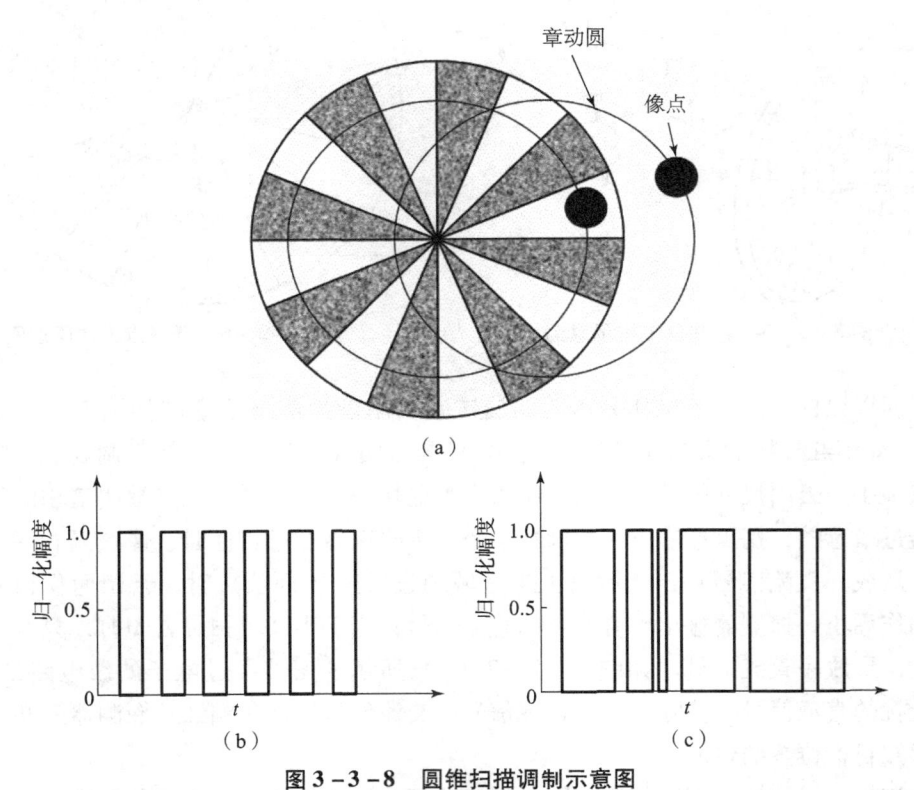

图 3-3-8　圆锥扫描调制示意图

(a) 辐条轮调制；(b) 轴线上像点调制函数；(c) 偏离轴线像点调制函数

陀螺伺服系统的控制功能是红外导引头的关键技术之一，它直接影响导引头的跟踪速度和跟踪精度。图 3-3-9 为红外导引头的工作流程图，图中陀螺伺服系统负责将电信号带动光学系统进动，使光轴向着目标位置方向运动，构成导引系统的角跟踪回路，实现导引系统对目标的不间断跟踪。高性能的伺服控制系统是提高发现目标概率、识别目标和精确跟踪目标的关键,对提高红外导引头的性能具有重要意义。

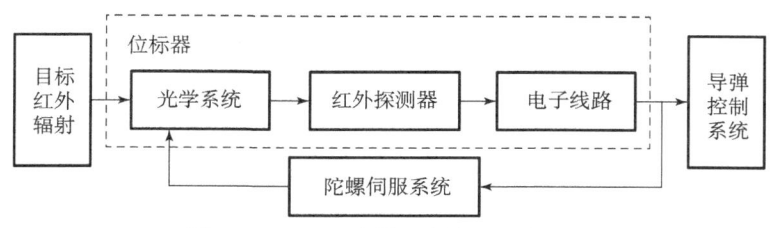

图 3-3-9 红外带引头的工作流程图

导引头的陀螺伺服系统有三个主要的功能:将载体的扰动隔离,维持惯性空间的稳定,进而实现对目标的跟踪。对跟踪精度进行控制,离不开载体运动控制,也和目标的运动有一定关系。与光电火控和光电雷达不同,从导弹发射到击中目标,导引头离目标越来越近,跟踪精度的要求也不断降低。载体运动功能对导引头伺服系统也极为重要,它是保证跟踪精度的前提。实现载体运动功能也就是要保证其稳定精度,稳定精度指标的确立要受限于系统的跟踪精度。

导引头伺服系统控制回路由内、外两个回路构成,是双闭环的串级系统,外回路是跟踪回路,主要用于目标的跟踪;内回路是稳定回路,用于稳定视轴。导引头稳定跟踪回路原理图如图 3-3-10 所示。

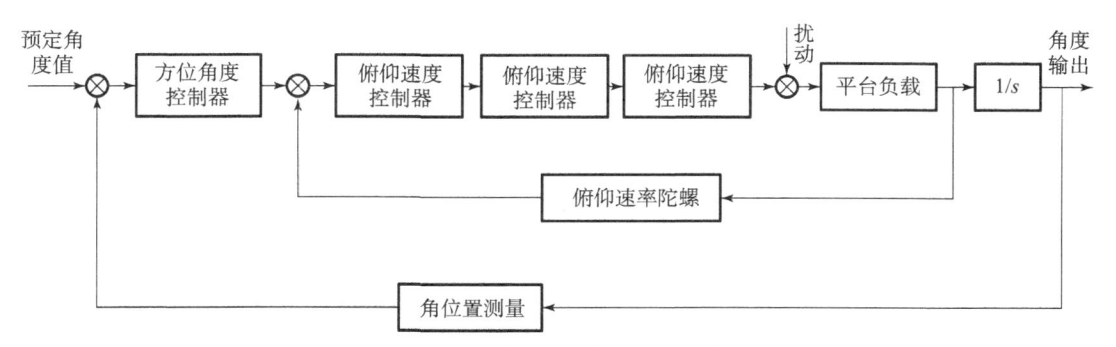

图 3-3-10 导引头稳定跟踪回路原理图

跟踪速度是跟踪回路的重要指标,其上限值在原则上限定为导弹末制导过程中视线角速度的最大值,若跟踪速度过大,会造成目标丢失。除了跟踪回路和稳定回路,搜索回路也是导引头伺服系统的组成之一。它的主要作用是搜索目标,扩大视场,有助于系统捕获目标。与跟踪回路相同的是,搜索回路对搜索速度也有限制,搜索速度不能过大,否则不容易捕获目标。导引头伺服系统有这几种结构形式:两轴两框架形式、两轴四框架形式以及三轴三框架形式等。它们各自都有不同的特点和适用场合。

载体的扰动作用一共有 6 个自由度,其中 3 个是转动自由度,另外 3 个是平动自由度。转动自由度主要描述的是载体姿态角的变化,载体姿态角的变化最终会对载体的成像质量和视轴稳定产生一定的影响,对于这一问题,通常利用陀螺稳定平台作为隔离的方法;平动自由度主要用来描述载体的线振动,隔离方法是应用无角位移的减振隔离器。在隔离载体姿态角变化的过程中，陀螺稳定平台起核心作用，它的性能几乎可以决定成像系统的最终性能。

两轴速率陀螺稳定方案主要采用方位/俯仰两自由度框架结构。两轴两框架这一稳定结构主要是指，将红外探测器等设备安装在俯仰框架上（作为内框），俯仰框架再嵌套于垂直方位框架中（作为外框），再与陀螺一起构成稳定的回路，从而达到抑制干扰力矩，实现视轴稳定的作用。这一稳定结构在成像稳定系统中的应用最为广泛，这一技术发展到现在也较为成熟，其结构图如图3-3-10。

两轴两框架结构的陀螺伺服系统具有一系列优点，比如制作简单、体积小且质量轻等，但是缺点也不容忽视，主要体现在以下三个方面。

缺点1：精度有限。当这种框架结构应用在小负载和高精度稳定系统时，其作用非常明显，但是随着光电侦察设备的发展，平台的结构变得越来越复杂，系统中会出现更多的干扰项，就目前的两框架平台系统在设计和工艺制作上的水平，很难使系统结构达到高稳定的精度。

缺点2：跟踪盲区。选取两框架形式，当伺服系统的俯仰框架转动角度接近90°时，其进行方位跟踪的速度将接近无穷大，这时就会出现"搜索盲区"。

缺点3：存在像旋问题。因为两框架系统只有方位和俯仰两个方向的自由度，缺少了横滚自由度，因此只能对这两个方向上的扰动进行抑制，缺乏对横滚方向扰动的抑制，这就会导致像旋的出现。当像旋较大时，则会影响目标识别。在实际中，导引头的体积不能过大，而且导弹横滚运动幅度也较小，导引头伺服机构采用最多的还是两轴两框架的结构形式。根据其传动方式的不同，可以分为直接驱动式、连杆结构式以及不完全齿圈与齿轮传动式等。

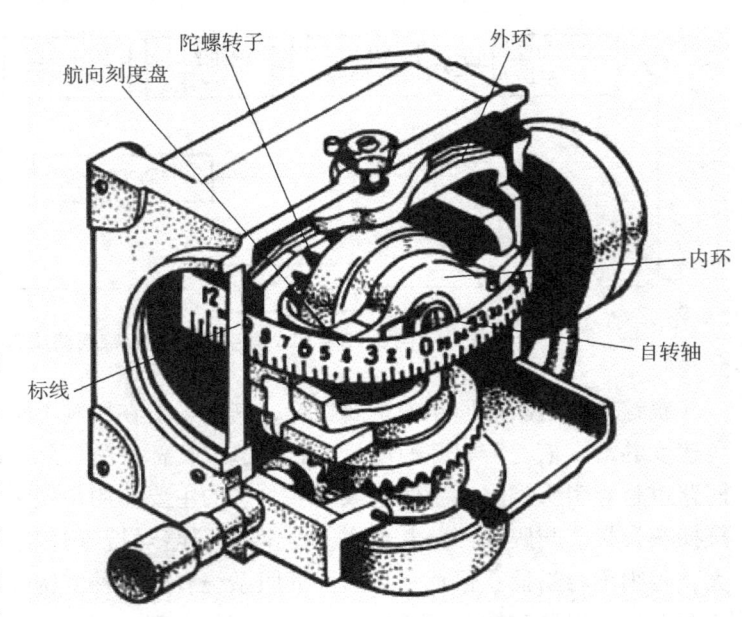

根据图3-3-11两轴两框架陀螺仪结构图可以看出它是一个多参数调整、多回路反馈控制系统。将内外框架分别作为系统的俯仰和方位框架，二者通过轴承联系在一起，能够相互转动。该系统主要由直流力矩电动机、光电传感器、角位置传感器、图像跟踪器、动力调谐陀螺和方位/俯仰框架等组成。

图3-3-11 两轴两框架陀螺仪结构图

以上分析了方位/俯仰型伺服系统的稳定跟踪问题，由于该机构只能保证两个方向的稳定，所以要想实现该机构完全在惯性空间的稳定，就要对导弹的飞行控制系统提出更高的要求，导引头的工作过程实际是弹体运动到光轴运动的传递过程，这一过程涉及基座运动对框架运动间的关系。

3.3.2 红外探测系统

1. 探测系统的功用

探测系统是用来探测目标，并测量目标的某些特征量的系统。

根据功用及使用要求的不同，探测器大致可以分为以下几类。

（1）辐射计：用来测量目标的辐射量，如辐射通量、辐射强度、辐射亮度及发射率等。

（2）光谱辐射计：用来测量目标辐射量的光谱分布。

（3）红外测温仪：用来测量辐射体温度。

（4）方位仪：用来测量目标在空间的方位。

（5）报警器：用来警戒一定的空间范围，当目标进入这个范围内时，系统发出报警信号。

2. 探测系统的组成及基本工作原理

红外探测系统是利用目标本身辐射能对目标进行探测的，为了把分散的辐射能收集起来，系统必须有一个辐射能收集器，这就是通常所指的光学系统，光学系统所汇聚的辐射能，通过探测器转换成电信号，放大器把电信号进一步放大。因此，光学系统、探测器和放大器是探测系统的最基本的组成部分。在此基础上，若把光学系统所汇聚的辐射能进行位置编码，使目标辐射能中包含目标的位置信息，那么由探测器输出的电信号中也就包含了目标的位置信息，再经方位信号处理电路可得到目标方位的误差信号，这便是方位探测系统的基本工作原理，如图 3 – 3 – 12 所示。

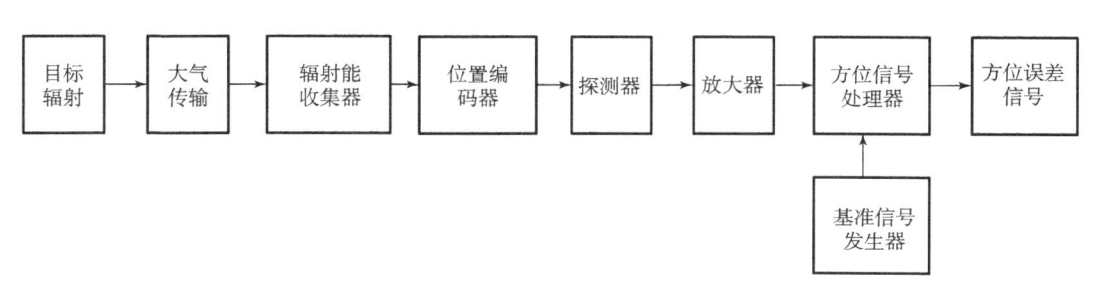

图 3 – 3 – 12　方位探测器系统工作原理

3. 对探测器的基本要求

（1）有良好的检测性能。对于方位仪、报警器、辐射计一类的探测系统要求灵敏度高。所谓系统的灵敏度是指系统检测到目标时所需要的最小入射辐射能。对于点目标而言，系统所接收到的辐射能与距离的平方成反比，因此，系统的灵敏度实际上决定了系统的最大作用距离。

（2）虚警概率低，发现概率高。红外系统对目标的探测总是在噪声干扰下进行的，这些噪声干扰包括系统外部的背景干扰和内部探测器本身的噪声干扰，因此要求探测器系统的虚警概率低，发现概率高。

（3）测量精度要高。对于辐射计、测温仪一类的探测系统，要求有一定精度，即有一定的准确度。目前国内生产的各类测温仪，精度（相对误差）一般都在 ±0.5% ~ ±2% 之内。对于方位仪来说，则要求有一定的位置测量精度，对于测角系统，测角精度一般为秒级。

4. 方位探测系统

1）调制盘方位探测系统

图 3-3-13 所示是采用调制盘作为位置编码器的方位探测系统原理框图，来自目标的红外辐射经光学系统聚焦在调制盘平面上，调制盘由电动机带动并相对于像点进行扫描，像点的能量被调制，由调制盘出射的红外辐射通量中包含了目标的位置信息。由调制盘出射的红外辐射经探测器转换为电信号，经放大后送到方位信号处理电路，取出目标的方位信息，最后系统输出的是反映目标方位的误差信号。

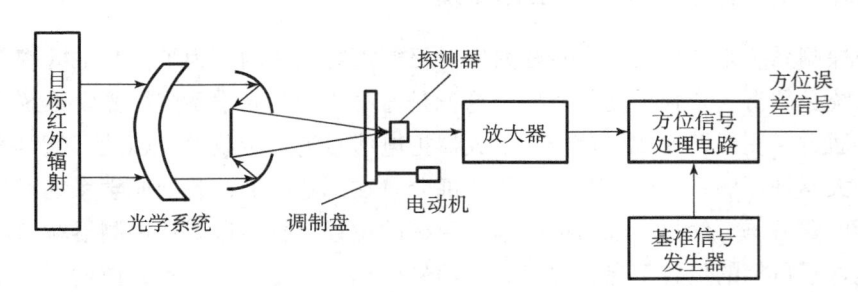

图 3-3-13 位置编码方位探测系统

根据不同的像质要求，以及调制盘与像点之间不同的相对运动方式，光学系统也有不同的类型，通常采用折反式或透射式两大类。例如一种用于反坦克导弹中的红外测角仪，其光学系统有两种视场，大视场采用透射式光学系统，小视场采用折反式光学系统，近距离时为了捕获目标采用大视场，远距离时为了降低背景噪声的干扰采用小视场，当目标运动到一定距离上时，两种视场自动切换。

采用的调制方式不同，则方位信号处理电路的具体形式也不同。

图 3-3-14 所示是调幅调制盘系统的方位信号处理电路方框图。红外探测器将调幅调制盘出射的红外辐射能转变为电信号，经放大和振幅检波后得到包络信号，包络信号的幅值和相位反映了目标的空间位置，通过坐标变换得到目标的方位误差和俯仰误差。

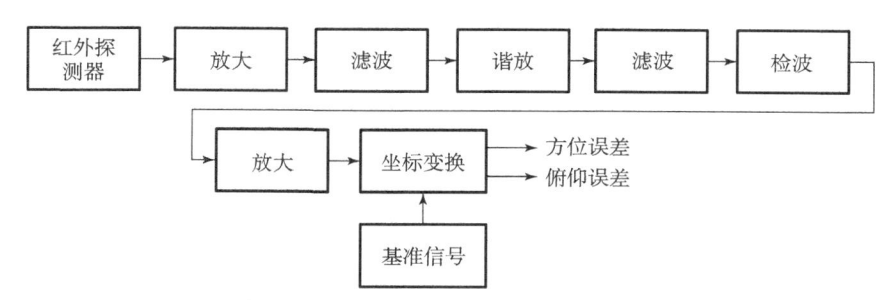

图 3-3-14　调幅调制盘信号处理电路

图 3-3-15 所示是调频调制盘系统的信号处理电路方框图，红外探测器将调频调制盘出射的红外辐射能转变为电信号，此信号的瞬时频率反映了目标的空间位置，经放大和鉴频后得到的信号就代表目标的空间位置，经坐标变换得到方位误差和俯仰误差。

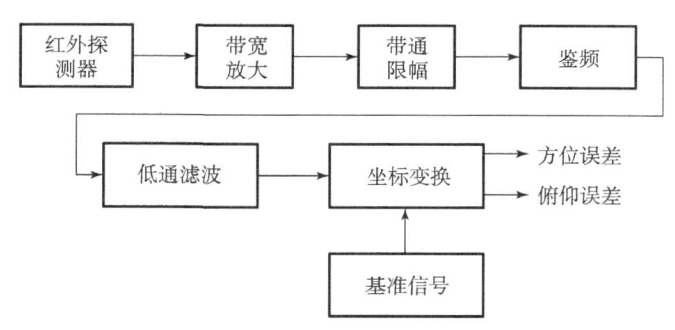

图 3-3-15　调频调制盘信号处理电路

采用脉冲编码调制盘的系统，它的信号处理电路又与调幅、调频调制盘系统的信号处理电路不同。

2）十字叉探测系统

十字叉探测系统信号处理电路及输出波形如图 3-3-16 和图 3-3-17 所示。

3）扫描系统

扫描系统的基本结构组成包括光学系统、探测器、信号处理电路、扫描驱动机构和扫描信号发生器。

探测器置于光学系统焦平面上，它可以是单元探测器或多元阵列。多元探测器阵列可以是线列或面阵。扫描系统可以分为串联扫描、并联扫描和串并联扫描三种方式。

光机扫描的效果，实际上相当于由探测器尺寸所决定的瞬时视场按一定顺序扫描整个景物空间。若在观察范围内，空间某一位置有一个点目标存在，则瞬时视场扫过这一点时，便产生一个视频脉冲。若是单元扫描系统，则这个视频脉冲经放大后即可直接用来提取目标位置信息；若是多元并扫系统，则须经过多路信号处理，把空间某一位置的

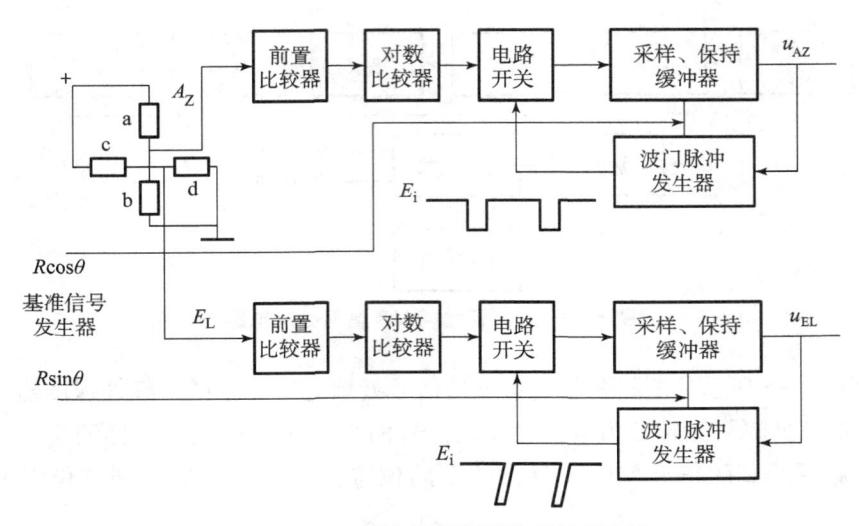

图 3 – 3 – 16　十字叉探测器信号处理电路

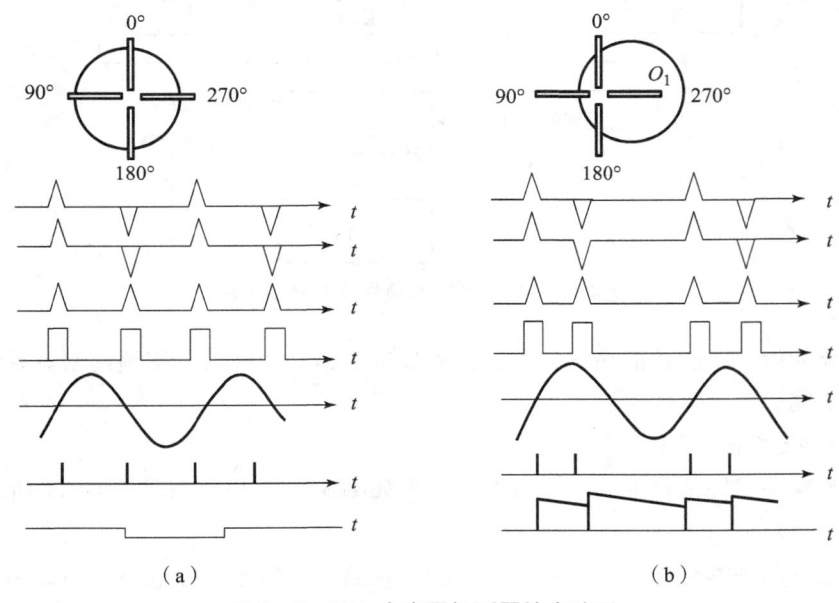

(a)　(b)

图 3 – 3 – 17　十字叉探测器输出波形

目标信号转换成按时间顺序输出的视频脉冲，再从这个时序视频脉冲中提取目标的位置信息。

目标位置误差检测电路就是两个采样 – 保持电路，方位基准信号、俯仰基准信号分别加给方位误差采样 – 保持电路和俯仰误差采样 – 保持电路，目标脉冲信号分别对两个通道的基准信号进行采样，采样 – 保持电路输出的幅值就是误差值，误差值的大小反映了目标脉冲与基准信号之间的相对位置，即反映了目标的空间方位。

为了说明问题方便，我们以单元扫描系统为例，图 3 – 3 – 18 所示为方位基准信号、俯仰基准信号与扫描视场的相对位置关系，方位基准信号为三角波，周期为 T_x；俯仰基准信号为阶梯波，周期为 T_y。基准信号电压瞬时值对应了偏离光轴的角度值。假定瞬时视场扫描到第 i 列第 j 行，接收到目标辐射，此时产生的目标脉冲对 u_{jx} 分别进行采样 - 保持，就得到该点的方位误差电压 u_{xi} 和俯仰误差电压 u_{yj}。对于多元扫描探测系统来说，误差电压检测原理与单元扫描系统完全相同，只是图 3 - 3 - 18 中的基准信号要换成相应的多元扫描基准信号。

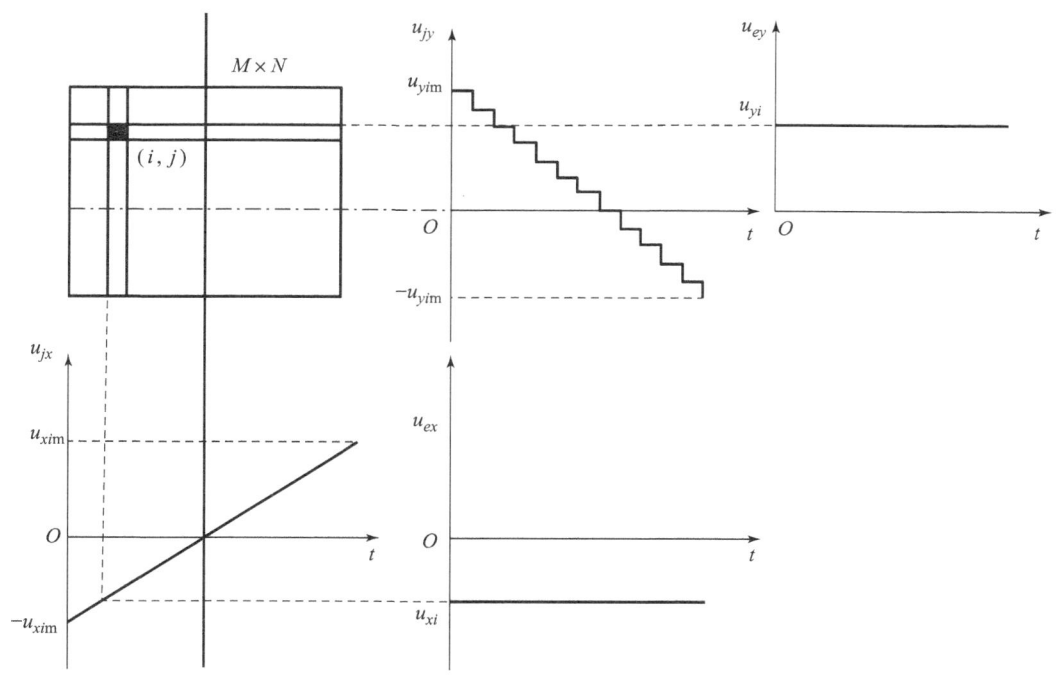

图 3 - 3 - 18　基准信号与扫描视场的相对位置关系

3.3.3　红外跟踪系统

1. 跟踪系统的功用

跟踪系统用来对运动目标进行跟踪。当目标运动时，便出现了目标相对于系统测量基准的偏离量，系统测量元件测量出目标的相对偏离量，并输出相应的误差信号送入跟踪机构，跟踪机构便驱动系统的测量元件向目标方向运动，消除其相对偏离量，使测量基准对准目标，从而实现对目标的跟踪。

红外跟踪系统与测角机构组合在一起，便组成红外方位仪。它通过装在跟踪机构驱动轴上的角传感器测量跟踪机构的转角，来标示目标的相对方位。这样在方位仪跟踪目标时，便可以测出目标相对角速度和目标相对方位。方位仪常用于地面或空中的火控系统中，给火控系统的计算机提供精确的目标位置信息和速度信息，从而提高火炮的瞄准精度。红外跟踪系统在导弹制导系统中的应用越来越广泛。红外制导最早应用于空对空导弹，近三十多年来在技术上不断改进，目前已出现了以美国的 AIM-9L、法国的 R550 等为代表的典型格斗导弹。红外地对空导弹，如苏联的萨姆-7、美国的针刺型都在常规战争中发挥了威力。以美国幼畜型为代表的空对地导弹，采用了红外成像制导，它可以在一定恶劣气候下昼夜使用。红外成像制导在反坦克导弹中也得到很好的应用。红外跟踪系统还可用于预警探测系统中，对入侵的飞机和弹道导弹进行捕获和跟踪。

2. 跟踪系统的组成及工作原理

红外跟踪系统包括方位探测系统和跟踪机构两大部分。方位探测系统由光学系统、调制盘（或扫描元件）、探测器和信号处理电路四部分组成。有时把方位探测系统（不包含信号处理电路）与跟踪机构组成的测量头统称为位标器。根据方位探测系统的类型不同，跟踪系统又可分为调制盘跟踪系统、十字叉跟踪系统和扫描跟踪系统。

如图 3-3-19 所示，目标与位标器的连线称为视线。视线与基准线之间的夹角为 q_M，光轴和基准线之间的夹角为 q_t。当目标位于光轴上时，方位探测器无误差信号输出。目标偏离光轴时，系统便输出与失调角 $\Delta q = q_M - q_t$ 相对应的方位误差信号。该误差信号送入跟踪机构，跟踪机构驱动位标器向着减小失调角方向运动，当 $q_t = q_M$ 时，位标器停止运动，系统便自动跟踪目标。

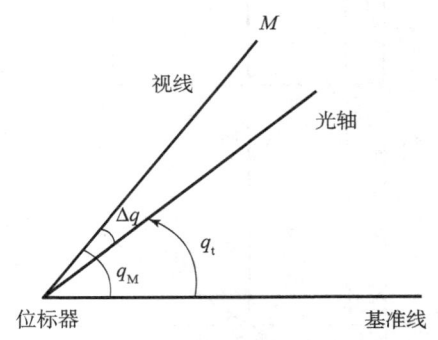

图 3-3-19 目标与位标器基准线之间的关系图

把红外跟踪系统用于导弹的制导系统中，用上述电压 u 去控制舵机，使舵面偏转的角度与 u 成比例，从而操纵弹体转动。为维持目标与位标器稳定跟踪，必须要求目标有一定的失调角 Δq 与之对应，当系统进入稳定跟踪状态时，虽然光轴的运动速度已经完全跟随目标，但光轴与视线之间仍保持一定的角位置误差 Δq，这是系统持续输出控制信号、实现动态跟踪所必需的。

3. 对跟踪系统的基本要求

跟踪角速度及角加速度——跟踪角速度及角加速度是指跟踪机构能够输出的最大角速度及角加速度，它表明了系统的跟踪能力。系统的跟踪角速度从每秒几度至几十度不等，角加速度一般在 $10°/s^2$ 以下。

跟踪范围——跟踪范围是指在跟踪过程中，位标器光轴相对跟踪系统纵轴的最大可能偏转范围。一般可达 ±30°，有些竟达 ±65°左右。

跟踪精度——系统跟踪精度是指系统稳定跟踪目标时，系统光轴与目标视线之间的角度误差。系统的跟踪误差包括失调角、随机误差和加工装配误差。系统稳定跟踪一定运动角速度的目标时，就必然有相应的位置误差，这个位置误差还与系统参数有关。随机误差是由仪器外部背景噪声以及内部的干扰噪声造成的，加工装配误差则是由仪器零部件加工及装校过程中产生的误差所造成的。

用于高精度跟踪并进行精确测角的红外跟踪系统，要求其跟踪精度在 10° 以下。一般用途的红外搜索跟踪装置，跟踪精度可在几角分以内，而导引头的跟踪精度可在几十角分之内。

对系统误差特性的要求——红外自动跟踪系统同其他自动跟踪系统一样，是一个闭环负反馈控制系统。为使整个系统稳定、动态性能好及稳定误差小，满足跟踪角速度及精度要求，应对方位探测系统的输出误差特性曲线有一定要求，这些要求是：

要求 1：盲区小，精跟踪要求无盲区。

要求 2：要求线性区有一定宽度，即有一定的跟踪视场。线性段斜率越大，系统工作越灵敏。

要求 3：要求捕获区有一定的宽度，以防止目标丢失。

跟踪系统的基本要求确定后，就要求系统有相应的结构形式。例如，要求跟踪角速度大的系统，则要求跟踪机构输出功率大，往往采用电动机作跟踪机构；要求跟踪精度高的系统，则往往采用无盲区的调制盘或十字叉探测系统。

4. 调制盘跟踪装置

调制盘跟踪装置的测量元件采用调制盘方位探测器，由跟踪机构驱动位标器跟踪目标。

电动机跟踪：图 3-3-20 是一种电动机跟踪装置位标器结构原理图。由光学系统、调制盘、探测器、次镜旋转电动机一起组成镜筒组件，装在内框和外框组成的万向支架上，内框和外框由俯仰驱动电动机和方位驱动电动机驱动绕水平轴和垂直轴转动，这样位标器光轴就可向空间任意方向运动。目标方位误差信号被送入驱动电动机，使位标器光轴跟踪目标。采用电动机作为跟踪机构的优点是工作可靠，对加工工艺要求较低；缺点是结构体积较大，有惯性，不能作高速跟踪。

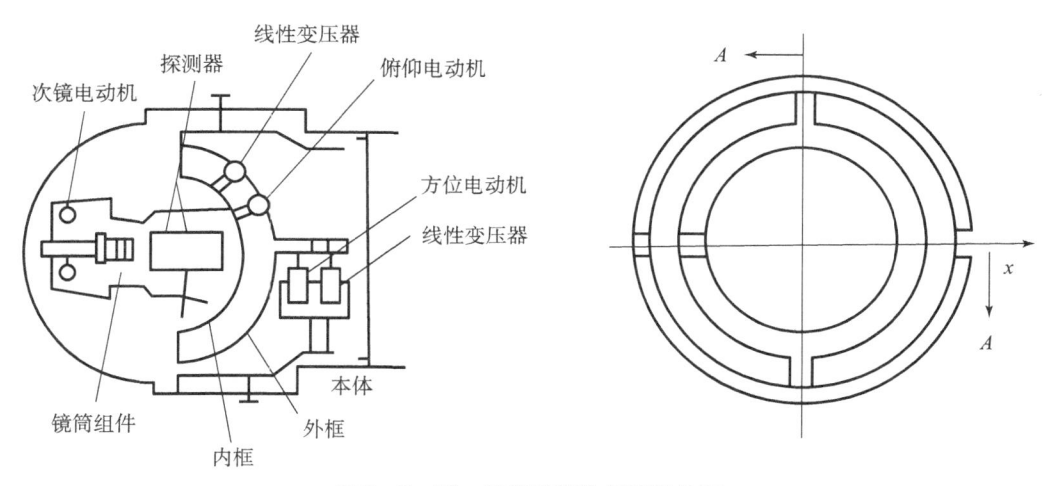

图 3-3-20　跟踪装置位标器结构图

陀螺跟踪：采用三自由度陀螺作为跟踪机构，光学系统装在陀螺转子上，光轴和转子轴重合。转子高速旋转，通过转子的进动运动跟踪目标。转子既可绕自身轴转动，又可与内框架一起绕水平轴转过一个角度，也可以与外框架一起绕垂直轴转过一个角度，这样转子就有3个自由度，可向空间任意方向运动。

采用三自由度陀螺作为跟踪机构，本身就可以实现光轴在空间的稳定，不需要另外加稳定机构。陀螺的进动运动无惯性，因而跟踪动态性能好。但它的加工装配精度要求高，有漂移误差，输出功率小。对于导弹的制导系统，跟踪角速度不大，跟踪精度要求不很高，因此多数采用陀螺作为跟踪机构。

陀螺的具体结构有两种形式，即外框架式和内框架式。

外框架式：转子位于内外框架的里边，如英国"火花"空对空导弹红外导引头位标器为外框架式，通过在内外框架轴上各装一个力矩电动机控制陀螺转子的进动。这种结构的尺寸和质量都比较大。

内框架式：内外框架在转子的里边，如美国"响尾蛇"空对空导弹和苏联的"萨姆-7"地对空导弹采用了这种结构。

陀螺系统由转子及万向支架（即内环和外环）组成。转子即镜筒组合件，它由磁镜（本身既是主反射镜又是一块永久磁铁）、次反射镜、校正透镜、伞形光栏、调制盘、探测器及镜筒等组成，镜筒把它们连接在一起组成镜筒组合件。万向支架的外环能相对机座绕外环轴转动，内环能相对于外环绕内环轴转动，内外环转轴互相垂直。转子通过轴承与内环相连，转子相对于内环绕自身轴高速旋转。转子轴、内外环轴三轴交于同一点，转子就绕这个交点进动。

陀螺跟踪系统的工作原理如图3-3-21所示。永久磁铁和调制盘同步转动，顺时针方向转动，转动角速度为Ω，转子的角动量是指向调制盘后方的。假定有一个目标M'，失调角为Δq，方位角为θ，经光学系统成像在调制盘平面上的M点。M点初相角为θ（以OY轴为计算角度Ωt的起始轴），目标像点的能量经调制盘调制后，由探测器输出误差信号，经放大后得到误差电流$i = I_0\sin(\Omega t - \theta)$，这个电流包含了目标的方位信息，幅值$I_0$与$\Delta q$成正比，初相角$\theta$即为目标方位角，把这个电流通入进动线圈便可产生进动力矩，驱动光轴跟踪目标，因此这一误差电流就是进动电流。

进动线圈位于永久磁铁的外圈，沿位标器轴向绕制成圆筒形，如图3-3-21（b）所示。若将交变电流通入进动线圈，线圈内就产生一个交变的磁场，永久磁铁在磁场内会受到电磁力的作用。

进动线圈中电流的正向规定为图3-3-22所示的方向，即从位标器的前方观察，顺时针方向流动为电流的正方向。此时进动线圈中产生的磁场指向位标器后方。假定转子轴与位标器纵轴相重合，即永久磁铁的极线与进动线圈轴线垂直，则永久磁铁受力方向如图3-3-22（a）中的F，永久磁铁受到一个电磁力矩M的作用，其方向如图3-3-22（b）所示。该力矩向量用下式表示：

$$M = P \times B \tag{3-3-1}$$

式中：P为永久磁铁的磁矩向量，对于一个确定的磁铁，它是一个定值，磁矩的方向与

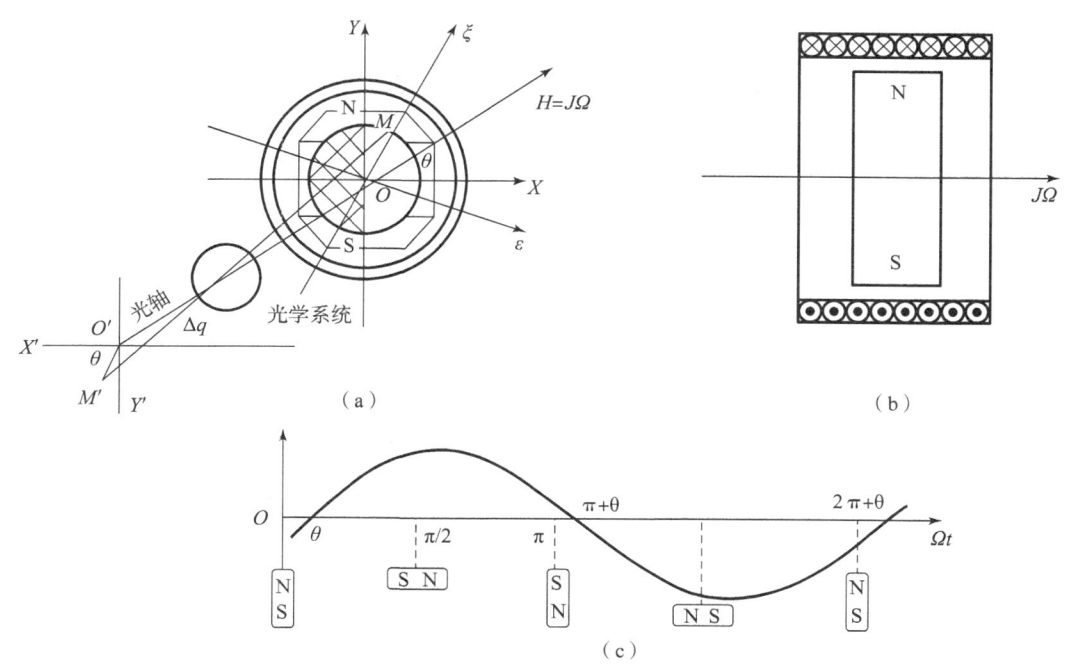

图 3 – 3 – 21　陀螺跟踪系统工作原理图

永久磁铁的磁场方向（即极线方向）一致；B 为进动线圈内电流形成的磁感应强度，它的方向由电流方向决定，是交变的。

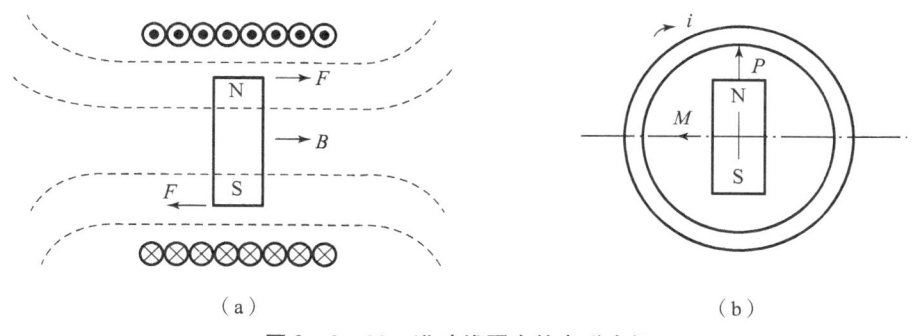

图 3 – 3 – 22　进动线圈中的电磁力矩

5. 成像跟踪器

图 3 – 3 – 23 所示是成像跟踪器组成框图。对成像跟踪器而言，首先应测出面目标在视场中的位置。测量目标图像位置的方法有测量目标图像的边缘、测量目标图像的矩心以及测量目标图像的相关度等几种。用这些不同的测量方法构成的跟踪器分别称为边缘跟踪器、矩心跟踪器及相关跟踪器。

由摄像头输出的目标视频信号被送到图像信号处理器，经处理后检出与目标位置相应的误差信号，误差信号控制伺服系统，使摄像头跟踪目标。对成像跟踪器而言，主要的问题是当观察目标做相对运动时将目标视频信号处理成误差信号,这也是图像信号处理器的设计问题。对于边缘跟踪及矩心跟踪来说,都要设置一个波门,波门的尺寸略大于目标图像,波门紧紧套住目标图像,如图3-3-24所示。波门以内的信号予以检出,而去掉波门以外的信号,利用波门的选通技术可以对目标进行有选择的跟踪,同时还可以排除背景干扰。

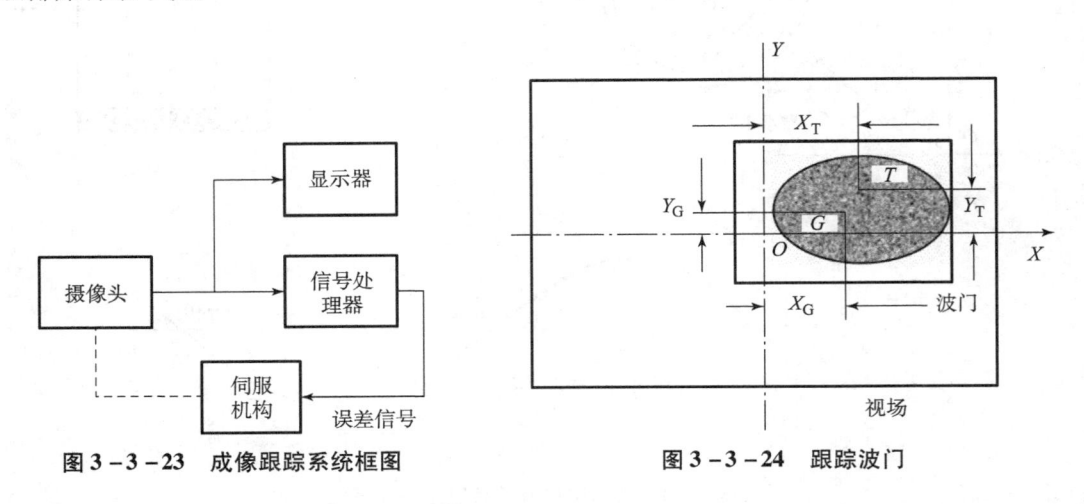

图 3-3-23 成像跟踪系统框图

图 3-3-24 跟踪波门

成像跟踪器利用目标图像的形状及亮度分布等作为跟踪信息,所以信息量比较丰富。

图3-3-25所示是波门跟踪器的组成原理框图。当有目标信号出现时,处理电路输出相应的触发信号送到波门形成电路产生波门。设视场中心为 O,目标中心位置为 $T(X_T, Y_T)$,波门中心为 $G(X_G, Y_G)$。由处理电路输出的误差信号去控制伺服机构,使摄像头的视场中心跟踪目标中心。若波门位置与目标位置重合,则 $(X_T, Y_T) = (X_G, Y_G)$,若目标在运动,则波门位置和目标之间便有偏移,偏移量为 $(\Delta X_{TG}, \Delta Y_{TG}) = (X_T, Y_T) - (X_G, Y_G)$。伺服机构控制波门形成电路,使波门中心亦向目标中心方向移动,以使 $(\Delta X_{TG}, \Delta Y_{TG})$ 趋于零。波门的产生还应和扫描机构同步,所以还受同步机

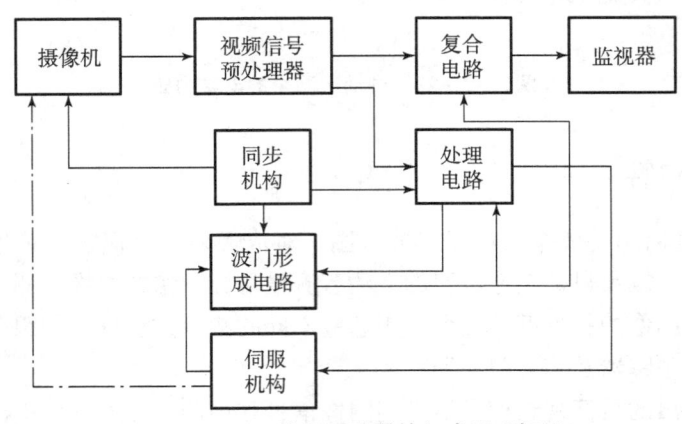

图 3-3-25 波门跟踪器的组成原理框图

构控制。波门的大小是固定不变的，这种波门称为固定波门；波门的大小还可以是随目标图像的大小而自动变化的，这种波门称为自适应波门。自适应波门更有利于抑制背景干扰。

将目标视频信号处理成与目标位置相当的误差信号有很多种方法，边缘跟踪及矩心跟踪是其中两种应用较普遍的方法。

1. 边缘跟踪器

边缘跟踪器是一种简便的波门跟踪器，用目标边缘信息去控制波门的产生，并同时产生目标位置误差信号。

图 3-3-26 所示是一种产生边缘信号的方法，根据目标图像和背景图像的差异，在目标图像边缘部分，信号幅值有明显变化，如图 3-3-26 中的 $u(t)$ 波形。用微分电路可以检出信号的上升前沿和下降后沿。微分后的信号 $u'(t)$ 分别送到正向峰值检波器和负向峰值检波器，经低通滤波后形成正负阈值电平 U^+ 和 U^-，再和微分信号 $u'(t)$ 一起送到比较器中比较，当 $u'(t)$ 超过 U^+ 时，输出 L^+ 等于 1，否则输出为零。很明显，阈值电平 U^+ 和 U^- 是随信号电压 $u'(t)$ 的变化而定的，因此可以消除幅值较低的噪声干扰。

图 3-3-26 产生边缘信号的方法

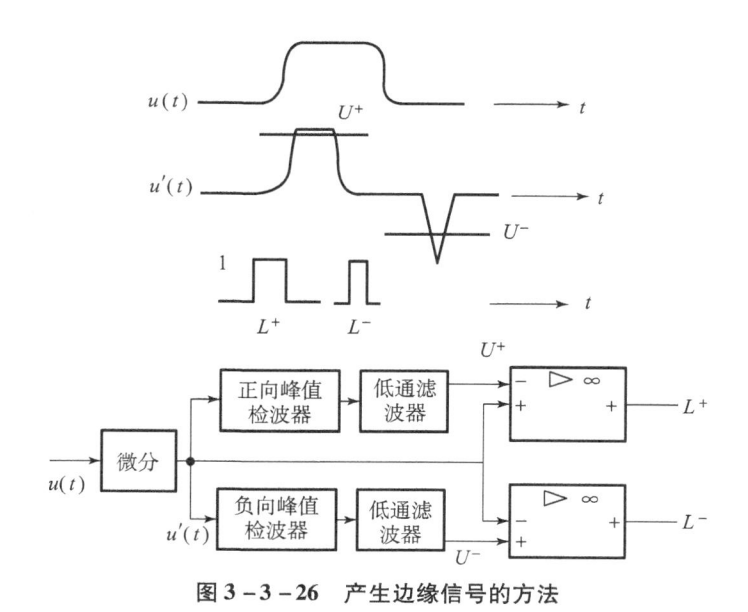

图 3-3-26 中 $u(t)$ 是指自左而右的行扫描视频信号，因而所得的逻辑信号 L^+ 和 L^- 对应于目标的左右边缘；同理，也可以从帧视频信号中对某一列像素进行采样，取出某一列的视频信号 $u(t)$，这样所得出的逻辑信号 L^+ 和 L^- 将对应于目标的上下边缘。

将逻辑信号 L^+ 和 L^- 送到波门形成电路用来触发产生波门，L^+ 和 L^- 被同时送到误差信号产生电路以产生误差信号。仅采用上升边缘的逻辑信号 L^+ 的电路称为单边缘跟踪器，同时采用逻辑信号 L^+ 和 L^- 的电路称为双边缘跟踪器。单边缘跟踪器结构简单，但精度低；双边缘跟踪器可以跟踪目标两个边缘的中点，因而精度较高。

方位基准信号取三角波，俯仰基准信号取阶梯波，用逻辑信号对基准信号进行采样、保持，输出的值就是与目标的位置相当的信号值。当目标做相对运动时，采样保持器（误差信号产生电路）的输出值就是误差信号。

2. 矩心跟踪器

设目标图像面积为 A，位于坐标点 (X, Y) 处的像素的微面积 $dA = dX \cdot dY$，在这像素内的光能量密度为 $\delta(X, Y)$，在整个目标图像区 A 内的总能量应为

$$M = \int_A \delta(X, Y) dA \tag{3-3-2}$$

相对于 X 轴的能量矩可表示为

$$M_X = \int_A Y\delta(X, Y) dA \tag{3-3-3}$$

相对于 Y 轴的能量矩可表示为

$$M_Y = \int_A X\delta(X, Y) dA \tag{3-3-4}$$

因此矩心的坐标为

$$\overline{X} = \frac{M_Y}{M} = \frac{\int_A X\delta(X, Y) dA}{\int_A \delta(X, Y) dA} \tag{3-3-5}$$

$$\overline{Y} = \frac{M_X}{M} = \frac{\int_A Y\delta(X, Y) dA}{\int_A \delta(X, Y) dA} \tag{3-3-6}$$

图 3-3-27 是求误差信号的模拟方案结构图，图中只表示了一个方位通道，另一个通道的结构与此相同。图中虚线方框内的关键部件是误差信号检测器，它由三个选通电路、两个积分器和一个加法器组合而成。矩心跟踪器是利用目标的全部信息求矩心的，对边缘对比度没有要求，与边缘跟踪器相比，矩心跟踪器精度高，抗干扰能力强，因而应用广泛。

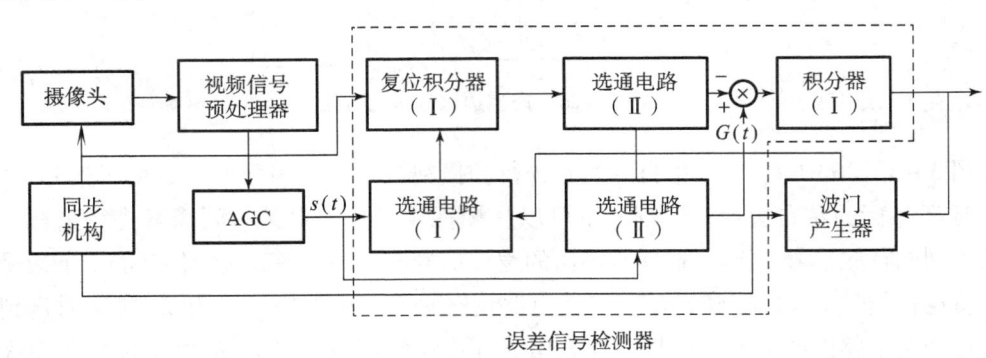

图 3-3-27 求误差信号的模拟方案

3. 相关跟踪器

图像相关法也用于对动目标的跟踪，如在某一瞬时对景物摄取的图像为第 K 帧图像 $r_K(X, Y)$。若视场中的目标是运动的，则在第 $K+1$ 帧图像 $r_{K+1}(X, Y)$ 中的目标图像位置必然与第 K 帧图像中的位置有所不同。求取 $r_K(X, Y)$ 和 $r_{K+1}(X, Y)$ 之间的相关值，即可进而求出目标的瞬时位移量，以此作为误差信号去控制伺服机构以跟踪目标。利用实时图像的帧相关法做成的跟踪机构称为成像的动目标跟踪器。对成像的动目标跟踪器而言，所求的相关函数是图像本身的自相关函数值。

3.3.4 红外搜索系统

1. 红外搜索系统的任务

红外搜索系统是以确定的规律对一定空域进行扫描以探测目标的系统。当搜索系统在搜索空域内发现目标后，即给出一定形式的信号，标示出发现目标。搜索系统经常与跟踪系统组合在一起成为搜索跟踪系统，要求系统在搜索过程中发现目标以后，能很快地从搜索状态转换成跟踪状态，这一状态转换过程又称为截获。搜索系统就扫描运动来说，与方位探测系统中的扫描系统完全相同，但搜索系统要求瞬时视场比较大，测量精度可以低些。

2. 红外搜索系统的组成及工作原理

图 3-3-28 是一般的红外搜索跟踪装置的组成方框图，其中虚线方框内为搜索系统，点画线方框内为跟踪系统。搜索系统由搜索信号产生器、状态转换机构、放大器、执行机构和测角机构组成。跟踪系统由方位探测器、信号处理器、状态转换机构、放大器和执行机构组成。图中的方位探测器和信号处理器一起组成方位探测系统，该方位探测系统可以是调制盘系统、十字叉系统或扫描系统。

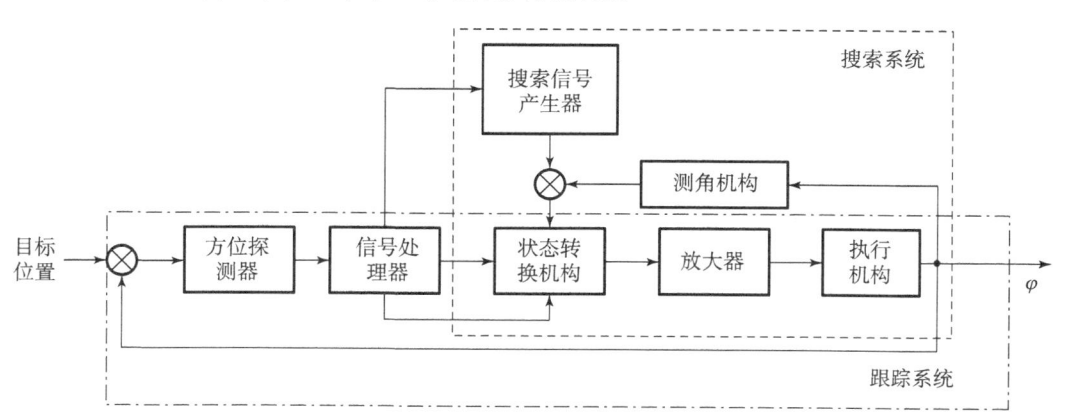

图 3-3-28　红外搜索跟踪装置框图

状态转换机构最初处于搜索状态,搜索信号发生器发出搜索指令送到执行机构,带动方位探测系统进行扫描。测角元件输出与执行机构转角 φ 成比例的信号,该信号与搜索指令相比较,用比较后的差值去控制执行机构,执行机构的运转规律随着搜索指令的变化而变化。搜索系统与跟踪系统都是伺服系统,区别在于两者的输入信号不同,前者输入的是预先给定的搜索指令,后者输入的是目标的方位误差信息。

当搜索指令分为方位和俯仰两路信号输出时,执行机构应分为两个机构,分别控制方位探测系统在俯仰和方位两个方向运动,此时的搜索系统便由两个回路组成,如图 3 - 3 - 29 所示。

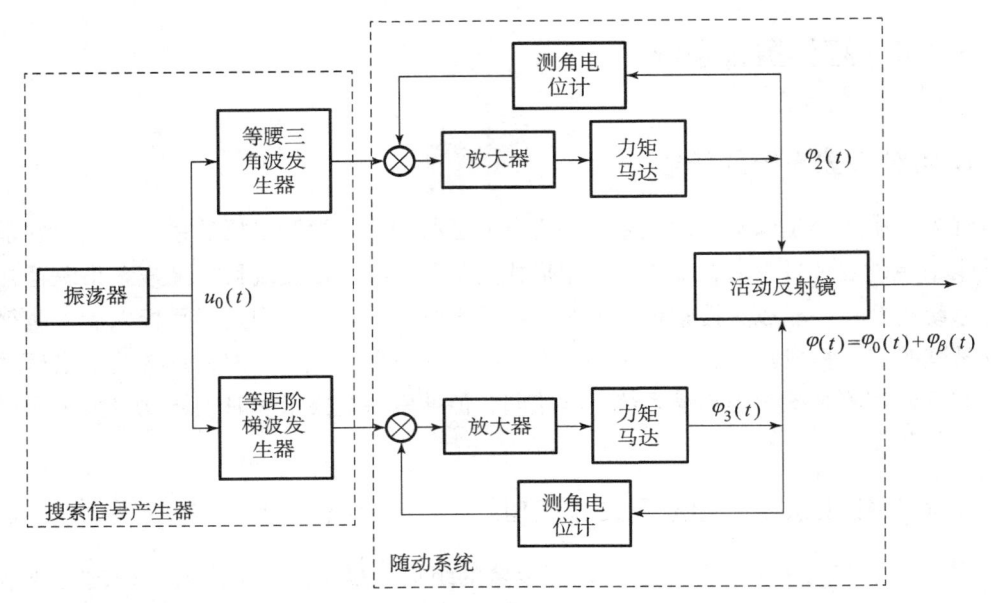

图 3 - 3 - 29 搜索系统组成框图

当搜索指令为极坐标信号时,只用一个三自由度跟踪陀螺作为执行机构,此时的搜索系统组成如图 3 - 3 - 30 所示。这时当系统工作在搜索状态时,相当于在 × 处断开,由搜索信号产生器产生的搜索指令控制位标器运动。

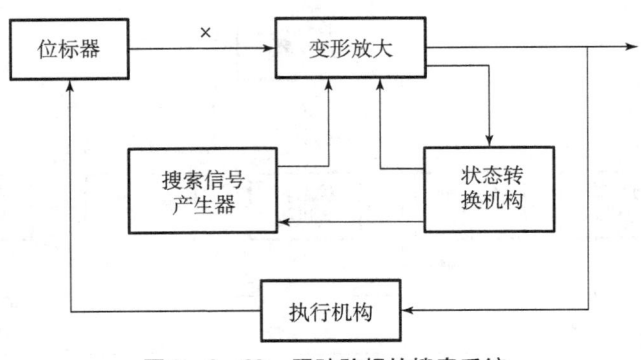

图 3 - 3 - 30 跟踪陀螺的搜索系统

执行机构可以驱动整个位标器对空间进行搜索（见图 3-3-30），也可以驱动方位探测系统头部中的扫描部件（如图 3-3-29 中的活动反射镜）对空间进行搜索。

搜索过程中，如位标器接收到目标辐射，发现目标后，即有信号送给状态转换机构，使系统转入跟踪状态，同时使搜索信号产生器停止发出搜索指令，这时，测量到的目标信号经放大处理后，使执行机构、驱动位标器或扫描部件跟踪目标。

3. 对红外搜索系统的基本要求

（1）对搜索视场的要求。搜索视场是指在搜索一帧的时间内，光学系统瞬时视场所能覆盖的空域范围。这个范围通常用方位和俯仰的角度（或弧度）来表示。

$$搜索视场 = 光轴扫描范围 + 瞬时视场$$

瞬时视场是指光学系统静止时，所能观察到的空域范围。

（2）对重叠系数的要求。为防止在搜索视场内出现漏扫的空域，确保在搜索视场内能有效地探测目标，相邻两行瞬时视场要有适当的重叠。

重叠系数是指搜索时，相邻两行光学系统瞬时视场的重叠部分 δ 与光学系统瞬时视场 $2r$ 之比，即

$$K = \frac{\delta}{2r} \qquad (3-3-7)$$

式中：K 为重叠系数，对长方形瞬时视场系统来说，重叠系数为 $\frac{\delta}{\beta}$，其中 β 为长方形瞬时视场的长度；r 为圆形瞬时视场的半径。

对于调制盘系统来说，重叠系数可取大一些；对于长方形瞬时视场来说，重叠系数可取小些。

（3）对搜索角速度的要求。搜索角速度是指在搜索过程中，光轴在方位方向上每秒钟转过的角度。

在光轴扫描范围为定值的情况下，搜索角速度越高，帧时间就越短，就越容易发现搜索空域内的目标。但搜索角速度太高，又会造成截获（即从搜索转为跟踪）目标困难。

4. 搜索信号产生器

1）搜索信号的形成

搜索信号的形式取决于光轴扫描图形的形式，根据已经确定的搜索视场，又考虑到光学系统的瞬时视场大小和一定的重叠系数，就可确定光轴应扫几行。原则是在一个搜索周期内，整个搜索视场中不出现漏扫区域。

搜索系统加上不同形式的信号电压，光轴就有不同的运动方式。通常总是分成方位和俯仰两个通道进行搜索，一般方位搜索信号为等腰三角波，俯仰搜索信号为等距阶梯波。使三角波和阶梯波的频率满足不同的对应关系，便可得到不同的扫描图形。

（1）连续 N 行扫描图形。图 3-3-31 所示为连续 N 行扫描的搜索信号，使光轴在

每一行上正扫、回扫各一次。方位搜索信号 u_α 变化 N 个周期、俯仰搜索信号 u_β 变化一个周期为一帧。

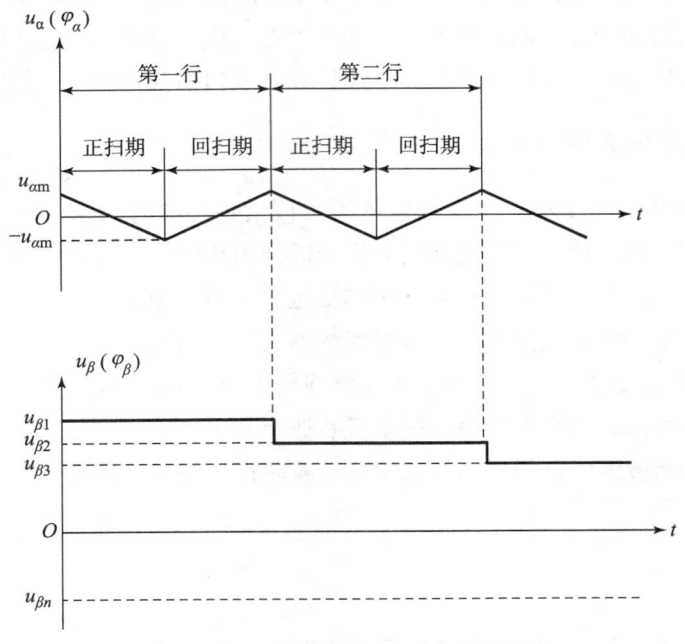

图 3-3-31 连续 N 行扫描的搜索信号

两者的频率关系为

$$f_\alpha = Nf_\beta \qquad (3-3-8)$$

式中：f_α 和 f_β 分别为方位和俯仰搜索信号频率。

(2) 8 字形扫描图形。图 3-3-32 所示为 8 字形搜索信号，正扫、回扫共四行为一完整的帧，其频率关系为

$$f_\alpha = 2f_\beta \qquad (3-3-9)$$

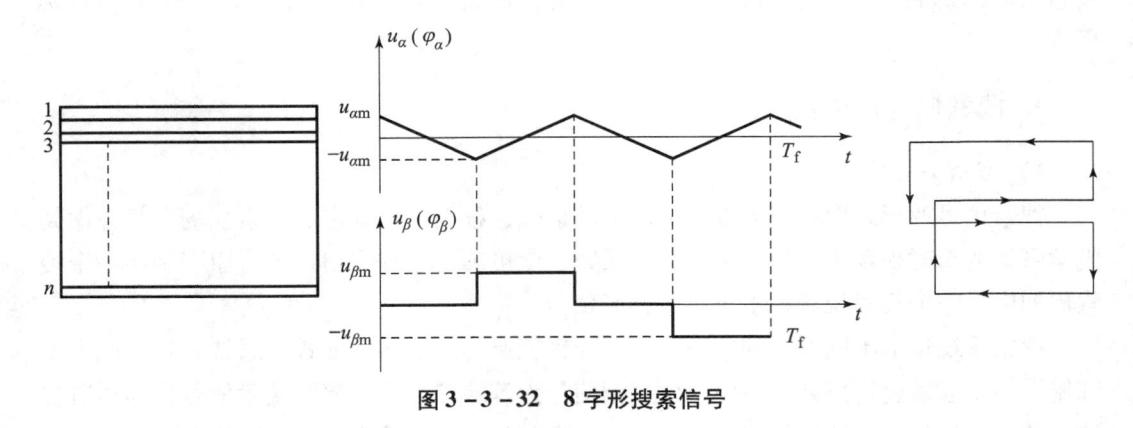

图 3-3-32 8 字形搜索信号

(3) 凹字形扫描图形。图 3-3-33 所示为凹字形搜索信号，正扫、回扫共四行为

一完整的帧，其频率关系同式（3-3-9）所示。

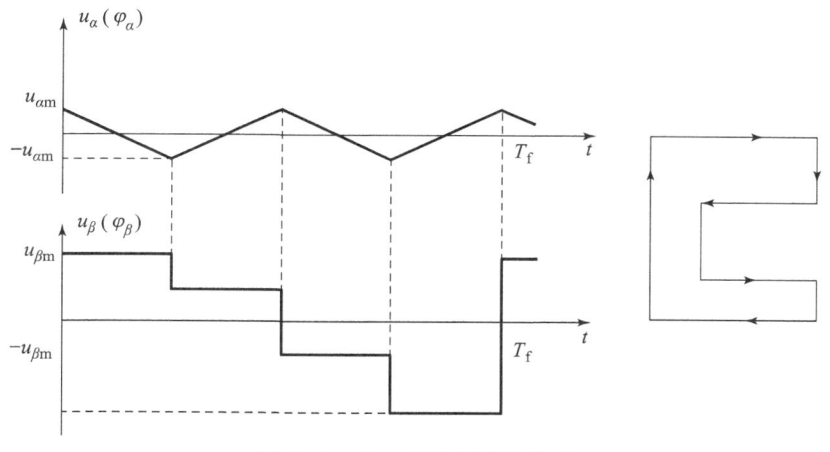

图 3-3-33 凹字形搜索信号

由上述可见，设计不同的俯仰阶梯波形式，便可以得到不同的扫描图形。

2）搜索信号产生器的分类

搜索信号产生器基本上可以分为两种类型，即电子式和机电式。

（1）电子式搜索信号产生器由振荡器、等腰三角波发生器和等距阶梯波发生器组成。

（2）机电式搜索信号产生器主要由电动机、模板和两个线性变压器组成。设计这种搜索信号产生器的关键是设计模板槽轨曲线的形状，通过改变模板上的方位槽轨和俯仰槽轨曲线的形状就可以得到不同的搜索信号。

设计模板槽曲线的原则如下：

原则 1：方位槽轨一段曲线的形状，要保证模板中心恒速转动，θ_α 随时间的变化成线性关系，以保证得到斜坡电压，扫描图形有几行，方位槽曲线就有几段。

原则 2：俯仰槽轨每一段曲线应保证 θ_β 值不变，两段曲线相接处 θ_β 产生一次跃变，因此俯仰槽轨曲线是以旋转中心为圆心的不同半径的圆弧，圆弧数目与俯仰跳跃次数相等。

原则 3：俯仰槽轨曲线的每一段圆弧都与方位槽轨的一段曲线相对应，两者都对应了同一圆心角。

3）产生极坐标信号的机电搜索信号产生器

图 3-3-34 所示为 4 个径向绕制的搜索线圈，永久磁铁和四周互成 90°放置的 4 个径向绕制的搜索线圈即构成搜索信号产生器。当永久磁铁以恒定角速度 Ω 旋转时，由于在每个线圈内的磁通 φ 的变化而产生感应电动势 e。在进动线圈中得到的进动电流为

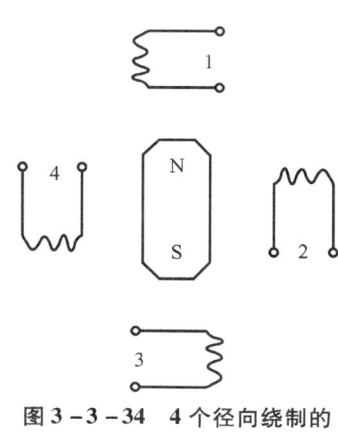

图 3-3-34 4 个径向绕制的搜索线圈

$$i_1 = I_0\sin(\Omega t - 180°) \qquad (3-3-10)$$

$$i_2 = I_0\sin(\Omega t - 270°) \qquad (3-3-11)$$

$$i_3 = I_0\sin(\Omega t - 0°) \qquad (3-3-12)$$

$$i_4 = I_0\sin(\Omega t - 90°) \qquad (3-3-13)$$

5. 关于自动截获目标问题

在红外搜索跟踪装置中，通常搜索系统和跟踪系统共同用一套执行机构。在搜索过程中发现目标后系统应能立即从搜索状态转换为跟踪目标的状态，这种转换对于运动速度低的目标，可以实现人工转换，但对于运动速度高的目标来说，必须实现自动转换，即所谓自动截获目标问题。

截获过程通常有三个步骤：

步骤1：搜索系统发现目标后，即形成搜索信号。

步骤2：转换机构根据送来的搜索信号，实现状态自动转换。

步骤3：跟踪系统对目标实行稳定跟踪。

当搜索系统发现目标后，搜索系统立即停止搜索。但由于执行机构的惯性作用，转换机构通常也有一定的延时，由于这两个原因，很可能当光学头部的原搜索转矩消失，转换机构完成了状态转换时，目标却跑出了光学系统的视场，而无法对目标进行跟踪。但这时目标离开光学系统视场不会很远，可用较小的角速度进行二次搜索，即慢搜索。

当系统截获到目标转入稳定跟踪状态后，若视线角速度为零，则目标位于系统视场中心。这时为使状态转换机构维持在跟踪状态，应该还有控制信号作用在状态转换机构上，不使其返回到搜索状态。有些调制系统（如圆锥扫描调制盘系统等）当目标位于视场中心时，仍有等幅载波输出，用这个信号可以继续维持跟踪状态，因而称这种信号为维持信号。但另外一类调制系统，视场中心为盲区（如同心旋转调制盘系统等），当目标落在视场中心区域时，就没有任何输出信号了，因此状态转换器就无法再维持跟踪状态。对于这类调制系统，需要在调制盘的设计上专门加设维持信号图案区，例如在盲区外围增加一个宽度稍大于该目标像点直径的等幅载波区，在这个区域内既无误差信号，且噪声也很小，因此目标像点从调制盘边缘运动到这一环带时就被"锁定"在这里。此时输出的等幅波可作为维持信号。

也可以使系统稳定跟踪目标后，使系统在方位方向做一个小范围的一字形扫描，使目标像点在调制盘中心做一字摆动（摆动量大于调制盘盲区），这样也可获得维持信号。对于扫描跟踪系统，系统稳定跟踪上目标后，系统在方位方向仍做一字形扫描，扫描过程中得到一系列脉冲信号，这一脉冲信号即为维持信号。

本节从"毒刺"导弹的外部结构出发，系统介绍了中红外波段制导系统机理。通过研究点红外导引头结构和作用原理了解"毒刺"导弹追踪目标的基本原理，通过研究陀螺伺服控制系统理解导弹如何持续跟踪目标。

3.4 "标枪"反坦克导弹中红外图形跟踪系统

上节介绍了地对空"毒刺"导弹的红外制导原理,因目标物所处背景为天空,使得导弹可以较容易追踪到目标物的红外辐射,完成对空打击。但是在战场的地面环境中,真实的红外辐射场景相当复杂,例如:在沙漠中行驶的坦克,其目标温度与环境温度已经接近;在城市中巷战的坦克,其所处背景与目标物的温差已不明显。因而,反坦克导弹想达到精确制导的目的就不能使用传统的点红外导引头模式,需要更精确的红外成像技术以满足复杂环境下的战术需求。本节将系统介绍地对地反坦克导弹的制导原理,以"标枪"反坦克导弹为例,详细讲解中红外图形跟踪系统。

"标枪"反坦克导弹的中红外图形跟踪系统是一种用于检测和跟踪目标的技术。这个系统使用红外传感器来探测目标产生的热能,并通过分析目标的热能分布来识别和跟踪目标。以下是一些红外图形跟踪系统的关键特点和工作原理。

红外传感器:中红外图形跟踪系统使用红外传感器来收集目标产生的红外辐射。这些传感器能够探测到目标的热能,并将其转化为电信号供系统分析。

图像处理:通过对红外传感器收集的信号进行图像处理,系统可以提取目标的热能分布图像。图像处理算法可以识别出目标在背景中的位置,并将其转换为目标的坐标。

跟踪算法:中红外图形跟踪系统使用跟踪算法来不断更新目标的位置信息。这些算法可以根据目标在连续帧中的位置变化来预测目标的移动轨迹,并将导弹的方向和速度进行调整以命中目标。

系统集成:中红外图形跟踪系统通常与火控系统集成在一起,以实现更精确的目标击中。通过与其他传感器和控制系统的协调,中红外图形跟踪系统可以提供准确的目标定位和跟踪的数据,并将其应用于火控系统的计算和控制。

中红外图形跟踪系统在反坦克标枪等武器系统中发挥着重要的作用,可以提高目标击中率和作战效能。"标枪"反坦克导弹采用红外成像制导,导弹发射后完全自主飞行,无须射手再赋予任何信息。因此理论上发射导弹后,射手可立即撤离阵地,战场生存性大增。

与红外点源制导相比,红外成像制导在抗干扰能力、探测灵敏度、空间分辨率方面,确有很大提高。不过,"标枪"反坦克导弹有用直射模式打击敌方工事的使命。工事、房屋之类的目标与背景间的温差很小,红外成像导引头很难分辨和锁定这类目标。坦克的发动机倒是个明显的热源,但现代坦克拥有红外干扰机、多波段红外烟幕弹、热烟雾、红外伪装网等多种红外干扰手段,能有效减弱坦克与环境之间的红外辐射强度差,降低"标枪"观瞄器和红外成像导引头的成像效果,让其难以识别目标。尤其是使用面源型多波段红外干扰弹时,强红外信号可遮盖一大片区域,甚至能使红外成像导引头无法分辨目标。

在第二次世界大战结束后,以法国成功研制的 SS-10 反坦克导弹为代表(见图 3-

4-1），标志着第一代反坦克导弹正式投入列装。第一代反坦克导弹的特点为结构简单、目视瞄准、手工操作、破甲厚度小、命中率和速度较低、攻击死区大。第二代是指20世纪60年代中期到70年代末装备的反坦克导弹，以苏联的AT-4、美国的"陶"

图3-4-1　法国第一代反坦克导弹SS-10实物图

等为代表，其特点为筒式发射、目视瞄准+红外自动跟踪+有线传输指令，速度提升了一倍。第三代是指20世纪70年代末到90年代装备和在研的反坦克导弹，以美国的"陶2B"、苏联的AT-6螺旋、短号导弹等为代表，战斗部种类多样，破甲能力提升，采用激光半主动制导、激光驾束制导、红外成像制导或多模复合制导，飞行速度、射程、机动能力、目标搜索、识别能力进一步提高。"标枪"反坦克导弹是美国研制的第四代反坦克导弹，不仅用于肩扛发射，也可以安装在轮式或两栖车辆上发射，兼有反直升机能力；1989年6月开始研制，1996年正式列装；采用红外焦平面阵导引头，是一种实现全自动导引的新型反坦克导弹，具有昼夜作战和发射后不管的能力，射程2 000 m；全武器系统由导弹和发射装置组成，系统全重22.5 kg，弹径114 mm，弹长957 mm，弹重11.8 kg，串联战斗部以顶攻击方式攻击目标，垂直破钢甲750 mm；图像红外寻的制导；采用两级固体推进器。第四代反坦克导弹具有智能化程度高，能自动适应各种复杂作战环境，抗干扰和隐身能力强，命中精度高，具有较强的目标摧毁能力和战场信息网络实时接入能力。

"标枪"反坦克导弹的战斗部充分考虑了对付主战坦克装甲。其战斗部为前驱波（预装药）弹头，预装药主要用于破坏反应装甲，而在其鼻锥形钼质套筒衬垫内装着的LX-14主装药用来摧毁主装甲。很多国家的主战坦克没有顶部附加装甲，俄罗斯的主战坦克炮塔顶部有反应装甲，"标枪"反坦克导弹的出现将引起各国对主战坦克顶部装甲的重视。"标枪"反坦克导弹的战斗部亦可以用来打击各种掩体、低速飞行的直升机等。由于"标枪"反坦克导弹自动寻的，飞行速度比有线制导的反坦克导弹快，能够满足攻击以每小时50~60 km的速度缓慢飞行的直升机。

最初的反坦克导弹采用目视瞄准、目视跟踪、手动有线传输指令的制导方式。导弹在飞行过程中，射手需通过瞄准镜同时跟踪目标和导弹。如导弹偏离了瞄准线，则由射手估算偏差量并操纵控制箱上的手柄，给出修正指令。这种需要发射手手动瞄准的导弹具有明显的操作缺点：误差较大、易丢失目标物、导弹发射后发射手易被敌军发现。

因而在现代战争中，在反坦克导弹上应用红外图形跟踪处理技术已逐渐成为主流趋势，其较好的自寻跟踪特性和优秀的抗红外干扰能力备受各武器商青睐。美国的"标枪"是第四代反坦克导弹的代表型号，其实物图如图3-4-2（a）所示，是一类自寻的、采用比例导引的反坦克武器。导弹头锥安装有焦平面热成像寻的器和图像识别器，这使得它在"发射后不用管"成为可能。其工作原理是：单兵携行该导弹系统进入战场，发现目标后，取下发射筒前盖，接通导引头和热瞄具致冷器，激活热瞄具和红外热成像导引头，当射手通过热瞄具将目标瞄准后，弹上控制设备操纵导引头位标器进动，使其轴线与热瞄具准线重合，目标热图像成像于导引头光学焦平面上的 64 像素×64 像素单元红外探测器上，由弹上计算机经过相关处理，锁定目标，并选定跟踪点。当导弹发射后，弹上计算机继续进行一帧一帧热图像的相关对比，更新目标上跟踪点，控制导引头进动、锁定并继续跟踪目标，同时形成比例导引信号，控制舵片偏转以修正导弹飞行弹道，直至命中目标。其导弹结构示意图如图 3-4-2（b）所示。

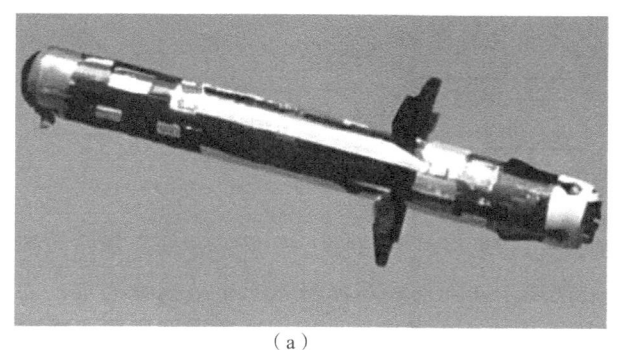

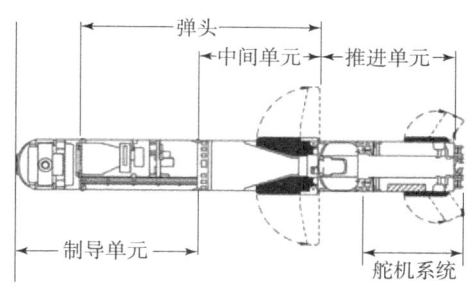

图 3-4-2 美国的"标枪"反坦克导弹
（a）"标枪"反坦克导弹实物图；（b）"标枪"反坦克导弹结构示意图

"标枪"系统常见的攻击目标有主战坦克、装甲车、战地防御工事和非装甲目标，根据攻击目标的不同，选择不同的攻击模式。针对前者，采取攻顶模式；针对后者，采取平飞正面攻击。攻顶作战时导弹由小射角发射，发射发动机在短时间内将导弹助推至离发射管一定的距离，此时导弹初速较低，空气舵控制效果不明显，因此在最初 100 m 内飞行动作比较迟钝，无法做出大角度地转向，因此将最初 100 m 范围确定为最小射击距离，在此距离内，导弹不能保证有效命中，仅仅相当于一发火箭弹。当过了这段距离后，导弹点燃增速—续航发动机，当导弹达到一定的速度后转入低推力续航飞行。其采用的推力矢量和空气舵联合控制，使得导弹在低速飞行段空气舵控制效率不高的缺点得到克服。"标枪"反坦克导弹采用红外成像制导技术使反坦克导弹制导技术趋于多样化，其抗干扰能力、在恶劣气候条件下及夜间作战中的命中精度进一步增加，并使导弹具有"发射后不管"能力，提高射手的战场生存能力。当导弹增速至一定的速度，空气舵控制效率增加时，控制系统根据导引头产生的控制信号对空气舵实施控制，修正中段和末段的弹道，实现对坦克、装甲车辆采取攻顶模式攻击。

依据目标的热图像实现对目标的捕获与跟踪并将导弹导向目标的方法称为红外成像寻的制导，典型的红外成像制导系统如图 3-4-3 所示。红外成像制导是以探测到的目标与背景间的微小温差所生成的热图像作为制导信息，因此分辨能力很强，而且成像制导体制的跟踪信息是目标的图像及其温度梯度分布，它的信息量比点源跟踪要丰富得多，所以抗干扰能力很强。目前的红外成像制导系统有两大类：一类是采用红外探测器线阵的光机扫描成像系统,如美国的"幼畜"空对地导弹;另一类是采用多元阵列的固体自扫描成像系统,又称凝视成像系统。凝视成像系统直接获取目标红外热图像,比扫描成像系统结构更紧凑,灵敏度更高,图像质量更好,是最有发展前途的技术之一。

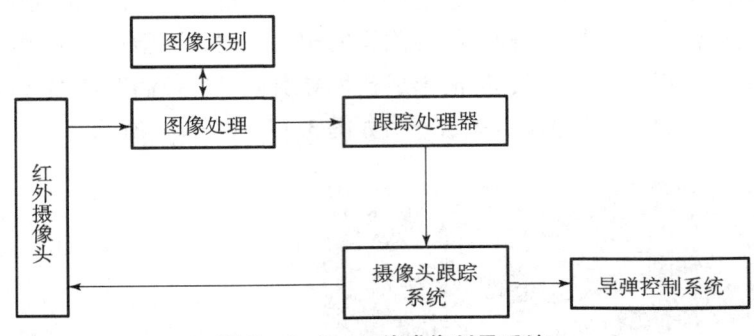

图 3-4-3 红外成像制导系统

红外成像导引头通过探测目标与背景的温差形成红外图像,现今红外成像制导大都采用凝视成像体制。凝视成像采用一个凝视焦平面阵列,其材料为锑化铟或碲镉汞,为二维阵列制导探测像元。这些探测像元都集成在一块硅片上,硅片的另一面是同等数量的红外电荷耦合器件(CCD)。阵列上的每个探测元仅凝视景物的一小部分,所有像元组成阵列的总瞬时视场,阵列的总瞬时视场很大,抓住目标就不会再丢失。由于凝视焦平面阵列采用电扫描法扫描场景,即使目标进行大幅机动飞行,系统仍能实现稳定跟踪。

同时,焦平面阵列具有很高的灵敏度,可以探测背景的温差为千分之几摄氏度的目标。对来自阵列的热数据采用适当的方法进行数字处理,结果可以得到目标信息和威胁程度的顺序排列,其结构示意图如图 3-4-4 所示。未来导弹的主流技术将是采用凝视焦平面阵列成像技术,通过与自动目标识别等技术的结合大大提高导弹的抗干扰能力。由于采用成像制导,需要对来自探测器阵列的视频信号进行实时分析、目标识别、目标跟踪和制导,这样不但数据量将大大增加,而且在计算机硬件系统设计、信号处理、抗干扰和人工智能,以及一体化、优化设计和系统评估等方面提出了大量新的课题。

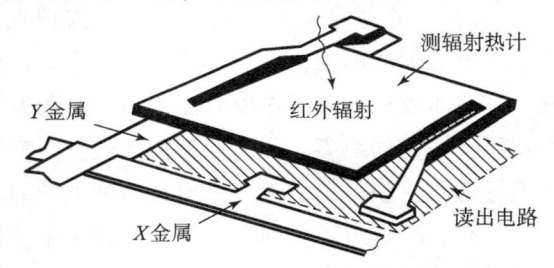

图 3-4-4 凝视焦平面阵列结构示意图

凝视红外成像制导技术是一种自主式"智能"导引技术,它代表了当代红外导引技术的发展趋势。红外成像导引头采用中红外实时成像器,以 $3\sim5\ \mu m$ 波段红外成像器为主,可以提供目标的二维红外图像信息,进而利用计算机图像信息处理技术和模式识别技术,对目标的图像进行自动处理,模拟人的识别功能,实现寻的制导系统的智能化。

红外成像制导的特点:

(1)灵敏度高。红外成像导引头具有很高的灵敏度,其噪声等效温差 NETD≤0.05~0.1 ℃,很适合探测远程小目标的需求。

(2) 导引精度高。红外成像导引头的空间分辨率很高，$\omega \leq 0.2 \sim 0.3$ mrad，其温度动态范围也大（系统动态范围为 100~300 K），因此，多目标鉴别能力强。

(3) 抗干扰能力强。红外成像导引头由于有目标识别能力，可以在复杂干扰背景下探测、识别目标。在对付地面目标（坦克群、机场跑道、港口、交通枢纽）的导引技术中，红外成像制导占有很大优势。

(4) 具有"智能"，可实现"发射后不管"。红外成像导引头具有在各种复杂战术环境下自主搜索、捕获、识别和跟踪目标的能力，并且能按威胁程度自动选择目标和目标的薄弱部位进行命中点选择，可以实现"发射后不管"。

(5) 具有准全天候功能。红外成像导引头主要工作在 3~5 μm 中红外波段，可昼夜工作，是一种能在恶劣气候条件下工作的准全天候探测的导引系统。

红外图像识别原理框图如图 3-4-5 所示。它主要由实时红外成像器和视频信号处理器两部分组成。

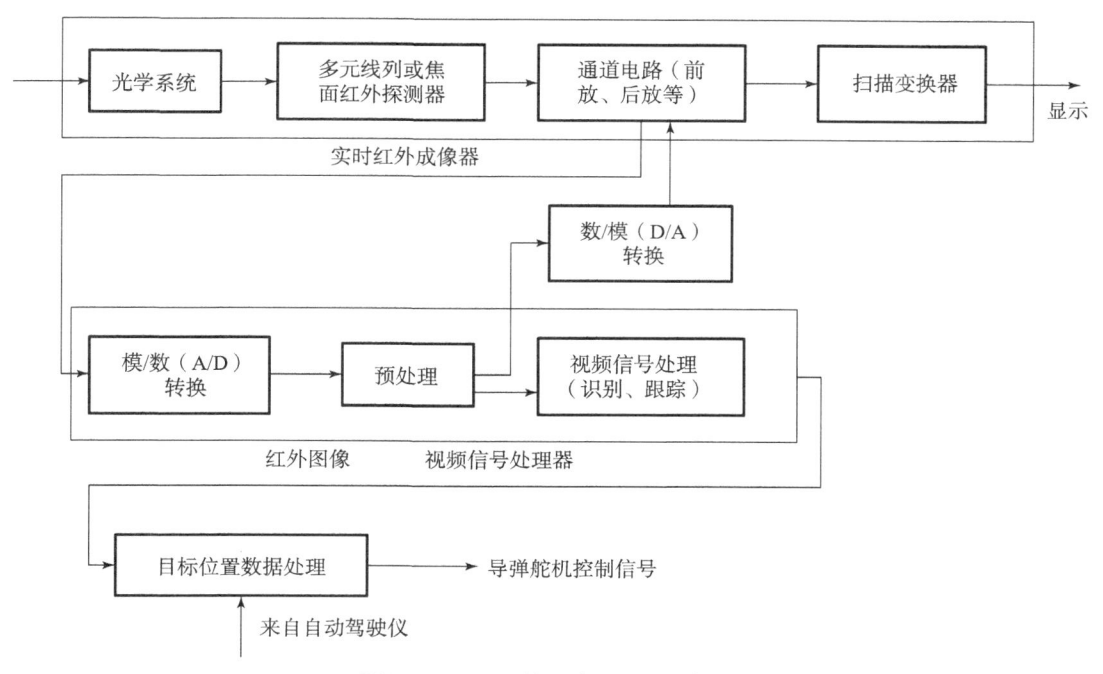

图 3-4-5 红外图像识别原理框图

来自目标场景的红外辐射通过整流罩，被整流罩窗口部分反射、透射和吸收，然后通过具有特定调制传递函数的光学系统，聚焦到用对特定红外波段响应的材料制备的焦平面阵列探测器上。

运动稳定系统将场景固定到焦平面阵列探测器上，保持目标位于中心，并将误差信号发送到自动驾驶仪上，以保持拦截目标。实时红外成像器用来获取和输出目标与背景的红外图像信息；视频信号处理器用来对视频信号进行处理，对背景中可能存在的目标，完成探测、识别和定位，并将目标位置信息输送到目标位置处理器，求解出弹体的导航和寻的矢量。

视频信号处理器还向实时红外成像器反馈信息,以控制它的增益(动态范围)和偏置。还可结合放在实时红外成像器中的速率陀螺组合,完成对红外图像信息的捷联稳定,达到稳定图像的目的。

实时红外成像器主要完成对目标和背景图像的摄取。因此必须有实时性,其取像速率≥15帧/秒。其组成的原理框图如图3-4-6所示。它包括光学装置、扫描器、稳速装置、探测器、制冷器、信号放大器、信号处理器和扫描变换器等几部分。

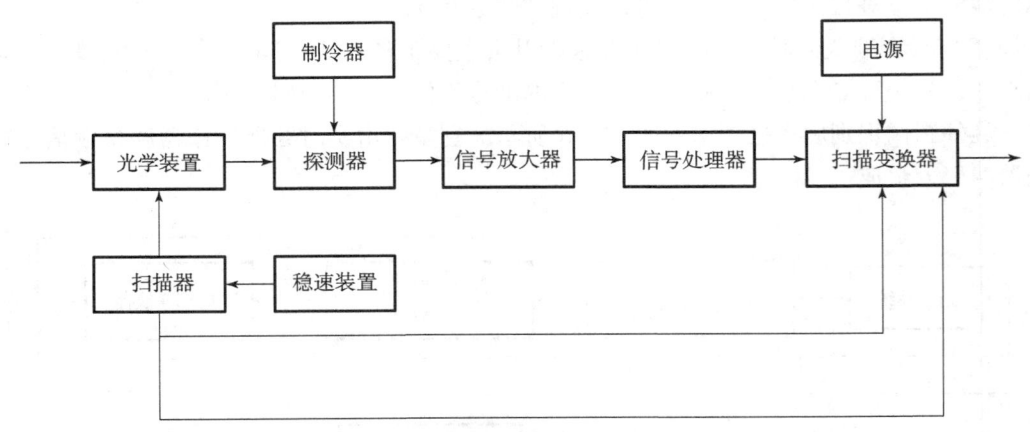

图3-4-6 实时红外成像器的组成原理框图

光学装置主要用来收集来自目标和背景的红外辐射,它分为两大类:平行光束扫描系统和会聚光束扫描系统。

扫描器,目前用于导引头的实时红外成像器中多数是光学和机械扫描的组合体,光学部分由机械驱动完成两个方向(水平和垂直)的扫描,实现快速摄取被测目标的各部分信号。扫描器也分为两大类:物方扫描和像方扫描。所谓物方扫描是指扫描器在成像透镜前面的扫描方式;像方扫描是指扫描器在成像透镜后面的扫描方式。

红外探测器是实时红外成像器的核心。目前用于红外成像导引头的探测器主要工作于 $3\sim5~\mu m$ 波段,主要为锑化铟器件和碲镉汞器件。

制冷器主要完成红外探测器的降温任务。因为锑化铟器件或碲镉汞器件都需要77 K的工作温度,才能得到所要求的高灵敏度。实际使用中,提供的是红外探测器和制冷器的组合体,即红外探测器组件,制冷器并不单独存在。

稳速装置用来稳定扫描器的运动速度,以保证红外成像器的成像质量。它由扫描器的位置信号检测器、锁相回路、驱动电路和马达等部分组成。

信号放大器主要用于放大来自红外探测器的微弱信号。它包括使红外探测器得到最佳偏置和对弱信号进行放大两个功能。因为没有最佳偏置,红外探测器就不可能呈现出最好的性能,所以保证最佳偏置与对微弱信号的放大同等重要。通常它包括前置放大器和主放大器两部分。

信号处理器主要用于提高视频信噪比和对获得的图像进行各种变换处理,以达到方便、有效地利用图像信息。

扫描变换器的功能是将各种非电视标准扫描获得的视频信号，再通过电信号处理变换成通用电视标准的视频信号。扫描变换器能将一般光机扫描的红外成像系统与标准电视兼容。

"标枪"反坦克导弹的制导方式是射手在发射之前，通过红外瞄准器对目标坦克进行拍照，导弹在飞出之后，根据之前的拍照对目标进行对比，将照片中的目标与当前视场中的目标进行比对。如果吻合，确认是同一目标，则引导导弹打击目标，这时的目标图像就是导弹攻击寻的蓝本。导弹射出后，无论是运动还是静止中的目标图像特征，在成像寻的器上都是连续变化的，处理单元就是依靠这些特征信号连续变化中的相关性，来自动识别和跟踪目标。其制导过程如图 3-4-7 所示。射击前，射手将发射筒前盖取下，通过红外瞄准器瞄准目标坦克，保证预打击目标处于红外瞄准器十字丝的中心位置，如图 3-4-8 所示，这样就可以保证导弹发射方向与目标处于同一平面上，可以有少量的偏差，通过后期制导系统修正偏差。如果偏差过大，超过制导系统在导弹飞行的有限时间内的调整能力，则导弹将不能击中目标。对于"标枪"反坦克导弹来说，锁定的并不是侧视图，而是在一定方位距离上的一个点。导弹与红外瞄准器有一定的角度，并不是在一条直线上，红外瞄准器直线对准目标，而导弹向上成 18°高低角发射，保证导弹发射后向上飞行。

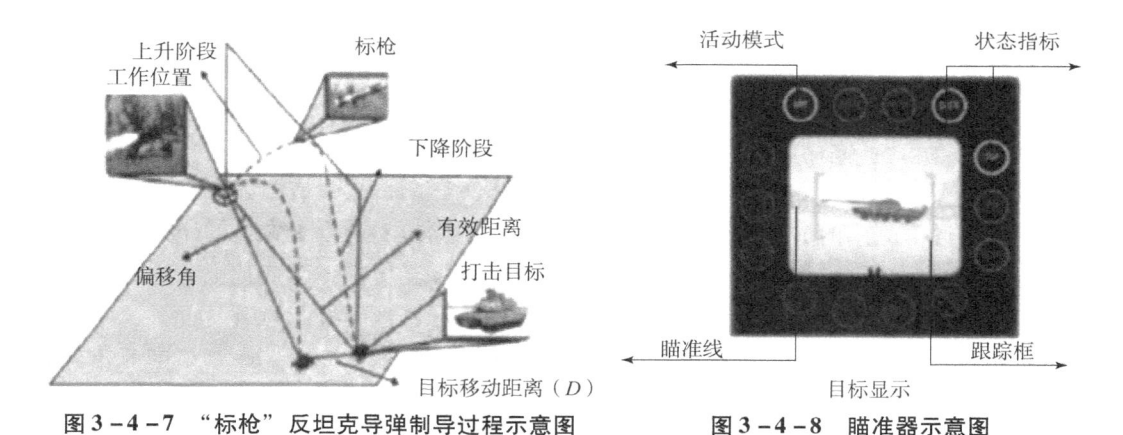

图 3-4-7 "标枪"反坦克导弹制导过程示意图　　图 3-4-8 瞄准器示意图

"标枪"反坦克导弹的红外成像系统是典型的凝视焦平面阵列成像系统，从制导武器的发展历程来看，大趋势将是探测器的规格将越来越大，且像素尺寸越来越小。红外探测器的元数越多，成像越清晰，对目标的探测和识别能力更强。

但是，这同时对制作工艺、生产成本及信息处理技术也提出了更高的要求。探测器像素尺寸过小，将导致红外探测器的光学视场小，对总体性能不利；还将导致光学系统尺寸的选择余地减小，增加红外探测器的设计难度。像素尺寸过小将导致器件的占空因数过小，有可能漏掉点目标；而且还使其下方对应的硅片面积过小，增加读出电路设计和制造上的困难。

第4章
远红外典型系统的电子学特征

远红外辐射通常被定义为波长处于 8 μm 以上的电磁波，该波段激光对雾、烟尘等具有较强的穿透力，在激光光电对抗、激光遥感、医疗、环境监测及光通信领域具有重要的应用前景。

本章为读者介绍了激光相干混频技术、激光稳频技术、光生太赫兹生成技术以及量子阱红外探测器、红外焦平面阵列与相关远红外应用等。

4.1 激光相干混频与激光稳频技术

4.1.1 激光相干混频技术

激光相干混频技术是实现相干光通信的关键技术之一，其主要作用是精确引导输入的信号光与本振光进行混频合束，将叠加光场输出至探测器进行后续相干混频。近年来随着相干光通信应用的增加，研究人员对激光相干混频技术进行了大量的研究。

光的叠加干涉可以将频率与相位的信息反映在叠加光场的强度变化上，这样光电探测器即可间接测出光波频率与相位信息的变化，即为相干混频探测过程。此外，两束激光经过相干混频，叠加光场既能保有原有光束中加载的信息，同时还能兼具两光束的幅值强度，从而使得信号光能量获得增益。因此，相干光通信系统相比于常见的强度调制/直接探测光通信系统，信道容量大、调制方式灵活、探测灵敏、传输距离大，在空间激光通信中应用更为广泛。本节将对激光相干混频原理进行阐述，并对基本的太赫兹光混频器件的工作原理进行分析。

激光相干混频的过程实质是频谱线性搬移的过程，又称为变频，分为上变频和下变频。将输入信号频率变低为下变频，将输入信号频率提高为上变频。实现频率变换的电路或模块称为混频器，时域乘积可以换算为频域的加减法，因此，频率搬移实现的最基本理论模型可描述为

$$(A\cos(\omega_1 t))(B\cos(\omega_2 t)) = \frac{AB}{2}[\cos(\omega_1 - \omega_2)t + \cos(\omega_1 + \omega_2)t]$$

$$(4-1-1)$$

式中，A 和 B 表示原始信号和本征信号的幅度，ω_1 和 ω_2 表示原始信号和本征信号的频率。图 4-1-1 显示了混频器信号传递示意图，差频测量装置由本地振荡器输入、混频器和中频（Intermediate Frequency，IF）输出组成。本地振荡器产生振荡频率，信号频率和振荡频率通过混频器差频，产生中频。该中频频率相对于待测频率而言较低，易于用常规电子手段处理。IF 信号经滤波和放大，可获得特定频率的信号。差频测量需要本地振荡器，从而增加了探测成本和复杂性，且不易集成为探测器阵列。

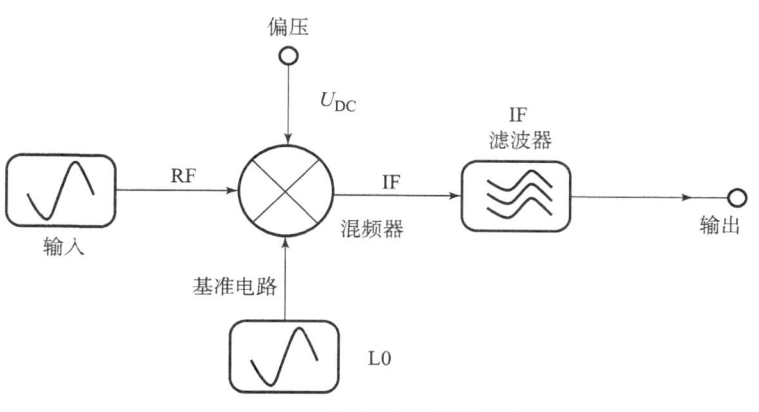

图 4-1-1 混频器信号传递示意图

现有的光混频器件可分为光纤型、波导型、晶体型、空间分立型等，虽然各类型光混频器结构不同，但功能基本一致。

光混频器的主要作用是将接收到的信号光与本振光混频叠加，通过各种光学器件对混频光束进行综合作用，将混频光束能量重新分配，再多路输出，以供后续的平衡探测，实现相干通信。目前的光混频器主要设计为输出相位差为 180°的 2 路输出型，以及输出相位差为 90°的 4 路输出型，其中输出光波相位的要求是为了便于后续信号处理。输出光信号相位依次相差 90°的 2×4 空间分立型光混频器，其结构如图 4-1-2（c）所示。

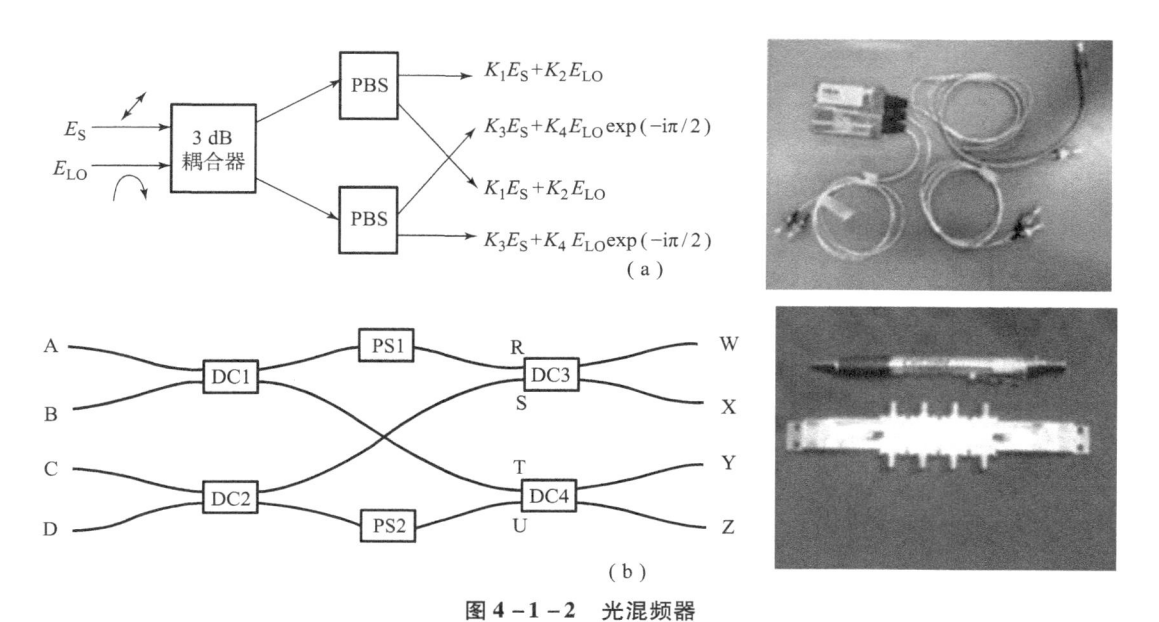

图 4-1-2 光混频器

（a）光纤 3 dB 耦合器型混频器的原理图与光纤混频器实物；（b）波导型光混频器结构图与实物图

229

图 4-1-2 光混频器（续）

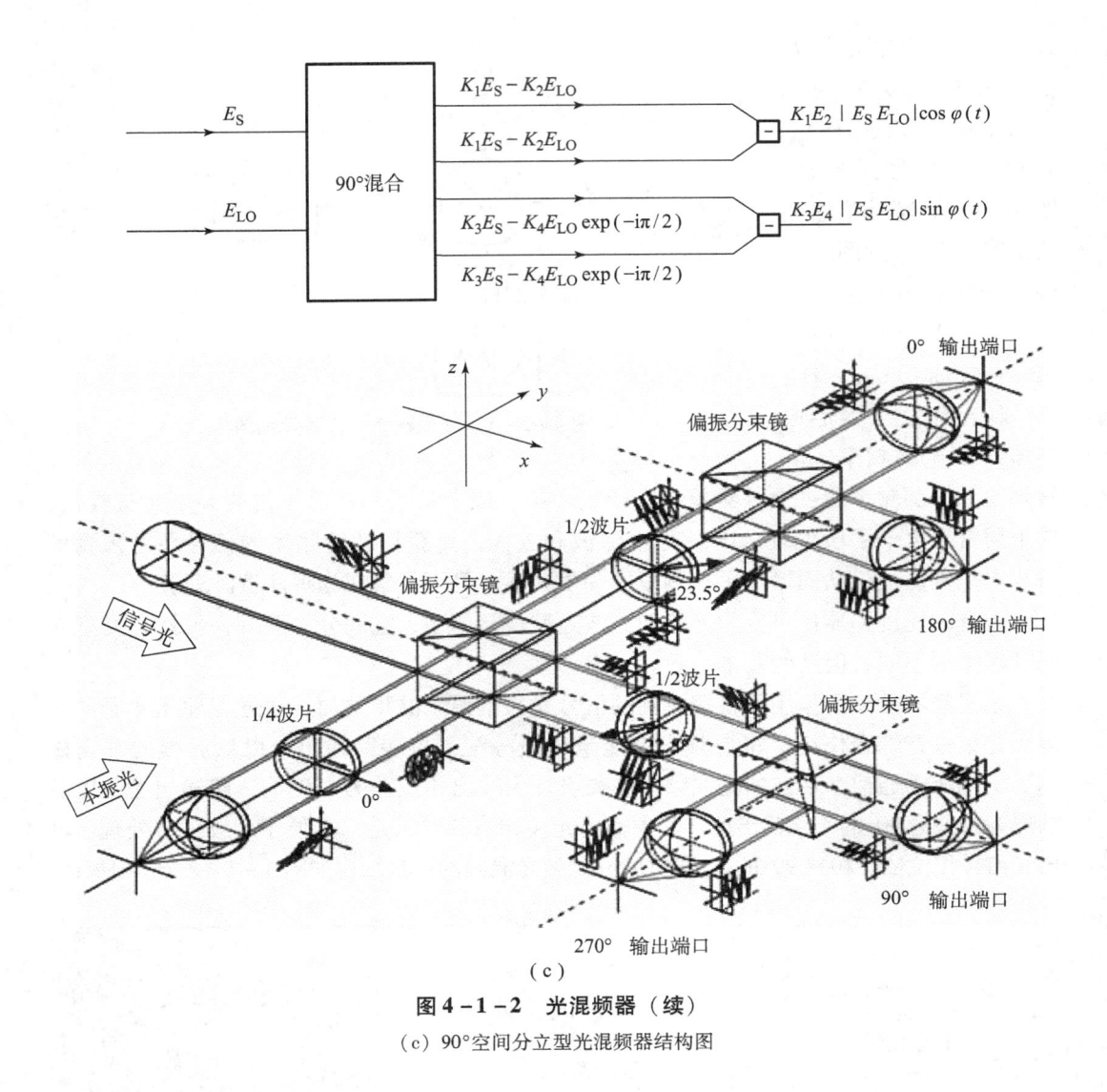

（c）90°空间分立型光混频器结构图

4.1.2 激光稳频技术

激光稳频技术广泛应用在量子光学、量子通信、引力波探测以及精密光谱和光钟的实验系统中。在这些系统中，为了减小激光器输出激光的频率漂移，通常将激光频率锁定在某一稳定的参考频率标准上，以期获得长期频率稳定的激光源；在非线性频率变换光学系统中，通常选用一些特殊的光学谐振腔实现激光频率变换以及制备光子数态、压缩态、纠缠态等各种非经典态，在这些实验系统中，同样需要稳定锁定各种光学谐振腔的腔长，以获得稳定的信号光场输出；在各类光学探测中，往往需要锁定光束间的相对相位，如平衡零拍探测中锁定本底光和信号光之间的相对相位、马赫-曾德尔干涉仪中锁定两臂光束之间的相对相位等。在复杂庞大的光学系统中，需要激光稳频技术的地方常有多个，有时甚至达十多个。由此可见，激光稳频技术在各类光学系统中发挥着越来越重要的作用。

激光稳频技术选取一个稳定的参考频率标准，当待锁定的激光频率偏离特定的频率标准时，设法进行鉴别并产生能反映这个偏差的误差信号，然后将误差信号通过伺服系统反馈给待锁定的激光系统。常用的参考频率标准大致可分为两大类：一类是以原子分子的跃迁谱线中心频率作为参考标准；一类是以光学谐振腔（包括法布里－珀罗谐振腔（F－P腔）、模式清洁器、倍频谐振腔、光学参量振荡器等）的共振频率作为参考标准。实现激光稳频的方法有多种，如基于原子分子跃迁谱线的饱和吸收谱稳频法、调制转移光谱稳频法、双色谱稳频法等；基于光学谐振腔共振频率的 PDH（Pound－Drever－Hall）稳频法、Lock－in 鉴相稳频法、Tilt－locking 稳频法等。由于原子分子跃迁谱线的频谱范围有限，所以只能针对某些特定波长的激光进行稳频，而基于光学谐振腔共振频率的稳频方法不受波长的限制，因此本节总结了几种常见的激光稳频技术的基本原理。

1. PDH 稳频技术

PDH 稳频技术具有伺服响应快、噪声低等特点，是目前稳频技术中应用最广泛、稳频效果最优异的技术方法之一。1983 年，Drever 等人首次利用射频相位调制和光电伺服反馈控制系统将染料激光器的输出频率锁定在 F－P 腔的共振频率上，实现了激光频率稳定输出，获得了线宽小于 100 Hz 的稳频激光。此后，人们把这种稳频技术称为 PDH 稳频技术。PDH 稳频技术也叫作相位调制光外差稳频技术，该技术利用电光相位调制器对激光进行调制（调制频率为 MHz 量级），利用光学谐振腔的反射特性和光外差光谱检测技术得到误差信号，然后通过反馈控制系统调谐激光频率，将激光频率锁定在光学谐振腔的共振频率上，其典型的结构示意图如图 4－1－3 所示。

激光器输出的激光通过光学隔离器和电光相位调制器后注入光学谐振腔，通过波片和 PBS 提取光学谐振腔的反射光场，由光电探测器探测反射光场信号。电光相位调制器将射频调制信号加载在激光上产生边带光谱，光电探测器探测经过光学腔反射的光场（载波和边带），光电探测器输出的电信号和另一路射频信号经移相器后一起输入混频器，混频器解调信号再通过低通滤波器后得到具有鉴频特性的误差信号，误差信号通过比例积分微分控制器和高压放大器反馈到激光器的压电陶瓷上，通过压电陶瓷精细调整激光器的腔长，从而将激光器的激光频率锁定在光学谐振腔的共振频率上。

在 PDH 稳频系统中，高质量的误差信号是实现高精度稳频的基础，然而由于电光晶体的双折射效应和寄生标准具效应而引起的剩余振幅调制，往往会使误差信号产生随机起伏的直流偏移甚至扭曲误差信号。为了减小剩余振幅调制的影响，人们相继提出了双调制技术、反馈控制调制电压和晶体温度、楔形电光调制晶体等方法来减小和抑制剩余振幅调制的影响。除了高质量的误差信号，电子伺服控制系统的精度和参考频率标准的稳定性也共同决定着稳频激光的频率稳定性。随着稳频技术的发展，伺服控制系统中各个仪器的工作精度越来越高，电子噪声越来越小，并且也有商用的低噪声的达到百兆

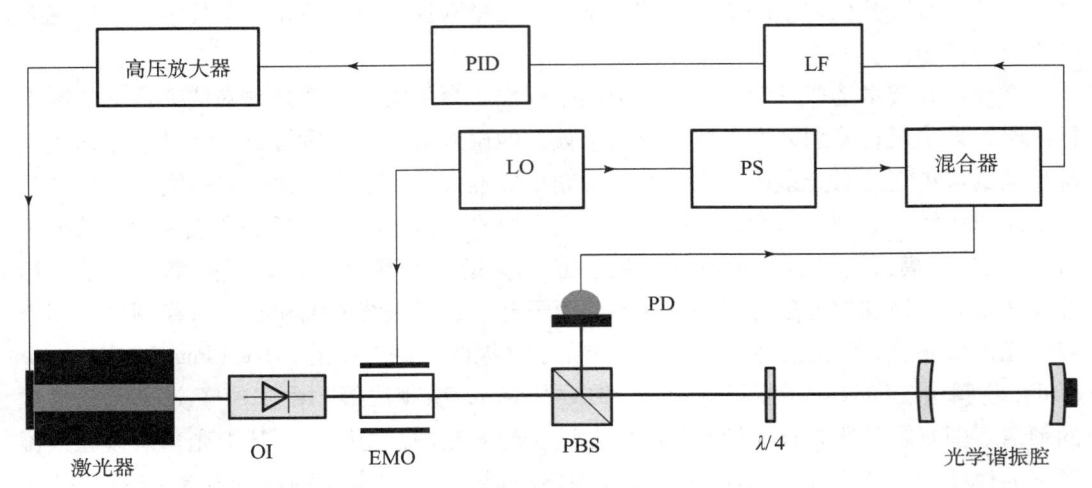

图 4-1-3 PDH 稳频的结构示意图

OI—光学隔离器；EOM—电光相位调制器；PBS—偏振光束分束器；PD—光电探测器；
LO—本地振荡器；PS—移相器；PID—比例积分微分控制器；LF—低通滤波器

赫兹带宽的光电探测器和混频器等，电子系统的高精度运转已经不会限制激光频率的稳定度，激光频率的稳定度很大程度上受制于参考频率标准的稳定性。所以，为了获得超高频率稳定性的稳频激光，人们通常选用具有高品质因数和高机械稳定性的 F-P 腔作为参考频率标准。

2. Lock-in 鉴相稳频技术

Lock-in 鉴相稳频技术也叫作基于锁相放大器的鉴相稳频技术，通常该技术利用光学谐振腔上的压电陶瓷对激光进行一个小的频率调制（调制频率为 kHz 量级），利用光学谐振腔的透射特性和锁相放大器的微分解调功能获取误差信号，然后通过反馈控制系统调谐激光频率，将激光频率锁定在光学谐振腔的共振频率上，其典型的结构示意图如图 4-1-4 所示。

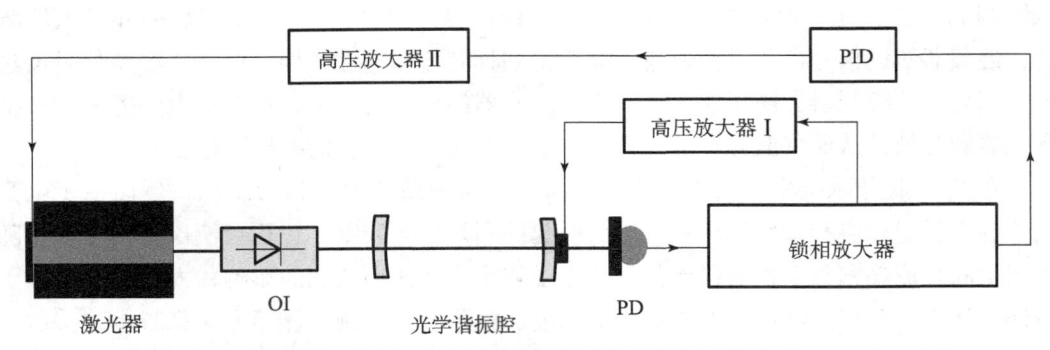

图 4-1-4 Lock-in 鉴相稳频的结构示意图

激光器输出的激光通过光学隔离器注入光学谐振腔，光电探测器探测透过光学谐振腔的透射光场信号。锁相放大器输出的高频调制信号通过高压放大器Ⅰ加载在光学谐振腔的压电陶瓷上，光电探测器探测的输出信号接入锁相放大器，锁相放大器输出具有鉴频特性的误差信号，误差信号通过 PID 和高压放大器Ⅱ反馈到激光器上，从而将激光器的激光频率锁定在光学谐振腔的共振频率上。

Lock-in 鉴相稳频技术和 PDH 稳频技术，也可以统称为鉴相稳频，这两种方法均是对激光进行调制，通过鉴相方式得到误差信号，并反馈到伺服控制系统中，从而实现激光稳频。Lock-in 鉴相稳频在技术上相对于 PDH 稳频技术要简单，成本也较低，也常用于量子光学实验中锁定激光频率、锁定两光束之间的相对相位等。两种稳频方法的不同之处在于，调制频率不同，抗扰动能力不同；另外，Lock-in 鉴相稳频的调制频率通常在光学谐振腔的线宽内，利用光学谐振腔的透射特性进行稳频，而 PDH 稳频的调制频率通常在光学谐振腔的线宽外，往往利用光学谐振腔的反射谱特性进行稳频。

3. Tilt-locking 稳频技术

一个光学谐振腔可以把一束未准直的输入光场分解为一系列的空间 TEM_{mn} 模，m 和 n 分别为横向和纵向的光场节线，这些模式可以用厄米-高斯函数来描述，空间强度分布和振幅分布如图 4-1-5 和图 4-1-6 所示。由于不同阶数的模式传播时相应的古依（Gouy）相位不同，其共振腔长也不同。在实验上将光学腔匹配好后，调节输入光角度使其稍微倾斜，会出现一阶模透射峰，当零阶模共振时，一阶模不共振直接反射，此时腔长在零阶模共振附近变化时，输出相位快速变化而一阶模相位不变。

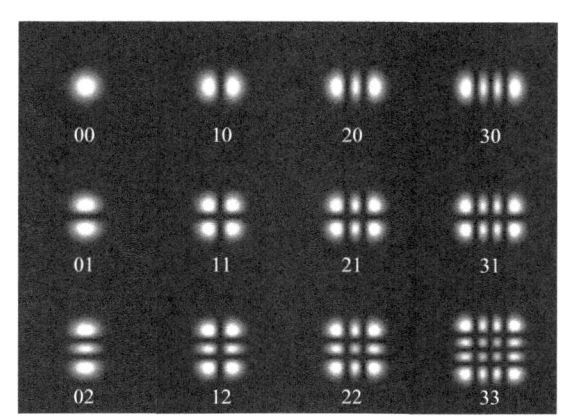

图 4-1-5　厄米-高斯模强度分布 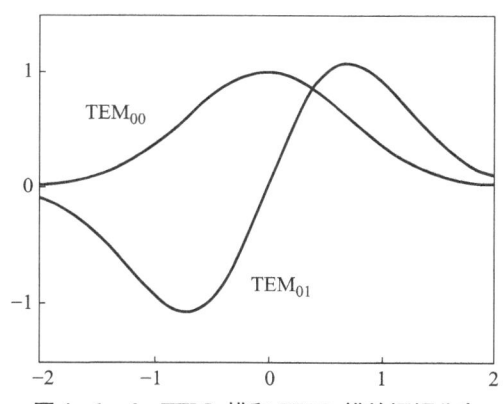　　　　图 4-1-6　TEM_{00} 模和 TEM_{01} 模的振幅分布

Tilt-locking 稳频的结构示意图如图 4-1-7 所示，激光经光学隔离器后入射到光学谐振腔中。从光学谐振腔的反射光场取样，用分离式光电探测器探测反射光的两瓣并使信号相减获取误差信号，经过伺服控制系统的处理后加载到激光器的压电陶瓷上，将激光器的激光频率锁定在光学谐振腔的共振频率上。

Tilt-locking 稳频技术相对于 PDH 稳频和 Lock-in 鉴相稳频来说，系统更简单易操

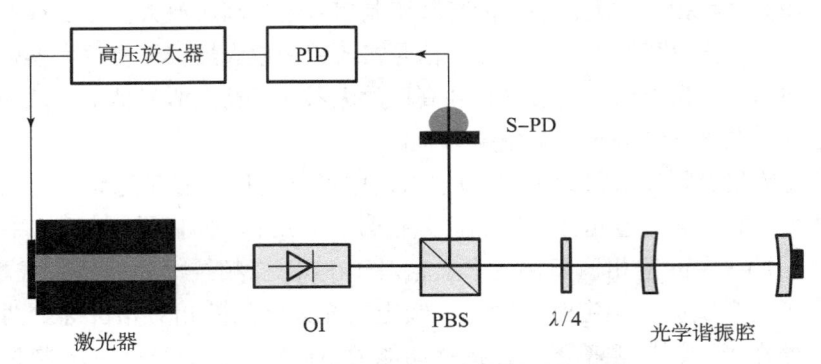

图 4 - 1 - 7　Tilt - locking 稳频的结构示意图

S - PD—分离式光电探测器

作,仅利用分离式光电探测器就可以提取出误差信号,可应用于量子光学实验中锁定模清洁器、锁定倍频腔和注入锁定光学参量振荡器等。

本节详细介绍了常用的激光稳频技术,以将激光器的激光频率锁定在高稳定性的光学谐振腔的共振频率上为例,详细阐述了 PDH 激光稳频技术、Lock - in 鉴相稳频技术和 Tilt - locking 稳频技术的原理、装置。

4.2　光生太赫兹生成技术

在初步了解了激光相干混频与稳频技术后,我们进一步深入学习太赫兹的技术。太赫兹波(THz)是指频率在 0.1 ~ 10 THz 范围的电磁波,其波段介于毫米波与红外波段之间,处于从电子学向光子学的过渡区。随着近年来太赫兹技术的飞速发展,目前太赫兹波不仅可以应用于军事领域,也能应用于民用领域。在军事领域的应用主要包括:单兵指挥通信和军用卫星通信、军用飞机导航、军事装备质量检查、军事反恐"穿墙术"(利用太赫兹的强穿透性,实现隔墙成像)、军事侦察、反隐形作战等。在民用领域的应用主要包括:空间通信、地面高速通信与组网、新一代安检等,图 4 - 2 - 1 为太赫兹波段示意图。

目前国际上研究太赫兹的主要机构有日本 NTT 公司、德国 IAF 研究所、美国 Sandia 实验室、美国 JPL 实验室等。国内主要从事太赫兹研究的机构有中国工程物理研究院电子工程研究所、中国科学院微系统与信息技术研究所、电子科技大学、深圳大学、首都师范大学、北京理工大学、中国兵器工业 209 所、中国电科 38 所等。

太赫兹波的产生一直是太赫兹领域研究的热点和难点,其中光生太赫兹技术在众多太赫兹生成技术里一直属于主流手段之一。目前光生太赫兹的方法有太赫兹光电导天线、光学整流、激光等离子体技术等多种。本节将系统地介绍光生太赫兹技术的原理,并以多种光生太赫兹技术手段为例展开具体分析。

图 4-2-1 太赫兹波段示意图

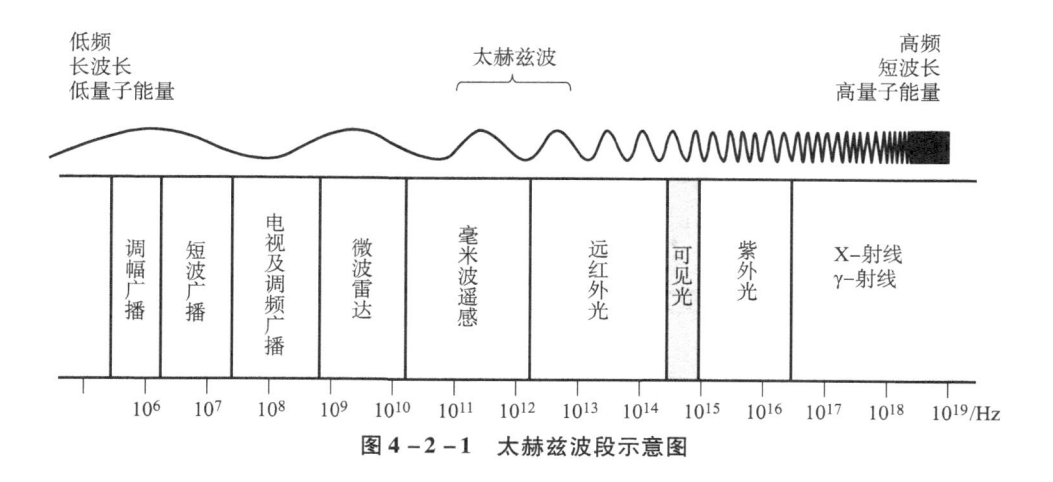

4.2.1 光生太赫兹技术原理

光子学产生太赫兹的本质是利用激光脉冲激发一些窄带隙的半导体，由于激发的载流子分布的纵向非对称性，会引起宏观的电荷运动，从而激发太赫兹辐射。

光生太赫兹波的基本原理类似于光电振荡器，光电振荡器的基本结构是一个基于光电混合结构的正反馈系统，该光电混合结构由低噪声激光器、电光调制器、光纤、光电探测器、带通滤波器和放大器等构成。光纤产生时间延迟，以获得产生低噪声高质量信号所需的品质因数 Q，利用调制器以及光纤的低损耗特性，将连续光变为频谱纯净的稳定的微波信号输出。

其中，低噪声激光器发出的连续光经电光调制器调制后通过长光纤传输进入光电探测器，光电探测器把光信号转变为电信号，之后通过滤波器进行选频、滤波，再通过放大器进行信号放大，放大后的信号反馈给电光调制器，从而形成正反馈回路，形成自激振荡。振荡环路中的放大器提供了信号增益，信号经过多次循环放大后，就能建立起稳定的振荡，其振荡频率由激光器、光纤长度及滤波器的通带特性决定。

由于太赫兹波段在电磁波频谱中的特殊位置，决定了太赫兹波具有以下性质。

（1）宽带性：一个太赫兹脉冲通常包含一个或多个周期的电磁振荡，单个脉冲的频带很宽，可以覆盖 0.1~45 THz 的范围，可以在大范围研究物质的光谱性质。

（2）瞬态性：太赫兹波的典型脉宽在亚皮秒量级，不但可以进行亚皮秒、飞秒时间分辨力的瞬态光谱研究，而且可以通过取样测量的手段，来有效防止背景辐射噪声的干扰。

（3）低能性：太赫兹波的光子能量很低。1 THz 的光子能量通常只有 4 meV，一般是射线光子能量的百万分之一，因此它并不会对生物体和细胞产生有害的电离，便于对生物体进行活体检验。

（4）相干性：太赫兹波具有很高的空间和时间相干性，辐射是由相干的激光脉冲通过非线性光学差频产生的，或是由相干电流驱动的偶极子振荡产生的，它具有非常高的空间和时间相干性,用来研究分析材料的瞬态相干动力学问题有很大的优势。

(5)透射性:除了金属和水对太赫兹波有较强的吸收,对其他物质都有很好的穿透性,因此太赫兹波在安全检查和反恐领域的应用前景普遍被人们看好。

很多极性大分子的振动能级和转动能级正好处于太赫兹频段范围,它们的光谱含有丰富的物理和化学信息,因此使用光谱技术分析和研究大分子有着广阔的应用前景。

4.2.2 光电导天线技术

光电导天线是产生和探测太赫兹波过程中使用最广泛的器件之一,它可以看作一个光电开关。它是使用高速光电导材料来作为瞬态电流源,从而向外辐射太赫兹脉冲。图4-2-2为光电导天线产生太赫兹波示意图。

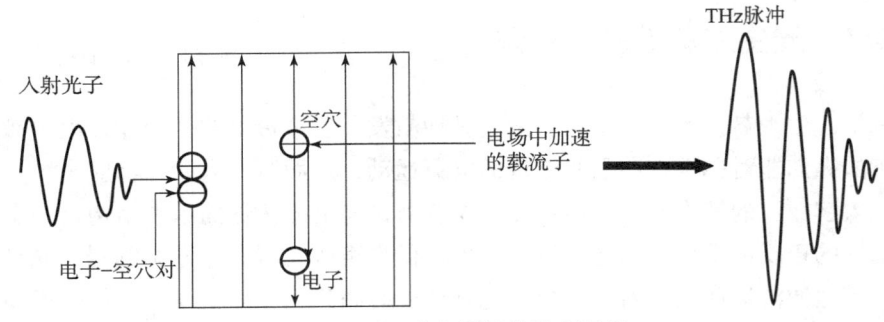

图4-2-2 光电导天线技术原理

在这些光电导半导体材料表面上淀积着金属电极制成的偶极天线结构。金属电极的作用是对这些光电导半导体施加偏压,当超快激光打在两电极的光电导材料上时,会在其表面瞬间产生大量的电子-空穴对。这些光电自由载流子会在外加偏置电场和内建电场的作用下做加速运动,从而在光电半导体材料的表面形成瞬变的光,最终这种快速、随时间变化的电流会向外辐射出脉冲。

为了有效产生和探测太赫兹波,光电导天线对光电流的开关作用时间必须在亚皮秒量级。光电导天线"打开"的时间由激光脉冲周期决定,而"关闭"的时间由天线衬底中的光生载流子寿命决定。

大孔径光电导天线已经用于高功率太赫兹脉冲的产生,大孔径光电导天线中太赫兹产生的基本机理与偶极子天线类似:辐射源是偏置场感应产生光激载流子的冲击电流。大孔径光电导天线与偶极子天线所不同的是电极间的光激区域的尺寸远远大于辐射波长。由于受激面积大,大孔径发射器能够产生高功率的太赫兹脉冲。这需要高直流偏置电压和放大的飞秒激光脉冲。

光电导发射器的瞬态波形和光电导检测器的频谱响应函数由载流子寿命决定,载流子数目的上升时间也由载流子寿命决定。载流子寿命是固有的材料特性,因此我们在这方面能够做的很少。目前,器件可利用的最好的光电导材料是 LT - GaAs。另外,上升时间在一定程度上是灵活多变的,这是由于其主要由入射光脉冲持续时间确定。例如,较短的光脉冲可以快速产生较短的太赫兹脉冲并接受较宽频谱范围的检测。

如图 4-2-3 所示为当探测脉冲持续时间为 10 fs、30 fs 和 50 fs 时，PC 检测器与频率相关的响应函数。该曲线包括了衍射极限的影响。光脉冲持续时间在整个检测带宽（约为 1 THz）内的影响很小，但是高频分量的形式大不相同。可以确定的是，越短的脉冲提供的检测范围越宽。如果检测器的动态范围为幅度的 3 个数量级，则在 10 fs，30 fs 和 50 fs 脉冲时最高可检测的频率分别为 12 THz、20 THz、50 THz。

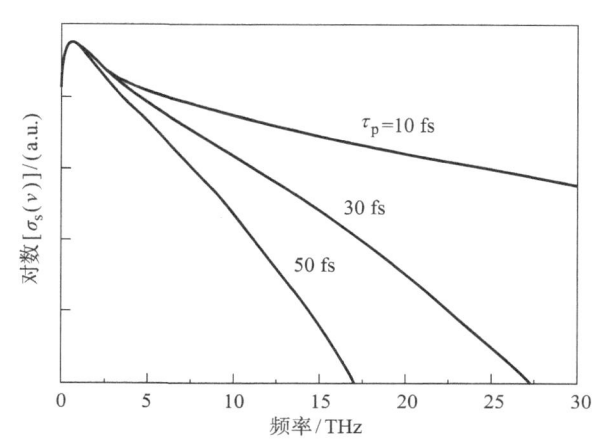

图 4-2-3　当光脉冲持续时间 τ_p 分别为 10 fs、30 fs 和 50 fs 时
在对数刻度下检测响应函数与频率的关系
（载流子寿命和动量弛豫时间分别为 0.5 ps 与 0.03 ps）

通过 LT-CaAs 光电导天线实现宽带感测的例子如图 4-2-4 所示。太赫兹辐射的产生源于 InP 薄片的表面，通过 LT-GaAs 光电导接收机选择通过 15 fs 光脉冲的方式进行检测。瞬态波形包括慢变化信号顶部的快速谐振分量。慢变化部分源于 InP 衬底上的瞬态电流，而快速谐振的来源没有被清楚地辨别。忽略其模糊性，数据的重要方面是检测器恢复高频信号的能力。图 4-2-4（b）所示的傅里叶变换谱表明检测带宽可扩展到 20 THz。

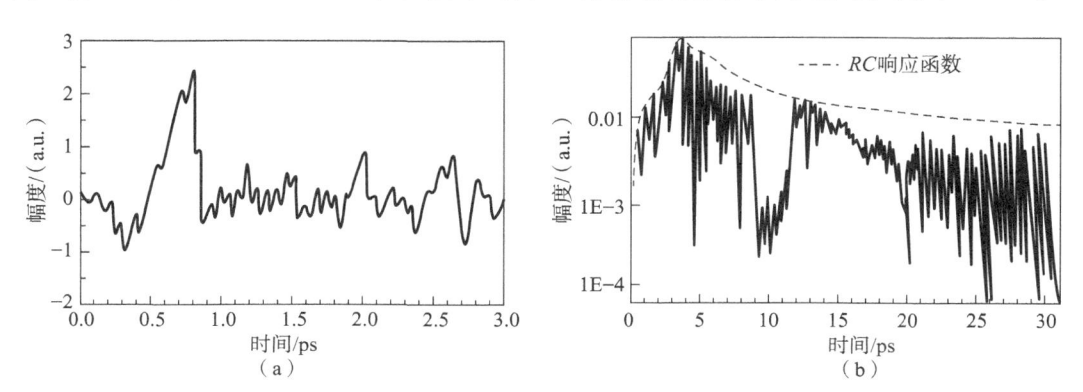

图 4-2-4　通过 LT-GaAs 光电导接收机测得的从半绝缘 InP 薄片发射出的
THz 辐射瞬态波形及其傅里叶幅度谱
(a) 瞬态波形；(b) 傅里叶幅度谱

光电导天线可以用于产生超宽带太赫兹脉冲。然而，可利用的频谱范围远远小于光整流产生的脉冲频谱范围。采用 LT-GaAs 光电导天线产生的超宽带太赫兹辐射如图 4-2-5 所示。位于 8.1 THz 和 8.8 THz 的 GaAs 的 TO 和 LO 声子模型引起了瞬态波形的快速谐振，正如在图 4-2-5（b）所示的那样，辐射谱扩展到了 15 THz。

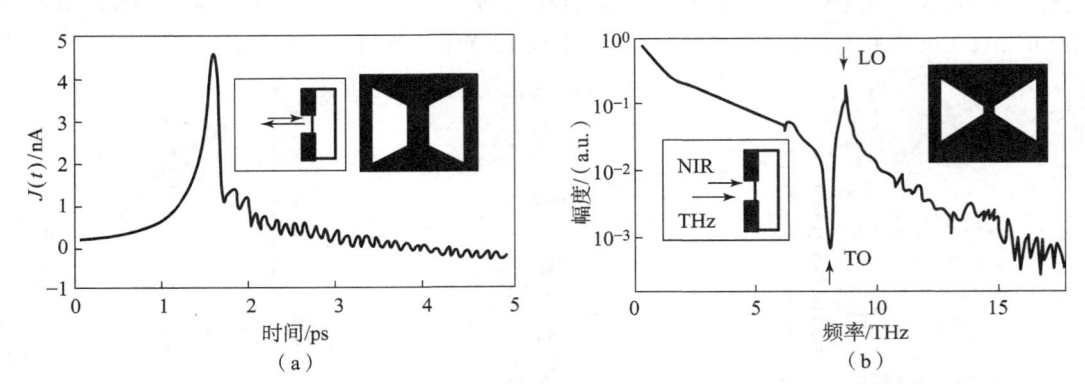

图 4-2-5 通过 LT-GaAs 光电导接收机测得的从 LT-GaAs 光电导发射器
发射出的 THz 辐射瞬态波形及其傅里叶幅度谱

（a）瞬态波形；（b）傅里叶幅度谱

4.2.3 远红外气体激光器

太赫兹气体激光器的基本设计与典型激光器系统类似。一个重要的附加部分是用于限制横向激光模式的内腔式波导。太赫兹气体激光器的增益媒质是分子气体，例如 CH_3F、CH_3OH、NH_3 和 CH_2F_2。太赫兹辐射源自分子的转动跃迁。这些分子具有永久偶极矩，因此它们的转动跃迁通过偶极子相互作用直接耦合于电磁场辐射。

图 4-2-6 所示为典型太赫兹气体激光器的激光发射方案。室温情况下，分子占据最低振动模式（$v=0$），其转动状态的热粒子数为：

$$N(J,K) \propto g(J,K) e^{-E_{rot}(J,K)/(k_B T)} \quad (4-2-1)$$

式中：$E_{rot}(J,K)$ 为分子在转动态下的转动能量本征值，k_B 为玻尔兹曼常数。采用 CO_2 激光光泵浦激发若干分子从最低激发振动模式到第一激发振动模式。对于对称陀螺分子，振动转动跃迁遵循选择定则 $\Delta v=1$，$\Delta J=0$ 或 $\Delta K=0$。在 $J+1$ 和 J 级之间对于 $v=0$ 和在 J 和 $J-1$ 级之间对于 $v=1$ 光感应的粒子束反转在太赫兹频率会引起发射。$J-1$ 到 $J-2$ 级对于 $v=1$ 的级联跃迁也会引起太赫兹辐射。

为了寻找能在太赫兹范围内发射激光的物质，已对许多种化学物质进行了仔细研究，并观察到几百种太赫兹激光发射谱线。表 4-2-1 列出了一些在太赫兹范围内更强的激光线。

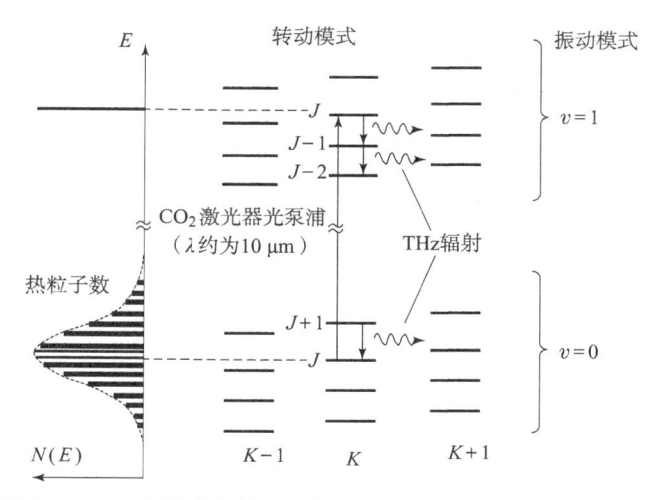

图 4-2-6 光泵浦太赫兹气体激光器内光激发（$v=0\to 1$）和
太赫兹辐射能级图（$v=0$，$J+1\to J$，$v=1$，$J\to J-1$ 和 $J-1\to J-2$）

表 4-2-1 光泵浦太赫兹气体激光器的激光线

频率/THz	分子	输出功率/mW
8.0	CH_3OH	约 10
7.1	CH_3OH	约 10
4.68	CH_2OH	>20
4.25	CH_3OH	约 100
3.68	NH_3	约 100
2.52	CH_3OH	>100
2.46	CH_2F_2	约 10
1.96	$^{15}NH_3$	约 200

4.2.4 光整流技术

光整流模型是由 S. L. Chuang 等在 1992 年提出的。光整流方法中，太赫兹波的能量主要取决于抽运激光转换成太赫兹波的效率，即能量仅仅来源于入射的激光脉冲的能量，故其能量较低，一般为纳瓦量级。而作为激发太赫兹辐射的飞秒光源其平均功率却是瓦量级。太赫兹辐射的带宽上限由泵浦激光脉冲的宽度决定，产生的太赫兹电磁波的频率较高，通常可以达到 50 THz，而有些晶体甚至可以覆盖到 100 THz 的范围。

2000 年，R. Huber 等用脉宽为 10 fs 的激光脉冲的相位匹配光整流效应，在薄 GaAs 晶体中产生了短至 50 fs 的红外脉冲。电磁辐射的中心频率从 41 THz（$\lambda=7$ μm）到远红外波段连续可调。实验中以垂直于入射光的水平轴旋转晶体来实现相位匹配条件的调整。此实验系统也为人们感兴趣的浓缩物质的飞秒实验领域开辟了广阔的前景。

2007 年，K. L. Yeh 等用掺 Ti 蓝宝石飞秒激光器，在太赫兹脉冲的相速度与 $LiNbO_3$ 晶体中的泵浦激光脉冲的群速度相匹配时，利用光整流效应产生了中心频率为 0.5 THz、能量为 10 μJ、平均功率达 100 μW、峰值功率为 5 MW、脉冲强度高达 10 MW/cm^2 的接近单周期的电磁脉冲，如图 4-2-7 所示，其中实线为修正后的图线，虚线为简化后的太赫兹谱线。实验中的光子转换效率为 45%，计算得出在离轴抛物面镜焦点处的电场强度的峰值为 250 kV/cm。实验也表明，得到的高质量的太赫兹信号在成像和远距离传感器中的应用是可能的。

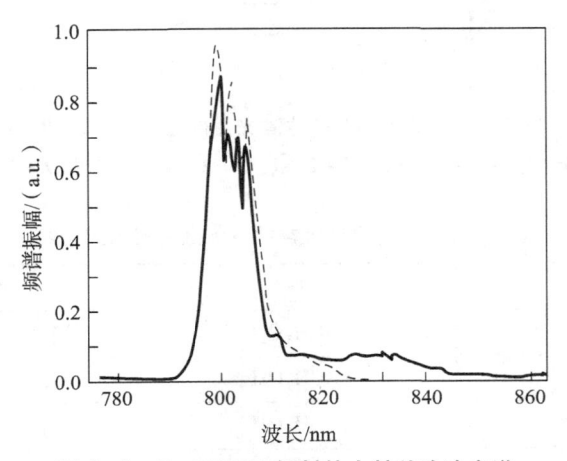

图 4-2-7　$LiNbO_3$ 辐射的太赫兹脉冲光谱

在众多的太赫兹辐射产生技术中，光整流是目前最广泛使用的方法之一。两个光束在非线性介质传播时会发生混合，从而产生和频振荡和差频振荡现象。在出射光中，除了与入射光相同的频率的光波外，还有新的频率（例如和频）的光波。而且当一束高强度的单色激光在非线性介质中传播时，它会在介质内部通过差频振荡效应激发一个恒定（不随时间变化）的电极化场。恒定的电极化场不辐射电磁波，但会在介质内部建立一个直流电场。这种现象称为光整流效应，它是最早发现的非线性光学效应之一。当时由于这种效应缺乏实际的应用背景而没有受到研究者的重视，超短激光脉冲的发展为光整流效应的研究和应用开辟了新途径。

光整流是一种非线性效应，是光电效应的逆过程，光整流过程也称为光致直流电场过程，是一个二阶非线性过程。一般来说，两束光束在线性介质中可以独立传播，且不改变各自的振荡频率。

如果入射到非线性介质中的是超短激光脉冲，则根据傅里叶变换理论，一个脉冲光束可以分解成一系列单色光束的叠加，在非线性介质中，这些单色分量不再独立传播，它们之间将发生混合。和频振荡效应产生频率接近于二次谐波的光波，而差频振荡效应则产生一个低频电极化场，这种低频电极化场可以辐射直到太赫兹的低频电磁波。其中，由差频振荡效应会产生一个低频振荡的时变电极化场，这个电极化场就可以辐射出太赫兹波。图4-2-8所示为光整流法产生太赫兹波示意图。

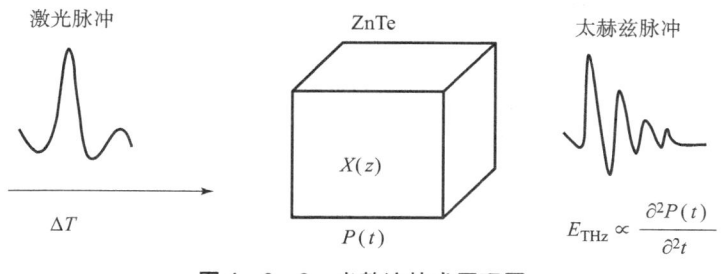

图4-2-8 光整流技术原理图

光整流发射的太赫兹脉冲宽度与入射脉冲宽度相当，可以获得连续的太赫兹波，产生的太赫兹辐射具有较高的时间分辨率、较宽的波谱范围，波形可以合成，而且实验调整简单，但是很难获得相位匹配，太赫兹光束的能量直接来源于激光脉冲的能量，所以输出功率有限，而且需要飞秒激光器，其价格昂贵。太赫兹辐射的最大功率既受超快激光脉冲的影响，又受介质的损伤阈值的制约。太赫兹辐射的产生效率受材料的非线性系数、介质材料对太赫兹辐射的吸收及激光脉冲与太赫兹脉冲之间的相位匹配等因素影响。光整流方法中用作太赫兹辐射脉冲源的材料是传统的电光晶体，常见的有 $LiTaO_3$、$LiNbO_3$，半导体材料 ZnSe、ZnTe、InP、CdTe、GaAs，有机晶体 DAST 等。选择应用于太赫兹波段的非线性晶体应满足这样几个条件：在所用波段范围内具有较高的透过率、具有高的损伤阈值、具有大的非线性系数及优秀的相位匹配能力。其中材料的非线性系数与晶体的切向和方位有关。通常认为，晶体中的载流子越少，电阻率就越高，晶体对太赫兹辐射的吸收和散射就越少，作为太赫兹辐射产生器件，产生太赫兹辐射的效率也就越高。因此通过掺杂来降低晶体中的载流子浓度是晶体生长中常用的方法。太赫兹波的带宽随晶体长度的增加而减小，且辐射角在79°～90°内时，太赫兹波中心频率和相应带宽随辐射角的减小而增加，电场随辐射角呈现准谐波特性。也可以对半导体发射极外加电场和磁场来增强太赫兹电磁辐射的强度，其原因是半导体中载流子的加速运动受外加电磁场的影响。目前的飞秒光源有三种：半导体泵浦的 LiSAF 飞秒激光器（脉宽小于100 fs、平均功率大于100 mW）、Ar^+ 激光器泵浦的 TiS 激光器和锁模光纤激光器。相比较而言，锁模光纤激光器是体积最小、结构最紧凑的激光器，美国已用它制成了便携式太赫兹频谱仪。

4.2.5 激光气体等离子体技术

强激光与气体靶、固体靶相互作用都可以产生太赫兹波辐射，通过将能量为几十微焦的飞秒激光脉冲在空气中聚焦，当激光功率密度达到一定阈值后，空气分子被强激光迅速电离，电离区域内的气体分子对激光进一步强烈吸收，气体温度快速升高，导致气体完全电离形成高度电离的空气团（等离子云）作为辐射源向外辐射太赫兹脉冲。

激光直接诱导等离子体辐射太赫兹波的原理是有质动力作用于等离子体产生瞬变的空间电场，这一过程可以看成频率"下转换"机制，即高频的激光（800 nm）经过等离子体后辐射低频的太赫兹波（sub‑mm），相当于"高频"能量转移到"低频"能量。图4‑2‑9为等离子体有质动力产生太赫兹波示意图。

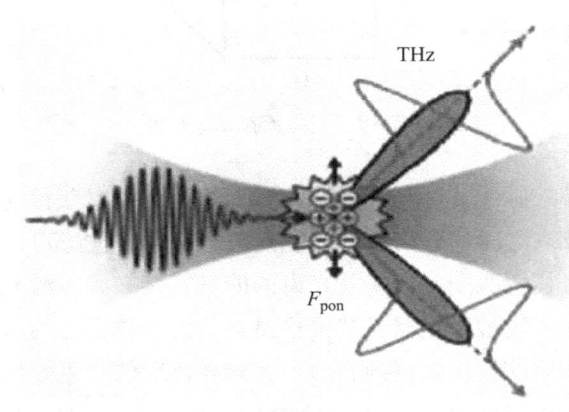

图4‑2‑9 等离子体有质动力产生太赫兹波示意图

另一种较为普遍的等离子体产生太赫兹波的方法为四波混频过程辐射太赫兹。将基频（800 nm）和倍频（400 nm）光束同时聚焦作用于气体，使气体电离形成气体等离子体，等离子体作为辐射源向外辐射太赫兹波，该过程的实质是一个三阶的非线性四波整流混频过程，称之为FWR（Four Wave Rectification）或FWM（Four Wave Mixing）。图4‑2‑10为四波混频辐射太赫兹示意图。

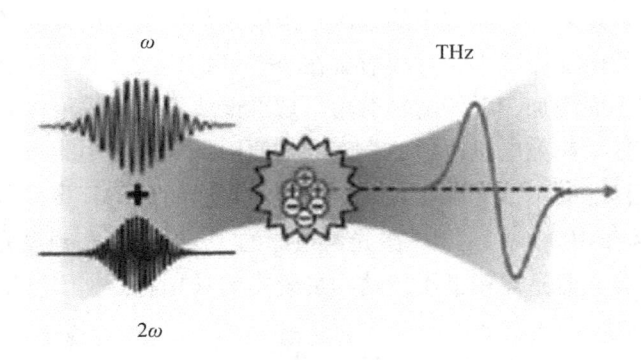

图4‑2‑10 四波混频辐射太赫兹示意图

这种用激光诱导气体等离子体产生太赫兹波源的方法不但提供了强太赫兹波辐射，对于揭示深层的激光场相干控制电子轨迹、微观光离化电流的形成都有重要意义。

4.2.6 窄带太赫兹技术

1. 太赫兹激光器

当用 CO_2 激光照射谐振腔内的低压气体时，如果气体的共振频率处于太赫兹波段，就会产生激光，此种方法产生的辐射频率一般情况下是不可调的，而且通常需要一个较大的激光腔，泵浦功率一般超过千瓦。

2. 光学混频产生太赫兹辐射

用可调谐的激光器产生两束频率有微小差别的激光束，把它们进行混频，同时将它们的拍频调整到波段，把经过混频的激光信号照射进光电导体，光电导体产生的电子-空穴对在电场作用下发生定向移动，形成光电流，用天线结构将这种受拍频信号调制的光电流进行太赫兹辐射发射，就可产生太赫兹辐射，如图 4-2-11 所示。

3. 加速电子产生太赫兹辐射

在众多产生太赫兹辐射的方法中，利用加速电子产生的太赫兹辐射的功率是最高的。例如，用相对论电子产生太赫兹辐射：利用激光照射 GaAs，可产生一束自由电子，用直线加速器将自由电子加速到相对论速度，再使电子进入一个横向磁场，在磁场的作用下，高速运动的电子将获得法向加速度，并由此产生太赫兹辐射，该方法的原理比较类似于同步辐射加速器的工作原理。

4. 准相位匹配（QPM）晶体产生窄带太赫兹

利用准相位匹配（QPM）非相位晶体中飞秒脉冲的光整流技术产生窄带太赫兹，QPM 的结构由交替晶体取向的周期域系统组成。周期极化铌酸锂（PPLN）晶体，适用于生产太赫兹脉冲的最普通的 QPM 系统。

图 4-2-12 为产生窄带太赫兹的方案，图中阐明了预制周期域结构 QPM 晶体中的光整流。晶体的二阶非线性极化率 χ 在相邻域间符号反转。图 4-2-12 中宽矢量箭头表明光轴方向。当飞秒光脉冲传输通过 QPM 晶体时，通过光整流产生太赫兹非线性极化。由于光群速超过了太赫兹相速（如对于 $LiNbO_3$ 晶体，光群折射率与太赫兹折射率分别为 $n_O = 2.3$ 和 $n_T = 5.2$），在经过走离长度 l_ω 后光脉冲将超过太赫兹脉冲，以光脉冲持续时间 τ_p 表示。如果 QPM 晶体的域长度 d 与走离长度可比拟，晶体中的每个域对所辐射的太赫兹场贡献一个半周期。因此，太赫兹波由 N 个周期构成，其中 N 是在 QPM 结构长度上总的周期数。如果域是绝对周期性的，则会产生窄带太赫兹脉冲，前向传输时的频率为

$$\nu_T = \frac{c}{\Lambda(n_T - n_O)} \tag{4-2-2}$$

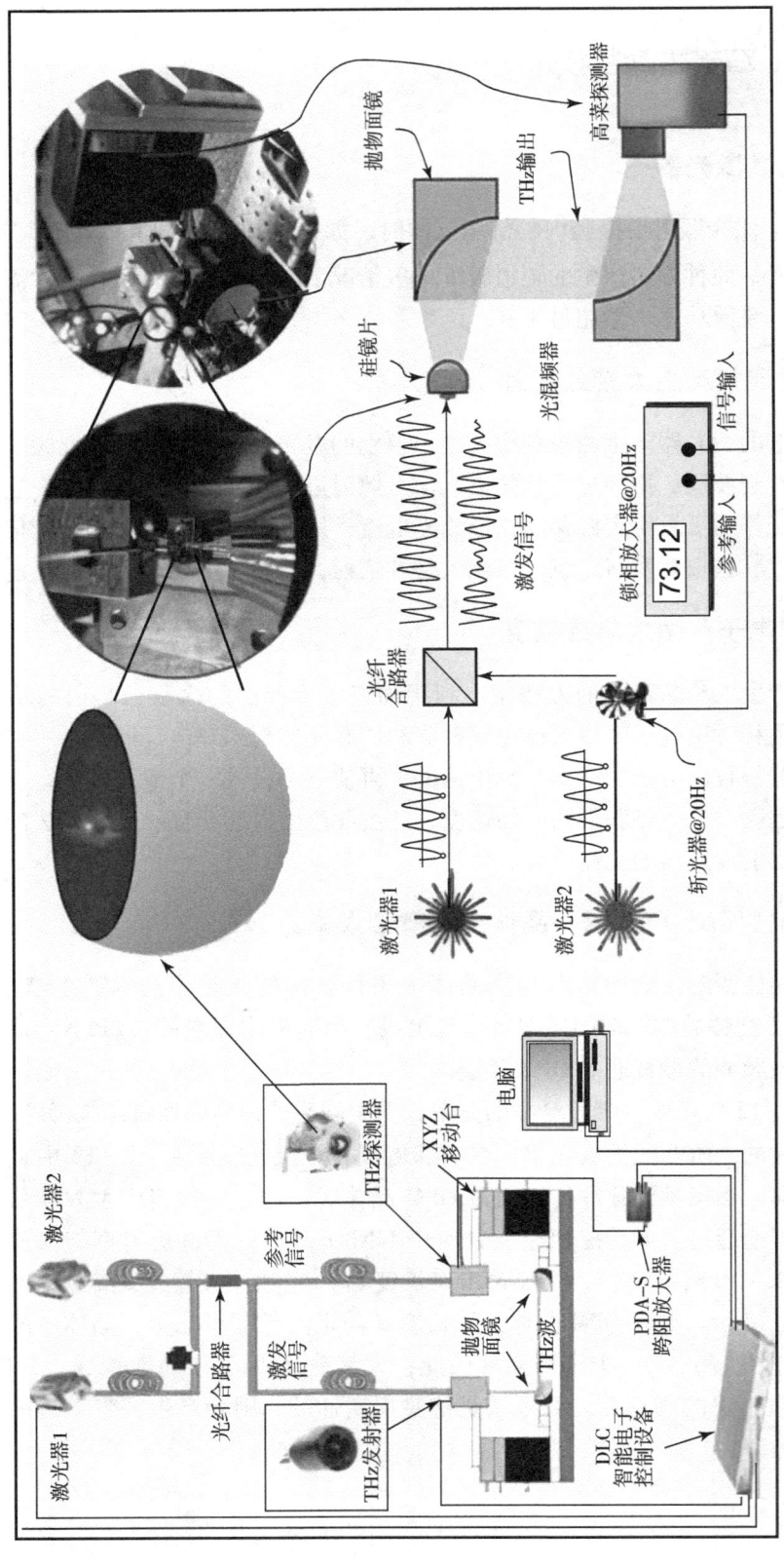

图4-2-11 光学混频产生太赫兹辐射原理图

式中：$\Lambda = 2d$ 为 QPM 周期，通过调节 Λ 能够实现频率调谐。当忽略吸收和域宽度的振荡时，太赫兹场的相对带宽 $\Delta\nu_T/\nu_T$ 可简化为 $1/N$。非线性极化前向、后向都会辐射太赫兹波。后向波的相位匹配条件导致辐射频率

$$\nu_T = \frac{c}{\Lambda(n_T + n_O)} \quad (4-2-3)$$

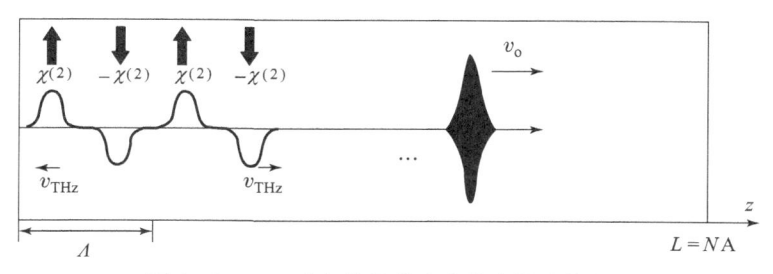

图 4-2-12 准相位晶体中窄带太赫兹的产生

图 4-2-13 显示了源自晶体温度为 115 K，$\Lambda = 60$ μm、80 μm、100 μm 和 120 μm 的 PPLN 晶体的太赫兹波和相应频谱。脉冲持续时间和带宽分别约为 100 ps 和约 0.01 THz。样品为横向啁啾的 z 切 PPLN 晶体。例如，具有微小差别的域宽度的多域结构以规则的域间间距逐个构建。如图 4-2-13 所示，通过将样品简单地横向扫描至波束传输方向上实现太赫兹频率的调谐。连续的太赫兹频率调谐也已通过利用扇出 PPLN 晶体得到论证，在该晶体中域宽在横向连续变化。图 4-2-14 所示为在室温下采用 10 mm 厚 z 切 PPLN 的 QPM 周期函数的太赫兹波测量（实心方形）和计算（实线）的频率。

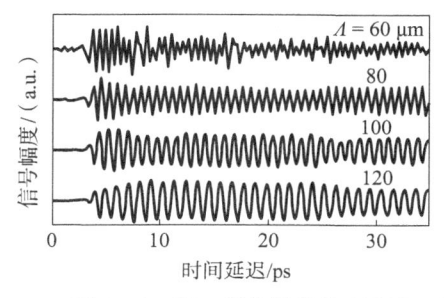

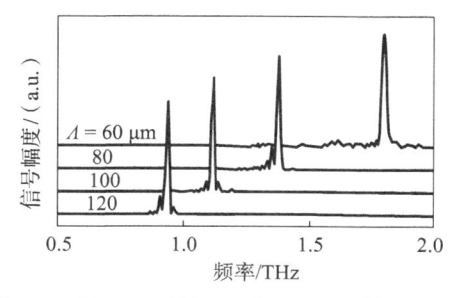

图 4-2-13 晶体温度为 115 K，$\Lambda = 60$ μm、80 μm、100 μm 和 120 μm 的 PPLN 晶体的太赫兹波和相应频谱

尽管太赫兹技术发展还不够成熟，但太赫兹的独有特性已经向世人展示了诱人前景，使得国内外众多的科研机构和学者投入太赫兹技术的研究中，并不断取得新的进展，不断探索出更加先进、有效的太赫兹产生与探测的新方式。相信在不远的将来，太赫兹技术会更加成熟和完善，给科学技术产业带来深远的影响。

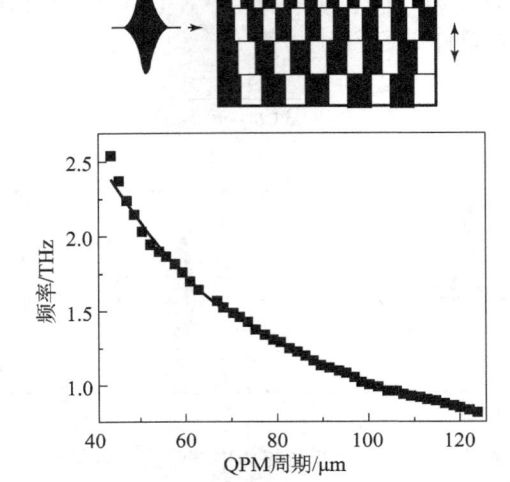

图 4-2-14 室温下 10 mm 厚 z 切 PPLN 的 QPM 周期函数的
太赫兹波测量（实心方形）和计算（实线）的频率

4.3 量子阱红外探测器

4.3.1 低维量子结构的基本概念

所谓低维量子结构，是指至少能在一个空间维度上对其中的载流子输运和光学跃迁等物理行为具有量子限制的材料体系。像超晶格和量子阱、量子线、量子点分别对载流子具有一维、二维和三维量子限制作用，因而是一类典型的低维量子结构。与传统的晶态体材料相比，各种低维半导体结构具有许多新颖的物理性质，蕴藏着丰富的物理效应。基于这些物理性质和物理效应，可以设计与制作各类高性能光子探测器。

1. 超晶格

超晶格（Superlattices）是由两种成分不同或者掺杂不同的超薄层周期性地堆叠起来构成的一种特殊（多层超薄异质结构）晶体，超薄层堆叠的周期（称为超晶体的周期）要小于电子的平均自由程，各超薄层的宽度与电子的德布罗意波长相当。其特点为在晶体原来的周期性势场之上，又附加了一个可以人为控制的超晶格周期性势场，是一种新型的人造晶体。

通常情况下，组成超晶格的两种材料具有不同的禁带宽度、晶格常数和电子亲和力，而且利用分子剪裁工程可以十分灵活地调整材料的组分、层厚和掺杂浓度，因此所形成的超晶格具有相异的能带特性。其主要结构特点是：①它由势阱层和势垒层交替生长而成，载流子被限制在势阱层中，而且在势阱层中出现了能级的量子化；②超晶格的周期远大于组成超晶格材料的晶格常数，一般为它的几倍到几十倍；③由于组成超晶格材料的禁带宽度不同，在界面处将产生能带不连续性，其带边失调值由二者的禁带宽度与超晶格类型所决定。

按照超晶格的组成方式，可以分为组分超晶格和掺杂超晶格两类。

1) 组分超晶格

一般而言，利用异质结组成的超晶格称为组分超晶格。根据材料类型与结构形式的不同，组分超晶格又可分为Ⅰ类超晶格、Ⅱ类超晶格和Ⅲ类超晶格等。图4-3-1给出了基于半导体异质结的组分超晶格类型。其中，左边为两种材料没接触时各自的能带结构，中间为异质结形成后的能带结构，右边为形成超晶格后的能带图。在图4-3-1中，所有阴影区都表示禁带区域，E_c、E_v和E_f分别为导带底、价带顶和费米能级。

Ⅰ类超晶格材料的能带结构是这样的：在构成超晶格的两种材料中，如果其中一种材料的禁带能级完全包含在另一种材料的禁带能级中，则由这两种材料构成的超晶格为Ⅰ类超晶格。如图4-3-1(a)所示，GaAs的禁带能级空间完全包含在GaAlAs的禁带能级空间之内。

Ⅱ类超晶格材料的能带结构是这样的：在构成超晶格的两种材料中，如果其中某一种材料的禁带能级空间不完全包含在另一种材料的禁带能级之中，这两种材料所构成的超晶格能带结构为Ⅱ类超晶格结构。因此，Ⅱ类超晶格结构有两种可能的能带结构形式：①构成超晶格结构的两种材料的禁带能量空间有部分交叠，如图4-3-1(b)所示，这种由InAsSb/InSb形成的是"禁带交错"型Ⅱ类超晶格结构；②构成超晶格结构的两种材料各自占有独立的禁带能量空间，没有任何交叠，如图4-3-1(c)所示，这种由InAs/GaSb形成的是"禁带位移"型的Ⅱ类超晶格结构。

利用一种具有正带隙的半导体（如CdTe）和具有负带隙的半导体（如HgTe）所形成的这类超晶格为Ⅲ类超晶格，如图4-3-1(d)所示。

2) 掺杂超晶格

掺杂超晶格是指利用超薄层材料的外延技术（MBE或MOCVD）生长具有量子尺寸效应的同一种半导体材料时，交替地改变其掺杂类型（即一层掺N型杂质，一层掺P型杂质）而得到的一种超晶格。掺杂超晶格中，电离杂质的空间电荷场在层的序列方向上变化，产生周期性的能带平行调制，使得电子和空穴分别处于不同的空间，形成一种典型的真实空间的间接能隙半导体。适当选择层的厚度和掺杂浓度可达到电子和空穴的完全分离。

如果超晶格中的势垒层足够厚和带边失调值足够大，则势阱中的电子波函数不能够扩展到势垒层中去，而只能局域在势阱层内。换句话说，此时电子的运动只能被限制在势阱层内，它们在电场和光照作用下将发生量子化能级之间的吸收、跃迁和复合等物理过程，这时超晶格就变成了量子阱半导体。

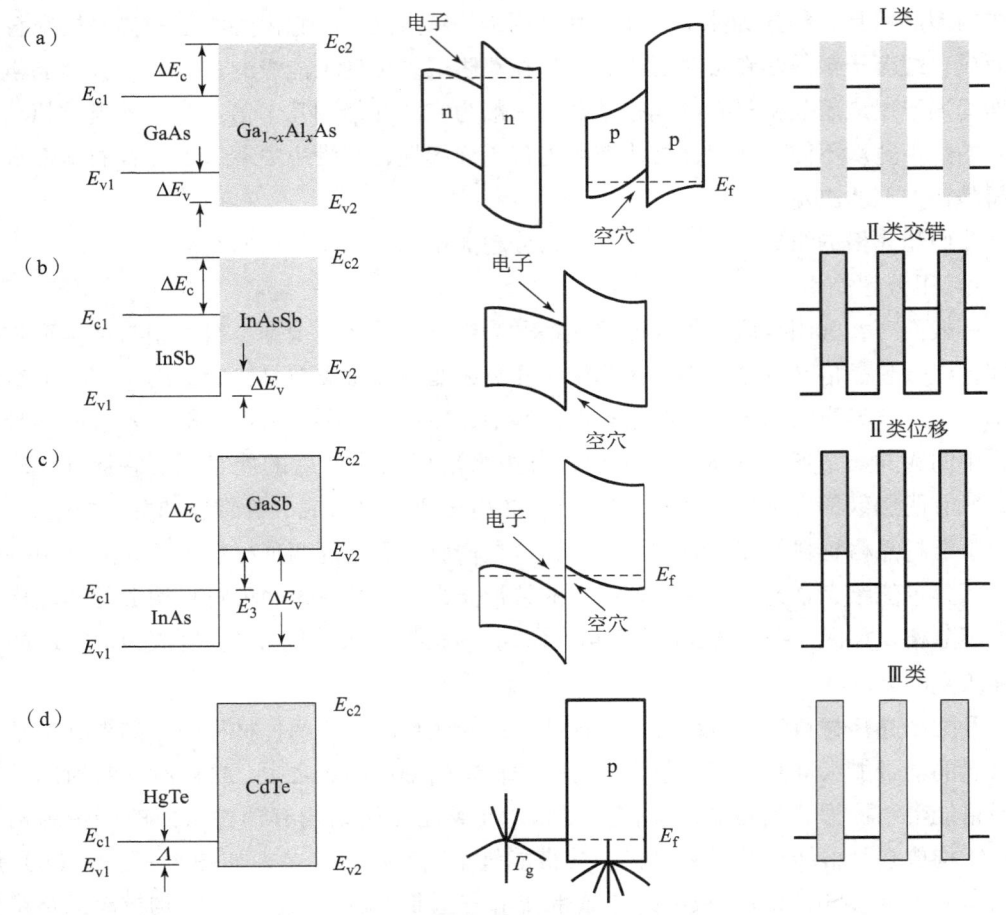

图 4-3-1 基于半导体异质结的组分超晶格类型

2. 量子阱

量子阱（Quantum Well，QW）是指由两种不同的半导体材料 A、B 相间排列的三层结构（A/B/A），其中间层形成的是具有明显量子限制效应的电子或者空穴势阱。当势阱的宽度缩小到可以和电子的德布罗意波长相比较时，整个电子系统就进入量子层，这是不同于常规维宏观体材料的受限量子体系。量子阱最基本的特征就是，由于量子阱宽度（只有当阱宽度尺度足够小时才能形成量子阱）的限制，导致其载流子波函数在一维方向上局域化，也就是载流子在垂直于异质面方向（z方向）的运动约束到一系列的能级，这些能级中最低态最稳定，称为基态，其余依次往上作为第一激发态、第二激发态、第三激发态……进一步而言，这些能级形成导带的子带，而在价带中这些分裂的能级形成价带的子带，如图 4-3-2 所

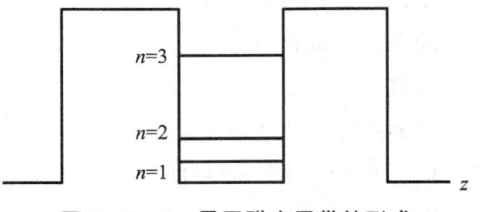

图 4-3-2 量子阱中子带的形成

示。当有红外光入射时，正是通过载流子在这些子带间发生跃迁来实现对红外光的吸收。

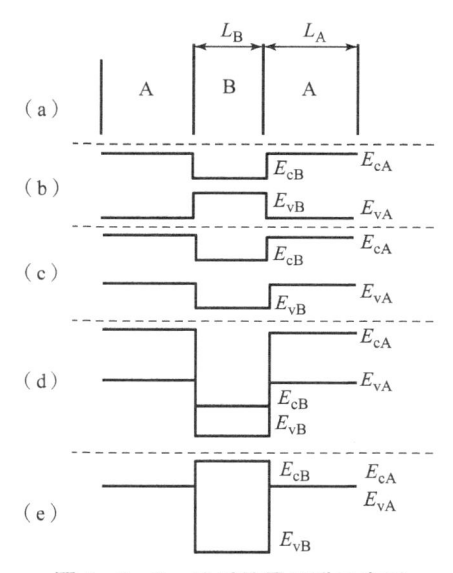

从半导体异质结能带的角度来看，在半导体制作过程中，通过在不同的衬底上生长不同的外延层，形成了两层较厚的外延层中间夹着一层由不同材料构成的厚度较薄的外延层类似的结构，这就是量子阱的几何排列（A/B/A 型）。由于构成这些外延层的材料具有不同的禁带宽度，在异质界面处将发生能带的不连续。根据这些不连续的特点，异质结主要可以分为Ⅰ类异质结构、Ⅱ类（错开）异质结构、Ⅱ类（倒转）异质结构、Ⅲ类异质结构，如图4-3-3所示。在图4-3-3中，E_c 和 E_v 分别为导带底和价带顶能级；L_A、L_B 为势阱或势垒的宽度；A 和 B 为半导体的类型。

图4-3-3 异质结量子阱示意图
（a）异质结材料排列；（b）Ⅰ类异质结构能带图；（c）Ⅱ类（错开）异质结构能带图；
（d）Ⅱ类（倒转）异质结构能带图；（e）Ⅲ类异质结构能带图

对于Ⅰ类异质结构而言，其中间薄层的禁带完全包含在两旁外延层的禁带之内；而Ⅱ类异质结构中的中间薄层的导带和价带边都低于旁边外延层的导带和价带边，其中中间层的导带边高于旁边外延层的价带边的情况称为Ⅱ类（错开）异质结构，中间层的导带边低于两旁外延层的价带边的情况称为Ⅱ类（倒转）异质结构。由图4-3-3可以看出，具有Ⅰ类异质结构的两个异质结同时在导带及价带内分别形成电子势阱及空穴势阱，而对于图4-3-3（c）、（d）所示的两个Ⅱ类异质结则只构成电子势阱。当这些势阱的宽度缩小到可以和电子的德布罗意波长相比较时，这些电子势阱就变成电子量子阱。如果人们采用Ⅰ类及Ⅱ类量子阱结构，重复地生长 BABABA 外延层，则可得到多个量子阱序列，并称为多量子阱。具体来说，多量子阱是指由两种不同半导体材料薄层交替生长形成的多层结构（A/B/A/B…）。如果势垒层足够厚，以致相邻势阱之间载流子波函数的耦合很小，则多层结构将形成许多分离的量子阱，即多量子阱。

超晶格和量子阱的区别：

从定义上来看，超晶格指一种超越自然晶格的一种周期性结构，其结构周期通常是自然晶格的几倍或几十倍。量子阱指（电）势场的一种空间分布形式，通常对电子而言，中间区域的电势能较低，电子出现的概率较大，周边区域（通常在某个维度上是闭合的）电势能较高，电子出现的概率较小。而超晶格量子阱是指具有超越自然晶格周期的周期性空间电势场，其周期化薄层线度远大于晶格常数，通常为几纳米和几十纳米，与电子平均自由程（德布罗意波长）是相当的。

从波函数的耦合上来看，多量子阱由于量子限域效应，即当其一维多量子阱薄层线度与电子的德布罗意波长可比拟时，电子态呈量子化，连续的能带变为分立的能级，形成驻波形式的波函数，且势垒足够厚，可近似认为相邻量子阱中的波函数无耦合。而超晶格势垒层很薄，其势阱与势阱之间耦合强烈，电子波函数有交叠，因此被称为耦合多量子阱，而且多量子阱的各分立能级被延展为能带。

从势垒层厚度来看，所谓量子阱结构，是指势垒层厚度远大于波函数穿透深度的多层势阱结构。多量子阱结构的性质与势垒层厚度以及诸势垒层的厚度均匀与否无关。所谓超晶格，是指势垒层的厚度小于波函数穿透深度。

综上所述，前面是从半导体异质结角度来探讨量子阱结构的。实际中，从半导体维数角度来看，量子阱属于低维半导体结构，是一个方向维度受限的纳米结构，即其在一个维度方向上的尺寸小于材料的物质波波长，导致在该方向上的量子效应比较明显，光学特性、电学特性等发生了很大的变化。

3. 量子点

量子点（Quantum Dot，QD）属于低维半导体纳米结构，是由几千个或者上百万个原子所构成的纳米系统，其三个维度上的尺寸都在纳米量级，具有量子尺寸效应，且外观恰似一极小的点状物。从材料维数受限的角度来看，当材料在不同方向上的维度尺寸小于该材料的费米波长时，材料中电子在该方向上的运动受限，导致其物理特性、光学特性发生很大的变化。量子点就属于这种维数受限的纳米结构，其能级分布类似于原子能级分布，是离散化的。具体来说，在一般的体相半导体材料中，电子的物质波特性取决于其费米波长，当电子的波长远小于材料尺寸时，量子局限效应不明显。如图4-3-4所示，当材料的体相尺寸缩小到小于材料的费米波长时，能构成不同的低维半导体结构。如果将某一个维度方向的尺寸缩小到小于一个费米波长，那么电子在该维度方向上的运动受到限制，只能在其他两个维度方向所构成的二维空间中自由运动，其能量分布在二维空间是连续的，这样的系统称为量子阱；如果再将另一个维度的尺寸缩小到小于一个费米波长，则电子的运动受到二维限制，只能在一维方向上运动，此时能量分布也仅在一维空间是连续的，称为量子线；当三个维度的尺寸都缩小到一个波长以下时，电子的运动在三维空间受限，仅能在一个有限的"小盒子"里运动，其能量完全量子化，此结构就是前面提到的量子点了。这里值得注意的是，随着体相材料由三维向准零维过渡时，电子的能态密度也逐渐降低。如图4-3-4所示，体相材料的电子能态密度呈现连续的抛物线形状，而一维受限的量子阱的电子能态密度则呈现为阶梯状，随着维度的进一步降低，三维受限量子点的能量是量子化的。

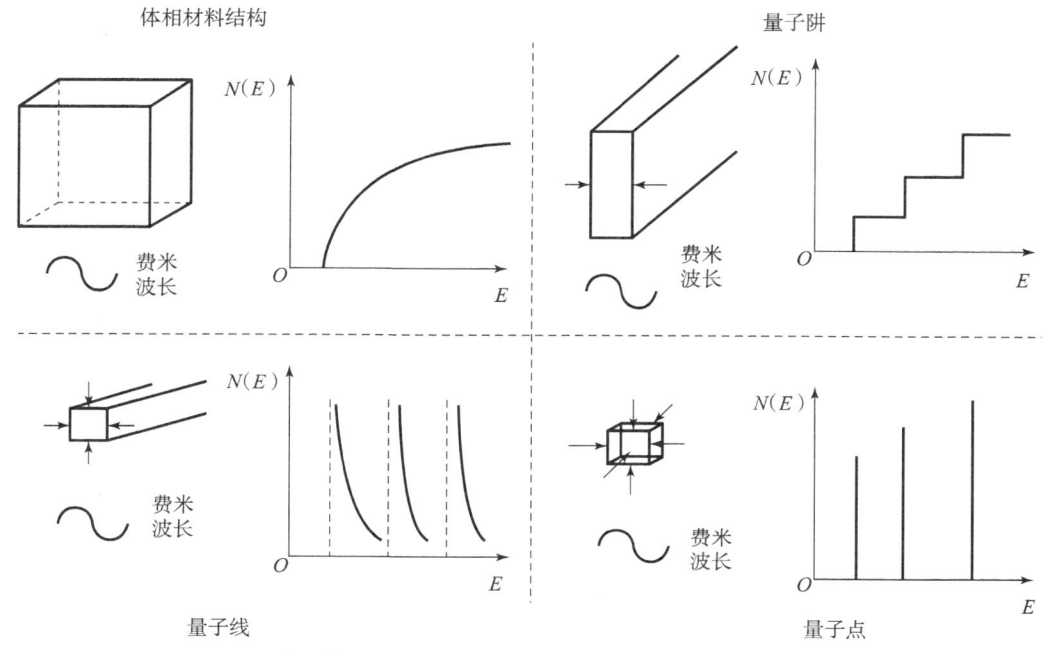

图 4-3-4　半导体受限维度（各小图左）及其电子能态密度（各小图右）
（E 是电子能量，$N(E)$ 是电子能态密度）

量子点在三个维度方向上的尺寸都小于材料的费米波长，因而材料内部电子在三个维度方向上的运动都受到限制，导致其能带分裂成离散的能级。由于量子点具有离散的能级，所以电荷的分布也是不连续的，电子在量子点结构中也是以轨道方式运动的，电子填充的规律服从洪德（Hund）定则，第一激发态存在三重态。这些特性都与真正的原子极为相似，因此量子点通常也被称为人造原子。

量子点与量子阱主要的区别在于量子阱是一个维度方向上的运动受限，因而仅仅在一个方向上的量子化效应比较明显，而量子点则是三个维度方向的运动受限，其量子化效应比量子阱更加明显。三维受限导致的量子点能带分裂现象会使量子点产生量子限域效应、表面效应、量子隧道效应、量子干涉效应、体积效应、介电限域效应、库仑阻塞效应和小尺寸效应等一系列特点，派生出介于宏观体系和微观体系之间的低维物性，展现出许多不同于宏观体材料的物理化学性质，同时其电学性能和光学性能也发生了显著的变化，因而量子点可广泛用于探测器、激光器等多种光电器件中。

能带工程的采用，使量子结构红外探测器获得了快速发展。量子结构红外探测器的种类繁多，性能各异。下面着重介绍几种有代表性的量子结构红外探测器及其性能特点。

4.3.2 量子阱红外探测器的发展过程

1985 年魏斯特（L. C. West）等人首次发现在 GaAs/AlGaAs 量子阱材料导带内不同子带间的跃迁，随后自贝尔实验室的 Levine 等成功研制了世界上第一个量子阱红外探测器（QWIP）以来，在世界各地的研究所、高校之间掀起了一股 QWIP 研究的热潮。新型量子阱红外探测器的主要优点为：①和 HgCdTe 体系相比，在工艺上用分子束外延技术生长大面积、均匀量子阱材料的技术日趋成熟，所以能够在制造大面积均匀的焦平面阵列方面有独特的优势；②从设计角度来看，量子阱红外探测器是基于量子阱的子带跃迁机制，可以很方便地通过对组分、阱宽等参数来选择工作波，使其可调节到 $3 \sim 5~\mu m$ 和 $8 \sim 12~\mu m$ 的大气窗口，因此还容易实现双色器件的单片集成；③这类材料很薄，具有很高的响应速度（皮秒量级）。因此，国外和国内有许多研究小组开展了量子阱红外探测器的研究。

量子阱是由一种薄的半导体薄层（一般小于 15 nm）夹在另外两种具有相对比较大禁带能量的半导体薄层（势垒层）之间构成的。对比大多数半导体中的连续电子态，在量子阱中的电子态被分离成几个有区别的能级，而且其数量、能量以及这些能级的间隔都是可调的。当被吸收光子的能量相当于两个量子阱能级间隔的能量时，实现利用光子的能量在中红外波段到远红外波段范围内进行红外探测是可行的。

当电子在材料系统导带的两个能级之间跃迁时，这种情况叫作子带内部跃迁或带内跃迁。目前，可以获得子带内部跃迁的量子阱红外光电探测器主要是由 GaAs/AlGaAs 量子阱构成的。这些材料的导带内的禁带阶跃小于 210 meV，所以这样的量子阱红外光电探测器一般工作在 $8 \sim 10~\mu m$ 的长波红外线（LWIR）大气窗口。但这种阶跃相对小的值也会对控制装置暗电流造成困难，因为在量子阱中的电子能够很容易地被热激发而越过势垒。这就要求器件工作在相当低的温度下。

为了解决这个问题，可以用 $In_{1-x}Ga_xAs$/AlGaAs 材料，这种材料相对于 GaAs/AlGaAs 具有大的导带阶跃，并且这种能级阶跃是通过改变组分 x 来调节的。同时较深的量子阱可以允许较多电子跃迁，因此很容易实现单个材料系统的多波长探测。但是，InGaAs 和 AlGaAs 是晶格不匹配的。当 InGaAs 外延生长在 AlGaAs 上时，将不可避免地发生应变，这对光电材料的特性将起到关键的作用。应变也可能会导致缺陷，这样在某些情况下将捕获由带内吸收诱发的受激载流子，对于探测是不利的。

为了利用子带内部跃迁探测红外辐射，半导体材料或量子阱材料的禁带能量必须比可探测到的辐射能量要大。与宽禁带量子阱材料不同的是，窄禁带半导体材料在生长和制造方面都比较困难。同时，窄禁带材料一般会呈现出较低的电性。例如，窄禁带材料的暗电流一般由于其内部载流子受到热激发而变得比较大。因此，广泛使用Ⅲ-Ⅴ族材料作为低维半导体结构。与 HgCdTe 相比，Ⅲ-Ⅴ族半导体材料生长技术容易，而且可控性很高。

4.3.3 量子阱红外探测器的基本原理

量子阱红外探测器作为 20 世纪 80 年代发展起来的一种新型红外探测器，是在半导体晶格物理和分子束外延技术（MBE）的基础上实现的，主要工作波段可以覆盖中波、长波、甚长波等波段。与传统的 HgCdTe 探测器相比，量子阱红外探测器具有更低的暗电流、更高的响应度等优越特性。当然，量子阱红外探测器也有其局限性：由于跃迁选择定则的限制，它们并不能直接探测垂直入射辐射，并且具有比较窄的红外响应波段。下面主要针对量子阱红外探测器的探测机理、分类及其性能特点进行介绍。

1. 基本组成

量子阱红外探测器是指以量子阱材料为探测器光敏元的红外探测器，最为常见的结构如图 4-3-5 所示，主要有发射极、量子阱复合层、接收极等。量子阱复合层由两种具有相似能量带隙的材料交替周期重复生长而成，具有较窄带隙的材料形成势阱层，具有较宽带隙的材料形成势垒层。其中，量子阱的阱宽需要生长得足够薄，这样才会在阱中形成分立的能级。图 4-3-6 给出了一个典型的量子阱周期能带示意图。量子阱中的能级可以表示为

$$E_n = \frac{h^2 \pi^2 n^2}{2m^* L_w^2} \qquad (4-3-1)$$

式中：m^* 为载流子的有效质量，L_w 为量子阱的宽度，n 为整数（表示阱中的能级数）。当没有辐照的情况下，电子将会分布在基态附近；而在有光照的情况下，入射光子将会激发基态 E_1 的电子跃迁到激发态 E_2 上，随后将会被外加的偏压收集加速形成光电流。

图 4-3-5 量子阱红外探测器结构示意图

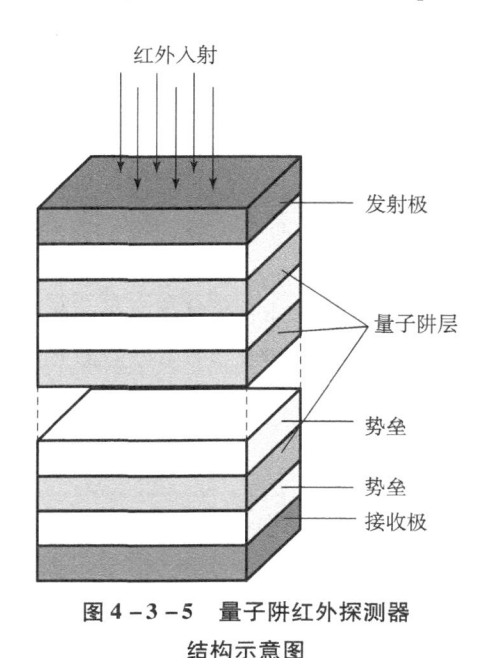

图 4-3-6 量子阱红外探测器一个阱周期能带示意图

2. 探测机理

量子阱红外探测器的工作原理是建立在子带间跃迁基础之上的，掺杂量子阱中的电子吸收入射光子后从基态激发到激发态进而形成光电流，实现红外辐射探测，其能带结构如图 4-3-7 所示。假设量子阱红外探测器包含 N 个周期的量子阱复合层，那么在没有外加偏置电压的情况下，量子阱红外探测器的能带如图 4-3-8（a）所示；而当给探测器两端加上偏置电压时，量子阱红外探测器的能带会发生弯曲，变成从发射极到接收极自上而下排列，如图 4-3-8（b）所示。在没有辐射照射的情况下，电子将会分布在基态附近；而当有辐射照射时，入射光子将会激发基态的电子跃迁到激发态上，随后将会被外加的偏压收集加速形成光电流，从而实现对红外辐射的探测。

图 4-3-7 量子阱子带间跃迁示意图

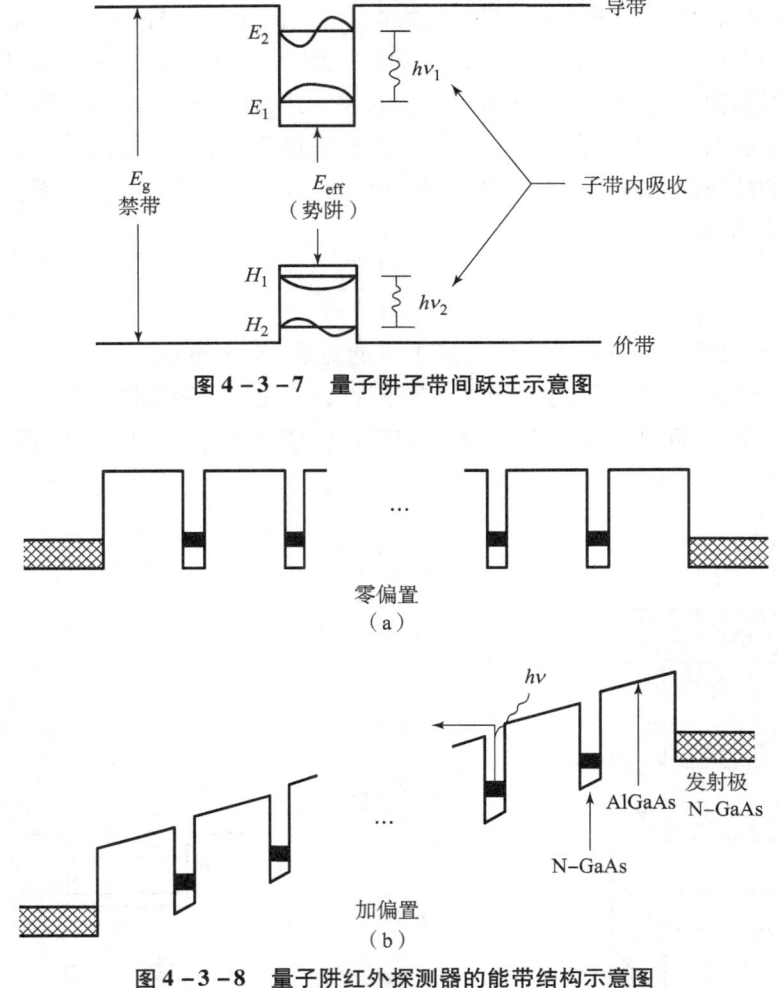

图 4-3-8 量子阱红外探测器的能带结构示意图
（a）未加偏压；（b）外加偏压

量子阱子带间跃迁能量的大小决定了探测器的峰值响应波长，两者的关系可以表

示为

$$\lambda_p = \frac{hc}{E_2 - E_1} \quad (4-3-2)$$

式中：h 为普朗克常数；c 为光速；E_1 和 E_2 分别为量子阱中基态和第一激发态的能量位置，其值取决于器件结构。因此，当材料以及材料结构确定以后，就可以确定基态和第一激发态的能量 E_1 和 E_2，进而得到器件的响应波长。从另外一个角度看，由于 E_1 和 E_2 与所用的器件材料和材料结构有关系，因此可以通过改变材料的势垒高度或者材料的结构参数，如量子阱的宽度和势垒中不同元素的配比组合来调整器件的探测波长。例如，对于一种典型的 GaAs/Al_xGa_{1-x}As 多量子阱光电探测器，GaAs 为势阱区，GaAs 层的厚度决定了势阱的宽度。利用 MBE 技术可将层厚控制在一个分子层的几分之一，从而使得 GaAs 势阱层的宽度得到精确控制。AlGaAs 为势垒区，其高度可以通过调节 Al 的组分 x 值来改变（势阱不能做到足以探测较短波长辐射所需的深度，这或许是很少有报道短波量子阱和量子阱探测器的原因）。当势垒中 Al 元素的物质的量之比为 0.14 ~ 0.42，量子阱宽度为 2 ~ 7 nm 时，峰值波长 λ_p 的变化范围是 5 ~ 25 μm。

从以上分析可知，大体而言，量子阱红外探测器的工作机理与传统光电导探测器类似。当红外辐射入射到光敏区时，量子阱中的电子吸收光子，产生跃迁，材料电导率发生变化，从而实现对入射红外辐射的探测。由图 4-3-5 可知，量子阱红外探测器是由势垒层相隔的多量子阱层构成的，虽然其探测机理与传统光电导探测器非常类似，都是利用电导率变化实现光辐射探测的，但是，由于量子阱红外探测器的特殊结构，它们之间存在着很大的不同。首先，传统光电导探测器是由均匀、同质的光电导材料构成的，光激发是连续的；而量子阱红外探测器是由多个、中间隔有势垒层的量子阱层组成的，量子阱不连续，必然导致光激发也不连续。在量子阱红外探测器中，入射光子只能被量子阱吸收，而量子阱间的势垒宽度比量子阱大很多，一些激发的电子，在没到达接收电极之前，就会被后面的量子阱重新俘获。此外，量子阱红外探测器中发生的是子带间的跃迁，而传统光电导探测器中发生的是价带-导带间的跃迁或者杂质的电离。这些差异，使得针对均匀、同质材料的传统光电导探测器理论，不再适合由不灵敏区（势垒）隔开的、离散量子阱组成的量子阱红外探测器，因而，必须寻找新的方法来表征量子阱红外探测器的探测机理。

3. 量子阱红外探测器

如图 4-3-7 所示，当红外辐射入射到量子阱红外探测器的光敏区时，其阱内电子或空穴由于吸收光子而发生子带间的跃迁，从而实现对红外辐射的探测。因此，根据载流子跃迁改变的物理量（电导率或电压）的不同，量子阱红外探测器可分为光电导型和光伏型两种；而根据量子阱掺杂材料的不同，量子阱红外探测器又可分为 N 型探测器（N-QWIP）和 P 型探测器（P-QWIP）。N-QWIP 材料制备相对比较简单，大多数探测器都采用该类型，受到了人们的广泛关注。最常见的是 N 型光电导量子阱红外探测器。

1) N-QWIP 的分类

在 N-QWIP 中，量子阱导带中基态电子吸收光子能量，跃迁到激发态，并在外电场作用下进行定向运动，形成光电流，从而实现光辐射到信号电流之间的转换。在探测过程中，电子跃迁模式的不同，必将导致探测器的特性有所不同。因而根据电子的跃迁模式，可将 N-QWIP 分为以下四类。

(1) 束缚态到束缚态跃迁的 QWIP（B-B QWIP）。当有光入射到光敏区时，基态 E_0 上的电子吸收光子能量后，跃迁到第一激发态 E_1，穿出量子阱，在外加偏置电压下形成光电流，如图 4-3-9 所示。这种探测器光谱响应线宽较窄，且需要较大的外加偏压。

(2) 束缚态到连续态跃迁的 QWIP（B-C QWIP）。量子阱内的电子受到红外光激发后，跃迁到连续态上，不需要隧穿过程就可从量子阱中逃逸出来，如图 4-3-10 所示，因此大大降低了有效收集光电子所需的偏置电压，暗电流也随之减小。这种 QWIP 有较宽的光谱响应。

图 4-3-9　B-B QWIP 量子阱跃迁机制

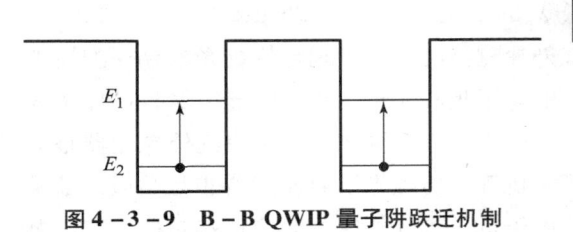

图 4-3-10　B-C QWIP 量子阱跃迁机制

(3) 束缚态到准束缚态跃迁的 QWIP（B-QB QWIP）。激发态正好置于阱顶，为准束缚态，势垒高度与光电离能的高度相同，探测器的暗电流更低，如图 4-3-11 所示。

(4) 微带结构的 QWIP（B-M QWIP）。图 4-3-12 给出了微带结构的

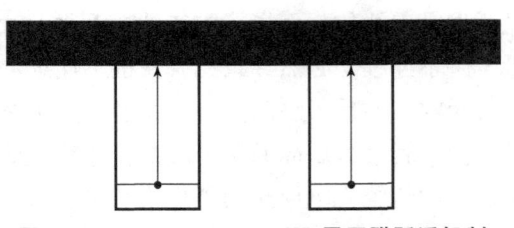

图 4-3-11　B-QB QWIP 量子阱跃迁机制

量子阱红外探测器的能带示意图。在该结构中，微带结构中有两种量子阱，一种量子阱的阱宽较大，一种量子阱的阱宽较窄，而且量子阱间的势垒较薄，各量子阱中的束缚能级能互相耦合，形成微带。在这种结构中，入射红外辐射激发量子阱中的电子进入微带中，并在其中形成振荡，由于势垒较薄，电子就在微带中传输，直到被另外一个量子阱收集。因此，B-M QWIP 势垒中电子的迁移率比其他三种跃迁方式中的迁移率低，暗电流也相应减小。

综上所述，这四种 N 型量子阱红外探测器各有优势。在量子阱结构设计中，通过调节阱宽、组分等参数，使量子阱子带输运的激发态被设计在阱内（束缚态）、阱外（连续态）或者在势垒的边缘或者稍低于势垒顶（准束缚态），以便满足不同的探测需要，获得最优化的探测灵敏度。因此，量子阱结构设计又称为"能带工程"，是 QWIP 设计

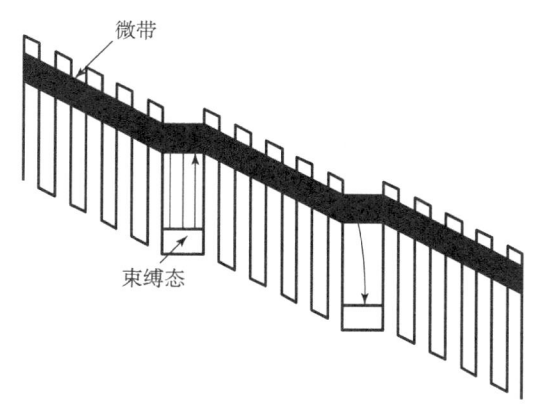

图 4-3-12　B-M QWIP 量子阱跃迁机制

过程中最关键的一步。为了方便载流子的输运，获得较小暗电流，通常把激发态优化在带边附近，即工作在 B-QB 模式。由于材料制备较为简单，这类型 QWIP 的研究最为广泛，但也存在一个弱点，就是光谱响应带宽较窄。

2）P-QWIP 的分类

P 型量子阱红外探测器是利用量子阱中空穴子带间跃迁原理来实现对红外光的探测的。与 N 型量子阱红外探测器类似，在 P 型掺杂的量子阱红外探测器中，当红外辐射入射到探测器光敏元上时，空穴发生类似的子带间的跃迁，并在外电场作用下进行定向输运，形成与入射辐射成正比的光电流，实现对红外辐射的探测。由于量子阱电势导致的轻空穴态和重空穴态的强烈混合作用，价带子带间光跃迁要比导带子带间光跃迁复杂得多。根据跃迁方式的不同，目前应用较广的 P 型量子阱红外探测器可分为三类：轻空穴跃迁的拉伸应力层（TSL）P-QWIP、重空穴跃迁的压缩应力层（CSL）P-QWIP、空穴能态耦合的微带结构（SBTM）P-QWIP。这些 P 型量子阱红外探测器由于其轻空穴和重空穴能态能够直接吸收垂直入射的红外光，避免了使用光栅等光耦合器件来改变入射光的方向，大大地简化了器件的制备工艺。但是由于重空穴的有效质量较低、载流子迁移率偏低，所以 P-QWIP 的光吸收系数、量子效率一般会低于 N-QWIP，导致其在使用时受到很大的限制。

N 型掺杂量子阱红外探测器能克服这些缺点，所以目前得到广泛的应用。

4.4　红外焦平面阵列

1983 年，史密斯发现了光电导效应。他注意到，硒受到光照，电阻会减小。然而，在 20 世纪，研究人员主要研发光子探测器。1917 年，美国的凯斯（Case）就制造出了对波长 1.2 μm 敏感的硫化亚铊光电导探测器。

无论过去还是未来，红外探测器技术的发展都主要受军事应用的驱动，诸多进步都是把美国国防部的研究成果转变为红外天文学应用。20世纪60年代中期，在美国加利福尼亚州威尔逊山观测站利用液氮制冷PbS光电导体首次对天空进行了红外研究，其最敏感波长是2.2 μm。此次研究覆盖了约75%的天空，发现了大约20 000个红外光源。其中许多光源是之前用可见光未曾发现的星座。

之后，民用红外技术常称为"双重技术应用"。应当指出，民用领域更加广泛地采用了新材料和高科技的红外技术，而这些技术的成本也越来越低。由于其高效率应用，如环境污染和气候变化的全球监控、农作物产量的长期预测、化学过程监控、傅里叶变换红外光谱术、红外天文学、汽车驾驶、医学诊断中的红外成像及其他，对这些技术的使用需求正在快速增长。传统上，红外技术与控制功能有关，简单地说，早期应用中解决的夜视问题及之后根据温度和辐射率差红外成像（识别侦察系统、坦克瞄准系统、反坦克导弹、空-空导弹）都与探测红外辐射有关。

最近50年，随着将不同类型的探测器与电子读出电路组合形成探测器阵列，集成电路设计和制造技术的进步使这些固态阵列的尺寸和性能有了快速提高。在红外技术方面，这些器件是基于探测器阵列连接读出电路阵列所形成的组合。

4.4.1 红外焦平面阵列概述

焦平面阵列（FPA）意指成像系统焦平面处单个探测器图像元（像素）的集合。虽然该定义包括一维（线性）和二维（2-D）阵列，但通常指后者。光电成像器件的光学部分一般限于将像聚焦在探测器阵列上，利用与该阵列集成在一起的电路即电学方式对所谓的凝视阵列进行扫描。探测器读出电路组件具有多种结构形式，下面进行详细讨论。

红外焦平面阵列（Infrared Focal Plane Arrays，IRFPA）是具有对红外辐射敏感并兼有信号处理功能的新一代红外探测器，是将CCD技术引入红外波段所形成的新一代红外探测器，它是现代红外成像系统的关键器件，广泛应用于红外成像、红外搜索与跟踪系统、导弹寻的器、空中监视和红外对抗等领域。IRFPA建立在材料、探测器阵列、微电子、互连、封装等多项技术基础之上。IRFPA可以使红外系统结构简化、性能增强、可靠性提高，已经成为现代红外系统的关键组成部分。IRFPA代表了红外探测器的发展方向，是一个国家红外技术水平的标志。

1. 多元红外探测器与IRFPA

早期的多元红外探测器阵列属于分立元件组装形式（如同单个的二极管或电阻组装成电路板一样），要取出每个探测元件的光电信号，最少要有两条信号引出线。当然可以共用一条"地线"，而另一条信号线则必须将各个元件分开，单独引出。如果探测器元数增多，信号引出线也相应增多。而对于高性能的光子探测器，为保证制冷到低温工作，探测器芯片常被封装在高真空的杜瓦瓶中，信号引出线通过杜瓦瓶外壳引出，其基本要求是必须保证杜瓦瓶的高真空密封。例如，一个120元的探测器至少要有121条

(通常为 126～132 条)引出线。这么多线从杜瓦瓶外壳中引出，要保证杜瓦瓶的真空密封性，难度很大。与信号引出线相对应，每根信号线都要配一个低噪声前置放大器，信号放大后才便于后续处理，因此使用非常不便，功耗也大，如图 4－4－1 所示。所以，使用分立形式的多元红外探测器，一般都在 200 元以下。元数越多，困难越大，很难保证其可靠性。

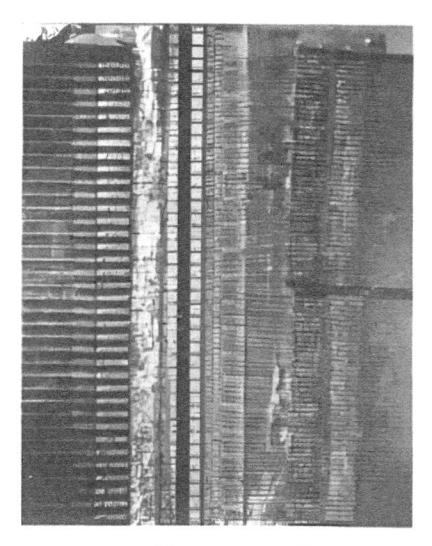

图 4－4－1　置于杜瓦瓶上的 180 元探测器阵列及读出连接线

利用微电子工艺和集成电路技术，可使红外探测器和信号处理电路集成在一体，同时完成光电转换和信息处理功能。以实现几千个甚至几百万个高密度的多元探测器阵列。这种探测器阵列既可完成光电转换，又可实现信号处理功能，且通常放置在系统的光学焦平面上，以充分利用光学系统接收的辐射能量，所以常被称为红外焦平面阵列器件。

2. IRFPA 的特点

与分立型多元探测器阵列相比，IRFPA 具有如下优点。

优点 1：放在光学系统焦平面上的探测器芯片，实现了光电转换和信号处理功能。在驱动电路信号的驱动下，可在积分时间内将各元件的光电信号多路传输至一条或几条输出线，以行转移或帧转移的视频信号形式输出，为后续处理带来极大方便。

优点 2：IRFPA 的元数可以扩展到材料和工艺技术允许的规模，探测器的元数可以提高几个数量级。根据需要与可能，目前以 256×256、320×240、512×512 元等为代表的第二代红外探测器，已经大量应用，成为红外系统的新宠。

优点 3：探测器结构大大简化，上述规模的 IRFPA，其电源、驱动电路和信号输出等全部引出线只需几十条，探测器结构简化，可靠性提高。

优点 4：IRFPA 的元数增多，使红外成像系统分辨率和灵敏度得以大幅提高，使红外系统的性能大幅度提升，系统功能极大增强。

IRFPA 突破了分立式多元器件发展的障碍，展现了红外探测器发展的广阔前景。然而，IRFPA 的制造技术也变得复杂了，包括大面积均匀材料生长技术、高密度高均匀大规模探测器芯片制造技术、能在低温下工作的微电子信号处理电路芯片设计制造技术、探测器与信号处理电路芯片互联耦合技术、高效微型制冷器技术以及焦平面阵列检测评价技术等。IRFPA 的制造涉及许多新技术领域，应用了许多现代新技术成果，所以相对单元及分立形式的多元红外探测器而言，红外焦平面阵列从制造、检测到性能都发生了质的变化。

IRFPA 可从不同角度进行分类，如按工作温度、工作波段、光电转换机理划分，与分立探测器一样，可分为制冷型和非制冷型（室温工作）、近红外（$1\sim3\ \mu m$）型、中红外（$3\sim5\ \mu m$）型、远红外（$8\sim12\ \mu m$）型以及热探测器型和光子探测器型；按成像应用方式划分，可分为扫描型和凝视型两种；按结构形式划分，可分为单片式和混合式两种。

3. 扫描型和凝视型 IRFPA

当线阵（或面阵）IRFPA 的光敏元数目较小，光学系统焦平面处器件所对应的物空间不能满足红外系统总视场要求时，必须借助光机扫描系统，在水平和垂直两个方向进行扫描，此时的 IRFPA 就被称为扫描型 IRFPA。当然，如果 IRFPA 某个方向的光敏元数目可以满足视场要求，这个方向的光机扫描就可省去，如图 4-4-2（a）所示。在图 4-4-2（a）中，扫描型 IRFPA 光敏元通常由 1~4（或 6）列多元线阵组成，在空间扫描时，水平方向的光机扫描是必需的，并同时完成在 4（或 6）行方向的串联扫描，实现信号延时积分，而在垂直方向无须光机扫描，这种扫描型 IRFPA 常被称为线扫描 IRFPA。

如果 IRFPA 两个方向的光敏元数目都可以满足视场要求，则在没有光机扫描的情况下，物空间取样是每一景物元对应于一焦平面阵列单元，即焦平面"凝视"整个视场，系统无移动部分，此时的 IRFPA 被称为凝视型 IRFPA，如图 4-4-2（b）所示。在凝视型 IRFPA 中，由两维多路传输器进行水平和垂直方向的电子扫描。使用凝视型 IRFPA 的红外系统有许多优越性：首先，由于消除了机械扫描，因而减少了红外系统的复杂性、提高了可靠性，同时系统的尺寸、重量将大大减小；其次，由于几乎可以利用所有的入射辐射，因而提高了系统的热灵敏度。

4. 单片式与混合式 IRFPA

IRFPA 由红外敏感元部分和信号处理部分组成，这两部分对材料的要求是有所不同的。红外敏感元部分主要考量材料的红外光谱响应，而信号处理部分是从有利于电荷存储与转移的角度考虑的。目前，没有一种能同时很好地满足二者要求的材料，因而导致 IRFPA 结构的多样性，主要分为单片式和混合式两种结构。对于应用来说，不同的应用倾向于采用不同的结构，这取决于技术与成本要求。

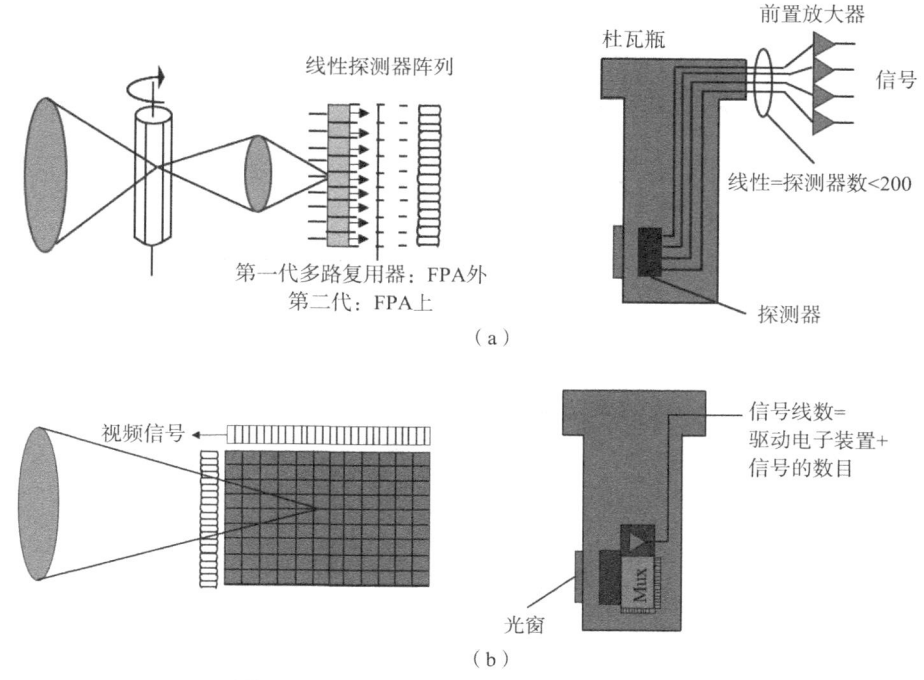

图 4-4-2 扫描型和凝视型 IRFPA 示意图

(a) 扫描型 IRFPA；(b) 凝视型 IRFPA

(1) 单片式焦平面阵列。

通常的 IRFPA 必须考虑辐射探测、电荷存储和多路传输读出等几种主要功能，单片式 IRFPA 将探测器阵列与信号处理和读出电路集成在一个芯片上，在同一个芯片上完成所有上述功能。数十年来，单片式 IRFPA 的发展强烈依赖硅超大规模集成电路（VLSI）技术，因此，单片式 IRFPA 可进一步分为三类，如图 4-4-3 所示。第一类是全单片式 IRFPA，其中探测器阵列、信号存储与多路传输器采用与硅 VLSI 技术兼容的处理工艺，成在相同的硅基片上，这种器件的原理与数码相机或摄录一体机所使用的可见光焦平面器件相似，而差别在于所用材料以及集成工艺的不同，如非本征 SiFPA，异质结构探测器 FPA，如图 4-4-3（a）、（b）所示；第二类也是全单片式 IRFPA，这里采用本征 HgCdTe 和 InSb 这类窄带隙半导体材料，代替硅来制作信号处理电路，将光电转换与信号处理功能一起集成在窄带隙半导体材料上，如图 4-4-3（c）所示；第三类是部分单片式子 IRFPA，该方法是把成熟的硅集成电路技术和成熟的窄带隙半导体器件技术的优点结合起来的一种单片式设计，如图 4-4-3（d）所示。

(2) 混合式焦平面阵列。

混合式焦平面阵列是将红外探测器阵列和信息处理电路两部分分别进行制作，然后再通过镶嵌技术把二者互连在一起。连接方式有两种：一种是直接用导线连接，称为直接注入方式；另一种则是为了改善性能，在两部分之间通过缓冲级（含有源器件的电路）进行连接，称为间接注入方式。由于探测器和信号处理器的制造工艺都已相对成

图 4-4-3 单片红外焦平面阵列

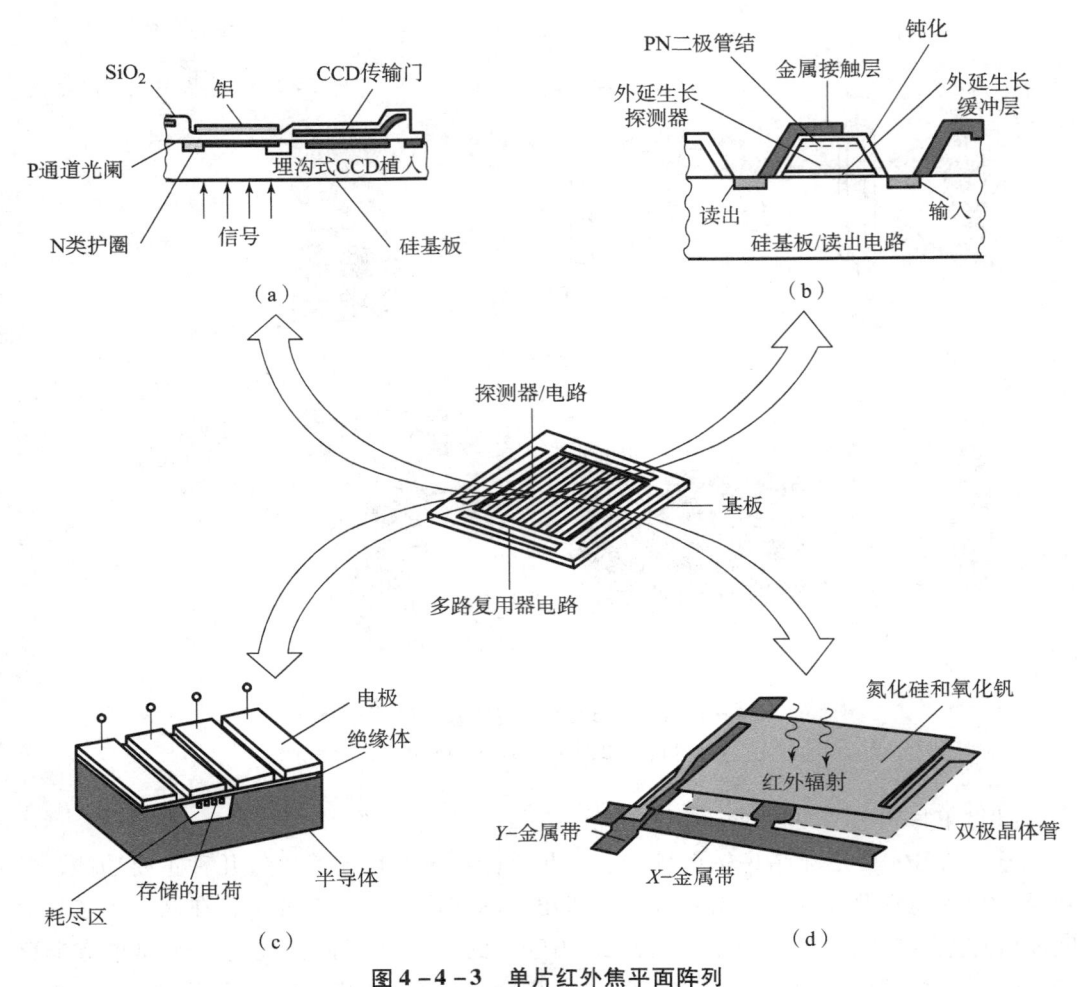

(a) 全硅材料；(b) 硅上异质外延；(c) 非硅材料；(d) 微测辐射热计

熟，因此可分别选择最佳的设计，使混合式焦平面阵列的制作和性能达到最优。图 4-4-4 为目前最常用的倒装式混合结构，在探测器阵列和硅多路传输器上分别预先做上铟柱，然后将其中一个芯片倒扣在另一个芯片上，通过两边的铟柱对接，将探测器阵列的每个探测元与多路传输器一对一地对准配接起来。这种互连方法称为铟柱倒焊技术，如图 4-4-4（a）所示。采用这种结构时，探测器阵列的正面被夹在中间，红外辐射只有透过芯片才能被探测器接收。光照可以采用两种方式，即前光照射式（光子穿过透明的硅多路传输器）和背光照射式（光子穿过透明的探测器阵列衬底）。一般来讲，背光照射式更为优越，因为多路传输器一般都有一定的金属化区域和其他不透明的区域，这将缩小有效的透光面积；并且，如果光从多路传输器一面照射，则光子必须三次通过半导体表面，而这三个面中只有两个面便于蒸镀适当的增透膜，而背光照射式仅有一个表面需要镀增透膜，并且这个表面不含有任何微电子器件，不需要任何特殊处理；探测器阵列的背面可减薄到几微米厚，以减少对光的吸收损失。

混合式焦平面阵列的另一种结构是环孔形结构，如图 4-4-4（b）所示。探测器芯片（如 HgCdTe）和多路传输器芯片胶接在一起，通过离子注入在芯片上制作光伏型探测器，用离子铣穿孔形成环孔，或者先生成环孔使 P 型材料在环孔周边变形，形成 PN 结，再通过环孔淀积金属使探测器与多路传输器电路互连，形成混合式结构。环孔互连比倒装焊互连有更好的机械稳定性和热特性。如果探测器芯片是以薄膜的形式外延生长在多路传输器芯片上的，再制作探测器并与电路互连，就成了单片结构的第二种形式，所以也有人把环孔结构称为单片式结构。

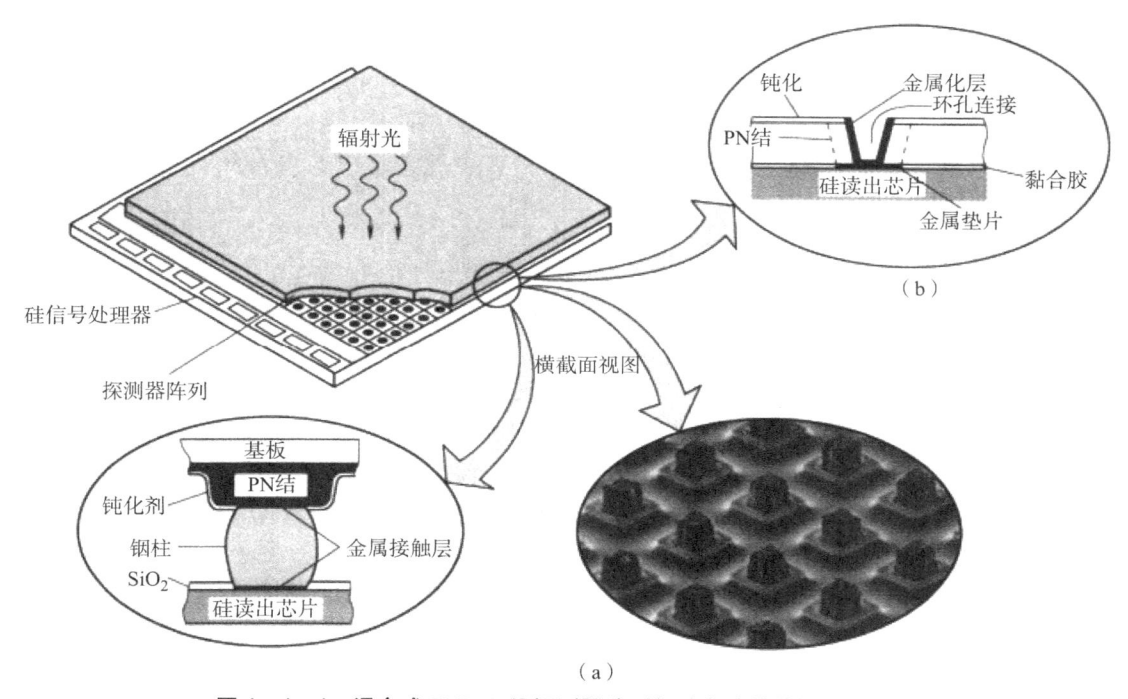

图 4-4-4 混合式 IRFPA 及探测器阵列与硅多路传输器互连技术

混合式结构还可以用同样类型的背光照射探测器阵列制成 Z 形结构，如图 4-4-5 所示。它是一种三维 IRFPA 组件，其工艺过程是将许多集成电路芯片一层一层地叠起来，以形成一个三维的"电子楼房"，因此命名为 Z 形结构。探测器阵列放置于层叠集成电路芯片的底面或侧面，每个探测器具有一个通道。由于附加了许多集成电路芯片，所以在焦平面上可以完成许多信号处理功能，如前置放大、带通滤波、增益和偏压修正、

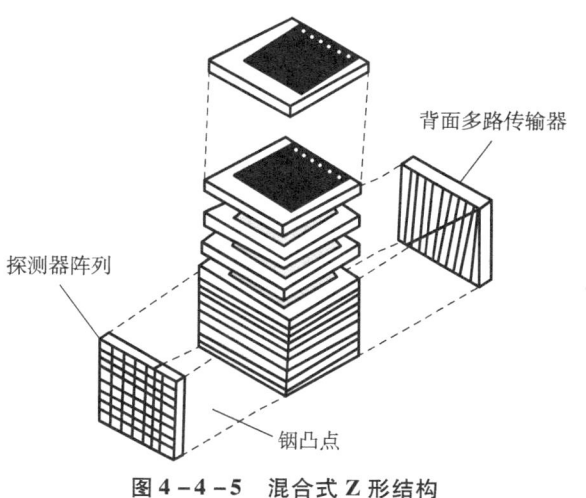

图 4-4-5 混合式 Z 形结构

模/数转换以及某些图像处理功能等,扩大了器件自身的信号处理功能,可更有效地缩小整机体积,并提高灵敏度。虽然 Z 形结构技术的发展比其他 IRFPA 技术困难得多,但它有利于结合厚膜电路技术和微组装技术,进一步发展有望使红外整机微型化。

4.4.2 电荷耦合摄像器件

IRFPA 是将红外探测器元件与信号处理电路芯片融为一体,既完成光电转换,又实现信号处理功能的多元红外探测器。或者说 IRFPA 是工作在红外波段的固体成像器件,主要由探测器阵列(DA)和读出电路(ROIC)构成。IRFPA 的工作原理可简单描述为:焦平面上的红外探测器接收到入射的红外辐射后,在红外辐射的入射位置上产生一个与入射红外辐射有关的局部电荷,通过扫描焦平面阵列的不同部位或按顺序将电荷传送到读出电路来读出这些电荷,每一个局部探测器单元即为一个像元。因此,IRFPA 的基本工作过程可以概括为信号电荷的产生、电荷的存储、电荷的传输和电荷的读出。

在 IRFPA 中,每个探测器单元将入射辐射转换成电信号,该信号必须注入多路传输器中,以电荷包的形式存储和传输,并经多次转移后输出。多路传输器(也称电荷传输器或电荷转移器)通常采用电荷耦合器件(CCD)、互补金属-氧化物-半导体(CMOS)器件、电荷注入器件(CID)等。同时,探测器与 CCD 或 CMOS 之间已经发展了多种输入、输出电路。

CCD 与其他器件相比,最突出的特点是它以电荷作为信号,而其他大多数器件是以电流或者电压作为信号。CCD 的基本功能是电荷存储和电荷转移,因此,CCD 工作过程就是信号电荷的产生、存储、传输和检测的过程,其中电荷的产生是依靠半导体的光电特性,用光注入的办法产生。

(一)电荷耦合器件的基本原理

1. 电荷存储

在红外技术领域,将多元红外探测器阵列代替 CCD 的光敏单元部分,就构成了所谓的红外 CCD(IRCCD),即红外焦平面阵列器件。

构成 CCD 基本单元的是 MOS(金属-氧化物-半导体)电容器,如图 4-4-6 所示。正像其他电容器一样,MOS 电容器能够存储电荷。如果 MOS 结构中的半导体是 P 型硅,当在金属电极(称为栅)上加一个正的阶梯电压时(衬底接地),$Si-SiO_2$ 界面处的电势(称为表面势或界面势)发生相应变化,附近的 P 型硅中多数载流子——空穴被排斥,形成耗尽层,如果栅电压 V_G 超过 MOS 晶体的开启电压,则在 $Si-SiO_2$ 界面处形成深度耗尽状态,由于电子在那里的势能较低,半导体表面形成了电子的势阱,可以用来存储电子。当半导体表面存在势阱时,如果有信号电子(电荷)来到势阱或在其邻近,它们便可以聚集在表面。随着电子来到势阱中,表面势将降低,耗尽层将减薄,我们把这个过程描述为电子逐渐填充势阱。势阱中能够容纳多少个电子,取决于势阱的"深浅",即表面势的大小,而表面势又随栅电压而变化,栅电压越大,势阱越深。如果没有外来的信号电荷,耗尽层及其邻近区域在一定温度下产生的电子将逐渐填满势阱,这种热产生的少数载流子电流叫作暗电流,以有别于光照下产生的载流子。因此,电荷耦合器件必须工作在瞬态和深度耗尽状态,才能存储电荷。

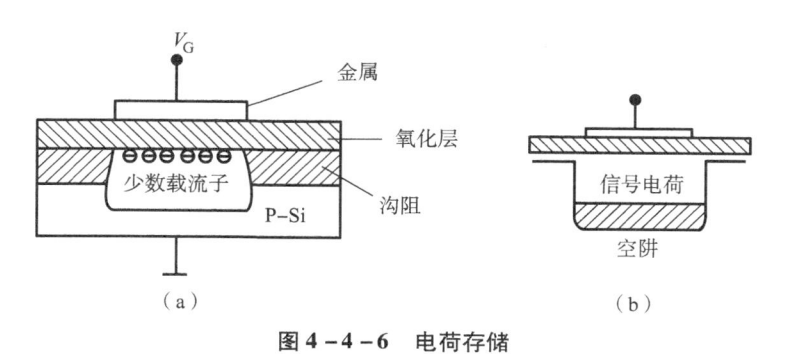

图 4-4-6 电荷存储
(a) MOS 电容器;(b) 有信号电荷的势阱

2. 电荷转移

典型的三相CCD结构如图4-4-7(a)所示。三相CCD是由每三个栅为一组的间隔紧密的MOS结构组成的阵列。每相隔两个栅的栅电极连接到同一驱动信号上,亦称时钟脉冲。三相时钟脉冲的波形如图4-4-7(b)所示。在t_1时刻,Φ_1高电位,Φ_2、Φ_3低电位。此时Φ_1电极下的表面势最大,势阱最深。假设此时已有信号电荷(电子)注入,则电荷就被存储在Φ_1电极下的势阱中。t_2时刻,Φ_1、Φ_2为高电位,Φ_3为低电位,则Φ_1、Φ_2下的两个势阱的空阱深度相同,但因Φ_1下面存储有电荷,则Φ_1势阱的实际深度比Φ_2电极下面的势阱浅,Φ_1下面的电荷将向Φ_2下转移,直到两个势阱中具有同样多的电荷。t_3时刻,Φ_2仍为高电位,Φ_3仍为低电位,而Φ_1由高到低转变,此时Φ_1下的势阱逐渐变浅,使Φ_1下的剩余电荷继续向Φ_2下的势阱中转移。t_4时刻,Φ_2为高电位,Φ_1、Φ_3为低电位,Φ_2下面的势阱最深,信号电荷都被转移到Φ_2下面的势阱中,这与t_1时刻的情况相似,但电荷包向右移动了一个电极的位置。上述各时刻的势阱分布及电荷包的转移情况如图4-4-7(c)所示。当经过一个时钟周期T后,电荷包将向右转移

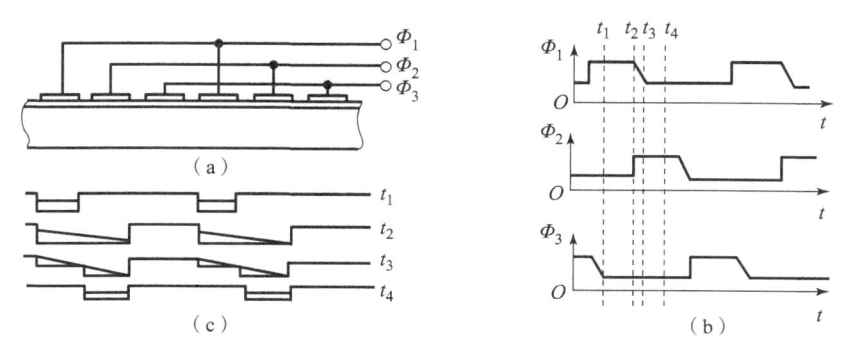

图 4-4-7 三相电极结构及电荷转移

三个电极位置,即一个栅周期(也称一位)。因此,时钟的周期变化可使 CCD 中的电荷包在电极下被转移到输出端,其工作过程从效果上看类似于数字电路中的移位寄存器。

为了简化外围电路,发展了多种两相 CCD 结构。图 4-4-8(a)所示为"阶梯氧化层"两相结构。每一相电极下的绝缘层为阶梯状,由此形成的势阱也为阶梯状。两相时钟波形如图 4-4-8(b)所示,电荷包的转移过程示于图 4-4-8(c)。

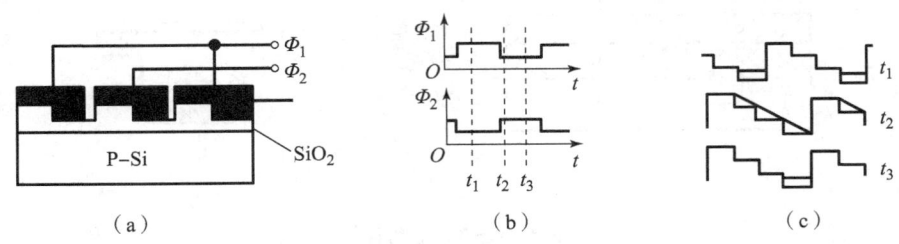

图 4-4-8 两相电极结构及电荷转移

由半导体物理可知,在垂直于界面的方向上,信号电荷的势能在界面处最小。因此,信号电荷只在贴近界面的极薄衬底层内运动,我们将这种转移沟道在界面的 CCD 器件称为表面沟道器件,即 SCCD(Surface Channel CCD)。在前面介绍的就是表面沟道 CCD 器件,这种器件工艺简单,动态范围大,但信号电荷在转移过程中受到表面态的影响,使转移速度和转移效率降低,不宜制成长线阵及大面阵器件,工作频率一般在 10 MHz 以下。为了避免或减轻上述不足,研制了体内沟道器件(或埋沟道 CCD),即 BCCD(Bulk or Buried Channel CCD)。在这种器件中,用离子注入方法改变转移沟道的结构,从而使势能极小值脱离界面而进入衬底内部,形成体内的转移沟道,避免了表面态的影响,使得该种器件的转移效率高达 99.999% 以上,工作频率可高达 100 MHz,且能做成大规模器件。

3. 电荷检测

电荷输出结构有多种形式,如"电流输出"结构、"浮置扩散输出"结构及"浮置栅输出"结构。其中"浮置扩散输出"结构应用最广泛,其原理结构如图 4-4-9(a)所示。输出结构包括输出栅 OG、浮置扩散区 FD、复位栅 R、复位漏 RD 以及输出场效应管 T 等。所谓"浮置扩散"是指在 P 型硅衬底表面用 V 族杂质扩散形成小块的 N^+ 区域,当扩散区不被偏置,即处于浮置状态工作时,称作"浮置扩散区"。

电荷包的输出过程如下:V_{OG} 为一定值的正电压,在 OG 电极下形成耗尽层,使 Φ_3 与 FD 之间建立导电沟道。在 Φ_3 为高电位期间,电荷包存储在 Φ_3 电极下面。随后复位栅 R 加正复位脉冲 Φ_R,使 FD 区与 RD 区沟通,因 V_{RD} 为正十几伏的直流偏置电压,则 FD 区的电荷被 RD 区抽走。复位正脉冲通过后 FD 区与 RD 区呈夹断状态,FD 区具有一定的浮置电位。之后,Φ_3 转变为低电位,Φ_3 下面的电荷包通过 OG 下的沟道转移到 FD 区,此时 FD 区(即 A 点)的电位变化量为

$$\Delta V_A = \frac{Q_{FD}}{C} \qquad (4-4-1)$$

式中：Q_{FD} 为信号电荷包的大小，C 为与 FD 区有关的总电容（包括输出管 T 的输入电容、分布电容等）。输出过程的势阱分布如图 4-4-9（b）所示，时钟波形与输出电压波形如图 4-4-9（c）所示。CCD 输出信号的特点是：信号电压是在浮置电平基础上的负电压；每个电荷包的输出占有一定的时间长度 T；在输出信号中叠加有复位期间的高电平脉冲。据此特点，对 CCD 的输出信号进行处理时，较多地采用了取样技术，以去除浮置电平、复位高脉冲及抑制噪声。

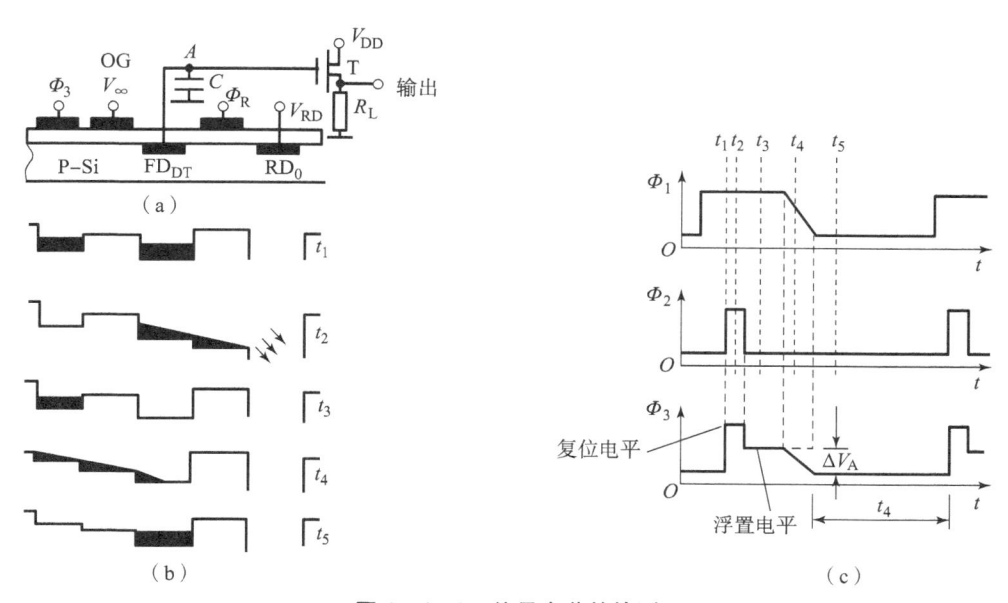

图 4-4-9 信号电荷的检测

（二）电荷耦合摄像器件的工作原理

将 CCD 的电荷存储、转移的概念与半导体的光电性质相结合，导致了 CCD 摄像器件的出现。电荷耦合摄像器件可以有多种分类方法，按结构可分为线阵 CCD 和面阵 CCD，二者都需要用光学成像系统将景物图像成像在 CCD 的像敏面上。像敏面将入射到每一像敏单元上的照度分布信号转变为少数载流子的密度分布信号，存储在像敏单元（MOS 电容）中，然后再通过驱动脉冲的驱动，使其从 CCD 的移位寄存器中转移出来，形成时序的视频信号。

1. 线阵 CCD

线阵 CCD 可分为双沟道传输与单沟道传输两种结构，如图 4-4-10 所示。两种结构的工作原理相仿，但性能略有差别，在同样光敏元数情况下，双沟道转移次数为单沟道的一半，故双沟道转移效率比单沟道高，光敏元之间的最小中心距也比单沟道的小一半。双沟道传输唯一的缺点是两路输出总有一定的不对称。

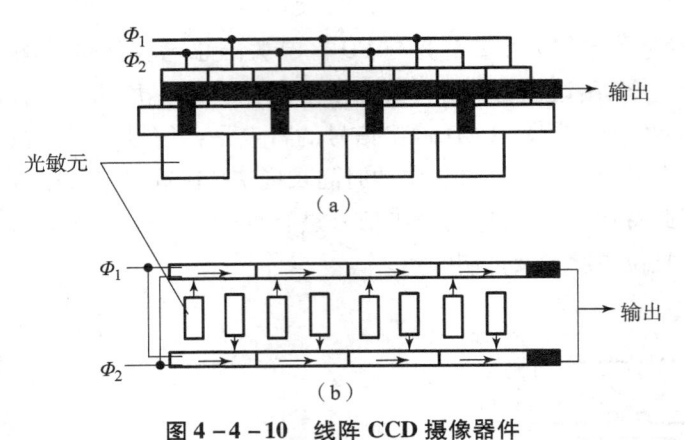

图 4-4-10 线阵 CCD 摄像器件
(a) 单沟道传输；(b) 双沟道传输

为了叙述方便，我们以单沟道传输器件为例说明线阵 CCD 的工作原理。图 4-4-11 所示为一个有 N 个光敏元的线阵 CCD。该器件由光敏区、转移栅、模拟移位寄存器（即 CCD）、电荷注入电路、信号读出电路等几部分组成。

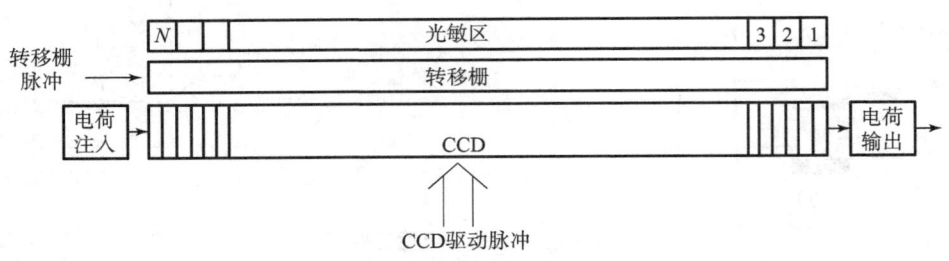

图 4-4-11 线阵 CCD 摄像器件构成

光敏区的 N 个光敏元排成一列，光敏元主要有两种结构：MOS 结构和光电二极管结构（CCPD）。由于 CCPD 无干涉效应、反射损失以及对短波段的吸收损失等，在灵敏度和光谱响应等光电特性方面优于 MOS 结构光敏元，所以目前普遍采用光电二极管结构。转移栅位于光敏区和 CCD 之间，它用来控制光敏元势阱中的信号电荷向 CCD 中转移。CCD 通常有两相、三相等几种结构，我们以两相结构为例，一相为转移相，即光敏元下的信号电荷先转移到第一个电极下面；另一相为接收相，用于继续接收并传递电荷到下一级。排列上，N 位 CCD 与 N 个光敏元一一对齐，每一位 CCD 有两相。最靠近输出端的那位 CCD 称为第一位，对应的光敏元为第一个光敏元，依次及远。各光敏元通向 CCD 的各转移沟道之间由沟阻隔开，而且只能通向每位 CCD 中的第一相。电荷注入部分，主要用来检测器件的性能，在表面沟道器件中则用来注入"脉冲"信号，填充表面态，以减小表面态的影响，提高转移效率。

两相线阵 CCPD 器件的工作波形如图 4-4-12 所示，光敏单元始终进行光积分，但转移栅加高电平时，Φ_1 电极下也为高电平，光敏区和 Φ_1 电极下的势阱接通，N 个光信号电荷包并行转移到所对应的那位 CCD 中，然后，转移栅加低电平，将光敏区和 Φ_1 电极下势阱隔断，进行下一行积分。而 N 个电荷包依次沿着 CCD 串行传输，每驱动一个周期，各信号电荷包向输出端方向转移一位，第一个驱动周期输出的为第一个光敏元信号电荷包；第二个驱动周期输出的为第二个光敏元信号电荷包，依次类推，第 N 个驱动周期传输出来的为第 N 个光敏元的信号电荷包。当一行的 N 个信号全部读完时，便产生一个触发信号，使转移栅变为高电平，将新一行的 N 个光信号电荷包并行转移到 CCD 中，开始新一行信号传输和读出，周而复始。

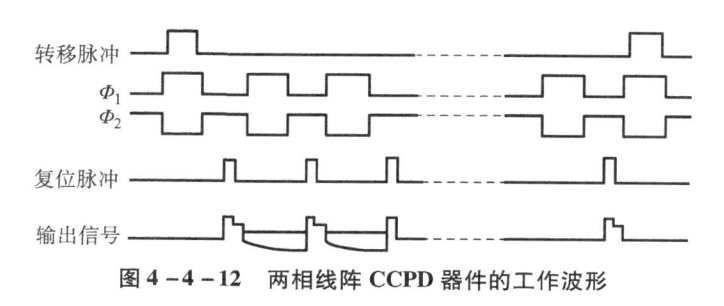

图 4-4-12　两相线阵 CCPD 器件的工作波形

2. 面阵 CCD

常见的面阵 CCD 摄像器件有两种：行间转移结构和帧转移结构。

行间转移结构如图 4-4-13 所示，采用了光敏区与转移区相间排列方式。它的结构相当于将若干个单沟道传输的线阵 CCD 图像传感器按垂直方向并排，再在垂直阵列的尽头设置一条水平 CCD，水平 CCD 的每一位与垂直列 CCD 一一对应、相互衔接。在器件工作时，每当水平 CCD 驱动一行信息读完，就进入行消隐。在行消隐期间，垂直 CCD 向上传输一次，即向水平 CCD 转移一行信号电荷，然后，水平 CCD 又开始新的一行信号读出。以此循环，直至将整个一场信号读完，进入场消隐。在场消隐期间，又将新的一场光信号电荷从光敏区转移到各自对应的垂直 CCD 中。然后，又开始新一场信号的逐行读出。

帧转移结构如图 4-4-14 所示，它由三部分组成：光敏区、存储区、水平读出区。这三部分都是 CCD 结构，在存储区及水平区上面均有铝层覆盖，以实现光屏蔽。光敏区与存储区 CCD 的列数及位数均相同，而且每一列是相互衔接的。不同之处是光敏区面积略大于存储区，当光积分时间到后，时钟 A 与 B 均以同一速度快速驱动，将光敏区的一场信息转移到存储区。然后，光敏区重新开始另一场的积分：时钟 A 停止驱动，一相停在高电平，另一相停在低电平。同时，转移到存储区的光信号逐行向水平 CCD 转移，再由水平 CCD 快速读出。光信号由存储区到水平 CCD 的转移过程与行间转移面阵 CCD 相同。

两种面阵结构各有其优点：行间转移比帧转移的转移次数少，帧转移的光敏区占空因子比行间转移的高。

图 4-4-13　行间转移面阵 CCD

图 4-4-14　帧转移面阵 CCD

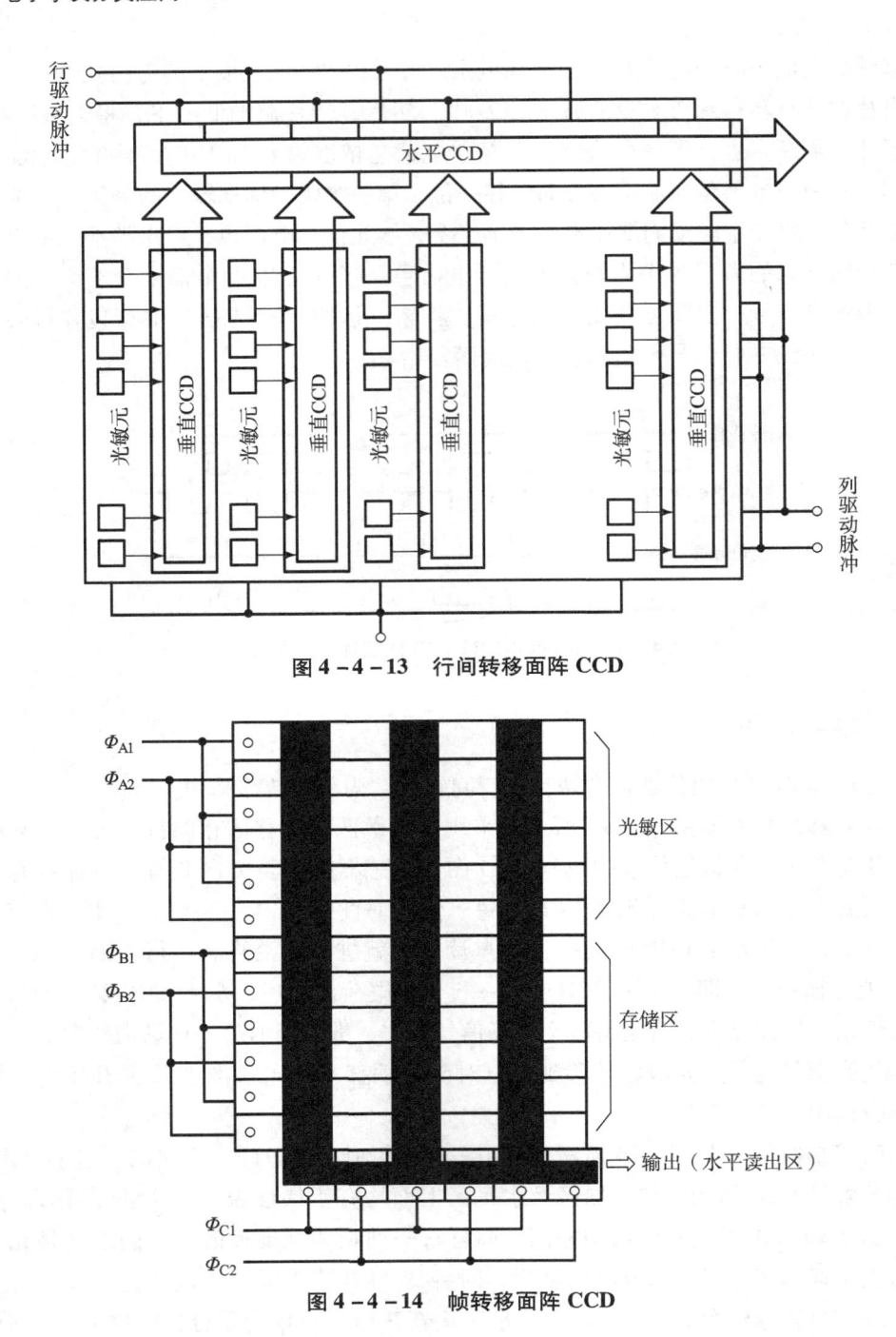

4.4.3　CMOS 摄像器件

CMOS 摄像器件能够快速发展,一是基于 CMOS 技术的成熟,二是得益于固体光电摄像器件技术的研究成果。采用 CMOS 技术将光电摄像器件阵列、驱动和控制电路、信号处理电路、模/数转换器、全数字接口电路等完全集成在一起，可以实现单芯片成像系统。这种片式摄像机用标准逻辑电源电压工作，仅消耗几十毫瓦的功率。近来，CMOS 摄像器件已成为固体摄像器件研究开发的热点。

（一） CMOS 像素结构

CMOS 摄像器件的像素结构可分为无源像素型（PPS）和有源像素型（APS）两种。

1. 无源像素结构

无源像素结构如图 4-4-15（a）所示，它由一个反向偏置的光电二极管和一个开关管构成。当该像素被选中激活时，开关管 TX 选通，光电二极管中由于光照产生的信号电荷通过开关管到达列总线，在列总线下端有一个电荷积分放大器，该放大器将信号电荷转换为电压输出。列总线下的放大器在不读信号时，保持列总线为一常数电平。当光电二极管存储的信号电荷被读取时，其电压被复位到列总线电平。无源像素单元具有结构简单、像素填充率高及量子效率比较高的优点。但是，由于传输线电容大，CMOS 无源像素传感器的读出噪声较高，而且随着像素数目的增加，读出速率加快，读出噪声变得更大。

2. 有源像素结构

在像元内引入缓冲器或放大器可以改善像元的性能，像元内有有源放大器的传感器称有源像素传感器。由于每个放大器仅在读出期间被激发，所以 CMOS 有源像素传感器的功耗比较小。但与无源像素结构相比，有源像素结构的填充系数小，其设计填充系数典型值为 20%～30%。在 CMOS 上制作微透镜阵列，可以等效提高填充系数。

光电二极管型有源像素（PP-APS）的结构如图 4-4-15（b）所示，有源像素单元由光电二极管、复位管 RST、漏极跟随器 T 和行选通管 RS 组成。光照射到光电二极管产生信号电荷，这些电荷通过漏极跟随器缓冲输出，当行选通管选通时，电荷通过列总线输出，行选通管关闭时，复位管 RST 打开对光电二极管复位。CMOS 光电二极管型APS 适宜于大多数中低性能的应用。

光栅型有源像素结构（PG-APS）如图 4-4-15（c）所示，由光栅 PG、开关管 TX、复位管 RST、漏极跟随器 T 和行选通管 RS 组成。当光照射像素单元时，在光栅 PG 处产生信号电荷，同时复位管 RST 打开，对势阱进行复位，复位完毕，复位管关闭，行选通管打开，势阱复位后的电势由此通路被读出并暂存起来，之后，开关管打开，光照产生的电荷进入势阱并被读出。前后两次读出的电位差就是真正的图像信号。光栅型有源像素 CMOS 的成像质量较高。

（二） CMOS 摄像器件的总体结构

CMOS 摄像器件的总体结构框图如图 4-4-16 所示，一般由像素（光敏单元）阵列、行选通逻辑、列选通逻辑、定时和控制电路、模拟信号处理器（ASP）和 A/D 转

图 4-4-15 CMOS 像素结构

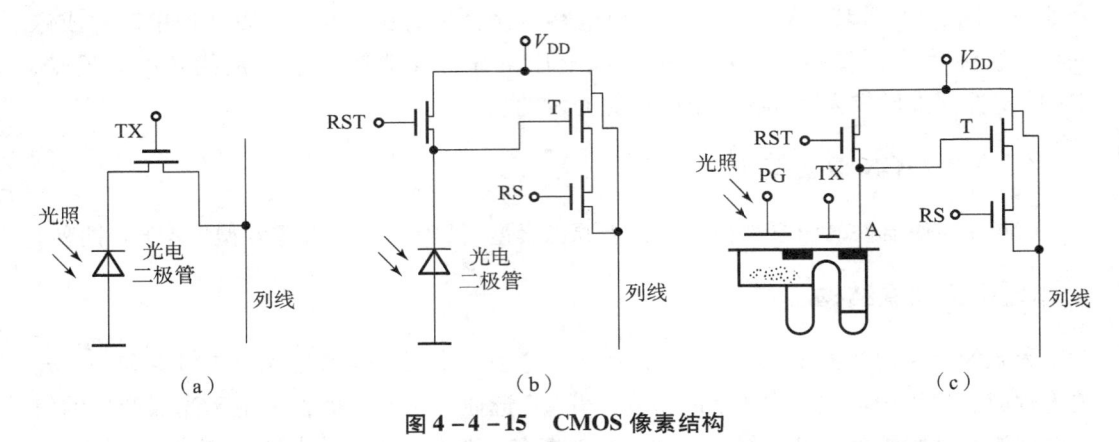

(a) 光电二极管型无源像素结构；(b) 光电二极管型有源像素结构；(c) 光栅型有源像素结构

换等部分组成。其工作过程是：首先，外界光照射像素阵列，产生信号电荷，行选通逻辑单元根据需要选通相应的行像素单元，行像素内的信号电荷通过各自所在列的信号总线传输到对应的模拟信号处理器（ASP）及 A/D 转换器，转换成相应的数字图像信号输出。行选通单元可以对像素阵列逐行扫描，也可以隔行扫描。隔行扫描可以提高图像的场频，但会降低图像的清晰度。行选通逻辑单元和列选通逻辑单元配合，可以实现图像的窗口提取功能，读出感兴趣窗口内像元的图像信息。

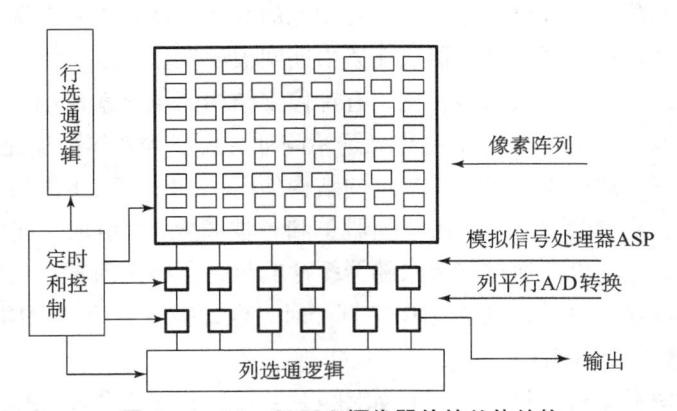

图 4-4-16 CMOS 摄像器件的总体结构

（三）CMOS 与 CCD 器件的比较

CCD 和 CMOS 摄像器件在 20 世纪 70 年代几乎是同时起步的。由于 CCD 器件有光照灵敏度高、噪声低、像素面积小等优点，因而在随后的十几年中一直主宰光电摄像器件的市场。到 20 世纪 90 年代初，CCD 技术已比较成熟，并得到非常广泛的应用。与之相反，CMOS 器件在过去由于亚微米方法所需要的高掺硅引起的暗电流较大，导致图像噪声较大、信噪比较小；同时 CMOS 存在着如光电灵敏度不高、像素面积大、分辨率低等缺点，因此一直无法和 CCD 技术抗衡。随着 CCD 应用范围的扩大，其缺点逐渐显露出来。CCD 光敏单元阵列难于驱动电路及信号处理电路单片集成，不易处理一些模拟和数字功能。这些功能包括 A/D 转换、精密放大、存储、运算等功能；CCD 阵列驱动脉冲复杂，需要使用相对高的工作电压，不能与深亚微米超大规模集成（VLSI）技术兼容，制造成本比较高。与此同时，随着大规模集成电路技术的不断发展，过去的 CMOS 器件制造过程中不易解决的技术问题，到 20 世纪 90 年代都开始找到了相应的解决办法，从而大大改善了 CMOS 的成像质量。CMOS 具有集成能力强、体积小、工作电压单一、功耗低、动态范围宽、抗辐射和制造成本低等优点。目前 CMOS 单元像素的面积已与 CCD 相当，CMOS 已可以达到较高的分辨率。如果能进一步提高 CMOS 器件的信噪比和灵敏度，那么 CMOS 器件有可能在中低档摄像机、数码相机等产品中取代 CCD 器件。

4.4.4 电荷注入器件

电荷注入器件（CID）的光敏单元结构与 CCD 相似，是两个靠得很近的、小的 MOS 电容，每个电容加高电压时均可收集和存储电荷。在适当的电压下，两者之间的电荷又可互相转移。其信号电荷读出方式和 CMOS 有类似之处，行信号电荷都需要送到列线读出。CID 摄像技术需要把所收集的光生电荷通过注入衬底而最后处理掉。在注入时，电荷必须复合掉，或者被收集掉，以免干扰下一次读出。而对于图像传感器，通常要用寿命长的材料，假如光生电荷一时复合不完，而被同一势阱或相邻势阱再收集，就会导致图像延迟和模糊增大。所以，复合不是消除电荷的好办法。为此，多数 CID 摄像器件用外延材料制作，把位于光敏元阵列下面的外延结用作埋藏的收集极，用来收集注入的电荷。如外延层的厚度与光敏单元中心距相当，则大部分注入的电荷将被反向偏置的外延结收集，使注入干扰减至最小。正因为如此，CID 的抗光晕特性比 CCD 好。

1. CID 的优点

优点 1：由于有外延结构，模糊现象不严重，无拖影。

优点 2：整个有效面都是光敏面，实际上相当于减小了暗电流。

优点 3：工作灵活，可工作在非破坏性读出方式。

优点 4：设计灵活——可以实现随机读取方式。

2. CID 的缺点

缺点 1：由于半透明金属电极（或多晶硅电极）对光子的吸收，使光谱响应范围减小。

缺点 2：视频线电容大，输出噪声较大。

3. 光谱响应

CID 图像传感器的光谱响应指的是它对不同波长光的感光能力或探测效率。简单来说，就是 CID 在多大程度上能够把不同波长的光（从紫外、可见到红外）转换为电信号的能力，并且主要取决于其光敏材料，通常为硅（Si），因此它的光谱响应范围与硅光电二极管相似，大致覆盖可见光到近红外波段，即 400～1 100 nm。在这个范围内，CID 对可见光具有良好的响应能力，特别是在 500～800 nm 之间效率较高，而在紫外波段（低于 400 nm）由于硅的浅层吸收特性，响应会迅速下降；在超过 1 000 nm 的波段，硅对红外光的吸收能力也明显减弱，导致响应效率下降。

与 CCD 相比，CID 在光谱响应曲线上整体趋势相似，但其结构设计使其更适合在强光、强辐射或高动态范围的环境中使用，尤其是在空间成像、核探测等特殊领域。尽管 CID 的读出噪声通常略高于 CCD，但其抗辐射性、耐损伤能力以及像素可随机寻址的优势，使其在某些对可靠性要求较高的红外或可见光探测应用中表现出色。

4.5　CO_2 激光器

自从 1964 年由 Patel 第一个研制成 CO_2 激光器以来，流动型、横向激励型、高气压型、气动型、波导型、射频激励型等各种 CO_2 激光器相继出现，发展极为迅速，应用也越来越广泛。CO_2 激光器所以被人们如此重视，原因是其具有很多明显的优点。例如，CO_2 激光器既能连续工作又能脉冲工作，而且输出大、效率高，它的能量转换效率可高达 20%～25%，连续输出功率可达万瓦级，脉冲输出能量可达万焦耳，脉冲宽度可压缩到纳秒级。此外，CO_2 激光器发射的波长为 10.6 μm 和 9.6 μm，此波长正好处于大气传输窗口，非常有利于制导、测距、通信以及作为激光武器。同时这种波长的光对人眼睛的危害比可见光和 Nd^{3+}：YAG 产生的 1.06 μm 的光对人眼的危害要小得多，因此使用起来比较安全。

由于目前大部分光电探测元件对可见光和近红外比较敏感，这就限制了 CO_2 激光器在某些方面的应用，因此现在人们除了对激光器本身性能进行深入研究外，也正致力于探测器方面的研究，并且取得了显著效果。CO_2 激光器可以采用热激励、化学激励和放电激励方式，其中放电激励用得最多。放电激励又可分为纵向放电激励和横向放电激励两种。纵向放电激励主要用于低气压激光器，可采用直流、交流辉光放电，或采用脉冲和高频放电。横向放电激励主要用于高气压激光器。

4.5.1　CO_2 的能级图及辐射光谱

CO_2 分子是一种线对称排列的三原子分子，三个原子排成一直线，中央是碳原子，两端是氧原子，如图 4-5-1（a）所示。CO_2 分子处于不断振动中，其基本振动形式有三类：对称振动、形变振动和反对称振动。图 4-5-1（b）表示对称振动，即碳原子不动，两个氧原子在分子轴上同时相向或背向碳原子振动。对称振动的振动能量是量子化的，其大小与振动量子数（用 v_1 表示对称振动方式的振动量子数，v_1 =0，1，2，…）有关。图 4-5-1（c）是形变振动方式，三个原子的振动方向不是沿分子轴，而是垂直于分子轴，并且碳原子的振动方向与两个氧原子的相反。用 v_2（$v_2 = 0$，1，2，…）表示这一振动方式的振动量子数，相应的振动能量与 v_2 有关。这类振动是二度简并的，因为它对应着两种振动方式，一种是如图 4-5-1（c）所示，在纸面上下变形振动，另一种是在垂直纸面内做前后变形振动。在没有外界干扰时，这两种振动方式所具有的能量相同。由于形变振动存在着两个相互垂直的振动，其合振动构成圆周运动，合振动的角动量在分子轴上的投影也是量子化的，用量子数 l 表示。于是形变振动应表示为 v_2^l，l 的取值范围是：

$$l = v_2, v_2 - 2, v_2 - 4, \cdots, 0 \quad (v_2 \text{ 为偶数时})$$
$$l = v_2, v_2 - 2, v_2 - 4, \cdots, 1 \quad (v_2 \text{ 为奇数时})$$

当 $l = 0$，1，2，…时，其振动能量状态又常用 Σ、Π、Δ、…表示。图 4-5-1（d）对应反对称振动方式，三个原子沿分子轴振动，其中碳原子的振动方向相反。用 v_3（$v_3 = 0$，1，2，…）表示这一振动方式的振动量子数，振动能量与 v_3 的大小有关。

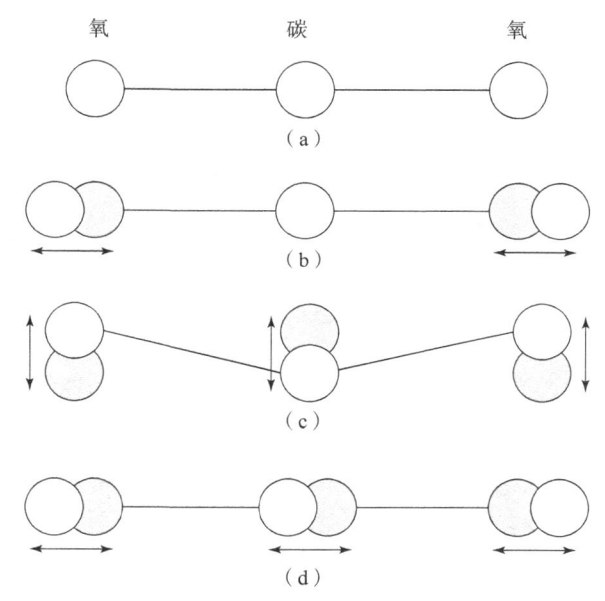

图 4-5-1 CO_2 分子振动模型

CO_2 分子的总振动能量应是上面三类振动方式的能量之和，所以振动的能量状态应由三个振动量子数 v_1、v_2 和 v_3 来确定，其振动能级用（$v_1 v_2^l v_3$）标记。

在分子光谱中，振动能级也可用角动量在分子轴上投影的量子数 l 命名，当 $l = 0$，1，2，3，…时可分别用大写希腊字母 Σ、Π、Δ、…代替。所以 00^01、10^00、01^10 可分别记作 Σ_u^+、Σ_u^+、Π_u。其中，Σ 右上角的 "+" 号表示通过分子轴的任意平面做坐标反演时，振动能态的波函数不变。若波函数变号则用 "-" 号表示。Σ 的右下角表示以对称中心做坐标反演，若反演操作后波函数保持不变，则该能级称为偶态，用 g 表示；若波函数变号，则称该能级为奇态，用 u 表示。

CO_2 分子的能级图如图 4-5-2 所示，其中只画出了与产生激光有关的能级。CO_2 分子可能产生的跃迁很多，但其中最强的有两条，一条是 $00^01 \rightarrow 10^00$ 跃迁，波长约为 $10.6~\mu m$；另一条是 $00^01 \rightarrow 02^00$ 的跃迁，跃迁波长为 $9.6~\mu m$。其跃迁过程是这样的：外界能量将 CO_2 分子从基态激发到激光上能级 00^01，00^01 向 10^00 或 02^00 跃迁时辐射光子。CO_2 分子跃迁到 10^00 和 02^00 能级后不能直接跃迁到基态，而是通过与基态粒子碰撞跃迁到 01^10 能级，然后再通过与其他粒子碰撞后返回到基态。可见，CO_2 属于四能级系统。

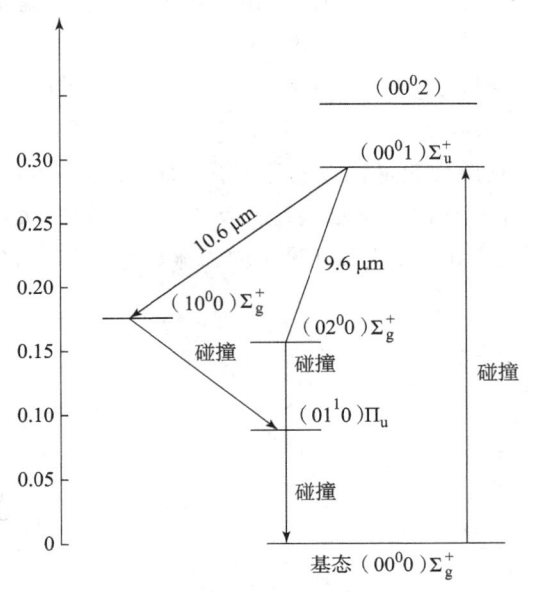

图 4-5-2 CO_2 分子部分能级跃迁图

由于 CO_2 激光器的激光跃迁是在同一电子态中的不同振动能级之间，激光上、下能级的能量差一般比其他气体激光器都要低，因此量子效率 $\eta = (E_2 - E_1)/E_1$ 比较高，将 E_2（代表 00^01 能级的能量，$E_2 = 0.291~eV$）和 E_1（代表 10^01 能级的能量，$E_2 = 0.172~eV$）的值代入可得到 $\eta = 41\%$。

CO_2 分子的有关能级寿命列于表 4-5-1 中。CO_2 激光上能级（00^01）寿命为 5×10^{-3} s，比 Ne 原子激光上能级（$3S_2$）的寿命（$10 \sim 20$ ns）长得多，因此 CO_2 激光器中可以积累比较多的粒子数，可以得到较大的输出功率。由于 CO_2 激光上能级 00^01 比下能级 10^00 的寿命长，所以 00^01 和 00^00 之间容易建立粒子反转数。为了有利于粒子数反转，不仅要求提高 00^01 能级的激发速率，而且还要求提高 10^00 能级的抽空速率。为了提高 10^00 能级的抽空速率，往往在 CO_2 中加入一些辅助气体，利用气体分子间的碰撞加快 10^00（或 02^00）的抽空。

表 4-5-1 CO_2 分子某些振动能级的寿命

能级	00^01	10^00	01^10
寿命/s	5×10^{-3}	4×10^{-5}	4×10^{-3}

在上面的讨论中，我们只考虑了 CO_2 分子的振动能级，实际 CO_2 分子除了振动运动外，还有分子转动运动，在转动的影响下振动能级要分裂成很多子能级。00^01 和 10^00 两能级的分裂情况如图 4-5-3 所示（图中 $J > 22$，$J' > 23$ 的能级没画出）。转动子能级通常用量子数 J 表示。

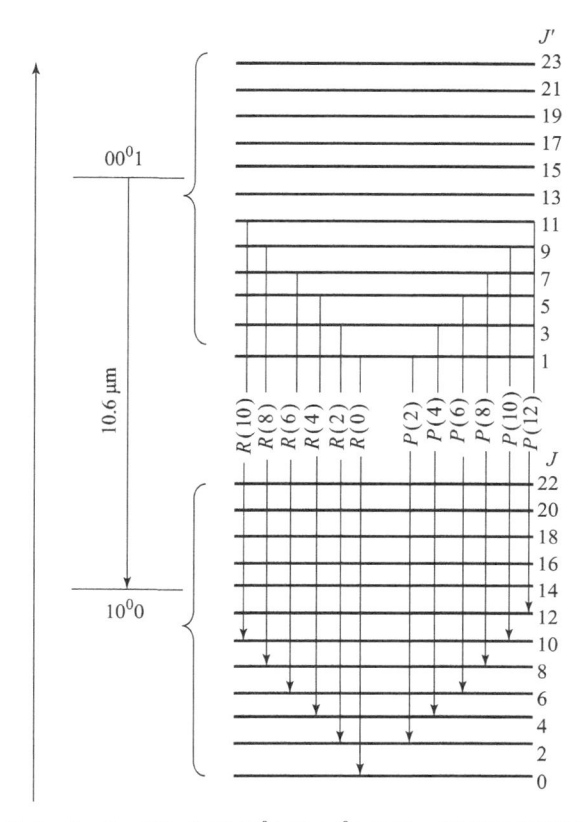

图 4-5-3　CO_2 分子 00^01 和 10^00 的振-转能级及跃迁

为了便于区别，我们将下能级用 J 表示，上能级用 J' 表示。根据跃迁选择定则 $\Delta J = J' - J = 0, \pm 1$ 时，可产生很多条荧光谱线，其中 $\Delta J = +1$ 的跃迁称为 R 支，记为 $R(J)$，如图 4-5-3 中的 $R(0)$、$R(2)$、…。$\Delta J = -1$ 的跃迁称为 P 支，记为 $P(J)$，如图 4-5-3 中的 $P(2)$、$P(4)$、…。对于 $00^01 \to 10^00$ 的跃迁，已观察到的 P 支跃迁是从 $P(4)$ 到 $P(56)$ 共 27 条谱线，其中最强的是 $P(18)$、$P(20)$、$P(22)$ 和 $P(24)$，对应波长为 10.57 μm、10.59 μm、10.61 μm 和 10.63 μm。R 支从 $R(4)$ 到 $R(54)$ 共 26 条谱线，其中 $R(18)$、$R(20)$、$R(22)$ 和 $R(24)$ 最强，对应的波长分别为 10.20 μm、10.25 μm、10.23 μm 和 10.22 μm。属于 $00^01 \to 02^00$ 的跃迁，观察到从 $P(4)$ 到 $P(60)$ 共 29 条 P 支谱线，最强的是 $P(18)$、$P(20)$、$P(22)$、$P(24)$ 和 $P(26)$，对应的波长为 9.54 μm、9.55 μm、9.57 μm、9.59 μm 和 9.60 μm。R 支 25 条谱线，从 $R(4)$ 到 $R(52)$，最强的是 $R(18)$、$R(20)$、$R(22)$ 和 $R(24)$，对应的波长分别为 9.28 μm、9.27 μm、9.26 μm 和 9.25 μm。此外，在 $01^11 \to 03^10$，$01^10 \to 11^10$，$14^00 \to 05^10$，$14^00 \to 13^10$，

$21^10\to12^20$，$03^11\to02^21$，$24^00\to23^10$ 等跃迁中也观察到大量振动谱线，波长范围在 $11\sim18~\mu m$，但它们的功率都远小于 $00^01\to10^00$ 的跃迁。

虽然有这么多条荧光谱线，但在激光器中能同时形成激光振荡的只有 1~3 条，这是因为同一振动能级的各转动能级之间靠得很近，能级转移很快（$10^{-7}\sim10^{-8}$ s），一旦某一转动能级上的粒子跃迁后，其他能级上的粒子就会立即按玻尔兹曼分配律，转移到这个能级上来，而其他能级上的粒子减少，这就是转动能级的竞争效应。由于这种竞争效应，如果工作条件使得某条谱线的增益系数较大，则此谱线首先起振，同时抑制其他谱线振荡。例如在 $00^01\to10^00$ 跃迁中，P 支跃迁概率比 R 支大，所以竞争的结果一般总是 P 支占优势，而在 P 支中通常 $P(18)$、$P(20)$ 和 $P(22)$ 三条谱线占优势。在 $00^01\to02^00$ 跃迁中，最强的是 $9.6~\mu m$，由于它与 $00^01\to10^00$ 的跃迁同属一个上能级，而且 $00^01\to10^00$ 的跃迁概率大得多，因此，CO_2 激光器中如果没有波长选择装置，$9.6~\mu m$ 波长的谱线要被 $10.6~\mu m$ 的竞争掉。

由于转动能级的强烈竞争效应，谐振腔因某种原因长度发生变化时，容易使振荡谱线转到另一频率上。在 CO_2 激光器输出光谱中，经常能见到这种振荡谱线的跳动现象。

4.5.2 激光上能级粒子数的激发和消激发

CO_2 激光器多以放电泵浦，在放电过程中，CO_2 被激发到激光上能级 00^01，其主要的激发过程如下。

1. 电子直接碰撞激发

具有适当能量的电子与基态 CO_2 分子发生非弹性碰撞，直接将 CO_2 分子从基态激发到 00^01 能级，即

$$CO_2~(00^00)~+e\to CO_2^*~(00^01)~+e' \qquad (4-5-1)$$

式中：$CO_2^*~(00^01)$ 表示 CO_2 分子的激发态（00^01 能级）。

图 4-5-4 表示电子碰撞激发截面 σ 与电子能量的关系。由图可见，不同的电子能量对各个能级的激发截面是不同的，振动能级 01^10、00^01、00^02 和 00^03 的激发截面峰值对应的电子能量分别为 0.08 eV、0.3 eV、0.6 eV 和 0.9 eV。因为电子碰撞激发速率与电子激发截面成正比，所以上面的结果说明，不同的电子能量对各能级的激发速率是不相同的。为了提高激光上能级 00^01 粒子数和降低 01^10 能级的粒子数，应该给予电子合适的能量。

2. 串级跃迁激发

电子碰撞还可把 CO_2 分子激发到 $00v_3$（$v_3>1$，如 002、003、004、…）上去，由于这些能级都属反对称振动能级，它们之间的能量差相等。处于这些能级上的分子很容易失去一部分能量，而本身转移到低一级的能级（$00v_3-1$）上去，失去的能量转移给

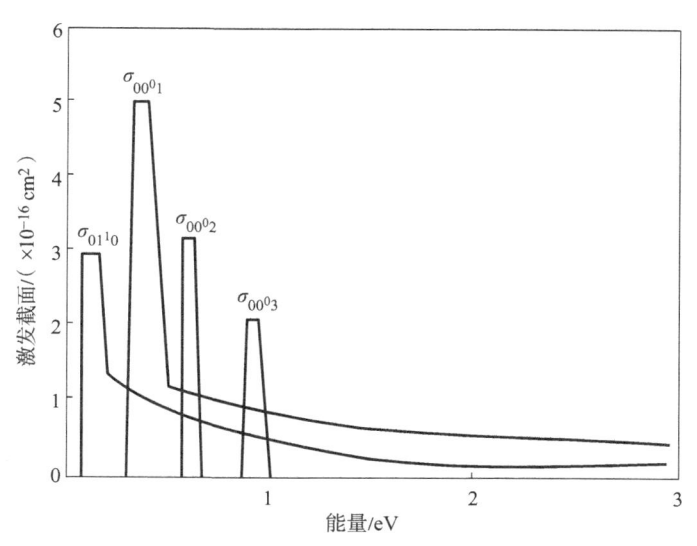

图 4-5-4 CO_2 分子几个振动能级的电子激发截面与电子能量的关系

基态 CO_2 分子，并使之跃迁到 00^01 能级。能级（$00v_3-1$）继续转移到（$00v_3-2$）、（$00v_3-3$）、…不断进行下去，直至 $00v_3$ 的分子都能转移到 00^01 能级为止。可见，此过程的激发速率很高。这种过程的反应式为：

$$CO_2(00^00) + e \rightarrow CO_2^*(00v_3) + e' \quad (4-5-2)$$

$$CO_2(00v_3) + CO_2(00^00) \rightarrow CO_2^*(00v_3-1) + CO_2^*(00^01) \quad (4-5-3)$$

3. 共振转移激发

在 CO_2 中掺入 N_2（氮）和 CO，它们被电子碰撞激发到各自的激发态，这些激发态的分子可把能量转移给 CO_2 基态，使 CO_2 跃迁到 00^01 能级。

N_2 分子振动能级的激发态 N_2^*（$v=1,2,3,\cdots$）（v 表示 N_2 的振动能级）与 CO_2 分子振动能级的激发态 CO_2^*（$00v_3$）的能量差很小，很容易通过共振转移 N_2^*（$v=1,2,3,\cdots$）$+ CO_2(00^00) \rightarrow N_2(v=0) + CO_2^*(00v_3=1,2,3,\cdots) + \Delta E$ 使 CO_2 分子得到激发。然后 CO_2^*（$00v_3=1,2,\cdots$）再通过串级跃迁到达激光上能级 $CO_2^*(00^01)$。

其中 N_2^*（$v=1$）与 CO_2^*（00^01）之间的共振转移最重要，因为振动激发态 N_2^*（$v=1$）与 CO_2 的激光上能级 00^01 之间的能量差仅为 18 cm^{-1}，两者能级几乎共振，因此能量可以高效地从 N_2 转移给 CO_2，所以能量转移速率极快，从而快速建立粒子数反转。N_2^*（$v=1$）与 CO_2（$v=1$）发生能量转换的速率高，且 N_2^*（$v=1$）共振转移过程，不仅能使在低气压连续工作的 CO_2 激光器增加粒子反转数密度，提高输出功率，在高气压脉冲 CO_2 激光器中也起着重要作用。在气压高的时候，CO_2 和 N_2 分子之间碰撞交换能量的速率更快，只是在时间短于皮秒的过程中，这种能量交换过程才不那么重要。

因此 CO_2 激光器中，一般都充 N_2。电子激发 N_2 分子的速率与电子的能量有关，如图 4-5-5 和图 4-5-6 所示。

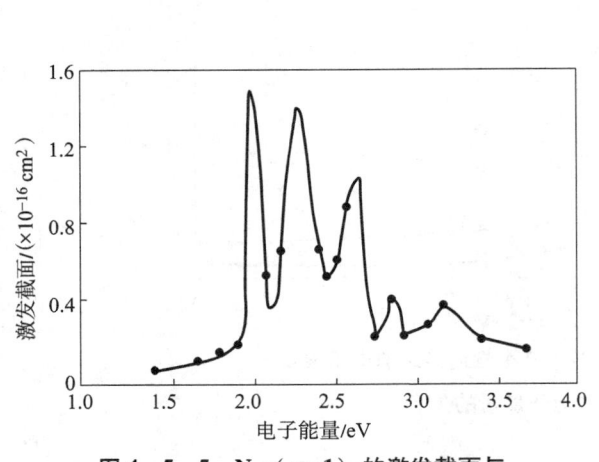

图 4-5-5　N_2（$v=1$）的激发截面与电子能量的关系

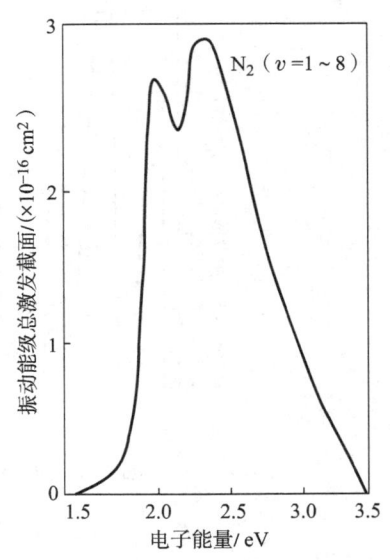

图 4-5-6　N_2（$v=1\sim 8$）的激发截面与电子能量的关系

CO 分子被电子碰撞激发到高的振动能级 CO（$v=1$）后，也可通过共振转移，把能量转移给 CO_2 分子，使之激发到 00^01 能级，即：

$$CO^*(v=1) + CO_2(00^00) \rightarrow CO_2^*(v=0) + CO_2^*(00^01) \quad (4-5-4)$$

$CO^*(v=1)$ 的能量与 $CO_2^*(00^01)$ 的能量差为 170 cm^{-1}，能量转移的概率也很大。当电子能量为 1.7 eV 时，电子碰撞激发 CO 分子的截面可高达 8×10^{-16} cm^{-2}，图 4-5-7 绘出了激发截面与电子能量的关系。因 CO_2 分子的电离能较小（2.8 eV），在放电过程中会形成 CO 分子，所以这个激发过程对形成 CO_2 分子粒子数反转起着十分重要的作用。

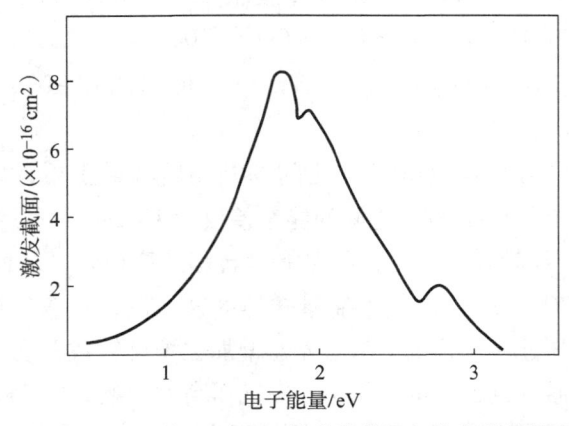

图 4-5-7　CO（$v=1\sim 8$）的激发截面与电子能量的关系

4. 复合过程

放电过程中，有部分 CO_2 分子会分解成 CO 和 O，同时也存在 CO 和 O 的复合过程，在复合时，能把原来分解时所需要的能量重新释放出来，使 CO_2 分子激发到 00^01 能级。这个过程比前三个过程起的作用小得多。

由激发过程可知，不论电子直接碰撞激发还是串级跃迁激发或共振转移激发，其能量都是从电子取得。而不同能量的电子激发 CO_2 从基态到各能级的速率是不同的（见图 4-5-4 ～ 图 4-5-6），能量低的电子不仅能把 CO_2 分子从基态激发到激光上能级，还能激发到激光下能级。当电子能量较高时，还会将 CO_2 分子和主要辅助气体 N_2 激发到更高的电子激发态，甚至使它们电离。由于放电管中具有各种能量的电子，且每种能量的电子数目在总电子数中所占的比例与电子温度有关，而电子温度与电子平均能量或 E/N 值（或 E/P 值，E 为电场强度，N 为气体分子密度，P 为气压）有关。所以，每种激发所用的电子能量占总电子能量的百分比与电子平均能量（或 E/N 值）有关，如图 4-5-8 所示。图中对激光有贡献的只有激发态为 (00^01)、(00^02) 和 $N_2(v=1～8)$，由图可见，当 $E/N = 10^{-16}$ V·cm² 时，约有65%的电子能量直接供给激光上能级 00^01，小于8%的电子能量供给 01^11，此时几乎90%以上的电子能量都用于激发 CO_2 和 N_2 的振动态，而其他方面的能量损耗微不足道。而当 $E/N = 10^{-15}$ V·cm² 时，电子总能量的80%以上直接供给 N_2 和 CO_2 分子的电子激发态，8%的能量供给 N_2 和 CO_2 分子的电离，而供给激光上能级的能量很少，此时电子转换效率很低。在 $10^{-16} \sim 10^{-15}$ V·cm² 范围内，E/N 低时，电子转换效率高，但 E/N（或 E/P）低表示外界电压低或气压高，这均使放电管难以着火，所以要选择最佳 E/P 值，也就是要选择最佳气压和放电电压值。一般 CO_2 激光器，常在 $E/N = 3 \times 10^{-16}$ V·cm² 下工作，此时，约有42%的总功率供给 N_2 分子的 $v=1～8$ 振动能级和 CO_2 的 00^01、00^02 能级。此交换效率再乘以 CO_2 激光跃迁的量子效率（41%），可得出 CO_2 激光器的电光转换效率约为17%。若采用预电离技术或添加易电离的气体（如 Xe、Cs 及某些有机物气

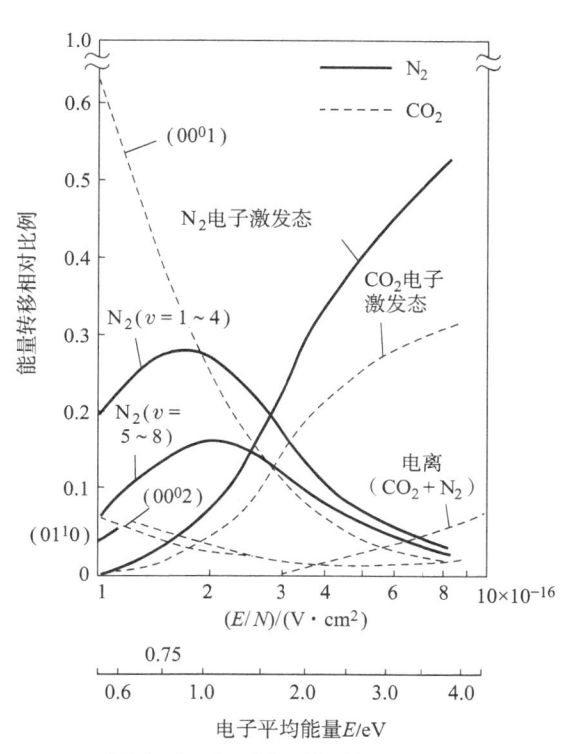

图 4-5-8 $CO_2:N_2:Ne=1:1:8$ 混合气体放电中电子激发与能量转移机制图

体等），可有效地降低 E/N 值，如降低到 $E/N = 2 \times 10^{-16}$ V·cm² 时，则可得到约 30% 的转换效率。

被激发到激光上能级（00⁰1）的 CO_2 分子，除了受激辐射引起衰减外，还存在一些其他因素使其衰减。我们把后者引起的衰减称为消激发。消激发是我们不希望的，应设法消除或者减弱。

在 CO_2 激发器中，引起消激发的主要原因有碰撞和扩散。

当 CO_2 分子之间以及 CO_2 与 H_2、N_2、CO、He、Xe、水蒸气等气体分子之间发生碰撞时，会因能量转移，使 CO_2 分子由 00⁰1 振动能级弛豫到其他振动能级，引起 00⁰1 态分子的消激发。弛豫时间越短，消激发速率越大，粒子数减少得也就越快。不同的气体和不同的温度，消激发速率是不同的，表 4-5-2 中给出了某些气体在 300 K 时使 00⁰1 能级发生消激发的速率常数 k_3 的值。由表中数据可看出，H_2 和 H_2O 对 CO_2^*（00⁰1）的消激发速率非常快，在混合气中 H_2 的含量为 133 Pa 时，CO_2^*（00⁰1）的寿命就短于自发辐射寿命。而 He 和 Xe 的消激发速率比较低，在 He 气压小于 1 067 Pa，Xe 气压小于 133 Pa 时，它们对 00⁰1 能级的消激发速率比起 CO_2 分子本身碰撞的还低得多，因此可略去它们对 00⁰1 振动能级寿命的影响。以上讨论说明，在 CO_2 激光器中，要合理地控制充气成分和气压比，消激发会严重降低激光器的运转效率。

表 4-5-2 CO_2（00⁰1）的消激发常数 k_3（300 K）

混合气体	P_{CO_2}/Pa	$P_{其他}$/Pa	k_3/(Pa⁻¹·s⁻¹)
CO_2	133~1 067	—	2.78
$CO_2 - H_2$	400	67~400	31.5
$CO_2 - H_2O$	266	6.7	255
$CO_2 - N_2$	133	133~933	083
$CO_2 - CO$	266	133~667	1.45
$CO_2 - He$	133	133~1 067	0~0.45
$CO_2 - Xe$	266	13.3~133	0~0.30

CO_2 气体分子向放电管的管壁扩散对消激发也起一定的作用。因为光在谐振腔内振荡时，占有一定的空间范围，向管壁扩散的 00⁰1 态 CO_2 分子，会逃出振荡区，而使振荡区的粒子数减少。同时扩散到管壁上的分子，与管壁碰撞也会引起消激发，不过，在气压大于 133 Pa 后，分子碰撞消激发占主要地位，扩散造成的影响可以忽略。

4.6 远红外应用

4.6.1 远红外辐射陶瓷

远红外辐射陶瓷，指具有远红外辐射性能的陶瓷材料。远红外辐射陶瓷的辐射率高，是理想的远红外辐射材料，深受人们青睐。远红外辐射陶瓷是将多种无机化合物及微量金属或特定的天然矿石分别以不同的比例配合，再用 1 200~1 600 ℃的高温煅烧，使其成为能辐射出特定波长远红外线的陶瓷材料。远红外线产品基本波长的选择相当重要，产品辐射出来的波长与放射对象物体的吸收波长一致（即光谱匹配），才能产生共振效应，这是产品好坏的关键所在。远红外辐射陶瓷的发展速度非常快，尤其是随着纳米技术的进步，远红外陶瓷业在陶瓷粉的制备和陶瓷烧结方面都取得了质的飞跃。目前，先进的陶瓷粉制备工艺主要有共沉淀法、水解沉淀法、水热法、溶胶-凝胶法、微乳液法（反胶束法）等。随着研究的不断深入，一些研究者探索出了更新的制备远红外辐射陶瓷超细粉的思路，如高温喷雾热解法、喷雾感应耦合等离子法等。这些方法的生产工艺与传统的化学制粉工艺截然不同，是将分解、合成、干燥甚至煅烧过程合并在一起的高效方法，但这些方法尚不成熟，需要进一步的研究和探索。先进的烧结工艺有：气氛加压烧结、热等静压烧结、微波烧结、等离子体烧结、陶瓷自蔓燃烧结等。另外，大量先进设备（如 XRD 衍射仪、红外光谱仪、热分析仪、扫描电子显微镜等）的应用，使科技工作者对陶瓷的微观结构有了更深刻的了解，促进了远红外辐射陶瓷制品综合性能的提高。远红外陶瓷业作为一种新型产业，与各种专业加热相匹配的远红外陶瓷制品具有广阔的发展空间，人们在不断地开发出新型、高辐射率、可应用于各种具体行业的远红外辐射陶瓷（粉），以达到匹配性好、效率高、能耗低、环境污染小等目的。

1. 远红外辐射陶瓷的分类

远红外辐射陶瓷材料按照其应用温度可分为常温（低温）、中温和高温三种。一般来说，随着温度的升高，原子、电子的热运动加剧，远红外辐射率将提高。即使对于常温远红外陶瓷，远红外辐射率也随温度的提高而增大。常温范围定为 25~150 ℃（其中 25~50 ℃又称为低温），相应中温为 150~600 ℃，>600 ℃为高温。低温型远红外陶瓷粉在室温附近（20~50 ℃）能辐射出 3~15 m 波长的远红外线，由于此波段与人体红外吸收谱匹配完美，故称为"生命热线"或"生理热线"。常温（≤150 ℃）远红外陶瓷粉体一般为白色陶瓷粉体，主要成分为氧化铝、氧化锌、氧化硅、氧化钛、氧化镁等，它们广泛应用于纺织、造纸、医疗器械、陶瓷等行业。中温以上（>150 ℃）的远红外陶瓷粉体一般为黑色陶瓷粉体，主要成分包括 Mn、Fe、Co、Ni、Cu、Cr 及其氧化物。此外，SiC 也属于该类陶瓷。中温以上远红外陶瓷粉体多应用于辐射加热器、烘干器、高温炉的表面涂层。

2. 远红外辐射陶瓷的辐射特性

陶瓷材料发射辐射的机制是由极性振动的非谐振效应的二声子和多声子产生辐射。高辐射陶瓷材料如 SiC、金属氧化物、硼化物等均存在极强的红外激活极性振动，这些极性振动由于具有极强的非谐效应，其双频和频区的吸收系数一般具有 10^2~10^3 cm^{-1} 数量级，相当于中等强度吸收区在这个区域剩余反射带的反射率较低，因此，有利于形成一个较平坦的强辐射带。一般说来,具有高热辐射效率的辐射带,通常从主红外共振波长区域向短波方向延伸,覆盖整个二声子组合吸收带,并部分扩展至多声子吸收区,这是多数高辐射陶瓷材料的共同特征。可以认为,该波段内的强辐射主要源于材料中显著的二声子组合辐射过程。除少数例外,一般辐射陶瓷的辐射带集中在大于 5 μm 的二声子、三声子区。因此,对于红外辐射陶瓷而言,1~5 μm 波段的辐射,主要来自自由载流子的带内跃迁或电子从杂质能级到导带的直接跃迁,大于 0.75 μm 波段的辐射主要归于二声子组合辐射。

远红外辐射陶瓷具有以下辐射特性:

(1) 发射率高。发射率又称辐射率,是衡量物体表面以热辐射的形式释放能量相对强弱的能力。物体的发射率等于物体在一定温度下发射的能量与同一温度下黑体辐射的能量之比。黑体的发射率等于1,其他物体的发射率介于 0~1。实际物体的发射率越接近1,它们的辐射也越接近黑体辐射。发射率是衡量材料辐射性能的重要指标。远红外陶瓷一般具有较高的发射率。常温远红外陶瓷,发射率可达85%以上。

(2) 光热转换效率高。光热转换效率,指物体吸收环境热量后以远红外能量的形式输出。远红外陶瓷(粉)具有较高的光热转换效率。

(3) 单位面积的辐射能大。

(4) 定向发射的性能好、辐射能分布较均匀,并能根据使用要求方便地将发射的红外线进行指向、聚集等技术处理。

(5) 耐热性、耐热冲击性优良。

(6) 机械强度高、耐腐蚀、抗氧化性好。

(7) 易成型且易被加工为所需的形状,可以大量生产,价格便宜。

4.6.2 远红外辐射的应用

(一) 食品产业中的应用

1. 食品加热

食品热加工中采用远红外线辐射,加热速度快,食品受热均匀,表里热度基本一致,而且能够改善食品的风味品质。远红外烘烤食品,不会产生类似膨化造成的内外表面水分分布不均匀、口感较差的现象,能使食物的内外表面水分一致,口感好。在新鲜茶叶加工中,用远红外线照射处理,可以使茶叶在较低温度(30~40℃)凋萎,不仅减少营养损失,还可以增强茶叶香味。

2. 食品干燥

远红外干燥技术是一种高效、节能,同时又具环保特性的新型快速干燥技术。它是利用远红外射线辐射物料,引起物料分子的振动,使内部迅速升温,促进物料内部水分向外部转移，达到内外同时干燥的目的。如果辐射器发射的辐射能全部或大部分集中在谷物的特征红外吸收谱带，则辐射能将大部分被吸收，从而实现良好的匹配，提高干燥效率。不同物料对远红外线的吸收都具有一定的选择性，对不同的光谱、波长，其吸收率不同。与谷物具有特征红外吸收波段一样，不同远红外辐射材料也有自己的远红外发射谱段。所谓匹配辐射，是指当照射到物体上的红外线频率与组成该物体的物质分子的振动频率相同时，分子就会对红外辐射能量产生共振吸收，同时通过分子间能量的传递，使分子内能（振动能及转动能）增加，也就是分子平均动能增加，表现为物体温度升高。但并不是说发射波段和吸收波段一一对应就好，根据吸收定律：

$$k(\lambda) = k_0(\lambda) e^{-T(\lambda)h} \quad (4-6-1)$$

式中：λ 为波长；$k(\lambda)$ 为物料内深 h 处的光谱辐射功率密度；$k_0(\lambda)$ 为发射材料表面的光谱辐射功率密度；$T(\lambda)$ 为光谱吸收系数，是物料和波长的函数，对于给定的物料，T 随 λ 而变化。

当辐射波长 λ 与物料特征吸收峰波长一致时，$T(\lambda)$ 为极大值，也就是通常所说的正匹配吸收。当辐射波长 λ 偏离物料特征吸收峰时，$T(\lambda)$ 值较小，即通常所说的偏匹配吸收。当 $h = 1/T(\lambda)$ 时，$k(\lambda) = k_0(\lambda)/e$，即能量衰减为发射辐射能的 $1/e$，定义 $d = 1/T(\lambda)$ 为穿透深度。当 $h \ll d$ 时，远红外辐射线一般能穿透物料，例如，涂装干燥的涂层等为薄层干燥；当 $h > d$ 时，远红外辐射线不能穿透物料，例如，谷物干燥、食品烘烤等为厚层干燥。对于谷物的干燥，由于红外辐射穿透能力较弱，为了使物料内外同时被加热升温，应选择 $T(\lambda)$ 较小的波段，穿透深度 d 增大，以得到较好的加热效果，也就是使辐射源工作波段偏离吸收峰，形成偏匹配吸收。

（二）纺织品中的应用

远红外纺织品能够吸收来自环境或人体的电磁波，并辐射出波长范围在 $25 \sim 30 \, \mu m$ 的远红外线。当织物辐射的远红外线被人体吸收后，会产生一定的生理效应，包括热效应（保暖）、激活生物大分子、改善微循环、增强机体免疫等。远红外织物于 20 世纪 80 年代面世以来，深受人们喜爱，相关产品开发比较迅速。远红外陶瓷材料在纺织品中常见的应用方式有以下几种：

方式 1：将远红外陶瓷粉混入聚酯后纺出纤维。

方式 2：将远红外陶瓷粉掺入尼龙或聚丙烯腈纺成纤维，或是涂覆在纤面纺成纱线。

方式 3：采用碳化锆陶瓷溶液涂层，制成尼龙保暖织物。

方式 4：白色陶瓷材料包覆黑色碳化锆陶瓷形成白色蓄热保温材料，用于聚酯、聚酰胺织物的制作。

（三）工业炉窑中的应用

工业中，远红外辐射技术广泛应用于加热炉、干燥器等，通过增加炉窑内壁黑度，改变炉内热辐射的波谱分布,不仅提高了热效率,而且使炉温趋向均匀,提高了加热质量。将高温红外粉料与黏结剂混合,调成糊状后,涂刷在加热炉的内壁或电阻带上,待自然干燥后即可使用,具有明显的节能效果。另外,生产机械一般都是处在高温高压状态下,其金属加工的热处理工序对整机有很大的影响。过去的焊前预热主要采用乙炔火焰、电热、工频感应等加热方式,而且火焰喷射方式会改变材质的性能,电热效率不高,工频感应法设备又比较复杂。

(四) 生物医学领域的应用

生物医学领域所用的远红外辐射材料是一种人造的光辐射源,它能依据人们所需要的波长而辐射特定的波段,而且它们的穿透力强,穿透大气时损耗很少。它所发出的电磁波,称为"生命波",这种电磁波包含远红外线电磁波中的一段（4～14 μm）,相当于人体温度应发射的那段波长,因此,远红外辐射被用于各种理疗设备中。人体通过辐射吸收远红外材料的远红外辐射后,表皮温度升高并不断向皮下组织传递,使该处血管扩张,血流加速,局部血液循环得到改善,增强血液的物质交换,给病灶提供有利于康复的重要生化反应的动力和营养,加速代谢,改善人体免疫功能,促进疾病的恢复。

(五) 节能环保领域的应用

利用远红外辐射陶瓷材料对燃油进行红外辐射,可以使燃油的黏度和表面张力降低,利于雾化和充分燃烧。远红外陶瓷材料可制成蜂窝状、网状或管状元件,用于燃油汽车、船舶、炉灶,节能效果可达到5%以上,对削减燃油污染有一定意义。远红外陶瓷涂料（含纳米 TiO_2 涂料）具有催化氧化功能,在太阳光（尤其是紫外线）照射下,生成—OH,能有效除去室内的苯、甲醛、硫化物、氨和臭味物质,并具有杀菌功能。

(六) 天文领域的应用

恒星不会特别明亮,但是利用远红外线可以观测到非常低温的天体（140 K 或更低温度）,而在短波的观测中是看不见这些天体的。

在银河系和银河附近星系内,巨大、低温的气体和尘埃会散发出远红外线波段的光。在这类云气中,一些新的恒星正在其中诞生。利用远红外线能够在恒星尚处于原恒星阶段、尚未通过收缩产生可见光热辐射时就可探测到其存在,因为原恒星周围的尘埃被加热后会在远红外波段发出辐射信号。

银河系的中心在远红外线的波段上是闪闪发光的,因为在尘埃密集且厚实的云气中埋藏着恒星,这些恒星加热了尘埃,使它们因辐射出红外线而显得明亮。

除了银河系的平面,在天空中最明亮的远红外线光源被称为 M82 星系的中心区域。M82 核心辐射出的红外线能量非常多,相当于银河系所有恒星辐射出的能量的总和。

这些远红外线的能量来自隐藏在视线中使尘埃被加热的物体。许多星系有活跃的核心被隐藏在浓厚尘埃区域中。换言之，被称为星爆星系的，有异于寻常大量正在形成的恒星，加热了星际尘云，使这些星系在远红外线下远比一般的星系更为明亮。

然而地球的大气层遮蔽掉了绝大多数的远红外线，所以在地面上只能利用高山上天文台的望远镜观测远红外波。阿塔卡马大型毫米波/亚毫米波阵列（英语：Atacama Large Millimeter/Submillimeter Array，缩写为 ALMA）位于智利北部阿塔卡马沙漠，是由射电望远镜构成的天文干涉仪，因为具备"高海拔"和"空气干燥"两绝佳条件，这对毫米和亚毫米波长的观测至关重要。

由 66 架高精度的天线组成、观测波段在 0.3~9.6 mm 波长的 ALMA 阵列，其灵敏度和解析力均较现有亚毫米望远镜更高。它的概念类似于美国新墨西哥州甚大天线阵列（VLA）的站台，天线可以在沙漠高原上移动，移动距离范围从 150 m 到 16 km，这使 ALMA 的缩放功能强大，观测目标更为多样化。阵列由较多望远镜组成时，所提供的灵敏度也较高。

符 号 表

A	横截面积、增益	P	功率、压力
A_f	闭环增益	P_C	集电极损耗
BW	带宽	ΔQ	电荷增量
a	吸光度、晶格常数	q	电荷、角度
c	光速	Δq	失调角
C	电容	Q	品质因数
C_D	扩散电容	Q_{FD}	信号电荷包的大小
C_T	势垒电容	R	电阻、阻抗实部
C_n	电子复合系数	R_f	等效电阻、正向电阻
C_p	空穴复合系数	R_r	反向电阻
C_j	结电容与扩散电容之和	R_s	信号源电阻
C_i	反向电容	S	线强
C_{ob}	集电极输出电容	T	温度
D	厚度、双极扩散系数	t	时间
D^*	探测率	t_d	电子延迟时间
E	能量、电场强度	t_s	存储时间
E_g	禁带宽度	t_r	下降时间
E_i	本征费米能级	t_{off}	反向恢复时间
E_p	偏压	T	晶体管
F	系数	T_j	结温
f_T	转移频率	T_{stg}	存储温度
f_c	截止频率	U_n	电子从导带跃迁回中间能级的概率
F	频率	U_p	空穴从导带跃迁回中间能级的概率
f_s	工作频率	V_g	群速度
Δf_N	等效噪声带宽	V	电压
G	概率、增益倍数	V_R	外加电压

续表

h	普朗克常数	V_{th}	热速度
h_{FE}	直流电流放大系数	V_B	击穿电压
I	电流、光强	V_f	导通电压
I_{th}	阈值电流	V_{CBO}	集电极-基极电压
I_0	入射前光强	V_{CEO}	集电极-发射极电压
I_F	正偏电流	V_{BEO}	发射极-基极电压
I_C	集电极电流	v_s	信号源电压
I_B	基极电流	v_i	输入信号
I_{CBO}	集电极截止电流	W	宽度
I_{EBO}	发射极截止电流	x	深度
I_E	发射极电流	Z_i	输入阻抗
I_T	透光强度	Z_o	输出阻抗
k	波矢、玻尔兹曼常数、消光系数	α	吸收系数、斜率
K	布拉格光栅矢量	β	瞬时视场长度
K_{DC}	直流增益	δ	光能量密度
L	长度、电感	ε	介电常数、效率
l	量子数	θ	角度
L_s	封装电感	μ	迁移率
m	质量、衍射阶数	τ	时间
m_g	衍射阶次	φ	辐射通量
n	折射率	λ	波长
p	动量、空穴浓度	Λ	光栅周期
p_0	平衡空穴浓度	Φ	相位
ω	角频率	λ_c	截止波长

参 考 文 献

［1］清华大学电子学教研组编，童诗白主编．模拟电子技术基础［M］．2版．北京：高等教育出版社，1988．
［2］华中工学院电子学教研室编，康华光主编．电子技术基础数字部分［M］．3版．北京：高等教育出版社，1988．
［3］李士雄，丁康源．数字集成电子技术教程［M］．北京：高等教育出版社，1993．
［4］蔡惟铮．数字电子线路基础［M］．哈尔滨：哈尔滨工业大学出版社，1988．
［5］张建华．数字电子技术［M］．北京：机械工业出版社，1994．
［6］阎石．数字电子电路［M］．北京：中央广播电视大学出版社，1993．
［7］中国集成电路大全编委会．中国集成电路大全——TTL集成电路［M］．北京：国防工业出版社，1985．
［8］中国集成电路大全编委会．中国集成电路大全——CMOS集成电路［M］．北京：国防工业出版社，1985．
［9］中国集成电路大全编委会．中国集成电路大全——集成稳压器与非线性模拟集成电路［M］．北京：国防工业出版社，1989．
［10］中国集成电路大全编委会．中国集成电路大全——存储器集成电路［M］．北京：国防工业出版社，1995．
［11］曹伟．可编程逻辑器件原理、方法与开发应用指南［M］．长沙：国防科技大学出版社，1993．
［12］周永钊，张雷，陈铭．通用阵列逻辑（GAL）［M］．合肥：中国科技大学出版社，1989．
［13］宋俊德，辛德禄．可编程逻辑器件（PLD）原理与应用［M］．北京：电子工业出版社，1994．
［14］齐怀印，卢锦．高级逻辑器件与设计［M］．北京：电子工业出版社，1996．
［15］金革．可编程逻辑阵列FPGA和EPLD［M］．合肥：中国科技大学出版社，1996．
［16］黄正瑾．在系统编程技术及其应用［M］．南京：东南大学出版社，1997．
［17］赵保经，蒋建飞．大规模集成数－模和模－数转换器设计原理［M］．北京：科学出版社，1986．
［18］张建奇．红外探测器［M］．西安：西安电子科技大学出版社，2016．
［19］郭硕鸿．电动力学［M］．北京：高等教育出版社，2008．

[20] 陈永甫. 红外辐射红外器件与典型应用 [M]. 北京：电子工业出版社，2004.

[21] 王海晏. 红外辐射及应用 [M]. 西安：西安电子科技大学出版社，2014.

[22] ［德］Erik Bründermann，Heinz – Wilhelm Hüber，［英］Maurice FitzGerald Kimmitt. 太赫兹技术 [M]. 刘丰，朱忠博，崔万照，等译. 北京：国防工业出版社，2016.

[23] ［美］Hamid Hemmati，Nikos Karafolas，Werner Klaus，等. 近地激光通信 [M]. 佟首峰，刘云清，娄岩，译. 北京：国防工业出版社，2017.

[24] 宦克为，韩雪艳，刘小溪. 小麦品质近红外光谱分析 [M]. 北京：化学工业出版社，2021.

[25] ［意］卡洛·科西（Carlo Corsi），［乌克兰］费迪尔·西佐夫（Fedir Sizov）. 太赫兹技术及其军事安全应用 [M]. 王星，徐航，李宏光，等译. 北京：国防工业出版社，2019.

[26] ［美］Yun – Shik Lee. 太赫兹科学与技术原理 [M]. 崔万照，译. 北京：国防工业出版社，2012.

[27] 徐卫林. 红外技术与纺织材料 [M]. 北京：化学工业出版社，2005.

[28] ［美］Charles K. Alexander，Matthew N. O. Sadiku. 电路基础 [M]. 段哲民，周巍，李宏，等译. 北京，机械工业出版社，2013.

[29] 母一宁. 新型瞬态电真空半导体光电子器件与技术 [M]. 北京：国防工业出版社，2019.

[30] 宋贵才，全薇，宦克为，等. 红外物理学 [M]. 北京：清华大学出版社，2018.

[31] 石晓光，宦克为，高兰兰. 红外物理 [M]. 杭州：浙江大学出版社，2013.

[32] 孟庆巨，刘海波，孟庆辉. 半导体器件物理 [M]. 北京：科学出版社，2009.

[33] 叶玉堂，刘爽. 红外与微光技术 [M]. 北京：国防工业出版社，2010.

[34] 刘建学. 远红外光谱及技术应用 [M]. 北京：科学出版社，2017.

[35] 陈海燕. 激光原理与技术 [M]. 北京：国防工业出版社，2016.

[36] ［日］铃木雅臣. 晶体管电路设计（上）[M]. 北京：科学出版社，2004.

[37] 尹飞飞，戴一堂. 光纤布拉格光栅理论与应用 [M]. 北京：北京邮电大学出版社，2019.

[38] 王友钊，黄静. 光纤传感技术 [M]. 西安：西安电子科技大学出版社，2015.

[39] 张旭苹. 全分布式光纤传感技术 [M]. 北京：科学出版社，2013.

[40] 苏君红. 红外材料与探测技术 [M]. 杭州：浙江科学技术出版社，2015.

[41] 余怀之. 红外光学材料 [M]. 2版. 北京：国防工业出版社，2015.

[42] 杨立，杨桢. 红外热成像测温原理与技术 [M]. 北京：科学出版社，2012.

[43] 孙士平. 微弱信号检测与应用 [M]. 北京：电子工业出版社，2013.

[44] 刘国福，杨俊. 微弱信号检测技术 [M]. 北京：机械工业出版社，2014.

[45] 高晋占. 微弱信号检测 [M]. 3版. 北京：清华大学出版社，2019.

[46] 戴逸松. 微弱信号检测方法及仪器 [M]. 北京：国防工业出版社，1994.

[47] 林理忠，宋敏. 微弱信号检测学导论 [M]. 北京：中国计量出版社，1996.

[48] 刘俊，张斌珍. 微弱信号检测技术 [M]. 北京：电子工业出版社，2005.

[49] WILSON J A, PATTEN E A, CHAPMAN G R, et al. Integrated Two-color Detection for Advanced FPA Applications [C]. Proceedings of SPIE 2274, 1994: 117 – 125.

[50] RAJAVEL R D, JAMBA D M, JENSEN J E, et al. Molecular Beam Epitaxial Growth and Performance of HgCdTe-based Simultaneous-mode Two-color Detectors [J]. Journal of Electronic Materials, 1998, 27: 747 – 751.

[51] SMITH E, PATTEN E, GOETZ P, et al. Fabrication and Characterization of Two-color Mid-wavelength/Long-wavelength HgCdTe Infrared Detectors [J]. Journal of Electronic Materials, 2006, 35: 1145 – 1152. doi: 10. 1007/s11664 – 006 – 0234 – 6.

[52] KING D, GRAHAM J, KENNEDY A, et al. 3rd-generation MW/LWIR Sensor Engine for Advanced Tactical Systems [C]. Proceedings of SPIE—The International Society for Optical Engineering. doi: 10. 1117/12. 786620.

[53] SMITH E P G, GALLAGHER A M, VENZOR G M, et al. Large Format HgCdTe Focal Plane Arrays for Dual-band Long – wavelength Infrared Detection [C]. 2010 Conference on Optoelectronic and Microelectronic Materials and Devices, Canberra, ACT, Australia, 2010: 15 – 16.

[54] REINE M B, ALLEN W H, O'DETTE P, et al. Simultaneous MW/LW Dual-band MOVPE HgCdTe 64 × 64 FPAs [J]. Defense, Security, and Sensing, 1998: 200 – 212.

[55] ZANATTA J P, FERRET P, LOYER R, et al. Single-and Two-color Infrared Focal Plane Arrays Made by MBE in HgCdTe [J]. Infrared Technology and Applications, 2000: 441 – 451.

[56] TRIBOLET P, VUILLERMET M, DESTEFANIS G. The Third Generation Cooled IR Detector Approach in France [C]. Proceedings of SPIE—The International Society for Optical Engineering, 2005: 5964. doi: 10. 1117/12. 628996.

[57] ZANATTA J, BADANO G, BALLET P, et al. Molecular Beam Epitaxy Growth of HgCdTe on Ge for Third-generation Infrared Detectors [J]. Journal of Electronic Materials, 2006, 35: 1231 – 1236. doi: 10. 1007/s11664 – 006 – 0246 – 2.

[58] TRIBOLET P, DESTEFANIS G, BALLET P, et al. Advanced HgCdTe Technologies and Dual-band Developments [C]. Proceedings of SPIE—The International Society for Optical Engineering, 6940. doi: 10. 1117/12. 779902.

[59] GIESS J, GLOVER M A, GORDON N T, et al. Dual-waveband Infrared Focal Plane Arrays Using MCT Grown by MOVPE on Silicon Substrates [C]. Infrared Technology and Applications, SPIE, 2005, 5783: 316 – 324.

[60] GORDON N T, ABBOTT P, GIESS J, et al. Design and Assessment of Metal-Organic Vapor Phase Epitaxy—Grown Dual – waveband Infrared Detectors [J]. Journal of

Electronic Materials, 2007, 36: 931-936.

[61] 施敏，伍国钰. 半导体器件物理 [M]. 西安：西安交通大学出版社, 2008.

[62] JONES C L, HIPWOOD L G, PRICE J, et al. Multi-color IRFPAs Made from HgCdTe Grown by MOVPE [C]. Infrared Technology and Applications, SPIE, 2007, 6542: 374-381.

[63] BAYLET J, BALLET P, CASTELEIN P, et al. TV/4 Dual-band HgCdTe Infrared Focal Plane Arrays with a 25-ε_m Pitch and Spatial Coherence [J]. Journal of Electronic Materials, 2006, 35: 1153-1158.

[64] LOCKWOOD A H, BALON J R, CHIA P S, et al. Two-color Detector Arrays by PbTe/Pb$_{0.8}$Sn$_{0.2}$Te Liquid Phase Epitaxy [J]. Infrared Physics, 1976, 16 (5): 509-514.

[65] ALMEIDA L A, THOMAS M, LARSEN W, et al. Development and Fabrication of Two-color Mid-band Short-wavelength Infrared Simultaneous Unipolar Multispectral Integrated Technology Focal-plane Arrays [J]. Journal of Electronic Materials, 2002, 31: 669-676.

[66] TENNANT W E, THOMAS M, KOZLOWSKI L J, et al. A Novel Simultaneous Unipolar Multispectral Integrated Technology Approach for HgCdTe IR Detectors and Focal Plane Arrays [J]. Journal of Electronic Materials, 2001, 30: 590-594.

[67] 党文佳，李哲，卢娜，等. 0.9～1.0 μm 近红外连续光纤激光器的研究进展 [J]. 中国光学（中英文），2021, 14 (2): 264-274. doi: 10.37188/CO.2020-0193.

[68] BUSTOS R, RUBIO M, OTÁROLA A, et al. Parque Astronómico de Atacama: An Ideal Site for Millimeter, Submillimeter, and Mid-Infrared Astronomy [J]. Publications of the Astronomical Society of the Pacific, 2014, 126 (946): 1126-1132. doi: 10.1086/679330.